Klinische Anästhesiologie und Intensivtherapie

Band 46

Herausgeber:
F. W. Ahnefeld H. Bergmann W. Dick M. Halmágyi
T. Pasch E. Rügheimer
Schriftleiter: J. Kilian

E. Rügheimer   M. Dinkel   (Hrsg.)

Neuromonitoring in Anästhesie und Intensivmedizin

Unter Mitarbeit von
F. W. Ahnefeld, H. Bergmann, D. Claus, W. Dick, M. Dinkel, W. Engelhardt,
M. Halmágyi, H. O. Handwerker, E. Hecker, K. Herholz, W. Huk, J.-P. Jantzen,
H.-D. Kamp, J. Kilian, G. Kobal, W. List, W. H. Löffler, O. Mayrhofer, I. Neubauer,
B. Neundörfer, Th. Pasch, K. Peter, E. Pfenninger, G. Pfurtscheller,
I. Pichlmayr, E. Rügheimer, M. Schädlich, H. Schmitt, J. Schramm, W. Schregel,
J. Schüttler, J. Schulte am Esch, G. Schwarz, D. Schwender, H. Stefan,
K. Steinbereithner, H. Strauss, A. Unterberg, B. Urban, U. Zwiener

Mit 89 Abbildungen und 39 Tabellen

Springer-Verlag Berlin Heidelberg New York
London Paris Tokyo Hong Kong Barcelona
Budapest

ISBN 3-540-57611-8 Springer-Verlag Berlin Heidelberg New York

Die Deutsche Bibliothek – Einheitsaufnahme
Neuromonitoring in Anästhesie und Intensivmedizin; mit 39 Tabellen / E. Rügheimer, M. Dinkel (Hrsg.). –
Unter Mitarb. von F. W. Ahnefeld ... – Berlin; Heidelberg; New York; London; Paris; Tokyo; Hong Kong;
Barcelona; Budapest: Springer, 1994
  (Klinische Anästhesiologie und Intensivtherapie; Bd. 46)
  ISBN 3-540-57611-8
NE: Rügheimer, E. [Hrsg.]; Ahnefeld, Friedrich Wilhelm; GT

Dieses Werk ist urheberrechtlich geschützt. Die dadurch begründeten Rechte, insbesondere die der
Übersetzung, des Nachdrucks, des Vortrags, der Entnahme von Abbildungen und Tabellen, der Funksendung,
der Mikroverfilmung oder der Vervielfältigung auf anderen Wegen und der Speicherung in Datenverarbei-
tungsanlagen, bleiben, auch bei nur auszugsweiser Verwertung, vorbehalten. Eine Vervielfältigung dieses
Werkes oder von Teilen dieses Werkes ist auch im Einzelfall nur in den Grenzen der gesetzlichen
Bestimmungen des Urheberrechtsgesetzes der Bundesrepublik Deutschland vom 9. September 1965 in der
jeweils geltenden Fassung zulässig. Sie ist grundsätzlich vergütungspflichtig. Zuwiderhandlungen unterliegen
den Strafbestimmungen des Urheberrechtsgesetzes.

© Springer-Verlag Berlin Heidelberg 1994
  Printed in Germany

Die Wiedergabe von Gebrauchsnamen, Handelsnamen, Warenbezeichnungen usw. in diesem Werk berechtigt
auch ohne besondere Kennzeichnung nicht zu der Annahme, daß solche Namen im Sinne der Warenzeichen-
und Markenschutz-Gesetzgebung als frei zu betrachten wären und daher von jedermann benutzt werden
dürfen.

Produkthaftung: Für Angaben über Dosierungsanweisungen und Applikationsformen kann vom Verlag keine
Gewähr übernommen werden. Derartige Angaben müssen vom jeweilgen Anwender im Einzelfall anhand
anderer Literaturstellen auf ihre Richtigkeit überprüft werden.

Satz: Elsner & Behrens GmbH, Oftersheim

19/3130-5 4 3 2 1 0 – Gedruckt auf säurefreiem Papier

Vorwort

Auf dem Gebiet des Neuromonitorings hat es in den letzten Jahren zahlreiche innovative Entwicklungen gegeben. Für uns waren sie Anlaß, im Rahmen eines Workshops das gesamte Spektrum möglicher Verfahren und denkbarer Einsatzmöglichkeiten in der klinischen Anästhesiologie und Intensivmedizin zu bilanzieren, gesicherte Indikationen für die klinische Praxis aufzuzeigen und begründete Ausblicke auf kommende Entwicklungen zu geben.

Ein hohes Interesse besteht heute an der Quantifizierung der „Narkosetiefe" mit Hilfe des EEG und evozierter Potentiale. Bickford hatte dies bereits in den 50er Jahren versucht. Man glaubte damals, mit dem EEG das ideale Überwachungsverfahren zur Objektivierung und Steuerung der Narkose gefunden zu haben. Doch der Enthusiasmus der ersten Stunde verflog rasch, denn das „Roh"-EEG erwies sich wegen seiner Komplexität und Störanfälligkeit nicht als Routinemonitoring geeignet.

Erst die Fortschritte der Computertechnologie haben zu einer Renaissance des EEG in der Anästhesiologie geführt. Inzwischen konnten mehrere Arbeitsgruppen zeigen, daß sich durch den differenzierten Einsatz des EEG und evozierter Potentiale verschiedene Qualitäten der Narkose verifizieren lassen und sich die Möglichkeit eröffnet, den Grad der Analgesie und Bewußtseinsausschaltung den Erfordernissen des operativen Eingriffs optimal anzupassen. Das Anästhesiemonitoring wird daher in den nächsten Jahren zunehmend Eingang in den klinischen Alltag finden, auch wenn noch nicht alle damit verbundenen Fragen gelöst sind.

Ein anderes Einsatzgebiet für das Neuromonitoring ist die rechtzeitige Erkennung einer Gefährdung des ZNS durch direkte Traumatisierung neuronaler Strukturen oder indirekt als Folge einer Ischämie. Diese Risiken für Gehirn und Rückenmark bestehen vor allem bei speziellen neurochirurgischen und orthopädischen Eingriffen, aber auch in der Gefäß- und Kardiochirurgie und während der notfallmedizinischen Versorgung von Patienten mit Schädel-Hirn-Trauma. Mehrere Beiträge dieses Bandes dokumentieren, daß das erweiterte Neuromonitoring bereits heute entscheidende Vorteile bei der Prävention bleibender Defizite bietet und damit die Grundlage für eine Verbesserung des neurologischen Outcome schafft.

Wesentliche Indikationen für das Neuromonitoring in der Intensivmedizin sind die Beurteilung der ZNS-Funktion bewußtloser Patienten sowie die Optimierung der Schmerztherapie und Sedierung. Bei der Diagnostik und bei der Beurteilung der Prognose komatöser Zustände schafft das neurophysiologische Monitoring durch objektive Kriterien zusätzliche Sicherheit zur klinisch-neurologischen Einschätzung anhand verschiedener Scores.

Das EEG und die Ableitung evozierter Potentiale – ergänzt durch die transkranielle Dopplersonographie – sind darüber hinaus entscheidende Parameter für die Hirntodbestimmung. Die ganze Problematik einer „objektiven" Algesimetrie bis hin zur bedarfsgerechten Steuerung der Analgosedierung ist schließlich ein wichtiges, aber bisher noch nicht zufriedenstellend gelöstes Aufgabenfeld in der Intensivmedizin.

Wer das Neuromonitoring verstehen und indikationsgerecht einsetzen will, muß die anatomischen, physiologischen und pathophysiologischen Gegebenheiten der zentralnervösen Reizleitung, die Problematik der Schmerzwahrnehmung und die Hauptmechanismen akuter Hirnschäden sowie die therapeutischen Möglichkeiten kennen. Der Vermittlung dieser Grundlagen wird daher im vorliegenden Buch breiter Raum eingeräumt. Neben dem EEG und evozierten Potentialen wird im übrigen die gesamte Bandbreite an Überwachungsmöglichkeiten des ZNS, ausgehend von klinisch-neurologischen Untersuchungsverfahren über morphologisch bildgebende, hämodynamische und metabolische bis hin zu funktionellen vorgestellt und eingehend diskutiert. Wir hoffen, mit diesem Band – auch im Hinblick auf ein wachsendes Kostenbewußtsein – einen Beitrag zur Validierung des Neuromonitorings zum Nutzen der Patienten in der operativen Medizin zu leisten.

Unser besonderer Dank gilt allen Teilnehmern an der Workshopveranstaltung für ihre engagierte Mitarbeit und für ihre Bereitschaft, ihre Referate im Sinne des didaktischen Konzepts dieser Publikation gründlich aufzubereiten. Folgenden Firmen danken wir für ihre großzügige Unterstützung, mit der sie die Ausrichtung des Workshops und die Herausgabe des Buches ermöglicht haben: Abbott GmbH, Wiesbaden; Biotest Pharma GmbH, Dreieich; Drägerwerk AG, Lübeck; Hoffmann LaRoche AG, Grenzach-Wyhlen; Janssen GmbH, Neuss; Kabi Pharmacia GmbH, Erlangen; MediSyst GmbH, Linden; Peter von Berg GmbH, Kirchseeon; Siemens AG, Erlangen und Zeneca GmbH, Heidelberg. Unser Dank gilt schließlich auch den Mitarbeitern des Springer-Verlages für die gute Zusammenarbeit bei der Drucklegung dieses Bandes und dessen angemessene Ausstattung.

Erlangen, im März 1994 E. Rügheimer   M. Dinkel

Inhaltsverzeichnis

A. Grundlagen

Anatomie und Physiologie der zentralnervösen afferenten
und efferenten Reizleitung
    D. Claus 3

Zur Pathophysiologie von Hauptmechanismen akuter Hirnschäden
    U. Zwiener, R. Bauer, M. Eiselt 17

Gehirnprotektion: Theorie, Experiment, Klinik
    H. Schmitt 27

B. Untersuchungsmethoden: Klinik, bildgebende Verfahren, Stoffwechsel

Die Bedeutung von Anamnese und klinisch-neurologischem Untersuchungsbefund für das Neuromonitoring in Anästhesie und Intensivtherapie
    B. Neundörfer, M. J. Hilz 43

Computertomographie und Magnetresonanztomographie
in der neurologischen und neurochirurgischen Intensivüberwachung
    W. Huk 52

Tomographische Messung von Hirndurchblutung und Hirnstoffwechsel
    K. Herholz, W.-D. Heiss 58

Zerebrovenöse Oxymetrie
    A. Unterberg, G. H. Schneider, A. v. Helden, W. R. Lanksch 74

C. Untersuchungsmethoden: Intrakranielle Hämodynamik, Hirnfunktion

Die Messung des intrakraniellen Druckes
    E. Pfenninger 85

Die Bedeutung der transkraniellen Dopplersonographie als nichtinvasives
Untersuchungsverfahren in Anästhesie und Intensivmedizin
    W. Schregel 104

Neurophysiologisches Monitoring in der perioperativen Phase:
Grundlagen und Problematik
  M. Dinkel 111

Neurophysiologisches Monitoring: technische Möglichkeiten
  G. Pfurtscheller 124

D. Intraoperatives Neuromonitoring: Neuroanästhesie

Zerebrale Effekte volatiler und intravenöser Anästhetika
  J.-P. Jantzen 137

Neurophysiologisches Monitoring bei intrakraniellen und spinalen Eingriffen
  J. Schramm, J. Zentner 156

Erweitertes anästhesiologisches Monitoring bei speziellen Eingriffen am ZNS
  H. Strauss 174

E. Intraoperatives Neuromonitoring: Spezielle Anwendungsgebiete

Monitoring und Narkoseführung bei Epilepsie aus der Sicht des Neurologen
  H. Stefan, U. Neubauer, M. Weis, L. Wölfel 195

Neurophysiologisches Monitoring bei kardiochirurgischen Eingriffen
  W. Engelhardt 201

Risikominimierung in der Gefäßchirurgie
durch neurophysiologisches Monitoring
  M. Dinkel, H. Schweiger, E. Rügheimer 208

F. Neuromonitoring auf der Intensivstation

Neurologisches Basismonitoring und notfallmedizinische Erstversorgung
bei Patienten mit Schädel-Hirn-Trauma
  E. Pfenninger 229

Zerebrale Überwachung auf der Intensivstation
  W. H. Löffler 245

EEG-Monitoring zur Überwachung und Steuerung der Sedierung
auf der Intensivstation
  I. Pichlmayr 253

Prognosebeurteilung und Hirntoddiagnostik auf der Intensivstation
  G. Schwarz, G. Litscher, G. Pfurtscheller, A. Lechner, E. Rumpl, W. F. List . 262

G. Anästhesiemonitoring

Wirkmechanismen der Narkotika auf den verschiedenen Ebenen
des zentralen Nervensystems
    B. W. Urban 277

Brauchen wir eine Objektivierung der „Narkosetiefe"?
    H.-D. Kamp 293

Die Problematik subjektiver und objektiver Schmerzmessung beim Menschen
    H. O. Handwerker 300

EEG-Monitoring zur Quantifizierung der „Narkosetiefe":
Möglichkeiten und Grenzen
    J. Schüttler 306

Akustisch evozierte Potentiale mittlerer Latenz und intraoperative
Wahrnehmung
    D. Schwender, C. Madler, S. Klasing. E. Pöppel, K. Peter 319

Algesimetrie durch schmerzkorrelierte evozierte Potentiale
    G. Kobal 334

Sachverzeichnis 343

Verzeichnis der Referenten und Diskussionsteilnehmer

Ahnefeld, F. W., Prof. Dr. med. Dr. h. c.
Universitätsklinik für Anästhesiologie,
Klinikum der Universität Ulm,
Steinhövelstr. 9, D-89075 Ulm

Bergmann, H., Prof. Dr. med.
Ludwig-Boltzmann-Institut
für experimentelle Anaesthesiologie
und intensivmedizinische Forschung,
Bereich Linz,
Krankenhausstr. 9, A-4020 Linz

Claus, D., Prof. Dr. med.
Neurologische Klinik mit Poliklinik,
Klinikum der Universität
Erlangen-Nürnberg,
Schwabachanlage 6, D-91054 Erlangen

Dick, W., Prof. Dr. med. Dr. h. c.
Klinik für Anästhesiologie,
Klinikum der
Johannes-Gutenberg-Universität,
Langenbeckstr. 1, D-55131 Mainz

Dinkel, M., Dr. med.
Institut für Anaesthesiologie, Klinikum
der Universität Erlangen-Nürnberg,
Krankenhausstr. 12, D-91054 Erlangen

Engelhardt, W., Priv.-Doz. Dr. med.
Institut für Anästhesiologie,
Klinikum der Universität Würzburg,
Josef-Schneider-Str. 2, D-97080 Würzburg

Halmágyi, M., Prof. Dr. med.
Klinik für Anästhesiologie,
Klinikum der
Johannes-Gutenberg-Universität,
Langenbeckstr. 1, D-55131 Mainz

Handwerker, H. O., Prof. Dr. med.
Institut für Physiologie
und Biokybernetik,
Universität Erlangen-Nürnberg,
Universitätsstr. 17, D-91054 Erlangen

Hecker, E., Dr. Ing.
Drägerwerk AG,
Moislinger Allee 53–55, D-23558 Lübeck

Herholz, K., Priv.-Doz. Dr. med.
Max-Planck-Institut für
Neurologische Forschung und
Neurologische Universitätsklinik,
Gleueler Str. 50, D-50931 Köln

Huk, W., Prof. Dr. med.
Abteilung für Neuroradiologie,
Neurochirurgische Klinik,
Universität Erlangen-Nürnberg,
Schwabachanlage 6, D-91054 Erlangen

Jantzen, J.-P., Priv.-Doz. Dr. med.
Städt. Krankenhaus Nordstadt,
Haltenhoffstr. 41, D-30167 Hannover

Kamp, H.-D., Prof. Dr. med.
Klinik für Anästhesiologie
und Operative Intensivmedizin,
Zentralkrankenhaus,
St.-Jürgen-Str., D-28205 Bremen

Kilian, J., Prof. Dr. med.
Universitätsklinik für Anästhesiologie,
Klinikum der Universität Ulm,
Prittwitzstr. 43, D-89075 Ulm/Donau

Kobal, G., Prof. Dr. med.
Institut für Pharmakologie
und Toxikologie,
Universität Erlangen-Nürnberg,
Universitätsstr. 22, D-91054 Erlangen

List, W., Prof. Dr. med.
Universitätsklinik für Anästhesiologie,
Auenbrugger Platz 29, A-8036 Graz

Löffler, W. H., Prim. Dr.
Institut für Anästhesiologie
und Intensivmedizin,
Wagner-Jauregg-Krankenhaus,
A-4020 Linz

Mayrhofer, O., Prof. Dr. med. Dr. h. c.
Germergasse 27/9, A-2500 Baden

Neubauer, I., Dr.
Drägerwerk AG,
Moislinger Allee 53–55, D-23558 Lübeck

Neundörfer, B., Prof. Dr. med.
Neurologische Klinik mit Poliklinik,
Universität Erlangen-Nürnberg,
Schwabachanlage 6, D-91054 Erlangen

Pasch, T., Prof. Dr. med.
Institut für Anästhesiologie,
Universitätsspital,
Rämistr. 100, CH-8091 Zürich

Peter, K., Prof. Dr. med. Dr. h.c.
Institut für Anästhesiologie,
Klinikum Großhadern,
Marchioninistr. 15, D-81377 München

Pfenninger, E., Priv.-Doz. Dr. med.
Universitätsklinik für Anästhesiologie,
Klinikum der Universität Ulm,
Steinhövelstr. 9, D-89075 Ulm

Pfurtscheller, E., Prof. Dr. med.
Abt. Med. Informatik,
Institut für Elektro- und biomed. Technik,
Progmannstr. 41, A-8010 Graz

Pichlmayr, I., Prof. Dr. med.
Zentrum Anästhesiologie, Abt. IV,
Medizinische Hochschule Hannover,
Krankenhaus Oststadt,
Podbielskistr. 380, D-30659 Hannover

Rügheimer, E., Prof. Dr. med.
Institut für Anaesthesiologie, Klinikum
der Universität Erlangen-Nürnberg,
Krankenhausstr. 12, D-91054 Erlangen

Schädlich, M., Prof. Dr. med.
Zollbrücker Str. 4, D-13156 Berlin

Schmitt, H., Dr. med.
Institut für Anaesthesiologie, Klinikum
der Universität Erlangen-Nürnberg,
Krankenhausstr. 12, D-91054 Erlangen

Schramm, J., Prof. Dr. med.
Neurochirurgische Klinik,
Rheinische Friedrich-Wilhelms-Universität,
Sigmund-Freud-Str. 25, D-53127 Bonn

Schregel, W., Priv.-Doz. Dr. med.
Klinik für Anaesthesiologie und operative
Intensivtherapie, Knappschaftskrankenhaus
Bochum-Langendreer, Universitätsklinik,
In der Schornau 23, D-44892 Bochum

Schüttler, J., Prof. Dr. med.
Klinik und Poliklinik für Anästhesiologie
und spezielle Intensivtherapie,
Rheinische Friedrich-Wilhelms-Universität,
Sigmund-Freud-Str. 25, D-53127 Bonn

Schulte am Esch, J., Prof. Dr. med.
Abt. für Anästhesiologie,
Universitätskrankenhaus Eppendorf,
Martinistr. 52, D-20251 Hamburg

Schwarz, G., Univ.-Doz. Dr. med.
Universitätsklinik für Anästhesiologie,
Auenbrugger Platz 29, A-8036 Graz

Schwender, D., Priv.-Doz. Dr. med.
Institut für Anästhesiologie,
Klinikum Großhadern,
Marchioninistr. 15, D-81377 München

Stefan, H., Prof. Dr. med.
Neurologische Klinik mit Poliklinik,
Klinikum der Univ. Erlangen-Nürnberg,
Schwabachanlage 6, D-91054 Erlangen

Steinbereithner, K., Prof. Dr. med. Dr. h.c.
Ludwig-Boltzmann-Institut für
Experimentelle Anaesthesiologie und
Intensivmedizinische Forschung,
Spitalgasse 23, A-1090 Wien

Strauss, H., Dr. med.
Institut für Anaesthesiologie, Klinikum
der Universität Erlangen-Nürnberg,
Krankenhausstr. 12, D-91054 Erlangen

Unterberg, A., Prof. Dr. med.
Abt. für Neurochirurgie,
Neurochirurgische-Neurologische Klinik,
Universitätsklinikum Rudolf-Virchow,
FU Berlin,
Augustenburger Platz 1, D-13353 Berlin

Urban, B. W., Prof. Dr. med.
Klinik und Poliklinik für Anästhesiologie
und spezielle Intensivtherapie,
Rheinische Friedrich-Wilhelms-Universität,
Sigmund-Freud-Str. 25, D-53127 Bonn

Zwiener, U., Prof. Dr. sc. med., Dr. phil.
Institut für pathologische Physiologie,
Medizinische Fakultät,
Friedrich-Schiller-Universität Jena,
Löbderstr. 3, D-07743 Jena

Verzeichnis der Herausgeber der Schriftenreihe

Prof. Dr. med. Dr. h. c.
Friedrich Wilhelm Ahnefeld
Universitätsklinik für Anästhesiologie,
Klinikum der Universität Ulm
Steinhövelstr. 9, D-89075 Ulm

Prof. Dr. med. Hans Bergmann
Ludwig Boltzmann-Institut für
experimentelle Anaesthesiologie
und intensivmedizinische Forschung,
Bereich Linz
Krankenhausstr. 9, A-4020 Linz

Prof. Dr. med. Dr. h. c. Wolfgang Dick
Klinik für Anästhesiologie, Klinikum der
Johannes-Gutenberg-Universität
Langenbeckstr. 1, D-55131 Mainz

Prof. Dr. med. Miklos Halmágyi
Klinik für Anästhesiologie, Klinikum der
Johannes-Gutenberg-Universität
Langenbeckstr. 1, D-55131 Mainz

Prof. Dr. med. Thomas Pasch
Institut für Anästhesiologie,
Universitätsspital
Rämistr. 100, CH-8091 Zürich

Prof. Dr. med. Erich Rügheimer
Institut für Anaesthesiologie,
Klinikum der Universität
Erlangen-Nürnberg
Krankenhausstr. 12, D-91054 Erlangen

Schriftleiter:

Prof. Dr. Jürgen Kilian
Universitätsklinik für Anästhesiologie,
Klinikum der Universität Ulm
Prittwitzstr. 43, D-89075 Ulm

Abkürzungen

AEP	akustisch evoziertes Potential
avDO$_2$	arteriovenöse Sauerstoffdifferenz
BAEP	akustisch evoziertes Hirnstammpotential
CBF	zerebraler Blutfluß
CBV	zerebrales Blutvolumen
CCT	zentrale Überleitungszeit
CMCT	zentralmotorische Überleitungszeit
CMRO$_2$	zerebraler Sauerstoffverbrauch
CPP	zerebraler Perfusionsdruck
CT	Computertomographie
CSA	Compressed Spectral Array
CSP	Karotisstumpfdruck
CSSEP	chemosomatosensorisch evoziertes Potential
CVP	zentralvenöser Druck
DSA	Density Modulated Spectral Array
EEG	Elektroenzephalographie
EKG	Elektrokardiographie
EKZ	extrakorporale Zirkulation
EP	evoziertes Potential
ERP	ereigniskorreliertes Potential
FFT	Fast Fourier Transformation
GABA	Gamma-Amino-Buttersäure
GCS	Glasgow Coma Scale
GOS	Glasgow Outcome Score
HfV	Herzfrequenzvariabilität
HRV	Herzratenvariabilität
ICP	Hirndruck
IKS	Innsbrucker Koma Skala
LLAEP	akustisch evoziertes Potential später Latenz
MEP	motorisch evoziertes Potential
MLAEP	akustisch evoziertes Potential mittlerer Latenz

MRI	Magnetic Resonance Imaging
MRS	Magnetic Resonance Spectroscopy
MRT	Magnetresonanztomographie
NIRS	Nahe Infrarot Spektroskopie
NMDA	N-Methyl-D-Aspartat
PET	Positronenemissionstomographie
PRST	Pressure, Heart-Rate, Sweating, Tears
SEF	spektrale Eckfrequenz
SEP	somatosensorisch evoziertes Potential
SHT	Schädel-Hirn-Trauma
SPECT	Einzelphotonenemissionstomographie
SSEP	somatosensorisch evoziertes Potential
TCD	transkranielle Dopplersonographie
TEE	transoesophageale Echokardiographie
TIA	transitorisch ischämische Attacke
TIVA	totale intravenöse Anästhesie
VAS	visuelle Analog-Skala
VEP	visuell evoziertes Potential

A. Grundlagen

Anatomie und Physiologie der zentralnervösen afferenten und efferenten Reizleitung

D. Claus

Hirnkreislauf

Der Hirnstoffwechsel benötigt als fast ausschließlichen Energielieferanten Glukose, von der das Gehirn selbst keine Vorräte besitzt. Etwa 15% des Herzminutenvolumens werden vom Gehirn verbraucht, das selbst nur etwa 2% des Gesamtkörpergewichts ausmacht. Die Autoregulation des zerebralen Kreislaufs gewährleistet eine stabile Durchblutung und O_2-Versorgung innerhalb weiter Grenzen. Verantwortlich hierfür ist der vorwiegend über den CO_2-Gehalt des Blutes gesteuerte Baylis-Effekt. Blutdrucksenkung führt zunächst zu einer kompensatorischen Dilatation der Hirngefäße. Erst unterhalb eines systolischen Blutdruckwertes von 70 mm Hg (beim Hypertoniker 70% des Ausgangswertes) nimmt die Hirndurchblutung ab [9]. Verschlüsse einzelner Gefäße lösen eine reflektorische Erweiterung kollateraler Arterien aus, die um so wirksamer ist, je langsamer der Verschluß eintritt und je flexibler das Gefäßsystem ist. Gefäßkollateralen bestehen durch den Circulus arteriosus Willisii sowie zwischen den Endästen der großen Aa. cerebri anterior, cerebri media und cerebri posterior. Daneben existieren auch Kollateralen zwischen den Ästen der A. carotis externa und der A. carotis interna. Ein venöser Rückstau oder die Steigerung des intrakraniellen Druckes vermindert den zerebralen Perfusionsdruck [7]. Eine arterielle Gefäßsklerose, pulmonale oder kardiale Insuffizienz können zu einer beeinträchtigten zerebralen Blutversorgung beitragen. Eine Verminderung der zerebralen Blutversorgung von 60 ml/100 g Hirngewebe auf 40 ml/100 g Hirngewebe führt zu ischämisch bedingten Funktionsstörungen. Bei einer Verminderung des Metabolismus unter den Erhaltungsumsatz von ca. 15% kommt es nach wenigen Minuten zu irreversiblen Gewebsnekrosen, dem ischämischen Hirninfarkt. Der Infarkt kann einzelne arterielle Versorgungsgebiete, Teilgebiete oder die Grenzzonen zwischen den Versorgungsbereichen betreffen. Lakunäre Infarkte im Versorgungsgebiet kleiner intrazerebraler Arterien und die subkortikale arteriosklerotische Enzephalopathie bei Hypertonikern werden von den hämodynamisch ausgelösten Infarkten in Endstromgebieten oder Grenzzonen unterschieden, die bei proximalen Arterienstenosen entstehen. Die Territorialinfarkte sind nicht selten embolisch bedingt [12, 13].

Sensorische Leitungsbahn

Unter Sensibilität wird die Fähigkeit verstanden, verschiedene Reize wahrzunehmen. Der Reiz wird über Rezeptoren, afferente Nerven und Rückenmarkbahnen zur

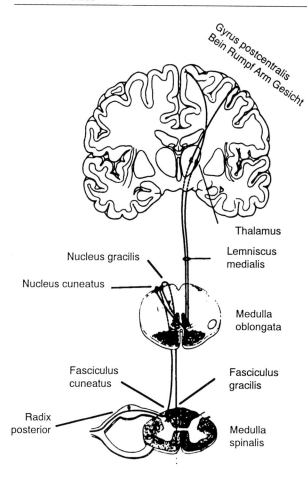

Abb. 1. Die afferente Leitung verläuft über die Hinterstränge (Fasciculus gracilis und cuneatus) den Lemniscus medialis im Hirnstamm und den Thalamus (Nucleus ventralis posterolateralis) zur sensorischen Hirnrinde. Die Umschaltung erfolgt in den Hirnstammkernen und im Thalamus

sensiblen Hirnrinde vermittelt. An verschiedenen Übertragungsorten findet auf dieser Strecke eine Modulation statt (Hemmung, Bahnung, Kontrastbildung). Nach J. Müllers Gesetz der spezifischen Sinnesenergie rufen die verschiedenen Sinnesorgane, gleichgültig wie sie gereizt werden, immer eine Empfindung derselben Qualität hervor. Nach G. Fechner steigt die Stärke einer Empfindung mit dem Logarithmus des Reizes an. Von H. Head wurden 3 sensible Qualitäten unterschieden:

a) *epikritisch:* feine Reizerkennung (Berührung, Zahlenerkennen);
b) *protopathisch:* Schmerz, Temperatur;
c) *Tiefensensibilität:* Positions-, Lagesinn.

Diese Unterscheidung beruht nicht auf Rezeptor- oder Faserklassen. Die 4 Modalitäten der somatischen Sensibilität können hingegen einzelnen Rezeptorklassen zugeordnet werden.

Die sensible Leitungsbahn verbindet die Rezeptoren in der Peripherie mit dem kortikalen Projektionsfeld. Sie verläuft über afferente Nervenfasern, die spinalen Hinterwurzeln und das Rückenmark. Die afferenten Signale der Rezeptoren und

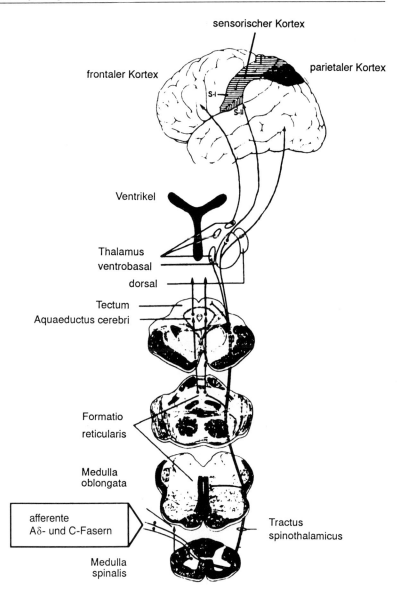

Abb. 2. Die afferente Leitung von Schmerz und Temperatur verläuft im Tractus spinothalamicus. Seine Neurone ziehen lateral der Formatio reticularis durch den Hirnstamm und erreichen den Nucleus posterolateralis des Thalamus. Von hier erfolgt die ausgedehnte kortikale Projektion

freien Nervenendigungen verlaufen über die pseudounipolaren Nervenzellen der extradural liegenden Spinalganglien. Während die Wahrnehmung für Berührung und Position über großkalibrige dick bemarkte Fasern der Gruppe A und die spinalen Hinterstränge verläuft (Abb. 1), werden Temperatur und Schmerz durch dünn bemarkte, langsam leitende Aδ- und C-Fasern und den Tractus spinothalamicus vermittelt (Abb. 2). Die Hinterstrangfasern ziehen ohne Umschaltung und

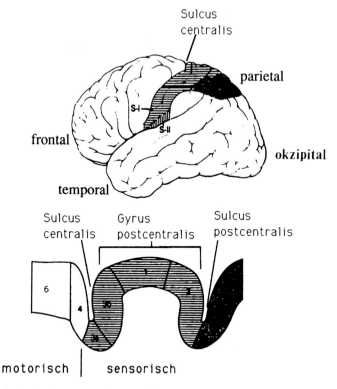

Abb. 3. Die postzentrale sensorische Rinde des Gyrus postcentralis (*schraffiert*) wird in den primären (*SI*) und den sekundären (*SII*) somatosensorischen Kortex untergliedert. Er ist zytoarchitektonisch in die Areae 1, 2, 3a und 3b untergliedert. Die thalamokortikale Projektion terminiert überwiegend in 3a und 3b. Während SI nur Afferenzen von der kontralateralen Körperhälfte erhält, hat SII bilaterale Zuflüsse

ungekreuzt bis zum Nucleus gracilis (Goll) bzw. Nucleus cuneatus (Burdach) in der kaudalen Medulla oblongata. Die vom Bein kommenden Hinterstrangfasern liegen mediodorsal (Fasciculus gracilis) und die vom Arm kommenden Fasern liegen lateral (Fasciculus cuneatus). Nach Umschaltung in den Hinterstrangkernen kreuzen die Afferenzen im Lemniscus medialis zur Gegenseite, um in den sensiblen Thalamuskernen (VPL, VPM) auf das 2. zentrale Neuron zu schalten. Die thalamokortikalen Bahnen erreichen die sensorische Hirnrinde (Area 3) im Gyrus postcentralis und Lobus paracentralis (Abb. 3). Die Afferenzen sind, ähnlich wie in der motorischen Rinde, somatotopisch gegliedert [8, 11, 15]. Die Weiterverarbeitung erfolgt überwiegend in den parietalen Assoziationsfeldern, in denen die späten SEP-Komponenten generiert werden. Die Afferenzen der Muskelspindeln projizieren über die Hinterstränge zur Area 3a in der Zentralfurche.

Abb. 4. Bei dem 60jährigen Patienten konnte eine ischämische Thalamusläsion rechts im SPECT nachgewiesen werden (*Pfeile*). Dementsprehend ist die kortikale N20-Antwort über der rechten Hemisphäre (C4'/Fz) verspätet und amplitudengemindert

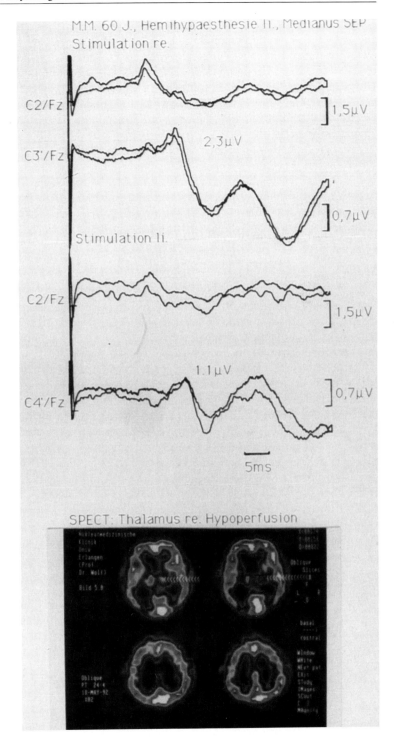

Somatosensorisch evozierten Potentialen liegen vorwiegend kutane Afferenzen zugrunde. Nach Medianusstimulation wird über dem Erb-Punkt das Potential N9 abgeleitet. Über zervikalen Punkten werden die Potentiale N11 und N13 gewonnen, die den Eintritt der Erregung in das Rückenmark sowie die Reizleitung in spinalen Hintersträngen reflektieren. Das kortikale Fernpotential P14 wird den Hintersträngen auf der Höhe des Foramen magnum bzw. dem medialen Lemniskus zugeordnet. Der kortikale Primärkomplex N20 entstammt dem postzentralen Kortex (Area 3b, aber auch Areae 3a und 4).

Die Beteiligung thalamischer Kerne an der sensorischen Leitung wird an einem Fall illustriert. Bei dem 60jährigen Patienten liegt ein Infarkt im rechten Thalamus vor. Während sich der linke Thalamus stoffwechselaktiv im SPECT anfärbt (Abb. 4), ist er rechts ausgefallen. Infolgedessen ist das von der rechten Hemisphäre abgeleitete SEP amplitudengemindert (1,1 µV) und verspätet. Bei kortikalen Läsionen kommt es zu einem Ausfall des N20-Potentials (vgl. Abb. 8 und 10).

Motorische Leitungsbahn

Das zentrale motorische System ist in hierarchisch organisierten Regelkreisen aufgebaut: dem Rückenmark, dem Hirnstamm, dem Motorkortex und den prämotorischen und supplementärmotorischen Rindenfeldern. Die Hirnrinde setzt sich morphologisch aus 6 Schichten zusammen. Area 4, die Präzentralwindung (Abb. 3), bildet den Motorkortex [2]. In der inneren Pyramidenschicht oder Schicht V des Motorkortex liegen die größten Pyramidenzellen. Aus der Pyramidenspitze geht ein vertikaler Dendrit hervor. Einige besonders große Pyramidenzellen im Motorkortex, die Betz-Zellen, senden großkalibrige Axone in den Tractus corticospinalis, welche die α-Motoneurone erreichen (Abb. 5). Zuflüsse von der prämotorischen und supplementärmotorischen Rinde (Area 6) sowie vom sensorischen Kortex (Area 3) und über den Thalamus, von Stammganglien wie auch vom Zerebellum erreichen den Motorkortex. Alle Kortexregionen können die motorische und prämotorische Rinde über kortikokortikale Verbindungen direkt beeinflussen.

Eine topographische Gliederung der motorischen Rinde konnte in intraoperativen Reizversuchen nachgewiesen werden [11]. Die Neurone eines Rindenareals, die zu einem α-Motoneuron projizieren, bilden eine kortikale Kolonie. Zu den Motoneuronen, die distale Gliedmaßenmuskeln versorgen, projizieren besonders viele Betz-Zellen, die über ein kleines Kortexareal verteilt sind. Für proximale Muskeln ist dieses Verhältnis umgekehrt.

Die Tractus corticospinalis und corticobulbaris wirken direkt auf spinale Motoneurone und auf die vom Hirnstamm ausgehenden deszendierenden Bahnen, v. a. auf die Tractus reticulospinalis und rubrospinalis. Der kortikospinale Trakt (Abb. 5) ist ein Bestandteil der *Pyramidenbahn,* die in der Pyramide der Medulla oblongata verläuft. Über den Tractus corticospinalis wird die Feinmotorik gesteuert, und Bewegungen werden abgestimmt. Die deszendierende Bahn enthält Axone von verschiedenen kortikalen Bezirken. Bei Affen stammen nur 30% der kortikospinalen und kortikobulbären Fasern aus dem Motorkortex. Weitere 30% entstammen Area 6, der prämotorischen Rinde. Die restlichen 40% entspringen dem Parietallappen, v. a. den primären sensorischen Rindenarealen (Areae 1, 2 und 3; Abb. 3). Beim

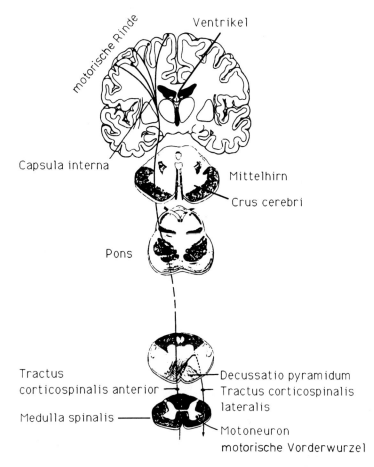

Abb. 5. Die deszendierende Leitungsbahn des Tractus corticospinalis, vom Motorkortex zur spinalen Vorderhornzelle (α-Motoneuron) ist schematisch dargestellt

Menschen können bis zu 60% der Fasern aus Area 4 entspringen [4]. Die Fasern aus der motorischen Rinde projizieren kontralateral direkt zu den Motoneuronen. Sie projizieren auch zu γ-Motoneuronen und spinalen Interneuronen wie den Renshaw-Zellen. Die schnelleitenden Axone der großen Pyramidenzellen aus dem Motorkortex gehen eine direkte synaptische Verbindung mit α-Motoneuronen ein. Sie verlaufen durch die innere Kapsel, die Pedunculi cerebri und die rostrale Brücke im Tractus corticospinalis anterior (ungekreuzt) und im Tractus corticospinalis lateralis (gekreuzt). In der Medulla oblongata finden die Fasern des Tractus corticobulbaris Verbindung zu den motorischen Hirnnervenkernen. Beim Menschen haben nur 2% der Pyramidenbahnfasern einen Durchmesser von 11–20 μm, sie leiten Impulse mit Geschwindigkeiten von 50 m/s oder schneller. 90% der Fasern gehen von kleinen Pyramidenzellen aus, sie leiten mit Geschwindigkeiten um 14 m/s.

Die gemeinsame Endstrecke des zentralen motorischen Systems bilden die α-Motoneurone. Sie liegen im Vorderhorn des Rückenmarks. Jedes α-Motoneuron

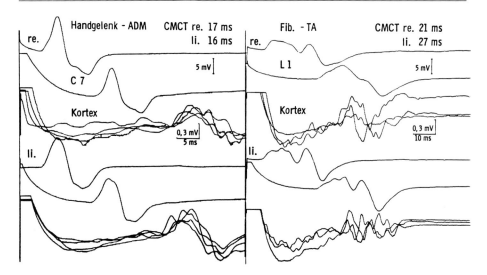

Abb. 6. Der 21jährige Patient leidet an einem intramedullären Tumor des Zervikalmarks. Als Ausdruck der gestörten deszendierenden spinalen Erregungsleitung sind die magnetisch evozierten Summenpotentiale in beiden Händen (Abductor digiti minimi) und auch in beiden Beinen (Tibialis anterior) verspätet. Die zentrale motorische Leitungszeit (CMCT) ist deshalb zu allen 4 Extremitäten stark verlängert

bildet mit einer Anzahl von Muskelfasern eine *motorische Einheit*. Jedes Motoneuron erhält Spindelafferenzen, Golgi-Afferenzen, sekundäre Spindelafferenzen, Signale aus Haut- und Gelenkrezeptoren, rekurrierende inhibitorische Renshaw-Verbindungen wie auch andere Afferenzen von spinalen Interneuronen. Das initiale Segment des Axons eines α-Motoneurons und der Axonhügel funktionieren als Triggerzone. Hier werden synaptische Signale integriert; *temporale und spatiale Summation* von ankommenden Impulsen finden hier statt.

Nach transkranieller magnetischer Stimulation und transkutaner Erregung spinaler Vorderwurzeln (zervikal/lumbal) können von Zielmuskeln an den oberen und unteren Extremitäten Summenpotentiale abgeleitet werden [3], die eine Beurteilung der zentralen motorischen Leitungsfunktion ermöglichen (Abb. 6).

Visuelles System

Das Lichtsignal bewirkt in den Zapfen und Stäbchen der Retina eine fotochemische Reaktion, die Impulse auslöst. Die Signale werden über den N. opticus, das Chiasma opticum und den Tractus opticus zu den primären Sehzentren (Corpus geniculatum laterale, Colliculus superior, Pulvinar thalami) geleitet. Im Corpus geniculatum laterale sind die zentralen Anteile der Retina besonders ausgedehnt repräsentiert. Die Afferenzen aus den komplementären Retinaanteilen des ipsi- und kontralateralen Auges erreichen alternierend die 6 Zellschichten. Vom Corpus geniculatum laterale führt die Gratiolet-Sehstrahlung zur Sehrinde, der Area striata (Area 17) des okzipitalen Kortex [6]. Darüber hinaus bestehen Verbindungen zum sekundären

(Area 18), tertiären visuellen Kortex (Area 19) sowie zu den Colliculi superiores. Die Afferenzen aus der Makularegion, der Zone des schärfsten Sehens, breiten sich über die Hälfte des primären visuellen Kortex aus. Während die Afferenzen aus der temporalen Retina ungekreuzt verlaufen, kreuzen diejenigen der nasalen Retina zum kontralateralen Kortex.

Die größte Positivierung visuell evozierter Potentiale (VEP) – P100 – wird wahrscheinlich nicht direkt in der genikulokortikalen Projektion generiert, sondern entspringt kortikalen Strukturen.

Akustische Leitungsbahn

Die akustischen Afferenzen verlaufen vom Corti-Organ des Innenohres im N. cochlearis zum Nucleus cochlearis im Corpus restiforme des lateralen Hirnstamms. Hier erfolgt die synaptische Umschaltung auf ein zweites Neuron, das teils ipsilateral über weitere Umschaltungen zu den Colliculi inferiores sowie zu den Corpora geniculata medialia projiziert. Die Neurone des Nucleus cochlearis ventralis kreuzen im Trapezkörper zur Gegenseite, um dann im Lemniscus lateralis zu den kontralateralen Colliculi inferiores und Corpora geniculata medialia zu ziehen. Von hier aus erfolgt die Projektion in der Radiatio acustica zur temporalen primären Hörrinde (Area 41). An die primären Rindenfelder schließen sich sekundäre akustische

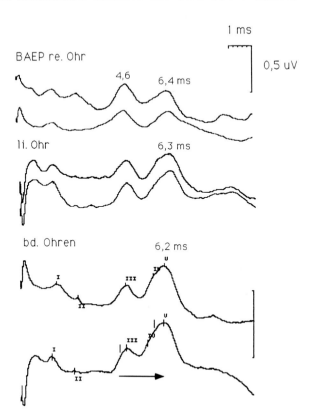

Abb. 7. Das Meningeom komprimiert den unteren Hirnstamm und führt zu einer Verspätung der Komponenten III–V akustisch evozierter Potentiale. Die Komponente I (II) ist infolge der unbeeinträchtigten Funktion des N. acusticus nicht betroffen

Areale an (Areae 42 und 22) [10]. Akustisch evozierte Hirnstammpotentiale enthalten 5 Komponenten, die nur unsicher den anatomischen Strukturen zugeordnet werden können (I und II: Hörnerv und Nucleus cochlearis, III: obere Olive, IV: Lemniscus lateralis, V: Colliculus inferior). Dipoluntersuchungen [14] sprechen dafür, daß I und II im N. acusticus generiert werden, während III bis V im unteren Hirnstamm entstehen. Die Interpeaklatenz I–III wird deshalb als Leitungszeit im Hörnerv, die Interpeaklatenz III–V als intrazerebrale Überleitungszeit angesehen.

Bei der 65jährigen Frau (Abb. 7) wurde neuroradiologisch ein Meningeom der Sella turcica nachgewiesen, das auf den unteren Hirnstamm (Pons) drückte. Als

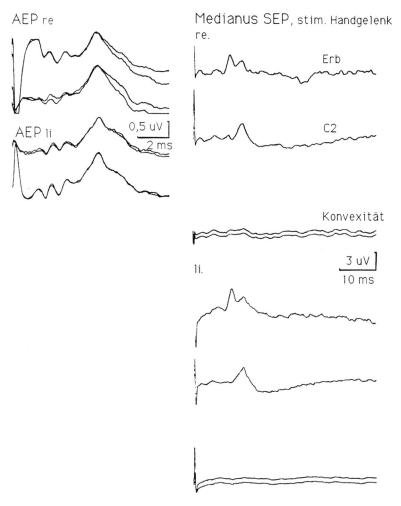

Abb. 8. Der schwere hypoxische Hirnschaden hat zu einem apallischen Syndrom geführt, bei dem die kortikalen SEP-Komponenten (N 20) beidseits ausgefallen sind. Die Potentiale über dem Erb-Punkt und dem Zervikalmark sind dagegen normal ableitbar. Das unauffällige akustisch evozierte Potential spiegelt eine normale Leitungsfunktion des Hirnstamms wider

Ausdruck der gestörten Leitungsfunktion in diesem Bereich sind die Komponenten III–V der akustisch evozierten Hirnstammpotentiale verspätet, während die frühen Komponenten I und II nicht beeinträchtigt werden.

Schlußfolgerung

Die Untersuchung sensorischer wie auch motorischer zentraler Leitungsfunktionen kann einen Beitrag bei der Einschätzung der Prognose komatöser Patienten leisten [5, 16].

So hatte sich im Fall eines 55jährigen Mannes infolge einer hypoxischen zerebralen Schädigung ein apallisches Syndrom entwickelt. Als Ausdruck der schweren Schädigung sind die kortikalen Primärkomplexe des Medianus-SEP bds. ausgefallen, während sich über dem Erb-Punkt und C2 noch Potentiale ableiten lassen. Das normale AEP bestätigt die Intaktheit der Leitungsbahnen im lateralen Hirnstamm (Abb. 8).

Bei einem 52jährigen Patienten war es infolge eines beidseitigen Carotis-interna-Verschlusses zu einer doppelseitigen ausgedehnten Infarzierung gekommen (Abb. 9), an welcher der Patient nach wenigen Tagen verstarb. Die beidseitig ausgefallenen kortikalen SEP-Antworten über der Schädelkalotte (C3'/Fz, C4'/Fz) deuteten bereits am Tage des Ereignisses die ungünstige Prognose an (Abb. 10).

Für das intraoperative Monitoring hat sich v.a. die Ableitung evozierter Potentiale bewährt, die relativ resistent gegenüber der Narkose sind [1]. Motorisch evozierte Potentiale werden durch Medikamente, die den Muskeltonus herabsetzen und die kortikale Erregbarkeit mindern, beeinflußt.

Die Eintrübung des Bewußtseins bei zerebralen Prozessen wird in Komaskalen klinisch erfaßt und syndromal beschrieben (s. nachfolgende Übersicht).

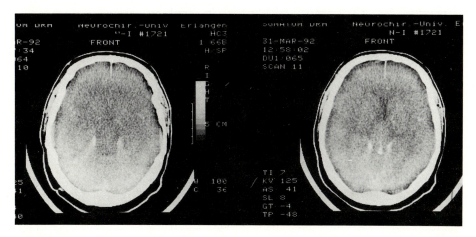

Abb. 9. Kraniales CT eines 52jährigen Patienten mit ausgedehntem Hirnödem bei doppelseitigem Carotis-interna-Verschluß

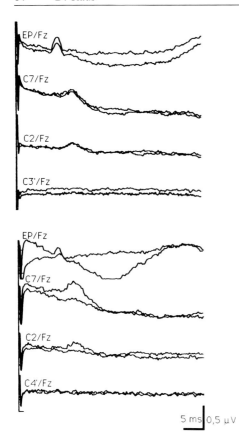

Abb. 10. Gleicher Patient wie in Abb. 9. Nach Medianusstimulation können die Potentiale N9 über Erb und N13 zervikal abgeleitet werden. Infolge der schweren beidseitigen Hemisphärenläsion sind die kortikalen Antworten (N20) ausgefallen

Definition der Begriffe, mit denen zerebrale Ausfälle beschrieben werden
(*EEG* Elektroenzephalogramm, *AV* Allgemeinveränderung)

akinetischer Mutismus (... frontale Akinesie)
Fehlen der Sprache, Gestikulation und Mimik; Blickfolgebewegungen, aber keine Spontanmotorik, scheinbar wach, aber immobil, angedeutete Reaktion auf Schmerzreiz, bewegt nicht auf Aufforderung, Schlaf-Wach-Zyklen, inkontinent.

Alphakoma
Tiefes Koma mit α-EEG (keine Rhytmusreaktion auf Licht, Schall und Schmerzreiz) bei pontomedullären Läsionen (I: okzipital betont), diffuse Störungen (II: frontal betont).

apallisches Syndrom („vegetative state", Status vegetativus)
Keine kognitiven Funktionen, aber Hirnstammfunktionen intakt (okulozephale Reflexe, Pupillenweite, Kauen, Schlucken, Atmung, Kreislaufregulation); der Patient liegt mit offenen (divergenten) Augen da, Ellbogen und Knie gebeugt, Rumpf gestreckt, Blickwendung zum Schallreiz, kein sozialer Kontakt zur Umgebung, fixiert nicht, reagiert nicht auf Ansprache, keine oder spärliche Spontanmotorik, keine gezielten Flucht- und Abwehrbewegungen, Schmerzreiz, Massenbewegungen,

Blinkreflex erhalten, kataleptisches Verhalten, Saug- und Greifreflexe enthemmt, Stellreflexe, Strecksynergismen und Massenbewegungen, Rigidität und extrapyramidale Hyperkinesen, Spastik, automatisierte autonome Funktionen, EEG: schwere AV.

Parasomnie: Status verminderten Bewußtseins zwischen Somnolenz und Koma im Rahmen eines apallischen Syndroms.

Coma vigile: umschreibt den Bewußtseinszustand beim apallischen Syndrom, entspricht dem apallischen Syndrom (wach – reagiert aber nicht, kein tageszeitlich regelmäßiger Schlaf-/Wachrhythmus).

Hirntod (dissoziierter Hirntod, Coma dépassé)

Koma, Blutdruckabfall, Atemstillstand, poikilotherm, Diabetes insipidus, lichtstarre weite Pupillen, okulozephale Reflexe und vestibulo-okulozephale Reflexe negativ, keine Spontanmotorik, keine Schmerzreaktion, Nullinien-EEG, zerebraler Kreislaufstillstand.

Hypersomnie

Vermehrtes Schlafbedürfnis, zufällige verbale Antworten, Pupillenabnormitäten.

Locked-in-Syndrom

Stumm und akinetisch, Querschnitt in Höhe der Abduzenskerne, Lähmung kaudaler Hirnnerven und Tetraplegie, nur vertikale Augenbewegungen und Lidbewegungen, wach, α-EEG, Retikularis intakt.

Literatur

1. Amanti A, Bartelli M, Scisciolo G, Lombardi M, Macucci M, Rossi R, Pratesi C, Pinto F (1992) Monitoring of somatosensory evoked potentials during carotid endarterectomy. J Neurol 239:241–247
2. Brodmann K (1909) Vergleichende Lokalisationslehre der Großhirnrinde. Leipzig
3. Claus D (1989) Die Transkranielle motorische Stimulation. Fischer, Stuttgart
4. Davidoff RA (1990) The pyramidal tract. Neurology 40:332–339
5. Facco E, Baratto F, Munari M, Dona B, Casartelli Liviero M, Behr AU, Giron GP (1991) Sensorimotor central conduction time in comatose patients. Electroenceph clin Neurophysiol 80:469–476
6. Gilbert CD, Wiesel TN (1979) Morphology and intracortical projections of functionally characterised neurones in the cat visual cortex. Nature 280:120–125
7. Hartmann A (1987) Die Bedeutung der Rheologie für zerebrale Durchblutungsstörungen. Akt Neurol 14:35–41
8. Kleist K (1959) Die Lokalisation im Großhirn und ihre Entwicklung. Psychiatria et Neurologia 137:289–309
9. Marshall J (1976) The management of cerebrovascular disease. Churchill & Livingstone, London
10. Miller JM, Towe AL (1979) Audition: Structural and acoustical properties. In: Ruch T, Patton HD (Hrsg) Physiology and biophysics, vol 1. The brain and neural function 20th ed. Saunders, Philadelphia, pp 339–375
11. Penfield W, Boldrey E (1937) Somatic motor and sensory representation in the cerebral cortex of man as studied by electrical stimulation. Brain 60:389–443
12. Poeck K (1986) Moderne Diagnostik und Therapie beim Schlaganfall. DMW 111:1369–1378
13. Ringelstein EB, Zeumer H, Angelou D (1983) The pathogenesis of stroke from internal carotid artery occlusion. Diagnostic and therapeutical implications. Stroke 14:867–875

14. Scherg M, Cramon D (1985) A new interpretation of the generators of BAEP waves I–V: results of a spatio-temporal dipole model. Electroenceph clin Neurophysiol 62:290–299
15. Vogt C, Vogt O (1926) Die vergleichend-architektonische und die vergleichend-reizphysiologische Felderung der Großhirnrinde unter besonderer Berücksichtigung der menschlichen. Naturwissenschaften 14:1190–1194
16. Ying Z, Schmid UD, Schmid J, Hess CW (1992) Motor and somatosensory evoked potentials in coma: analysis and relation to clinical status and outcome. J Neurol Neurosurg Psychiatry 55:470–474

Zur Pathophysiologie von Hauptmechanismen akuter Hirnschäden

U. Zwiener, R. Bauer, M. Eiselt

Die Pathophysiologie akuter Hirnschäden ist vielfältig und nur zu einem beschränkten Teil aufgeklärt, und die therapeutischen Möglichkeiten sind bisher bescheiden. Trotzdem werden in jüngster Zeit Hauptlinien in ihren pathogenetischen Mechanismen detaillierter erkennbar. Daraus können inzwischen diagnostische und gewisse therapeutische Ansätze, z. T. auch kausaler Art, resultieren.

Wesentliche Formen und Hauptmechanismen akuter Hirnschäden

Die wesentlichsten Formen aus ätiopathogenetischer Sicht sind die hypoxisch-ischämische Hirnschädigung und das Hirntrauma, von Hirnblutungen und Intoxikationen einmal abgesehen. Beim Hirntrauma sind sekundär auch hypoxisch-ischämische Komponenten eingeschlossen.

Die generellen Schädigungswege schließen bei entsprechender Ausprägung meist mehrere Organe in der Konkurrenz von schädigenden und kompensatorischen Teilmechanismen ein (Abb. 1).

Hypoxisch-ischämische Hirnschädigung

Beim 1. Typus der hypoxisch-ischämischen Hirnschädigung, dem frühkindlichen Hirnschaden, ist eine pathogenetische Kette entweder von intrauteriner oder pulmonaler Hypoxie bis zum Neuronenuntergang zu verfolgen. Die Interaktion dieser schädigend bzw. dekompensatorisch wirkenden und der kompensatorischen Teilmechanismen ist inzwischen näher in das Blickfeld gerückt [5, 31, 36]. Leichte Hypoxien werden akut völlig in dieser Kette kompensiert (z. B. durch kardiovaskuläre Emergencyreaktion, Hirndurchblutungssteigerung und erhöhte zerebrale O_2-Ausschöpfung). Bei stärkeren Hypoxien ist entscheidend, inwieweit die primäre Hypoxie durch die kardiovaskulär-metabolische Gegenregulation in ihrer Wirkung bis zum Hirngewebe so begrenzt wird, daß die noch zu nennenden mikrozirkulatorisch-zellulären Schädigungsmechanismen nicht stärker in Gang kommen. Dabei spielt auch die ontogenetisch begrenzte Autoregulationskapazität der Hirndurchblutung eine Rolle. Bei starker Belastung wirkt besonders der Circulus vitiosus zwischen hypoxisch-azidotischer kardiovaskulärer Depression und deren ischämischer Wirkung vital dekompensierend (Übersicht in [37]). Dann betrifft die ischämische Komponente auch den Bereich der Kreislaufzentralisation.

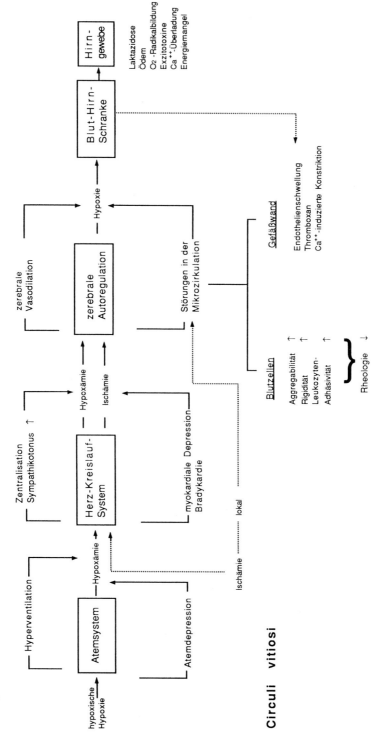

Abb. 1. Pathogenetisches Schema akuter Hirnschädigung in der Konkurrenz von kompensatorischen (obere Rückkopplungen) und dekompensatorischen Mechanismen (*Circuli vitiosi*: untere Rückkopplungen; *BBB*: Blut-Hirn-Schranke)

Beim 2. Typus hypoxisch-ischämischer Hirnschädigung, wie er besonders durch akute kardiovaskuläre, auch pulmonale oder zerebrovaskuläre Prozesse im Erwachsenenalter in Erscheinung tritt (transienter Kreislaufstillstand, zerebrovaskulärer Insult), ist meistens eine ischämische Komponente primär und vordergründig. Der pathogenetische Weg beginnt somit im rechten Teil der in Abb. 1 dargestellten Kette, kann aber dann alle Teile rückwirkend einschließen. Es folgen zwangsläufig die ischämische Hypoxie und dann auch sehr ähnliche, unten genannte mikrozirkulatorisch-zelluläre Schädigungsmechanismen [11].

Hirntrauma

Dagegen ist das *Hirntrauma* schon per definitionem zumindest primär lokaler Pathogenese, natürlich in der Folge bei entsprechender Ausprägung mit systemischen Circuli vitiosi, wie über Atmung und Herzkreislaufregulation (Abb. 1). In praxi sind allerdings oft – wie beim Polytraumatisierten – mehrere primäre pathogenetische Komponenten wirksam.

Neuerdings sind diese Vorstellungen besonders erweitert worden hinsichtlich

- des Prozeßcharakters der Ausbildung akuter Hirnschäden [4, 13],
- der Details zu mehreren gemeinsamen pathogenetischen Endstrecken der zerebralen Gefäß- und Gewebsschädigung, die in unterschiedlichen Relationen wirken.

Primäre und sekundäre Hirnschädigung

Hinsichtlich des Prozeßcharakters wird inzwischen häufiger eine Primärschädigung, also eine während der Einwirkung der Noxe und im unmittelbaren Zusammenhang damit entstandene, und eine Sekundärschädigung („secondary brain damage"), also eine durch die Eigendynamik von Folgemechanismen entstandene, unterschieden [4, 14]. Letztere fällt wesentlich häufiger in den therapeutischen Zugriff, ist aber diagnostisch bisher nur sehr begrenzt faßbar. Das gilt besonders hinsichtlich des perifokalen Gewebes (z. T. als Penumbra). In ihrem Mittelpunkt steht oft die Entwicklung eines lokalen bis generalisierten Hirnödems [3, 4], daneben sind Krämpfe auch im Circulus vitiosus mit letzterem wirksam [35]. Das Ausmaß des Hirnödems wird dann entscheidend für die hierdurch verstärkte hypoxisch-ischämische Störung [4].

Jeweils ergeben somit primäre *und* sekundäre Hirnschädigung den Gesamtschaden, ein Prozeß, der über Wochen gehen kann und in den meisten experimentellen Ansätzen noch nicht berücksichtigt wurde [25]. Bei entsprechend entwickeltem Hirnödem ist der Sekundärschaden größer als der primäre [4]. Beide Teilprozesse sind nicht völlig gegeneinander abgrenzbar, haben aber ihre pathogenetischen Schwerpunkte. Weiterer Ausdruck des Prozeßcharakters ist die „Maturation" der Hirnschädigung eines Vorgangs, der bis zu Wochen dauern kann [2].

Die sekundäre Schädigung umfaßt hauptsächlich auf *vaskulärer* Ebene

- besonders die ausgeprägte Störung der Blut-Hirn-Schranke (BHS) als entscheidendes Moment des traumatischen Hirnödems (vasogenes Ödem) oder auch im Verlauf hypoxisch-ischämischer Schädigung [34, 35];
- das postischämische Hypoperfusionssyndrom, eine bisher ursächlich nicht völlig geklärte lokale Entkopplung von Stoffwechsel und erforderlicher Hirndurchblutung [13];
- z. T. das mit der primären Schädigung sich überlappende No-reflow-Phänomen, eine posthypoxisch oder ischämisch nicht wieder in Gang kommende Mikrozirkulation [1, 13];
- veränderte EDRF/Endothelin-Relationen [17];

und auf *neuronal-glialer* Ebene

- die Entwicklung zellulärer Schwellung als vorwiegend zytotoxisches Hirnödem bei ischämisch-hypoxischer Störung (ischämisches Hirnödem), v. a. infolge Versagens der zellulären Ionenpumpen (membranständige ATPasen; Übersicht bei [34].
- sehr unterschiedlich: eine Krampfneigung des geschädigten Gehirns, auch im Zusammenhang mit exzitotoxischen Effekten.

Schwerpunkte dieser untereinander verbundenen Mechanismen [27] sind für die Ca^{2+}-Überladung in der primären Schädigungsphase und für die Radikalenwirkung in der sekundären Phase beschrieben, ohne daß diese Prozesse allein diesen Phasen zugeordnet werden könnten. Letztere Wirkung steht im Mittelpunkt des sog. Reperfusionsschadens [12].

Primäre und sekundäre Hirnschädigung schließen neben den geschilderten systemischen Mechanismen pathogenetisch folgende *mikrozirkulatorisch-zelluläre Endstrecken* ein (Abb. 1):
- Intrazelluläre Laktazidose (pHi < 6,4; [27, 32],
- zytosolische Ca^{2+}-Überladung [23, 27],
- exzitotoxische Effekte erregender Transmitter [15],
- die Wirkung von Sauerstoffradikalen und die Lipidperoxidation [6, 27, 30].

Die zwangsläufige Energiedepletion ist eigenständig pathogenetisch weniger bedeutsam. Insgesamt entsteht sehr häufig der erwähnte protrahiert verlaufende „Maturationsprozeß" der Hirnschädigung [13].

Bei der Bildung des Hirnödems nach Hirntrauma mit sekundärer Schädigung sind offensichtlich exzitotoxische Mechanismen besonders wirksam [22].

Letztliches funktionelles Kriterium des irreversiblen Zellschadens ist die kritisch beeinträchtigte neuronale Proteinsynthese, ein klinisch kaum, experimentell aber faßbarer Status, besonders die postischämische Phase betreffend [33]. Dabei wurde eine sehr unterschiedliche – in vulnerablen Hirnregionen niedriger liegende – „Schwelle" z. B. der reduzierten Hirndurchblutung ermittelt.

Diese *vulnerablen Hirnregionen* also jene mit besonderer Schädigungsneigung (selektive Vulnerabilität), konnten z. B. mit erhöhter exzitotoxischer Aktivität, wie vermehrten NMDA-Rezeptorenbesatz oder reduzierter (inhibitorischer) GABAerger Aktivität, aber auch erhöhter Lipidperoxidation u. a. [6] in Zusammenhang gebracht werden. Es ist ein zentrales Feld des postischämischen Hirnschadens [16]. Insgesamt wird die Rolle rheologischer Parameter des Blutstroms oft betont (Abb. 1), aber das Wirkungsausmaß ist bei den einzelnen akuten Schädigungswegen noch nicht sicher. Das gilt auch für das Phänomen der vaskulären Leukozytenadhärenz [29, 30].

Alle genannten Mechanismen auf systemischer bis zellulärer Ebene werden bei den einzelnen Schädigungsformen in *unterschiedlicher Kombination und Stellung* wirksam, z. T. mit wechselseitiger Initiierung und Potenzierung. So sind beim hypoxisch-ischämischen Hirnschaden Interaktionen zwischen zytosolischer Ca^{2+}-Überladung, der Aktivierung der Arachidonsäurekaskade und der Radikalenentstehung und -wirkung beschrieben [26, 27, 36]. Die zytosolische Ca^{2+}-Überladung, bedingt durch Insuffizienz der Ionenpumpen und Membranen selbst, aktiviert Lipasen und Proteasen und beeinträchtigt die Proteinphosphorylierung, sekundär die Proteinsynthese und Genomexpression. Das „Membranleck" für Ca^{2+}-Influx wird durch massive Freisetzung exzitotoxischer Aminosäuren (s. exzitotoxische Wirkung) verstärkt [27, 30]. Umgekehrt begünstigt die Ca^{2+}-Überladung die Freisetzung exzitotoxischer Aminosäuren [20]. Auch zu den erwähnten pathogenetischen Komponenten auf Organebene gibt es zahlreiche Beziehungen, wie zwischen Azidose und hypoxisch-ischämischen Ödem über die Na^+/H^+- und Cl^-/HCO_3^--Austauscher [27].

Beim traumatischen Hirnschaden ist es oft die potenzierende Wirkung zwischen Trauma, arterieller Hypotonie und Hirnödem bei ähnlichen zellulären Endstrecken der Schädigung [9].

Die Möglichkeiten des therapeutischen Zugriffs zu der zellulär-metabolischen Endstrecke akuter Hirnschädigung sind bisher sehr begrenzt, zumal die Ischämie den medikamentösen Zugang zum Schädigungsgebiet sehr einschränkt oder blockiert.

Es ist deshalb wesentlich, kritische pathogenetische Teilprozesse vor Einsetzen dieser finalen Schädigungsmechanismen sowohl bei der primären als auch sekundären Hirnschädigung zu erkennen.

Beiträge zu einem Monitoring von Hirnstammfunktionen aus pathophysiologischer Sicht

Bei schwerer Beeinträchtigung des Vorderhirns, wie bei apallischen Syndromen, ist das EEG als vorwiegender Ausdruck kortikaler Erregungsfunktion nur sehr begrenzt für eine Verlaufsbeurteilung auch im Sinne des Monitoring geeignet. Objektive funktionsdiagnostische Kriterien der aktuellen Hirnstammfunktion außer den akustischen Hirnstammpotentialen und den frühen SEP sind aber kaum klinisch zu erfassen oder als Monitoring nutzbar. Unter den funktionellen Abläufen, die vorwiegend vom Hirnstamm vermittelt werden, lassen sich kardiovaskuläre Kurzzeitrhythmen, wie besonders wesentliche Anteile der Herzfrequenzvariabilität (HfV), leicht nichtinvasiv und fortlaufend erfassen. Diese HfV schließt rhythmische und statistische Anteile ein. Nach Abgrenzung unspezifischer Einflüsse kann die Ausprägung der respiratorischen Sinusarrhythmie und der sog. 10-s- oder Blutdruckwellen der Herzfrequenz u. a. ein Maß für die Interaktion von atemaktiven und kreislaufaktiven Hirnstammneuronen sein [18, 19]. Tatsächlich konnten wir in

Hirnstammschnitten bei Hund und neugeborenen Kaninchen das Gebiet der Vermittlung der respiratorischen Herzfrequenzschwankungen (RSA) auf der Höhe des Nucleus tractus solitarii bzw. Nucleus dorsalis vagi lokalisieren. Je mehr Bereiche des ersteren Kerns mit seinen medullären Teilzentren der Atmung abgetrennt wurden, um so geringer werden die Amplituden der RSA bei verbleibender geringerer und weniger rhythmischer HfV [37].

Eine schwere Beeinträchtigung der Hirnfunktion bis zu Hirnstammbereichen geht meistens ebenfalls mit einer Verminderung des RSA einher [10, 21].

Der pathophysiologische Mechanismus wäre der Verlust der Kopplung zwischen atem- und kardiovaskulär aktiven Hirnstammneuronen trotz verbleibender pulmonaler Rückkopplung über den Hering-Breuer-Reflex. Ein spezifisches Maß dieser Kopplung, unabhängig vom Ausmaß der Atemexkursionen, ist die sog. Kohärenz als normiertes Maß des statistischen Zusammenhangs zwischen Atem- und Herzfrequenzrhythmen entsprechend:

$$\text{Coh} = \frac{S(f)_{AH}}{S(f)_A \cdot S(f)_H}.$$

($S(f)_{AH}$: Kreuzleistungsdichte zwischen Atem- und Herzfrequenzrhythmen; $S(f)_A$, $S(f)_H$: spektrale Leistungsdichte der Atem- bzw. Herzfrequenzrhythmen).

Seine kritische Reduktion ist bei Abgrenzung unspezifischer Einflüsse (z. B. bei stark erhöhtem Sympathikotonus) ein Hinweis auf die Beeinträchtigung auch des unteren Hirnstamms, also etwa bei Tendenz zur „absteigenden" zerebralen Schädigung. In einer Pilotstudie an einem kleinen Krankengut (Tabelle 1) war ein später letaler Ausgang mit einer Kohärenz zwischen Atem- und Herzfrequenzrhythmen im Bereich des signifikanten Gipfels spektraler Leistung der Atemrhythmen von <0,3, ein günstiger Ausgang mit eine mittleren Kohärenz >0,4 verbunden. Abbildung 2 zeigt ein Beispiel eines Patienten mit schweren Schädel-Hirn-Trauma mit ungünstigem, Abbildung 3 ein Beispiel einer Patientin mit günstigem Ausgang. Die mittleren Kohärenzwerte blieben über Stunden konstant.

Tabelle 1. Mittlere Kohärenz zwischen Atmungs- und Herzfrequenzbewegungen und Outcome der untersuchten Patienten mit schweren Hirnfunktionsstörungen jeweils für 4 128-s-Intervalle; GCS < 7 (*SHT* Schädel-Hirn-Trauma)

Patient	Klinische Diagnose	Kohärenz	Outcome
Pi	Schweres gedecktes SHT	0,66 ± 0,05	+
Ka	Zustand nach Intestinalblutung	0,53 ± 0,13	+
Pr	Zustand nach Laparatomie/Thorakotomie	0,52 ± 0,05	+
R	Komplikationen nach arterieller Bypassoperation	0,57 ± 0,15	+
Mü	Schweres gedecktes SHT	0,39 ± 0,15	(+)
Ma	Schweres gedecktes SHT	0,13 ± 0,11	−
Le	Schweres gedecktes SHT	0,13 ± 0,05	−
Re	Komplikationen nach arterieller Bypassoperation	0,11 ± 0,07	−

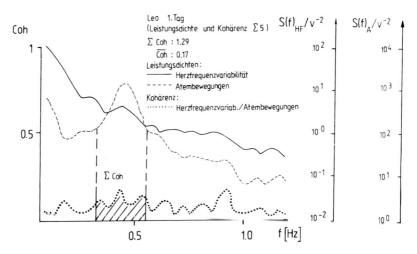

Abb. 2. Leistungsspektren der Herzfrequenzvariabilität (*HFV durchgezogen*) und der Atembewegungen (*A gestrichelt*) und Kohärenzspektrum zwischen A und *HFV* (*gepunktet*) einschließlich Kohärenzintervall im Bereich des signifikanten Hauptgipfels der spektralen Leistungsdichte der Atmung bei einem 35jährigen Patienten mit schwerem Schädel-Hirn-Trauma und letalem Ausgang (je 4 Zweiminutenabschnitte gemittelt; *Coh* mittlere Kohärenz) GCS 6

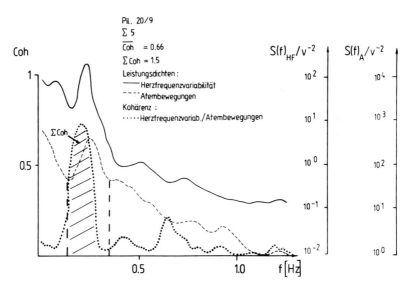

Abb. 3. Gleiche Leistungsspektren und Kohärenzspektren wie in Abb. 2 von einer 18jährigen Patientin mit schwerem Schädel-Hirn-Trauma und günstigem klinischen Ausgang (*GCS 7*)

Es bedarf einer größeren Studie zur Sicherung dieses Zusammenhangs, der bei verschiedener Topik der Hirnstammstörungen nicht zwangsläufig sein muß. Inzwischen können derartige Parameter auch automatisch bestimmt werden und einen Beitrag zur Ergänzung des Intensivmonitoring geben. Auf rein empirischer Basis wird dieser Zusammenhang auch in der Analyse von Kardiorespirogrammen genutzt. Dabei ist die Amplitudenreduktion meist durch metabolische zerebrale Belastung ausgelöst.

Ausblick

Die weitere pathophysiologische Aufklärung von akuten Hirnschäden ermöglicht inzwischen zumindest einen besseren Ansatz zu diagnostischer Erfassung dieses prozeßhaften Geschehens bis zum Monitoring. Je nach pathogenetischer Struktur ist neben kardiovaskulär-pulmonaler Therapie bei verbliebener Restzirkulation der Einsatz von Ca^{2+}-Blockern, Radikalfängern oder eine antiödematöse Therapie usw. aussichtsreich.

Bisher sind aber die meisten experimentellen Ansätze den klinischen Situationen wenig ähnlich [28]. Klinikorientierte Studien verweisen auf die Notwendigkeit der langfristigen Beobachtung v. a. wegen des sekundären Hirnschadens, die Erfassung auch klinikanaloger Parameter und die experimentelle Modellierung der oft komplexen Pathogenese [3, 25]. Letzteres vermindert aber die Reproduzierbarkeit zu stark. So werden der klinischen Relevanz der experimentellen Resultate noch Grenzen gesetzt sein. Andererseits sind experimentell wirksame pathogenetisch und therapeutisch interessante Mechanismen auffindbar, wie z. B. neuerdings das ganze Ausmaß und die Mechanismen der Reduktion des ischämisch-hypoxischen Hirnschadens bei schon relativ geringer Hirntemperatursenkung und die Verstärkung dieses Schadens bei geringer Hirntemperatursteigerung [7, 8, 24].

Literatur

1. Ames A, Wright RL, Kowada M, Thurston IM, Majno H (1986) Cerebral ischemia II. The no-reflow phenomenon. Am J Pathol 52:437–455
2. Andine P, Jacobson J, Hagberg H (1988) Calcium uptake evoked by electrical stimulation is enhanced postischemically and precedes delayed neuronal death in CA1 of rat hippocampus. J Cereb Blood Flow Metabol 8:799–807
3. Auer RA, Smith ML, Siesjö BK (1986) Ischemic brain damage in the rat in long term recovery model. In: Baethmann A, Go KG, Unterberg A (eds) Mechanisms of secondary brain damage. Plenum, New York London, pp 99–108
4. Baethmann A, Go KG, Unterberg A (eds) (1986) Mechanisms of secondary brain damage. Plenum, New York London
5. Bauer R, Zwiener U, Buchenau W et al. (1991) Interactions between systemic circulation and brain injuries in newborns. Exp Pathol 42:197–203
6. Bromont C, Marie C, Bralet J (1989) Increased lipid peroxidation in vulnerable brain regions after transient forebrain ischemia in rats. Stroke 20:918–924
7. Buchan A, Pulsinelli WA (1990) Hypothermia but not the N-methyl-D-aspartate antagonist, MK-801, attenuates neuronal damage in gerbils subjected to transient global ischemia. J Neurosci 10:311–316
8. Chopp M, Chen H, Dereski MO, Garcia JH (1991) Mild hypothermic intervention after graded ischemic stress in rats. Stroke 22:37–43
9. De Witt DS, Prough DS, Taylor CL, Whitley JM (1992) Reduced cerebral blood flow, oxygen delivery, and electroencephalographic activity after traumatic brain injury and mild hemorrhage in cats. J Neurosurg 76:812–821
10. Evans BM (1979) Heart rate studies in association with electroencephalography (EEG) as a mean of assessing the progress of head injuries. Acta Neurochirurgia (Suppl) 28:52–57

11. Hacke W, Hennerici M, Gelmers HJ, Krämer G (1991) Cerebral ischemia. Springer, Berlin Heidelberg New York Tokyo
12. Hallenbeck JM, Durka AJ (1990) Background review and current concepts of reperfusion injury. Arch Neurol 47:1245-1254
13. Hossmann KA (1985) Postischemic resuscitation of the brain: selective vulnerability versus global resistance. Progr Brain Res 63:3-25
14. Hossmann KA (1986) The role of recirculation for functional and metabolic recovery after cerebral ischemia. In: Baethmann A, Go KG, Unterberg A (eds) Mechanisms of secondary brain damage. Plenum, New York London, pp 239-248
15. Imaizumi S, Woolworth V, Fishman RA, Chan PH (1990) Liposome entrapped superoxide dismuntase reduces cerebral infarction in cerebral ischemia in rats. Stroke 21:1312-1317
16. Inoue T, Kato H, Araki F, Kogure K (1992) Emphasized selective vunerability after repeated nonlethal cerebral ischemic insults in rats. Stroke 23:739-745
17. Kauser K, Rubanyi GM, Harder DR (1990) Endothelium-dependent modulation of endothelin-induced vasoconstriction and membrane depolarization in cat cerebral arteries. J Pharmacol Exp Therap 252:93-97
18. Koepchen HP, Huopaniemi T (eds) Cardiorespiratory and motor coordination. Springer, Berlin Heidelberg New York Tokyo
19. Koepchen HP, Hilton SM, Trzebski A (eds) (1980) Central interaction between respiratory and cardiovascular control system. Springer, Berlin Heidelberg New York
20. Koh JY, Cotman CW (1992) Programmed cell death – its possible contribution to neurotoxicity mediated by calcium channel antagonists. Brain Res 587:233-240
21. Leipzig TJ, Lowensohn R (1984) Heart rate variability in neurosurgical patients. Neurosurgery 19:356-362
22. McIntosh TK, Vink R, Soares H, Hayes R, Simon R (1990) Effect of noncompetitive blockade of N-methyl-D-aspartate receptors on the neurochemical sequelae of experimental brain injury. J Neurochem 55:1170-1179
23. Meyer FB (1989) Calcium, neuronal hyperexcitability and ischemic injury. Brain Res Rev 14:227-243
24. Morikowa E, Ginsberg MD, Dietrich WD, Duncan RC, Kraydieh S, Globus MYT, Busto R (1992) The significance of brain temperature in focal cerebral ischemia: histopathological consequences of middle cerebral artery occlusion in the rat. J Cereb Blood Flow Metab 12:380-389
25. Nowicki JP, Assumel-Lurding C, Duverger D, Mackenzie ET (1988) Temporal evolution of regional energy metabolism following focal cerebral ischemia in the rat. J Cereb Blood Flow Metabol 8:462-473
26. Oh SM, Betz AL (1991) Interaction between free radicals and excitatory amino acids in the formation of ischemic brain edema in rats. Stroke 22:915-921
27. Siesjö BK (1992) Pathophysiology and treatment of focal cerebral ischemia 2. Mechanisms of damage and treatment. J Neurosurgery 77:337-354
28. Symon L (1986) Progression and irreversibility in brain ischemia. In: Baethman A, Go KG, Unterberg A (eds) Mechanisms of secondary brain damage. Plenum, New York London, pp 221-237
29. Takeshima R, Kirsch RF, Kohler RC, Gomoll AW, Traystmann RJ (1992) Monoclonal leukocyte antibody does not decrease the injury of transient focal cerebral ischemia in cats. Stroke 23:247-252
30. Traystmann RJ, Kirsch JR, Koehler RC (1991) Oxygen radical mechanisms of brain injury following ischemia and reperfusion. J Appl Physiol 71:1185-1195
31. Vannucci RC (1990) Experimental biology of cerebral hypoxia-ischemia. Relation to perinatal brain damage. Pediatr Res 27:317-326
32. Wieloch V (1985) Neurochemical correlates to selective neuronal vulnerability. In: Kogure K, Hossmann KA, Siesjö BK, Welsh FA (eds) Molecular mechanisms of ischemic brain damage (Progr Brain Res vol 63). Elsevier, Amsterdam New York, pp 69-85
33. Xie Y, Seo K, Hossmann KA (1989) Effect of barbiturate treatment on post-ischemic protein biosynthesis in gerbil brain. J Neurol Sci 92:317-328
34. Zwiener U (1990) Pathophysiologie des Neurons. In: Zwiener U, Ludin HP, Petsche H (Hrsg) Neurophatophysiologie. Fischer, Jena, S 26-51

35. Zwiener U (1990) Hirnödem. In: Zwiener U, Ludin HP, Petsche H (Hrsg) Neuropathophysiologie. Fischer, Jena, S 237–244
36. Zwiener U, Bauer R, Bergmann R, Eiselt M (1991) Experimental and clinical main forms of hypoxic ischaemic brain damage and their monitoring. Exp Pathol 42:187–196
37. Zwiener U, Bauer R, Rother M, Schwarz G, Witte H, Litscher G, Wohlfarth M (1991) Disturbed brain stem interaction and forebrain influences within cardiorespiratory coordination – experimental and clinical results. In: Koepchen HP, Huapiniemi R (eds) Cardiorespiratory and motor coordination. Springer, Berlin Heidelberg New York Tokyo, pp 85–96

Gehirnprotektion: Theorie, Experiment, Klinik

H. Schmitt

Ein ischämisches Ereignis am Gehirn, sei es globaler oder fokaler Natur, bringt eine Reihe von experimentell gut dokumentierten pathophysiologischen Abläufen in Gang, deren wichtigste Stadien in Abb. 1 skizziert sind. Entscheidende Schritte sind hierbei die Freisetzung von exzitatorischen Aminosäuren und die Überladung der Zelle mit Kalzium. Durch die exzessive Erhöhung des zytosolischen Kalziums wird eine Kaskade aktiviert, die letztendlich zu einem Verlust der Zellintegrität mit nachfolgendem Zellödem und zur Zellnekrose führen kann. Die hier skizzierte pathophysiologische Kaskade gilt im wesentlichen sowohl für die globale als auch für die fokale Ischämie, wobei jedoch bei der Schadensentwicklung erhebliche Unterschiede bestehen können [26, 42, 87].

Gehirnprotektion – Theorie, Experiment

Allgemeine Überlegungen

Die Verwirklichung einer effektiven klinischen Gehirnprotektion bedeutet die Forderung nach einem Verfahren und/oder einer Medikation, die in der Lage wären, das Gehirn vor jeder Art von ischämischen oder hypoxischen Schaden zu schützen. Besonders wären Maßnahmen zu fordern, die auch noch nach Eintritt eines Schadensereignisses eine Protektion bewirken könnten. Ziel jeder Behandlung muß es natürlich sein, das Gehirn in seiner Integrität und normalen Funktion entweder zu erhalten oder eine Restitutio ad integrum zu erreichen. Diese Vorgabe ist beim Gehirn besonders schwierig. Bedingt durch anatomische, physiologische und metabolische Voraussetzungen führt bereits eine auch nur kurzfristige Unterbrechung der Sauerstoff- und Substratversorgung zu einem anfangs noch reversiblen, später jedoch irreversiblen Funktionsverlust des Gehirns [41, 57]. Es ist daher verständlich, daß die Zeit einen entscheidenden Faktor bei allen protektiven Maßnahmen, besonders postischämisch, darstellt. Jede protektive Maßnahme muß daher so früh wie möglich nach einem Schadenseintritt erfolgen.

Theoretisch ist es möglich, auf jeder Ebene der ischämischen Kaskade protektiv einzugreifen. Im folgenden sollen wesentliche theoretische Ansatzpunkte zur Gehirnprotektion und deren experimentelle Überprüfung dargestellt werden.

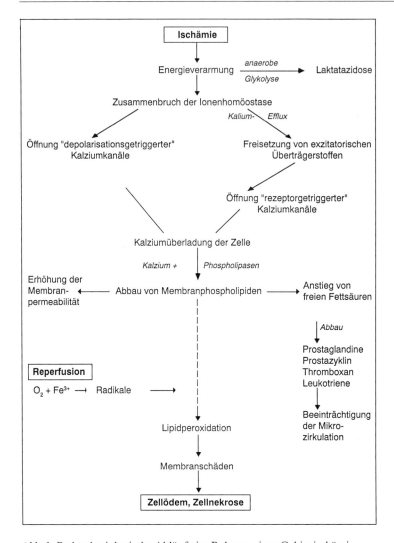

Abb. 1. Pathophysiologische Abläufe im Rahmen einer Gehirnischämie

Spezielle Ansatzpunkte

Senkung des Energieverbrauchs

Hypothermie: Die Senkung des Energieberbrauchs durch Hypothermie erwies sich nicht nur im Experiment, sondern auch bereits in der Klinik als probates Mittel zur allgemeinen Organprotektion. So ist die tiefe Hypothermie, z. B. im Rahmen der Herzchirurgie, bei Herz-Kreislauf-Stillstand ein standardisiertes Verfahren. Die Wirksamkeit der Hypothermie als protektive Maßnahme für das Gehirn wurde in einer ganzen Reihe von Experimenten überprüft und belegt [7, 9, 37]. Neuere Untersuchungen belegen, daß bereits eine sog. „milde Hypothermie" von 33–35 °C eine Protektion zeigt [15, 64, 93, 98]. Darüber hinaus gibt es Hinweise, daß auch eine postischämische Hypothermie noch protektiv sein kann [10, 16, 39]. Die Hypothermie führt nicht nur zu einer Abnahme des Energieverbrauchs, sondern postischämisch auch zu einer raschen Erholung der verbrauchten Energieträger.

Anästhetika: Eine ganze Reihe von gebräuchlichen Anästhetika führt zu einer Abnahme des zerebralen Energieverbrauchs im Tierversuch. Für Barbiturate ist dies in einer ganzen Reihe von experimentellen Arbeiten belegt [50, 67, 69]. Ebenso führen Propofol [19, 52, 78] und Etomidate [8, 90] bei Dosierungen, wie sie zur „burst suppression" im EEG nötig sind, zu einer Senkung des Energieumsatzes am Gehirn. Auch das Benzodiazepin Midazolam führt experimentell zu einer deutlichen Stoffwechseldepression [1, 8, 39, 71].

Erhöhung des Energieangebots

Eine Verarmung der Energiereserven des Gehirns steht am Anfang der Ischämiekaskade. Es gab daher schon relativ frühzeitig Überlegungen, durch eine gezielte Erhöhung des Hauptenergieträgers, nämlich der Glukose, dieser Energieverarmung entgegenzuwirken. Tierexperimentelle Untersuchungen, in denen durch eine gezielte Glukosezufuhr der Blutglukosespiegel prä-, intra- oder postischämisch über den Normwert angehoben wurde, zeigten eine z. T. dramatische Zunahme des neuronalen Schadens. Selbst nur eine Verdoppelung des Blutglukosespiegels führte zu einer Verschlechterung des neurologischen Outcomes sowohl bei fokalen Ischämiemodellen [40, 74] als auch bei globalen Ischämiemodellen [56, 65]. Die wahrscheinlichste Ursache für diese Schadenszunahme dürfte eine exzessive Laktatbildung durch die übermäßige Glukosezufuhr sein [76].

Senkung des Laktatspiegels

Der erwähnte und tierexperimentell belegte Zusammenhang zwischen der Schwere des neurologischen Schadens und der Höhe des Laktatspiegels führte zu Überlegungen, wie die Laktatbildung zu vermindern sei. Neben den Grundpfeilern der Bekämpfung einer Laktatbildung, nämlich einer ausreichenden Perfusion bei stabilen Herz-Kreislauf-Verhältnissen und einer Normoglykämie, gab es tierexperimentelle Untersuchungen, den Laktatspiegel durch eine Hypoglykämie zu senken. Hierbei zeigte es sich jedoch, daß auch bei einer Hypoglykämie eine erhebliche neurologische Schadenszunahme entsteht [2, 48].

Neue Wege, den Laktatspiegel zu senken, sind möglicherweise die Gabe von Dichloracetat [22] oder die Zufuhr von Ketonkörpern, z. B. von 1,3-Butandiol [58], die als Alternative zur Glukose vom Gehirn verstoffwechselt werden können [32].

Membranstabilisierung

Der Zusammenbruch der Ionenhomöostase nach Unterbrechung der Sauerstoff- oder Substratzufuhr ist ein sehr frühzeitiger Schritt im Ablauf der Ischämiekaskade. Der Zusammenbruch der membranständigen, energieabhängigen Ionenpumpen führt sehr bald zu einer starken Erhöhung des extrazellulären Kaliums. Astrup et al.

konnten in einem Tierversuch nachweisen, daß durch Lidocain der extrazelluläre Kaliumanstieg zumindest verzögert werden kann [7], sie verwendeten bei ihren Versuchen jedoch Dosen (160 mg/kg!), die für die Klinik keinerlei Relevanz haben. Möglicherweise hat Lidocain auch bei der fokalen Ischämie eine protektive Wirkung [86]. Die Wirkung von Lidocain beruht dabei nicht nur auf einer Blockierung der Natriumkanäle, sondern, wie Sakabe et al. zeigten, führt Lidocain zu einer Abnahme des zerebralen Sauerstoffverbrauchs [83]. Neben Lidocain kamen Antiepileptika als potentielle Membranstabilisatoren tierexperimentell durch Cullen und Artru zum Einsatz [4, 18]. Beide Autoren konnten einen protektiven Effekt von Phenytoin nachweisen. Boxer et al. konnten sogar einen protektiven Effekt auf Neurone nachweisen, wenn Phenytoin bis zu einer Zeit von 30 min postischämisch gegeben wurde [11]. Eine Verzögerung des extrazellulären Kaliumanstiegs konnten Astrup et al. auch durch eine Hypothermie sehr schön nachweisen [7].

Hemmung des Kalziumeinstroms

Dem Anstieg des freien zytostolischen Kalziums kommt im Rahmen einer Ischämie eine entscheidende Triggerfunktion zu. Eine Hemmung oder Verhinderung des Kalziumeinstroms war daher schon sehr lange ein möglicher therapeutischer Ansatzpunkt im Rahmen der Gehirnprotektion [89]. Mögliche Wege des Kalziumeinstroms bzw. der Kalziumfreisetzung in der Zelle sind in Abb. 2 schematisch skizziert. Prinzipiell ist hierbei zu unterscheiden zwischen einem Kalziumeinstrom von außen durch spannungabhängige oder rezeptorgetriggerte Kalziumkanäle und der intrazellulären Kalziumfreisetzung besonders aus dem endoplasmatischen Retikulum durch eine Vermittlung von Inositol-Triphosphat [33, 75].

Kalziumantagonisten: Der Einsatz der im Handel befindlichen Kalziumantagonisten (Tabelle 1) im Rahmen der Gehirnprotektion ist sicher sehr limitiert. Die Wirkung der Kalziumantagonisten ist von vornherein dadurch beschränkt, daß sie nur den sog. L-Typ-Kalziumkanal blockieren, also nur einen von mehreren Kanälen, durch den Kalzium in die Zelle einströmen kann. Die tierexperimentellen Ergebnisse sind daher teilweise widersprüchlich und für unterschiedliche Kalziumantagonisten sehr

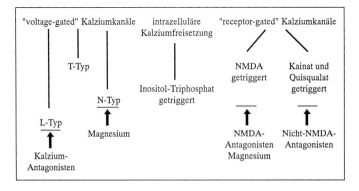

Abb. 2. Kalziumkanäle und deren mögliche Antagonisierung

Tabelle 1. Kalziumantagonisten

Kalziumantagonisten

Piperazine	*Phenylalkylamine*	*Dihydropyridine*	*Varia*
Flunarizin	Verapamil	Nifedipin	Diltiazem
Cinnarizin	Gallopamil	Nimodipin	Lidoflazin
	Tiapamil	Nicardipin	Bepridil
		Nisoldipin	
		Nitredipin	
		Felodipin	

Lipophilie:
Bepridil > Flunitrazin >> Verapamil > Dihydropyridine >> Diltiazem

---

unterschiedlich [5, 20, 36, 59, 66, 68, 92]. Der Wirkmechanismus der Kalziumantagonisten ist weiterhin ungeklärt [99]. Die Hauptwirkung dürfte eine Verbesserung der Reperfusion postischämisch sein [23, 35, 38, 82]. Es werden jedoch auch andere Mechanismen diskutiert, wie z. B. eine antioxidative Wirkung [60, 99].

Magnesium: Eine Sonderstellung im Rahmen des Kalziumeinstroms nimmt das Magnesium ein. Magnesium als 2wertiges Ion und physiologischer Kalziumantagonist ist in der Lage, den sog. N-Typ-Kalziumkanal zu blockieren. Die Öffnung und der nachfolgende Kalziumeinstrom durch diesen Kanaltyp an der präsynaptischen Membran ist möglicherweise entscheidend für die Freisetzung der exzitatorischen Aminosäuren in den synaptischen Spalt [89]. In Zellkulturen ist es möglich, durch die Zugabe von Magnesium in das Kulturmedium die neurotoxische Wirkung der exzitatorischen Aminosäure komplett zu blockieren [61, 79].

Glutamatantagonisierung

Die massive postischämische Freisetzung von exzitatorischen Aminosäuren ist wahrscheinlich entscheidend für Grad und Ausdehnung des neuronalen Schadens. Entscheidenden Anteil bei der Schadensvermittlung haben die Ionen Natrium und Kalzium. Letztendlich führt die Glutamatneurotoxizität zu einer Zellschwellung mit nachfolgendem Zelltod [27, 63, 80, 81, 89]. Der Neurotoxizität von Glutamat kann auf verschiedenen Ebenen begegnet werden.

Hemmung der Glutamatfreisetzung: Die Hemmung der Glutamatfreisetzung präsynaptisch durch Magnesium wurde in In-vitro-Versuchen nachgewiesen [49, 79]. Darüber hinaus kann durch Hypothermie die Glutamatbildung unterdrückt werden [45].

NMDA-Rezeptorantagonisten: Sobald die Neurotoxizität der exzitatorischen Aminosäure erkannt war, wurde mit einer Reihe von antagonistisch wirksamen Substanzen am NMDA-Rezeptor-Kanalkomplex experimentell gearbeitet. Es kam hierbei eine Reihe von sehr unterschiedlichen Stoffgruppen zum Einsatz. Diese Variabilität erklärt sich aus der Konfiguration und den unterschiedlichen Bindungsstellen des NMDA-Rezeptor-Kanalkomplexes. Die folgende Übersicht zeigt eine Auswahl möglicher protektiver Substanzen am NMDA-Rezeptor:

NMDA-Antagonisten

Kompetitive NMDA-Antagonisten:
2-Amino-5-phosphonovalerat (AVP),
2-Amino-7-phosphonoheptanoat (APH),
4-(3-Phosphonopropyl)-2-piperazincarbonsäure (CPP),
Cis-4-(Phosphomomethyl)-2-piperidincarbonsäure (CGS 19755),
Phosphonoaminsäure (CGP 37849).

Nichtkompetitive NMDA-Antagonisten:
Phencyclidin-Liganden (PCP):
- Ketamin,
- Dizocilpin (MK-801);
Glycin-Liganden:
- Kynurenin,
- Tryptophan;
Zink (Zn^{2+}),
Magnesium (Mg^{2+}),
Cadmium (Cd^{2+}).

a) *Kompetitiv*
Die glutamatanalogen kompetitiven NMDA-Rezeptorantogonisten haben bisher keine klinische Bedeutung erlangt. Sie befinden sich noch in der experimentellen Überprüfung. Im Tierversuch ist es möglich, sowohl mit CGS 19755 als auch mit CPP eine Verminderung des ischämischen Schadens zu erreichen [95].

b) *Nichtkompetitiv*
Von den nichtkompetitiven NMDA-Rezeptorantagonisten ist das Phenzyklidin Dizocilpin (MK-801) am besten untersucht. Sowohl bei fokaler Ischämie [11, 72] als auch bei globaler Ischämie, hier sogar postischämisch gegeben, hat es eine protektive Wirkung [21, 94]. Der in der Anästhesie weitverbreitete Phenzyklidinabkömmling Ketamin wurde ebenfalls tierexperimentell untersucht. Hierbei sind die Aussagen über eine mögliche protektive Wirkung am Gehirn widersprüchlich, so konnten Church et al. eine protektive Wirkung nachweisen [17], während im selben Jahr Jensen u. Auer keine protektive Wirkung fanden [47]. Von den nichtkompetitiven NMDA-Antagonisten zeigte ebenfalls der Opiatabkömmling Dextromethorphan eine gewisse Gehirnprotektion [77, 94]. In Zellkulturen konnte Magnesium sehr effektiv glutamataktivierte Kanäle blockieren [70]. Die glutamatantagonistische Wirkung des Kobalts [49] wird wohl wegen der toxischen Nebenwirkungen keine klinische Bedeutung erreichen können.

Radikalenfänger

Mit Beginn der Reperfusion nach einer Ischämie und dem Angebot von Sauerstoff kann es zur Radikalenbildung kommen. Radikale führen zu einer Lipidperoxidation mit nachfolgenden Membranschäden und Zellödem. Therapieansatz hierbei ist einmal die Verhinderung der Entstehung von Radikalen, und zum anderen das „Fangen" von schon entstandenen Radikalen [25, 62].

Chelatbildner: Eisen spielt bei der Entstehung von Radikalen eine Schlüsselrolle [62]. So ist es im Tierversuch z. B. möglich, durch eine präischämische Eisengabe über mehrere Tage den Schaden erheblich zu vergrößern [54]. Der Therapieansatz mit Chelatbildner, z. B. Allopurinol oder Deferoxamin, zielt daher darauf, freies Eisen durch Chelatbildung zu binden und die Radikalenbildung zu verhindern. Experimentell konnte jedoch kein protektiver Effekt am Gehirn nachgewiesen werden [28, 53].

Enzyme: Verschiedene Enzyme sind in der Lage, eine Radikalenbildung zu verhindern, so z. B. die Superoxiddismutase und Katalase. Beide Enzymsysteme befinden sich in der tierexperimentellen Überprüfung, wobei die Superoxiddismutase eine protektive Wirkung zu haben scheint [51].

Hemmung des Fettsäureabbaus

Im Rahmen einer Hypothermie zur Gehirnprotektion kommt es neben der allgemeinen Stoffwechseldepression auch zu einer reduzierten Bildung von freien Fettsäuren. Darüber hinaus reduzieren sowohl Barbiturate als auch Halothan die Freisetzung von Fettsäuren. Die Anwendung von Steroiden zur Hemmung des Arachidonsäureabbaus wurde allgemein verlassen, da bei Gabe von Steroiden die Gefahr einer Hyperglykämie gegeben ist.

Verbesserung der Reperfusion

Die Reperfusion nach einer Ischämie am Gehirn ist gekennzeichnet durch ein Stadium der Hypoperfusion oder gar durch ein No-reflow-Phänomen. Der Verbesserung der Perfusion in der Reperfusionsphase kommt eine absolut entscheidende Bedeutung zu. Wichtigste Maßnahme in dieser Phase ist eine adäquate Gesamtzirkulation. Forsman konnte zeigen, daß von verschiedenen Parametern in der Postischämiephase eine ausreichende Perfusion des Gehirns (40 ml/100 g/min) am besten mit einem guten Outcome korreliert war [29]. Die Gabe von Nimodipin erbrachte auch eine deutliche Verbesserung der Reperfusion [38, 91, 96]. Die Verbesserung der Rheologie durch die Gabe von z. B. Dextran ist tierexperimentell belegt und bei fokaler Ischämie von Vorteil [34].

Gehirnprotektion – Klinik

Obwohl es theoretisch sehr viele Ansätze zur Gehirnprotektion gibt und ein Großteil dieser Ansätze auch experimentell überprüft und verifiziert werden konnte, bleibt letztendlich für die klinisch-praktische Anwendung nur sehr wenig übrig.

Reanimation

Eine wirklich überzeugende protektive Medikation im Rahmen der Reanimation bei einem Herzstillstand konnte bis jetzt klinisch nicht verifiziert werden. Weder

Barbiturate [14] noch Kalziumantagonisten [13] konnten das Outcome nach Herz-Kreislauf-Stillstand verbessern. Meinte noch Schwartz in einer retrospektiven Studie 1985, einen günstigen Effekt von Kalziumantagonisten bei der Reanimation nachgewiesen zu haben [85], so konnten Forsman et al. in einer prospektiven Studie keinen günstigen Effekt von Nimodipin bei Reanimationen nachweisen [29]. Die Gabe von Glukokortikoiden kann bei der Reanimation nicht mehr empfohlen werden; im Gegenteil, sie kann bei der Gefahr einer induzierten Hyperglykämie den neurologischen Schaden sogar noch verstärken [46].

Als einzig sicheres in der Klinik anzuwendendes Verfahren zur Gehirnprotektion kann im Moment die Hypothermie gelten. Sie wird im Rahmen der Herzchirurgie in großem Umfang bis zur tiefen Hypothermie mit Kreislaufstillstand erfolgreich eingesetzt. Auch Einzelberichte über erfolgreiche Reanimation nach hypothermem Herzkreislaufstillstand, z. B. Beinahe-Ertrinken in kaltem Wasser, bestätigen die protektive Wirkung der Hypothermie [44]. Es fehlen bisher jedoch kontrollierte klinische Untersuchungen zur Anwendung von Hypothermie im Rahmen der Reanimation.

Nach wie vor bleibt die Stabilisierung des Kreislaufs oberstes Ziel jeder Reanimationsmaßnahme, da der zerebrale Blutfluß in der frühen Rezirkulationsphase in entscheidender Weise vom arteriellen Mitteldruck abhängt.

Schlaganfall

Die Therapie nach einem Schlaganfall ist sehr vielgestaltig. Wesentliche therapeutische Ansätze sind insbesondere eine gute Einstellung eines vorhandenen Diabetes [73] und eine Verbesserung der Rheologie des Blutes, z. B. durch eine Senkung des Hämatokritwerts [34]. Nachdem die Gabe von Kalziumantagonisten, besonders Nimodipin, postischämisch im Tierversuch bei Strokemodellen eine Verbesserung des Outcomes gezeigt hatte, wurden die Kalziumantagonisten auf breiter Ebene postischämisch in der Klinik eingesetzt. Der frühzeitige Einsatz der Kalziumantagonisten brachte nachweisbare Outcomeverbesserungen, jedoch nicht den vielfach nach tierexperimentellen Ergebnissen erwarteten therapeutischen Durchbruch [31, 33, 43].

Eine spezielle Empfehlung für den Einsatz von Nimodipin stellt die subarachnoidale Blutung dar. Hierbei zeigte sich in kontrollierten klinischen Untersuchungen eine wirksame Verbesserung der Gehirnperfusion durch die postischämische Gabe von Nimodipin [3].

Rückenmarkläsionen

Neben der chirurgischen Akutversorgung und Kreislaufstabilisierung empfiehlt sich nach neuesten Untersuchungen die sofortige Gabe von hochdosiertem Methylprednisolon als Bolus 30 mg/kg KG, gefolgt von einer Infusion mit 5,4 mg/kg KG über 23 h [12, 97]. Dieser Therapieansatz hat allerdings nur dann Aussicht auf Erfolg, wenn die Kortisongabe innerhalb der ersten 8 h nach Schadensereignis beginnt. Ist bereits mehr Zeit zwischen Schadenszeitpunkt und Therapiebeginn verstrichen, so lohnt möglicherweise eine Gabe von GM-1 Gangliosiden innerhalb der ersten 72 h posttraumatisch. Ganglioside sollen die neurologische Erholung positiv beeinflussen [30].

Zusammenfassung

Obwohl es eine ganze Reihe von theoretischen Ansatzpunkten und auch tierexperimentell teilweise überzeugende Ergebnisse gibt, ist es nicht möglich, ein absolut sicheres Verfahren für eine wirksame Gehirnprotektion zu empfehlen. Zu verschieden sind die möglichen Ansatzpunkte, zu speziell die verschiedenen ischämischen Vorgänge (global, fokal). Von allen hier aufgeführten Methoden stellt am ehesten die Hypothermie eine relativ einfache und wirksame Methode zur Gehirnprotektion dar. Es ist hierbei besonders zu bedenken, daß im Tierversuch bereits eine Hypothermie von nur 35°C, wie sie häufig z. B. bei Patienten im Op. erreicht wird, eine effektive Protektion darstellt. Im Rahmen einer globalen zerebralen Ischämie, z. B. nach einer Reanimation, muß das oberste Ziel nach wie vor sein, die Zeit der Ischämie so kurz wie möglich zu halten, schnell für ein ausreichendes Sauerstoffangebot im Gehirn zu sorgen und den Blutzuckerspiegel möglichst im Rahmen der Norm zu halten.

Ob Barbiturate, Kalziumantagonisten oder auch NMDA-Antagonisten in Zukunft klinische Bedeutung erlangen könnten, müssen erst noch weitere, besonders klinische Untersuchungen zeigen.

Literatur

1. Abramowicz AE, Kass IS, Chambers G, Cotrell JE (1991) Midazolam improves electrophysiologic recovery after anoxia and reduces the change in ATP levels and calcium influx during anoxia in rat hippocampal slices. Anesthesiology 74:1121–1128
2. Agardh CD, Kalimo H, Olsson Y, Siesjö BK (1980) Hypoglycemic brain injury I. Metabolic and light microscopic findings in rat cerebral cortex during profound insulin-induced hypoglycemia and in the recovery period following glucose administration. Acta Neuropathol (Berl) 50:31–41
3. Allen GS, Ahn HS, Preziosi TJ et al. (1983) Cerebral arterial spasm – A controlled trial of nimodipine in patients with subarachnoid hemorrhage. N Engl J Med 308:619–624
4. Artru AA, Michenfelder JD (1980) Cerebral protective, metabolic, and vascular effects of phenytoin. Stroke 11:377–382
5. Ashton D, Willems R, Marrannes R, Janssen PA (1990) Etracellular ions during veratridine-induced neurotoxicity in hippocampal slices: neuroprotective effects of flunarizine and tetrodotoxin. Brain Res 528:212–222
6. Astrup J, Siesjö BK, Symon L (1981) Thresholds in cerebral ischemia – the ischemic penumbra. Stroke 12:723–725
7. Astrup J, Skovsted P, Gjerris F, Sorensen HR (1981) Increase in extracellular potassium in the brain during circulatory arrest: Effects of hypothermia, anesthetics local – lidocaine, and thiopental. Anesthesiology 55:256–262
8. Baughman VL, Hoffman WE, Miletich DJ, Albrecht RF (1989) Cerebral metabolic depression and brain protection produced by midazolam and etomidate in the rat. J Neurosurg Anesth 1:23–28
9. Berntman L, Welsh FA, Harp JR (1981) Cerebral protective effect of low-grade hypothermia. Anesthesiology 55:495–498

10. Boris-Möller F, Smith M-L, Siesjö BK (1989) Effects of hypothermia on brain damage: A comparison between preischemic and postischemic cooling. Neursci Res Comm 5:87–94
11. Boxer PA, Cordon JJ, Mann ME et al. (1990) Comparison of phenytoin with noncompetitive N-methyl-D-aspartate antagonists in a model of focal cerebral ischemia in rats. Stroke [suppl III] 21:III-47 – III-51
12. Bracken MB, Shepard MJ, Collins WF et al. (1990) A randomised, controlled trial of methylprednisolone or naloxone in the treatment of acute spinal-cord injury. N Engl J Med 320:1405–1411
13. Brain resuscitation clinical trial II Study group (1991) A randomized clinical study of a calcium-entry blocker (lidoflazine) in the treatment of comatose survivors of cardiac arrest. N Engl J Med 324:1225–1231
14. Brain resuscitation clincal trial I study group (1986) Thiopental loading in cardiolulmonary resuscitation survivors. Randomized clinical study of thiopental loading in comatose survivors of cardiac arrest. N Engl J Med 314:397–403
15. Busto R, Dietrich WD, Globus MY, Valdes I, Scheinberg P, Ginsberg MD (1987) Small differences in intraischemic brain temperature critically determine the extent of ischemic neuronal injury. J Cereb Blood Flow Metab 7:729–738
16. Chopp M, Chen H, Dereski MO, Garcia JH (1991) Mild hypothermic intervention after graded ischemic stress in rats. Stroke 22:37–43
17. Church J, Zeman S, Lodge D (1988) The neuroprotective action of ketamine and MK-801 after transient cerebral ischemia in rats. Anesthesiology 669:702–709
18. Cullen JP, Aldrete A, Jankovsky L, Romo-Salas F (1979) Protective action of phenytoin in cerebral ischemia. Anesth Analg 58:165–169
19. Dam M, Ori C, Pizzolato G, Ricchieri GL, Pellegrini A, Giron GP, Battistin L (1990) The effects of propofol anesthesia on local cerebral glucose utilization in the rat. Anesthesiology 73:499–505
20. Dean JM, Hoehner PJ, Rogers MC, Traysman RJ (1984) Effect of lidoflazine on cerebral blood flow following twelve minutes total cerebral ischemia. Stroke 15:531–535
21. Diemer NH, Johansen FF, Jörgensen MB (1990) N-methyl-D-asparate antagonists in global cerebral ischemia. Stroke 21 [suppl III]:39 – III-42
22. Dimlich RV, Nielsen MM (1992) Facilitating postischemic reduction of cerebral lactate in rats. Stroke 23:1145–1153
23. Edvinsson L, Johansson BB, Larsson B, MacKenzie ET, Skärby T, Young AR (1983) Calcium antagonists: effects on cerebral blood flow and blood-brain barrier permeability in the rat. Br J Pharmcac 79:141–148
24. Eisenberg HM, Frankowski RF, Contant CF, Marshall LF, Walker MD (1988) High-dose barbiturate control of elevated intracranial pressure in patients with severe head injury. J Neurosurg 69:15–23
25. Ernster L (1988) Biochemistry of reoxygenation injury. Crit Care Med 16:947–953
26. Farber JL (1982) Biology of disease. Membrane injury and calcium homeostasis in the pathogenesis of coagulative necrosis. Lab Invest 47:114–123
27. Farber JL, Chien KR, Mittnacht S (1981) The pathogenesis of irreversible cell injury in ischemia. Am J Pathol 102:271–281
28. Fleischer JE, Lanier WL, Milde JH, Michenfelder JD (1987) Failure of deferoxamine, an iron chelator, to improve neurologic outcome following complete cerebral ischemia in dogs. Stroke 18:124–127
29. Forsman M, Aarseth HP, Nordby HK, Skulberg A, Steen PA (1989) Effects of nimodipine of cerebral blood flow and cerebrospinal fluid pressure after cardiac arrest: Correlation with neurologic outcome. Anesth Analg 68:436–443
30. Geisler FH, Dorsey FC, Coleman WP (1991) Recovery of motor function after spinal-cord injury – A randomized, placebo-controlled trial with GM-1 gangliodise. N Engl J Med 324:1829–1838
31. Gelmers HJ, Gorter K, De Weerdt CJ, Wiezer HJ (1988) A controlled trial of nimodipine in acute ischemic stroke. N Engl J Med 318:203–207
32. Gottstein U, Müller W, Berghoff W, Gärtner H, Held K (1971) Zur Utilisation von nichtveresterten Fettsäuren und Ketonkörpern im Gehirn des Menschen. Klin Wochenschr 49:406–411

33. Greenberg DA (1987) Calcium channels and calcium channel antagonists. Ann Neurol 21:317–330
34. Grotta J, Ackerman R, Correia J, Fallick G, Chang J (1982) Whole blood viscosity parameters and cerebral blood flow. Stroke 13:296–301
35. Grotta JC, Pettigrew LC, Rosenbaum D, Reid C, Rhoades H, McCandless D (1988) Efficacy and mechanism of action of a calcium channel blocker after global cerebral ischemia in rats. Stroke 19:447–454
36. Grotta J, Spydell J, Pettigrew C, Ostrow P, Hunter D (1986) The effect of nicardipine on neuronal function following ischemia. Stroke 17:213–219
37. Hägerdal M, Welsh FA, Keykhah M, Perez E, Harp JR (1978) Protective effects of combination of hypothermia and barbiturates in cerebral hypoxia in the rat. Anesthesiology 49:165–169
38. Harper AM, Craigen L, Kazda S (1981) Effect of the calcium antagonist, nimodipine, on cerebral blood flow and metabolism in the primate. J Cerebral Blood Flow Metab 1:349–356
39. Hoffman WE, Prekezes C (1989) Benzodiazepines and antagonists: Effects on ischemia. J Neurosurg Anesth 1:272–277
40. Hoffman WE, Braucher E, Pelligrino DA, Thomas C, Albrecht RF, Miletich DJ (1990) Brain lactate and neurologic outcome following incomplete ischemia in fasted, nonfasted, and glucose-loaded rats. Anesthesiology 72:1045–1050
41. Hossmann KA (1988) Resuscitation potentials after prolonged global cerebral ischemia in cats. Crit Care Med 16:964–971
42. Hossmann KA (1982) Treatment of experimental cerebral ischemia. J Cerebral Blood Flow Metab 2:275–297
43. Hülser PJ, Kornhuber A, Kornhuber HH (1990) Treatment of acute stroke with calcium antagonists. Eur Neurol 30 [suppl 2]:35–38
44. Husby P, Andersen KS, Owen-Falkenberg A, Steien E, Solheim J (1990) Accidental hypothermia with cardiac arrest: complete recovery after prolonged resuscitation and rewarming by extracorporeal circulation. Intensive Care Med 16:69–72
45. Ikonomidou C, Mosinger JL, Olney JW (1989) Hypothermia enhances protective effect of MK-801 against hypoxic/ischemic brain damage in infant rats. Brain Res 487:184–187
46. Jastremski M, Sutton-Tyrell K, Vaagenes P, Abramson N, Heiselman D, Safar P (1989) Glucocorticoid treatment does not improve neurological recovery following cardiac arrest. JAMA 262:3427–3430
47. Jensen ML, Auer RN (1988) Ketamine fails to protect against ischemic neuronal necrosis in the rat. Br J Anaesth 61:206–210
48. Kalimo H, Agardh CD, Olsson Y, Siesjö BK (1980) Hypoglycemic brain injury II. Electron-microscopic findings in rat cerebral cortex during profound insulin-induced hypoglycemia and in the recovery period following glucose administration. Acta Neuropathol (Berl) 50:43–52
49. Kass IS, Cotrell JE, Chambers G (1988) Magnesium and cobalt, not nimodipine, protect neurons against anoxic demage in the rat hippocampal slice. Anesthesiology 69:710–715
50. Keykhah MM, Smith DS, O'Neill JJ, Harp JR (1988) The influence of fentanyl upon cerebral high-energy metabolites, lactate, and glucose during severe hypoxia in the rat. Anesthesiology 69:566–570
51. Kinouchi H, Epstein CJ, Mizui T, Carlson E, Chen SF, Chan PH (1991) Attenuation of focal cerebral ischemic injury in transgenic mice overexpressing CuZn superoxide dismutase. Proc Natl Acad Sci USA 88:11158–11162
52. Kochs E, Hoffman WE, Werner C, Thomas C, Albrecht RF, Schulte am Esch J (1992) The effects of propofol on brain electrical activity, neurologic outcome, and neuronal damage following incomplete ischemia in rats. Anesthesiology 76:245–252
53. Komara JS, Nayini N, Bialick HA et al. (1986) Brain iron delocalization and lipid peroxidation following cardiac arrest. Ann Emerg Med 15:384–389
54. Kraaij AMM van der, Mostert LJ, Van Eijk HG, Koster JF (1988) Iron-load increases the susceptibility of rat hearts to oxygen reperfusion damage. Circulation 78:442–449
55. Kramer RS, Sanders AP, Lesage AM, Woodhall B, Sealy WC (1968) The effect of profound hypothermia on preservation of cerebral ATP content during circulatory arrest. J Thoracic Cardiovasc Surg 56:699–709

56. Lanier WL, Stangland KJ, Scheithauer BW, Milde JH, Michenfelder JD (1987) The effects of dextrose infusion and head position on neurologic outcome after complete cerebral ischemia in primates: Examination of a model. Anesthesiology 66:39–48
57. Lassen NA, Astrup J (1990) Cerebral blood flow: Normal regulation and ischemic thresholds. In: Weinstein PR, Faden A (eds) Protection of the brain from ischemia. Williams & Wilkins, Baltimore, pp 7–19
58. Lundy EF, Luyckx BA, Zelenock DJ, D'Alecy LG (1984) Butanediol induced cerebral protection from ischemic-hypoxia in the instrumented Levine rat. Stroke 15:547–552
59. Mabe H, Nagai H, Terumasa T, Umemura S, Ohno M (1986) Effect of nimodipine on cerebral functional and metabolic recovery following ischemia in the rat brain. Stroke 17:501–505
60. Mak IT, Boehme P, Weglicki WB (1992) Antioxidant effects of calcium channel blockers against free radical injury in endothelial cells. Circulation Research 70:1099–1103
61. Marcoux FW, Probert AW, Weber ML (1990) Hypoxic neuronal injury in tissue culture is associated with delayed calcium accumulation. Stroke 21 [Suppl III]:III-71 – III-74
62. McCord JM (1985) Oxygen-dericed free radicals in postischemic tissue injury. N Engl J Med 312:159–163
63. Meldrum B, Evans M, Griffiths T, Simon R (1985) Ischaemic brain damage: The role of excitatory activity and of calcium entry. Br J Anaesth 57:44–46
64. Minamisawa H, Nordström C-H, Smith M-L, Siesjö BK (1990) The influence of mild body and brain hypothermia on ischemic brain damage. J Cereb Blood Flow Metab 10:365–374
65. Nakakimura K, Fleischer JE, Drummond JC, Scheller MS, Zornow MH, Grafe MR, Shapiro HM (1990) Glucose administration before cardiac arrest worsens neurologic outcome in cats. Anesthesiology 72:1005–1011
66. Nakayama H, Ginsberg MD, Dietrich WD (1988) (S)-Emopamil, a novel calcium channel blocker and serotomin S2 antagonist, markedly reduces infarct size following middle cerebral artery occulusion in the rat. Neurology 38:1667–1673
67. Nehls DG, Todd MM, Spetzler RF, Drummond JC, Thompson RA, Johnson PC (1987) A comparison of the cerebral protective effects of isoflurane and barbiturates during temporary focal ischemia in primates. Anesthesiology 66:453–464
68. Newberg LA, Steen PA, Milde JH, Michenfelder JD (1984) Failure of flunarizine to improve cerebral blood flow or neurologic recovery in a canine model of complete cerebral ischemia. Stroke 15:666–671
69. Nordström C-H, Rehncrona S, Siesjö BK (1978) Effects of phenobarbital in cerebral ischemia. Part II: Restitution of cerebral energy state, as well as of glycolytic metabolites, citric acid cycle intermediates and assiciated amino acids after pronounced incomplete ischemia. Stroke 9:335–343
70. Nowak L, Bregestovski P, Ascher P, Herbst A, Prochiantz A (1984) Magnesium gates glutamate-activated channels in mourse central neurones. Nature 307:462–465
71. Nugent M, Artru AA, Michenfelder JD (1982) Cerebral metabolic, vascular and protective effects of midazolam maleate. Anesthesiology 56:172–176
72. Papagiou MP, Auer RN (1990) Regional neuroprotective effects of the NMDA receptor antagonist MK-801 (dizocilpine) in hypoglycemic brain damage. J Cerebral Blood Flow Metab 10:270–276
73. Pulsinelli WA, Levy DE, Sigsbee B, Scherer P, Plum F (1983) Increased damage after ischemic stroke in patients with hyperglycemia with or without established diabetes mellitus. JAMA 74:540–544
74. Pulsinelli WA, Waldman S, Rawlinson D, Plum F (1982) Moderate hypperglycemia augments brain damage: A neurophathologic study in the rat. Neurology 32:1239–1246
75. Putney JW (1986) A model for receptor-regulated calcium entry. Cell Calcium 7:1–12
76. Rehncrona S, Rosen I, Siesjö BK (1981) Brain lactic acidosis and ischemic cell damage: 1. Biochemistry and neurophysiology. J Cerebral Blood Flow Metab 1:297–311
77. Rijen PC van, Verheul HB, Echtfeld CJ van, Balazs R, Lewis P, Nasim MM, Tulleken CA (1991) Effects of dextromethorphan on rat brain during ischemia and reperfusion assessed by magnetic resonance spectroscopy. Stroke 22:343–350
78. Rosenberg RB, Kass IS, Cotrell JE (1981) Propofol improves electrophysiological recovery after anoxia in the rat hippocampal slice. Anesthesiology 75:A606

79. Rothman SM (1983) Synaptic activity mediates death of hypoxic neurons. Science 220:536–537
80. Rothman S (1984) Synaptic release of excitatory amino acid neurotransmitter mediates anoxic neuronal death. J Neurochem 7:1884–1891
81. Rothman SM, Olney JW (1986) Glutamate and the pathophysiology of hypoxic-ischemic brain damage. Ann Neurol 19:105–111
82. Sakabe T (1989) Calcium entry blockers in cerebral resuscitation. Magnesium 8:238–252
83. Sakabe T, Maekawa T, Ishikawa T, Takeshita H (1974) The effects of lidocaine on canine cerebral metabolism and circulation related to the electroencephalogram. Anesthesiology 40:433–441
84. Schanne FA, Kane AB, Young EE, Farber JL (1979) Calcium dependence of toxic cell death: A final common pathway. Science 206:700–702
85. Schwartz AC (1985) Neurological recovery after cardiac arrest: Clinical feasibility trial of calcium blockers. Am J Emerg Med 3:1–10
86. Shokunbi MT, Gelb AW, Miller DJ, Wu XM (1987) A continuous infusion of anesthetics local – lidocaine protects in temporary focal cerebral ischemia. Anesthesiology 67:A580
87. Siesjö BK (1981) Cell damage in the brain: A speculative synthesis. J Cerebral Blood Flow Metab 1:155–185
88. Siesjö BK, Bengtsson F (1989) Calcium fluxes, calcium antagonists, and calcium-related pathology in cerebral ischemia, hypoglycemia, and spreading depression: A unifying hypothesis. J Cerebral Blood Flow Metab 9:127–140
89. Siesjö BK, Bengtsson F, Grapp W, Theander S (1989) Calcium, excitotoxins, and neuronal death in the brain. Ann NY Acad Scie 568:234–251
90. Smith DS, Keykhah MM, O'Neill JJ, Harp JR (1989) The effect of etomidate pretreatment on cerebral high energy metabolites, lactate, and glucose during severe hypoxia in the rat. Anesthesiology 71:438–443
91. Steen PA, Gisvold SE, Milde JH, Newberg LA, Schelthauer BW, Lanier WL, Michenfelder JD (1985) Nimodipine improves outcomes when given after complete cerebral ischemia in primates. Anesthesiology 62:406–414
92. Steen PA, Newberg LA, Milde JH, Michenfelder JD (1984) Cerebral blood flow and neurologic outcome when nimodipine is given after complete cerebral ischemia in the dog. J Cerebral Blood Flow Metab 4:82–87
93. Sterz F, Safar P, Tisherman S, Radovsky A, Kuboyama K, Oku K-I (1991) Mild hypothermic cardiopulmonary resuscitation improves outcomes after prolonged cardiac arrest in dogs. Crit Care Med 19:379–389
94. Swan JH, Meldrum BS (1990) Protection by NMDA antagonists against selective cell loss following transient ischaemia. J Cerebral Blood Flow Metab 10:343–351
95. Takizawa S, Hogan M, Hakim AM (1991) The effects of a competitive NMDA receptor antagonist (CGS-19755) on cerebral blood flow and pH in focal ischemia. J Cerebral Blood Flow Metab 11:786–793
96. Tally WT, Sundt TM, Anderson RE (1989) Improvement of cortical perfusion, intracellular pH, and electrocorticography by nimodipine during transient focal cerebral ischemia. Neurosurg 24:80–87
97. Walker MD (1991) Acute spinal-cord injury. N Engl J Med 324:1885–1887
98. Weinrauch V, Safar P, Tisherman S, Kuboyama K, Radovsky A (1992) Beneficial effect of mild hypothermia and detrimental effect of deep hypothermia after cardiac arrest in dogs. Stroke 23:1454–1462
99. Xie Y, Seo K, Ishimaru K, Hossman KA (1992) Effect of calcium antagonists on postischemic protein biosythesis in gerbil brain. Stroke 23:87–92

B. Untersuchungsmethoden:
Klinik, bildgebende Verfahren, Stoffwechsel

Die Bedeutung von Anamnese und klinisch-neurologischem Untersuchungsbefund für das Neuromonitoring in Anästhesie und Intensivtherapie

B. Neundörfer, M.-J. Hilz

Anamnese

Wie in allen medizinischen Disziplinen ist eine sorgfältige Anamnese auch im Vorfeld einer Narkose und im Rahmen einer intensivmedizinischen Überwachung von erheblicher Bedeutung, weil sich daraus Konsequenzen für die Narkoseführung wie auch für spezielle Überwachungsmaßnahmen ergeben. Dabei ist v. a. immer daran zu denken, daß jede Narkose letztendlich immer eine – zwar zeitlich begrenzte – Intoxikation des ZNS darstellt und ein Großteil der Narkotika bzw. die Relaxanzien sich auch auf die neuromuskuläre Endplatte inhibierend auswirken. Vorerkrankungen des Zentralnervensystems sowie muskuläre und neuromuskuläre Störungen sollten aus neurologischer Sicht immer in der Anamneseerhebung Beachtung finden, weil Anhaltspunkte auf solche Erkrankungen auch für die Überwachungsmaßnahmen richtungweisend sein können. Die wichtigsten in diesem Zusammenhang anzuführenden Erkrankungen zeigt folgende Übersicht (vgl. auch [12, 18]).

In der Anamnese für die Narkoseführung und Intensivüberwachung zu beachtende Erkrankungen des neuromuskulären Apparates und des ZNS (nach [14, 16])

Erkrankungen des neuromuskulären Systems:
- Myasthenia gravis pseudoparalytica,
- Myotonien,
- Muskeldystrophien,
- Glykogenspeicherkrankheiten,
- maligne Hyperthermie.

Erkrankungen des ZNS:
- zerebrovaskuläre Erkrankungen,
- extrapyramidale Erkrankungen:
  Parkinson-Syndrom, hyperkinetische Syndrome,
- Epilepsien,
- multiple Sklerose.

Bedeutung des Neuromonitorings

Bereits kurzzeitige Hirndrucksteigerungen, Blutdruckspitzen oder Bradyarrhythmien können zu einer zerebralen Hypoxie führen, die schon bei mehrminütiger Dauer in irreversible zerebrale Schädigungen und neuronalen Zellverlust einmünden kann. Besonders gefährdet sind in diesem Zusammenhang natürlich Patienten mit einer zerebralen Vorschädigung im Sinne einer zerebrovaskulären Insuffizienz und solche mit degenerativen Hirnerkrankungen wie z. B. Parkinson-Syndrom oder M. Alzheimer. Derartige Entgleisungen sind insbesondere posttraumatisch und postoperativ zu erwarten, wenn man an das Postaggressionssyndrom oder den nochmaligen Wirkungseintritt von Narkotika infolge des enterohepatischen Kreislaufs oder wegen Um- oder Rückverteilung aus den Fettdepots denkt. Als Konsequenz ergibt sich daraus die Notwendigkeit einer engmaschigen, exakten Patientenüberwachung, um eine Schädigung des Zentralnervensystems zu verhindern.

Ideal wäre deshalb ein kontinuierliches multiparametrisches Neuromonitoring, wie es Hilz et al. [8, 9] beschrieben haben. Dies kann am Patientenbett durchgeführt werden und ist in der Lage, fortwährend Veränderungen folgender Funktionssysteme bzw. Parameter zu erfassen, wobei diese nach unterschiedlichen Befürfnissen auch variiert werden können.

Durch ein multiparametrisches Neuromonitoring werden erfaßt:
- die allgemeine Hirnfunktion mit Hilfe des EEG (2 EEG-Kanäle, Frequenzspektrum),
- die Hirnstammfunktion mit Überprüfung des AEP (Inter-Peak-Latenzen),
- die periphere und zentrale Reizleitung und Reizverarbeitung durch Bestimmung der SEP (N13 und N20),
- die zentrale Überleitungszeit,
- Hirndruck,
- Blutdruck,
- Herzfrequenz,
- Herzfrequenzvariabilität,
- Körpertemperatur.

Andere überwachbare Parameter sind z. B. der endexspiratorische pCO_2 und die Messung der transkutanen O_2-Sättigung. Das System bietet zwar ideale Überwachungsmöglichkeiten, wird aber sicherlich letztlich nur in einigen wenigen neurologisch-neurochirurgischen und/oder anästhesiologischen Intensivstationen einsetzbar sein, weil es spezielle neurophysiologische Kenntnisse voraussetzt und doch auch besondere Anforderungen sowohl an das technische wie auch an das pflegerische Personal stellt. Es ist deshalb zu fragen, welche einfachen klinischen Untersuchungsmethoden evtl. in der Lage sind, gleichfalls valide Informationen über den Funktionszustand des Gehirns zu vermitteln, so daß z. B. auch durch sich konstant wiederholende klinische Untersuchungen Verlaufsprotokolle erstellt werden können, die anzeigen, in welche Richtung sich der Zustand des ZNS entwickelt. Dabei spielen die im nächsten Abschnitt abzuhandelnden Komaskalen eine bedeutsame Rolle.

Klinische Untersuchungsparameter beim Patienten ohne Bewußtseinsstörung

Ist der Patient bei Bewußtsein, so bedarf es nur eines einfachen, jederzeit im Arztkittel unterzubringenden Instrumentariums, um v. a. fokale Funktionsstörungen des Gehirns zu erfassen: Reflexhammer, spitzer Gegenstand (Einmalnadel, Zahnstocher), Taschenlampe und evtl. Stimmgabel. Bei der klinischen Untersuchung sollten v. a. Nackensteife, Pupillenstörungen, Augenmuskelparesen, Gesichtslähmungen, halbseitige Mono- oder Hemiparesen und entsprechende Sensibilitätsstörungen beachtet werden. Eine entsprechende Untersuchung ist innerhalb weniger Minuten durchführbar und kann evtl. auch auf standardisierten Befundbögen protokolliert werden. Der klinische Befund weist dann den Weg zu weiteren apparativen Untersuchungen wie z. B. Liquorpunktion bei Nackensteife oder Computertomographie bei zerebralen Symptomen.

Untersuchungsmethoden beim bewußtseinsgestörten bzw. bewußtlosen Patienten

Glasgow-Koma-Skala

Ein einfaches, wohl auf der ganzen Welt am weitesten verbreitetes Schema zur Überprüfung des zerebralen Funktionszustands ist die sog. Glasgow-Koma-Skala (GKS) [18]. Sie bewertet verbale und motorische Reaktionen sowie die Fähigkeit, die Augen zu öffnen. Sie kann auch von nichtärztlichem Personal standardisiert durchgeführt werden (Tabelle 1) und hat eine hohe Interraterstabilität [20]. Bei Erreichen der höchsten Punktzahl von 15 ist der Patient bei vollem Bewußtsein, die minimale Punktzahl von 3 bedeutet tiefes Koma oder Hirntod, was schon einen Mangel dieser Skala aufzeigt, daß nämlich im Bereich der schwersten zerebralen Funktionsstörungen keine Differenzierung möglich ist. Darüber hinaus finden weder die Okulo- noch die Pupillomotorik Berücksichtigung, die wichtige Aussagen über die Lokalisation der Funktionsstörung des ZNSs möglich machen würden. Allerdings wurde die prognostische Aussagefähigkeit des GKS vielfach bestätigt [1, 13, 19].

Entwicklungsstadien von Bewußtseinsstörungen in Korrelation zur Lokalisation im Hirnstamm

In Anlehnung an das Modell von Plum u. Posner [17] bei einer diffusen zerebralen Läsion mit von kranial nach kaudal fortschreitender Schädigung der aszendierenden aktivierenden Formatio reticularis (ARAS) entwickelten Gerstenbrand u. Lücking [5, 11] ein Befundschema, in dem bestimmte Symptome einzelnen Stufen der Hirnstammschädigung zugeordnet werden können. Dabei benutzen sie letztlich auch die im klinischen Alltag verwendete Einteilung der Bewußtseinsstörungen in Somnolenz, Sopor und Koma und unterscheiden die einzelnen Stufen je nach den unterschiedlichen Reaktionen bestimmter Sinnessysteme.

Tabelle 1. Glasgow-Koma-Skala (Nach [18])

Prüfungszeichen	Reaktion	Grad[a]
Augenöffnen	– spontan	4
	– nach Aufforderung	3
	– auf Schmerzreiz	2
	– kein Augenöffnen	1
Verbale Reaktion	– orientiert	5
	– verwirrt	4
	– inadäquat (schreit, flucht)	3
	– unverständlich	2
	– keine verbale Reaktion	1
Motorische Reaktion	– kommt Aufforderungen angemessen nach	6
	– nur halbseitig	5
	– normale Beugung, z. B. auf Schmerzreiz	4
	– abnorme Beugungsbewegung	3
	– strecken	2
	– keine Reaktion	1

[a] Der Grad setzt sich aus der Summe der 3 geprüften Bereiche zusammen, maximal 15 Punkte, minimal 3 Punkte

Unter *Somnolenz* versteht man einen schlafähnlichen Zustand, bei dem der Patient spontan, auf Anruf oder leichte Schmerzreize die Augen öffnen und einfachen Aufforderungen nachkommen kann. *Sopor* ist ein tiefschlafähnlicher Zustand, aus dem der Patient nur mit starken Außenreizen kurzzeitig aufgeweckt und zu einfachen Reaktionen gebracht werden kann. Im *Koma* ist der Patient nicht erweckbar, und meist sind die Augen geschlossen.

Das Schema von Gerstenbrand u. Lücking [4] unterscheidet 4 Stufen des Mittelhirn- (MHS) und 2 Stufen des Bulbärhirnsyndroms (BHS):

Bewußtseinsstörungen in Korrelation zur Lokalisation im Hirnstamm (nach [4])

Das akute Mittelhirnsyndrom

Phase I:
- Benommenheit,
- verzögerte Reaktionsfähigkeit,
- spontane Massen- und Wälzbewegungen,
- gerichtete Abwehrbewegungen,
- konjugierte Bulbusbewegungen (evtl. schwimmende Bulbi),
- keine Pyramidenbahnzeichen.

Phase II:
- Schläfrigkeit,
- erhöhter Strecktonus der Beine,
- spontane Armbewegungen,
- positive Pyramidenbahnzeichen,
- Bulbi wechseln zwischen Kon- und Divergenz,
- enge Pupillen mit träger Lichtreaktion,
- positiver okulozephaler Reflex.

Phase III:
- Bewußtlosigkeit,
- fehlende gezielte Abwehrreaktionen,
- Beugestellung der Arme,
- Streckstellung der Beine,
- Divergenz der Bulbi,
- träger okulozephaler Reflex.

Phase IV:
- Streckstellung von Armen und Beinen,
- Strecksynergismen auf Außenreize,
- Kornealreflex ↓ oder ∅,
- okulozephaler Reflex träge oder ausgefallen,
- Maschinenatmung,
- Tachykardie,
- Blutdruck ↑,
- Hyperthermie.

Das akute Bulbärhirnsyndrom,

Phase I: Übergang von Mittelhirnsyndrom Phase IV
→
- Erschlaffung des Muskeltonus,
- Nachlassen der Strecksynergismen,
- Ausfall der Muskeleigenreflexe,
- weite Pupillen,
- Divergenz der Bulbi,
- Rückbildung der okulozephalen Reflexe und vegetativen Entgleisungen.

Phase II:
- keine Spontanmotorik,
- keine Reaktion auf Schmerzreize,
- weite reaktionslose Pupillen,
- keine Hirnstammreflexe,
- erhaltene Atmung.

Neben der Beschreibung der Vigilanz definieren sie sich nach den Reaktionen auf sensorische Reize (Ansprache, Anruf etc.), der Spontanmotorik, den motorischen Reaktionen auf Schmerzreize, dem Muskeltonus, den Pupillenweiten, der Lichtreaktion der Pupillen, dem Stand bzw. den Bewegungen der Bulbi, dem okulozephalen Reflex (OZR), dem vestibulo-okulären Reflex (kalorische Prüfung) und den vegetativen Funktionen wie Atmung, Temperatur, Herzfrequenz und Blutdruck. Dabei spielt die Überprüfung des okulozephalen Reflexes eine wichtige Rolle zur Definition der Komatiefe. Er ist angeboren und dient der Konstanterhaltung des Seheindruckes, d. h. der Orientierung im Raum bei Kopfbewegungen. Normalerweise ist er allerdings im Wachzustand unterdrückt, so daß sich die Augen in Drehrichtung des Kopfes wenden. Im Mittelhirnsyndrom von Phase 3 und 4 ist er auslösbar und verschwindet dann in den beiden Phasen des Bulbärhirnsyndroms.

> Vereinfacht lassen sich die 6 Stadien der MHS und BHS folgendermaßen beschreiben:
>
> MHS I: Ø Koma, gezielte Abwehr,
> MHS II: Ø Koma, ungezielte Abwehr,
> MHS III: Koma, OZR +, Beuge-/Strecksynergismen,
> MHS IV: Koma, OZR +/−, Strecksynergismen,
> BHS I: Koma OZR −, Strecksynergismen oder schlaffe Muskeln,
> BHS II: Koma, OZR −, schlaffe Mm, fehlende Hirnstammreflexe, aber noch Spontanatmung,
> Hirntod: Koma, OZR −, schlaffe Muskeln, fehlende Hirnstammreflexe und fehlende Atmung.

Innsbrucker Komaskala (IKS)

Da die Untersuchungen des Schemas der MHS und BHS jedoch nur von Ärzten durchgeführt werden können, entwickelten Gerstenbrand et al. [5] basierend zwar auf diesem Einteilungsprinzip, eine Skala, die auch von neurologisch ungeschulten Personen, z. B. vom Pflegepersonal, angewandt werden kann (Tabelle 2). Sie erfaßt die wesentlichen Funktionen durch Punktwerte, wobei die bestmögliche Antwort mit 3 Punkten, die schlechteren Antworten mit 0–2 Punkten bewertet werden. Gemessen werden die Reaktionen auf akustische und Schmerzreize, beurteilt werden Körperhaltung und -bewegungen, Lidposition und Pupillenweite sowie -reaktion, schließlich die Bulbusstellung und -bewegung und das Fehlen oder Vorhandensein oraler Mechanismen. Die Höchstpunktzahl ergibt 19 Punkte. Eine Punktzahl unter 6 im Beginn des Komas oder ein Mittelwert unter 11 Punkten im Verlauf sind prognostisch ungünstig und bedeuten in der Regel einen tödlichen Ausgang. Die jeweiligen Untersuchungen sind schnell durchgeführt und erfordern als zusätzliches Instrumentarium lediglich eine Taschenlampe zur Testung der Pupillenreaktion auf Licht.

Vergleich von Komaskalen

Komaskalen dienen dazu, den Funktionszustand des Gehirnes zu einem gegebenen Zeitpunkt möglichst exakt und differenziert zu beschreiben, wobei mit Hilfe von Punktwerten auch Verlaufsbeobachtungen möglich sind. Darüber hinaus sollen die gewählten Parameter möglichst eindeutig definiert sein, so daß von verschiedenen Untersuchern erhobenen Befunde vergleichbar sind. Schließlich soll der Untersuchungsaufwand zeitlich begrenzt und möglichst einfach sein, damit die Untersuchungen ohne weiteres auch mehrmals täglich, möglichst auch von nichtärztlichem Personal, erhoben werden können. Die bisher beschriebenen und auch in praxi angewandten Komaskalen benützen z. T. unterschiedliche Kriterien, so daß sich die Frage erhebt, inwieweit sie untereinander vergleichbar sind.

Tabelle 2. Innsbrucker Komaskala: Klinisches Komamonitoring

Name des Pat.:			Datum, Uhrzeit:
Reaktivität auf akustische Reize	Zuwendung besser als Streckreaktion Streckreaktion keine Reaktion	3 2 1 0	....
Reaktivität auf Schmerz (Kneifen Trapeziusrand)	gerichtete Abwehr besser als Streckreaktion Streckreaktion keine Reaktion	3 2 1 0	....
Körperhaltung/ -bewegung	normal besser als Streckstellung Streckstellung schlaff	3 2 1 0	....
Lidposition	Augenöffnen, spontan Augenöffnen, akust. Reiz Augenöffnen, Schmerz kein Augenöffnen	3 2 1 0	....
Pupillenweite	normal verengt erweitert weit	3 2 1 0	....
Pupillenreaktion	ausgiebig unausgiebig Spur fehlend	3 2 1 0	....
Bulbusstellung und -bewegung	optisches Folgen Bulbuspendeln divergent, wechselnd divergent, fixiert	3 2 1 0	....
Orale Automatismen	spontan auf äußere Reize keine	2 1 0	....
Maximale Punktzahl		23	Coma Rating Scale Innsbruck

Graphische Darstellung der Innsbrucker Komaskala, wie sie als Checkkarte am Bett des Patienten angewandt wird. Die einzelnen Parameter werden punktemäßig (3–0) gewertet und die Punkte in die entsprechende Spalte verbunden mit Datum und Uhrzeit eingetragen. Durch einfache Addition wird die jeweils maximale Punktezahl errechnet. 19 Punkte stehen für die Graduierung des komatösen Patienten zur Verfügung. Die Punkte 20–23 sind für die Aufwachphase als weitere Kontrollmöglichkeit vorgesehen.

Eine Erlanger Arbeitsgruppe [6, 7] verglich deshalb 3 gebräuchliche Komaskalen (GKS, IKS und die Münchner Komaskala MKS [2, 3] und die Erlanger Funktionspsychoseskala B (FPSB) [10, 15] an 91 Patienten, um zu prüfen,

a) wie die verschiedenen Bewertungen miteinander korrelieren,
b) welche Einteilungen die leichteren Bewußtseinsstörungen und welche die tieferen Komastadien am besten differenzieren und
c) welche der Komaskalen am besten zu den klinischen Einteilungsstadien nach MHS und BHS korrelieren.

In Abweichung zu den oben angegebenen GKS und IKS bewertet die MKS [2, 3] v. a. auch die unterschiedliche Stimulierbarkeit durch elektrische, mechanische, akustische und optische Reize, so daß ein wesentlich größerer zeitlicher und instrumenteller Aufwand nötig ist. Die Erlanger Funktionspsychoseskala B (FPSB) [10, 15] prüft neurologische Symptome, motorische Reaktionen, visuelle Wahrnehmungsleistungen und die Orientierung.

Dabei erwies sich die IKS als die in jeder Hinsicht am meisten empfehlenswerte Skala. Sie korrelierte am höchsten mit den klinischen Stadien der MHS und BHS, differenziert ausreichend sowohl in den Stadien leichterer Bewußtseinsstörungen wie auch in tieferen Komastadien und korreliert auch recht gut mit den anderen Bewertungssystemen mit Ausnahme der FPSB. Die letztere schneidet am besten ab bei der Differenzierung leichterer Bewußtseinstörungen, differenziert tiefere Komastadien jedoch deutlich geringer, was auch für die GKS gilt. Die MKS zeigt zwar eine gute Korrelation zu den klinischen Stadien der MHS und BHS und differenziert sehr gut tiefere Komastadien, ist aber vom zeitlichen und instrumentellen Aufwand für Routineuntersuchungen kaum praktikabel. Es sind für ihre Anwendung genormte Instrumente wie Reizhaare, Leuchte, elektrischer Stimulator und Sirene erforderlich.

Die hohe praktisch-klinische Wertigkeit der IKS ergibt sich schließlich auch aus der Tatsache, daß sie in einer weiteren Vergleichsuntersuchung verschiedener Komascores bzw. von Skalen nach klinisch-pathophysiologischen Kriterien auch bezüglich der Prognosestellung gemessen an der Glasgow-Outcome-Scale am besten abschneidet [6].

Schlußfolgerungen

Ein apparatives Neuromonitoring ist zwar in bestimmten Krankheitszuständen in Teilbereichen (z. B. Hirndruckmessungen) wichtig und unerläßlich, für die routinemäßige Überwachung genügen jedoch zunächst engmaschige klinische Untersuchungen, wobei der Kontrolle der Bewußtseinslage, als Funktionsparameter für den zerebralen Funktionszustand, die höchste Priorität zukommt. Dabei hat sich aufgrund der oben erwähnten eigenen Erfahrungen die IKS am praktikabelsten und bezüglich ihrer klinischen sowie prognostischen Aussagekraft am validesten erwiesen. Sie gibt rasch Auskunft, in welchem klinischen Zustand sich der Patient befindet, ob apparative zusätzliche Kontrollen (CCT, EEG, etc.) und/oder eingreifende therapeutische Maßnahmen (z. B. Osmotherapie, Außenableitung etc.) notwendig sind.

Literatur

1. Bates DB, Caronna JJ, Cartlidge NEE, Knill-Jones RP, Lewy DE, Shaw DA, Plum F (1977) A prospective study of nontraumatic coma: Methods and results in 310 patients. Ann Neurol 2:211-220
2. Brinkmann R, Cramon D von, Schulz H (1975) Skalierung von Aufmerksamkeitsstörungen bei neurologischen Patienten. J Neurol 209:1-8
3. Cramon D von (1979) Quantitative Bestimmung des Verhaltensdefizites bei Störungen des skalaren Bewußtseins. Thieme, Stuttgart
4. Gerstenbrand F, Lücking CH (1970) Die akuten traumatischen Hirnstammschäden. Arch Psychiat Nervenkrankh 213:264-281
5. Gerstenbrand F, Hackl JM, Mitterschiffthaler G, Poewe W, Prugger M, Rumpf E (1984) Die Innsbrucker Koma-Skala: Klinisches Koma-Monitoring. Intensivbehandlung 9:133-144
6. Hilz MJ, Claus D, Faatz U, Weis M, Erbguth F, Neundörfer B (1991) Vergleich von 3 Koma-Skalen und 4 Koma-Scores miteinander und mit der Glasgow-Outcome-Scale. Intensivmed Notfallmed 28:398-399
7. Hilz MJ, Druschky KF, Höll R, Wagner S, Ostermann N, Weidenhammer S (1991) Komaskalen im Vergleich. In: Druschky KF, Erbguth F, Neundörfer B (Hrsg) Schwerpunkte neurologischer Intensivmedizin. perimed, Erlangen, S 112-117
8. Hilz MJ, Druschky KF, Weis M, Litscher G, Pfurtscheller G, Neundörfer B (1991) Kontinuierliches multiparametrisches Neuromonitoring – erste Erfahrungen. In: Druschky KF, Erbguth F, Neundörfer B (Hrsg) Schwerpunkte neurologischer Intensivmedizin. perimed, Erlangen, S 124-128
9. Hilz MJ, Litscher G, Weis M, Claus D, Druschky KF, Pfurtscheller G, Neundörfer B (1991) Continuous multivariable monitoring in neurological intensive care patients – preliminary reports on four cases. Intensive Care Med 17:87-93
10. Lehrl S, Fuchs HH, Lugauer J, Schuhmacher H, Nusko G (1979) Manual zur Funktionspsychose Skala B. Vless, Vaterstetten-München
11. Lücking CH (1976) Zerebrale Komplikationen bei Polytraumatisierung. Intensivbehandlung 1:26-35
12. Lungershausen E, Kaschka WP (1988) Risikoerfassung und optimierende Therapie bei Psychosen, Depressionen und Suchterkrankungen. In: Rügheimer E, Pasch T (Hrsg) Vorbereitung des Patienten zu Anästhesie und Operation. Springer, Berlin Heidelberg New York Paris London Tokyo, S 141-165
13. Melo TP, de Mendonca A, Crespo M, Carvalho M, Ferro JM (1992) An Emergency Room-Based Study of Stroke Coma. Cerebrovasc Dis 2:93-101
14. Neundörfer B (1988) Risikoerfassung und optimierende Therapie bei Erkrankungen des Zentralnervensystems. In: Rügheimer E, Pasch T (Hrsg) Vorbereitung des Patienten zu Anästhesie und Operation. Springer, Berlin Heidelberg New York Paris London Tokyo, S 131-140
15. Nusko G, Schuhmacher H, Lehrl S, Fuchs HH (1977) Ein klinisches Meßverfahren für mittelschwere und schwere Funktionspsychosen: Die Funktionspsychose-Skala B. Medizin 5:944-953
16. Plötz J (1988) Risikoerfassung und optimierende Therapie bei muskulären und neuromuskulären Störungen. In: Rügheimer E, Pasch T (Hrsg) Vorbereitung des Patienten zur Anästhesie und Operation. Springer, Berlin Heidelberg New York Paris London Tokyo, S 119-131
17. Plum F, Posner JB (1966) The diagnosis of stupor and coma. Blackwell Scientific Publ, Oxford
18. Teasdale GM, Jennet B (1974) Assessment of coma and impaired consciousness: a practical scale. Lancet 2:81-84
19. Teasdale G, Jennet B (1976) Assessment and prognosis of coma after head injury. Acta neurochir 34:45-55
20. Teasdale G, Knill-Jones R, Vander J, Sande J (1978) Observer variability in assessing impaired consciousness and coma. J Neurol Neurosurg Psychiat 41:603-610

Computertomographie und Magnetresonanztomographie in der neurologischen und neurochirurgischen Intensivüberwachung

W. Huk

Grundlagen der morphologischen Diagnostik

Die modernen bildgebenden Verfahren – Computertomographie (CT) und Magnetresonanztomographie (MRT) – sind in der Lage, auf nichtinvasive Weise direkte Aussagen über die morphologischen Veränderungen intrakranieller Erkrankungen zu machen. Bei der Überwachung des ZNS im Rahmen der Anästhesie und Intensivmedizin stehen v. a. die akuten und subakuten Phasen dieser Prozesse im Zentrum des Interesses.

Erkrankungen des ZNS, die im Rahmen des Themas besonderes Augenmerk verdienen, sind:

- Schädel-Hirn-Trauma (Blutungen und Kontusionen),
- akute zerebrovaskuläre Ereignisse (Infarkte, Blutungen)
- Entzündungen (Meningitis, Enzephalitis, Abszeß)
- Liquorstauung.

Relevante neurologische Symptome sind:

- Kopfschmerzen mit oder ohne Übelkeit,
- Lähmungen und andere Funktionsausfälle,
- Krampfanfälle,
- Bewußtseinsbeeinträchtigung, Wesensänderung.

Die neurologische Symptomatik und ihr Verlauf sind abhängig von folgenden Faktoren:

- Art der Läsion (Tumor, Blutung/Ischämie, Trauma),
- Sitz der Läsion (z. B. Hirnstamm, Zentralregion, „stumme" Region, Liquorstauung),
- Größe der Läsion (Verlagerung und Kompression normaler Strukturen – Einklemmung, Liquorstauung),
- Akutheit des Prozesses (welche die Plastizität des Gehirns überfordert).

Problematik bildgebender Untersuchungen

Auf 2 wichtige Aspekte sei an dieser Stelle besonders hingewiesen:

Zum einen ist die Dynamik krankhafter Gewebsveränderungen des ZNS je nach Art und Ursache verschieden, so daß der Zeitpunkt der Untersuchung mitbestimmt, auf welche Weise sich die Erkrankung darstellt. So kann bei einer Untersuchung, die zu früh nach einem Trauma oder einer Ischämie durchgeführt wurde, der Befund unauffällig erscheinen und so eine falsche Sicherheit vortäuschen.

Zum anderen ist das Spektrum der Bildbefunde enger als das ihrer Ursachen, d. h. verschiedene Ursachen können zu ähnlichen Veränderungen, z. B. Blutungen oder Ödemen, führen. Die Artdiagnose kann daher ohne klinische Zusatzinformationen schwer zu stellen sein.

Frühzeitig faßbare morphologische Veränderungen

Zu den Gewebsveränderungen, die bereits zum Zeitpunkt der Erstsymptome erkennbar sind, gehören:

- Blutungen,
- Tumoren, Abszesse,
- Liquorstauungen,
- Hirnvenen-/Sinusthrombosen, Basilaristhrombosen (im MRT).

Blutungen

Die Dichte (CT) oder Signalintensität (MRT) intrazerebraler Blutungen ändert sich im Laufe des Resorptionsvorganges:

Im CT-Bild geht die charakteristische hohe Dichte der frischen Blutung nach Tagen und Wochen über in eine unspezifische Hypodensität des verflüssigten Blutes, die von der Peripherie zum Zentrum fortschreitet und nicht von einem Ödem zu unterscheiden ist. Nach starkem Blutverlust und viel Blutersatzmitteln können akute Blutungen iso- oder hypodens sein, ähnlich wie z. B. chronische subdurale Hämatome. Blutungen in den Liquorraum werden deutlich rascher abgebaut als subependymale oder intrazerebrale Hämatome.

Im MRT ist frisches Blut isointens (T1) oder hypointens (T2); mit – von der Peripherie her – zunehmendem Anteil an Methämoglobin wird es hyperintens (T1 und T2). Die hyperintense Phase dauert deutlich länger als die Hyperdensität im CT, so daß eine Blutung über einen weit längeren Zeitraum im MRT als solche identifiziert werden kann.

Lokalisation und Verteilung des Blutes erlauben gewisse Rückschlüsse auf die Ursachen der Blutung (z. B. SAB, Thrombose, epidurale/subdurale Blutung).

Tumoren und Abszesse

Sie sind direkt erkennbar, wenn auch artdiagnostisch oft schwer einzuordnen. Gleichzeitig werden ihre Komplikationen wie Blutungen, perifokale Ödeme und Liquorstauungen sichtbar. Nach Tumorentfernungen kann etwa ab dem 3. Tag eine Kontrastanfärbung im Rand der Resektionshöhle kaum von einer Abszedierung zu unterscheiden sein.

Ventrikelerweiterungen

Lokale Behinderungen des Liquorflusses, z. B. im Foramen Monroi, Aquädukt oder 4. Ventrikel, bewirken eine Erweiterung der nachgeschalteten Ventrikelabschnitte.

Akute Behinderungen der Liquorresorption, z. B. nach Subarachnoidalblutungen, erzeugen einen Hydrocephalus communicans, als dessen erstes verdächtiges Zeichen eine Entfaltung der Temporalhörner der Seitenventrikel zu werten ist.

Bei Patienten mit chronischem Hydrozephalus oder nach Shuntoperation kann aus der Ventrikelweite nur bedingt auf die intraventrikulären Druckverhältnisse geschlossen werden, wenn Voraufnahmen zum Vergleich nicht vorliegen. Hier ist der klinische Zustand des Patienten ausschlaggebend für die Entscheidung zur Shuntrevision.

Hirnvenen- und Basilaristhrombosen

Hirnvenen- bzw. Sinusthrombosen und Basilaristhrombosen können in der CT dem Nachweis entgehen, wenn sie nicht zum Zeitpunkt des Erstsymptoms bereits zu einem Ödem oder zu perivasalen Blutungen geführt haben. Das sog. „empty triangle" Zeichen des Sinus sagittalis superior nach Kontrastmittelgabe ist relativ unsicher. Die MRT dagegen ist in der Lage, die Thrombose im Sinus oder den größeren Brückenvenen aufgrund der Flußabhängigkeit ihrer Signale direkt sichtbar zu machen.

Verzögert auftretende morphologische Veränderungen

Gewebsveränderungen, die verzögert sichtbar werden, sind in erster Linie ödematöse Schwellungen verschiedener Genese:

Ein Hirnödem erscheint als Folge vermehrter Wassereinlagerung in das Gewebe im CT hypodens, im MRT je nach Sequenz hypointens (T1) oder hyperintens (T2).

Ein wichtiges Merkmal des Ödems ist die Volumenvermehrung, die es von ähnlichen Dichte- oder Signaländerungen manch anderer Genese unterscheidet.

Zu unterscheiden sind folgende Ödemarten:

- das vasogene Ödem, das sich vorwiegend in der weißen Substanz ausbreitet und meist als perifokales Ödem auftritt (z. B. bei Tumoren, Abszessen),
- das zytotoxische Ödem, welches sich in Rinde und Mark gleichermaßen findet und in typischer Weise beim Hirninfarkt entsteht, und
- das interstitielle, Ödem, das als Folge einer intraventrikulären Drucksteigerung im periventrikulären Marklager erscheint.

Ausmaß, Verteilung und zeitlicher Ablauf eines Hirnödems hängen von der Ursache (und den therapeutischen Maßnahmen) ab. In der Regel erreicht das Ödem nach akuten Läsionen, z. B. Kontusionen, Infarkten und nach Operationen nach 3–6 Tagen sein Maximum, um dann allmählich abzuklingen. Vor allem bei Kontusionen kann es verzögert zu Einblutungen kommen, welche zusätzlich die Raumforderung und damit den intrakraniellen Druck verstärken und darüber hinaus sekundär als Ödemreiz wirken. Bei Kindern und Jugendlichen, deren Liquorräume relativ eng sind, kann eine leichte allgemeine Hirnschwellung z. B. nach einem Schädel-Hirn-Trauma, in der akuten Phase schwer zu beurteilen sein; wenn in der Folge eine leichte Zunahme der Ventrikelweite zu beobachten ist, kann retrospektiv eine allgemeine Hirnschwellung diagnostiziert werden, was gelegentlich von gutachterlichem Interesse ist.

Wann ist eine CT, MRT oder Angiographie angezeigt?

Auswahl der geeigneten Methode für die Erstuntersuchung

Als initiale Untersuchung bei der Aufnahme eines Akutkranken ist die CT zur Entscheidung über eine eventuelle sofortige Operationsindikation die Methode der Wahl: sie ist rasch durchgeführt, ihre Aussage ist zuverlässig, und der Patient bleibt für die Notversorgung zugänglich.

Ist der Befund negativ oder zweifelhaft, sollte eine MRT angeschlossen werden, z. B. zum Nachweis einer Sinusthrombose, einer Basilaristhrombose oder eines beginnenden Ödems des Hirnstammes oder basisnaher Strukturen, die im CT durch Knochenartefakte verdeckt werden können.

Eine sofortige Angiographie ist angezeigt bei transitorisch-ischämischen Attacken (TIA), wenn der Ultraschallbefund nicht eindeutig ist, bei einer Embolie, wenn eine Thrombolyse in Betracht kommt, oder bei einer Subarachnoidalblutung, sobald es der Zustand des Patienten erlaubt.

Zeitpunkt von Kontrolluntersuchungen

Die gleichen Überlegungen gelten auch für die Kontrolluntersuchung im weiteren Verlauf.

Die Wahl des Zeitpunktes und der Methode für Kontrolluntersuchungen richtet sich nach dem zugrundeliegenden Prozeß:

Generell wird sich eine Notwendigkeit zur Kontrolle aus dem klinischen Verlaufe, meist einer Verschlechterung, ergeben, wenn diese klinisch-neurologisch zu erheben ist. Bei bewußtlosen, intubierten Patienten ist die klinische Beurteilung meist auf wenige Parameter, wie die Pupillen- und Schmerzreaktion, reduziert; in diesen Fällen empfiehlt sich in den ersten 4-6 Tagen nach einer akuten Noxe eine häufigere, auch vorsorgliche Kontrolle, wenn die Komplikationsmöglichkeiten der Erkrankung eine Blutung oder eine Ventrikelerweiterung einschließen. Als konkrete Beispiele seien genannt: kleine Epidural - oder Subduralhämatome, ein epidurales Hämatom der einen Seite mit Kalottenfraktur der Gegenseite, Blutungen oder Infarkte der hinteren Schädelgrube, Subarachnoidalblutungen oder hämorrhagische Kontusionen, bei denen ein gefährlicher Trend erkannt werden sollte, bevor eine klinische Verschlechterung eintritt.

Auch hier ist in der Regel die CT ausreichend und die MRT erst dann notwendig, wenn die klinische Verschlechterung aus dem CT (oder dem allgemeinen internistischen Befund) nicht mehr erklärbar ist. Bei spinalen Kontrolluntersuchungen ist die MRT der CT vorzuziehen.

Die CT ist gerade bei Schwerkranken leichter durchzuführen, und fast alle therapeutischen Entscheidungen für operative Eingriffe können aus ihrem Befund mit ausreichender Sicherheit abgeleitet werden.

Zusammenfassung

Zusammenfassend kann festgehalten werden, daß die CT in der akuten Phase der Mehrzahl der zentralnervösen Erkrankungen für die initiale Diagnose wie für die Verlaufskontrollen die Methode der ersten Wahl darstellt. In einer kleineren Zahl der Fälle ist die MRT als initiale Methode für die Diagnose notwendig, weitere Verlaufskontrollen können dann durch die CT erfolgen. Nur in Ausnahmefällen dürfte eine Kontrolle mit MRT unerläßlich sein.

Zum Schluß sei betont, daß die Bildbefunde immer nur die momentane Situation in einem dynamischen Prozeß darstellen, aus der - v. a. in der akuten und subakuten Phase - eine verläßliche Prognose über den weiteren Verlauf nicht abgeleitet werden kann. Der klinische Befund muß daher bei aller modernen und hilfreichen Technik die Leitlinie für die Verlaufbeurteilung und die Indikationstellung für Kontrolluntersuchungen bleiben.

Literatur

Dietz H, Umbach W, Wüllenweber R (1982) Klinische Neurochirurgie. Bd I und II. Thieme, Stuttgart New York

Hase U, Reulen HJ (1988) Die akute Raumforderung in der hinteren Schädelgrube. Überreuter Wissenschaft, Wien

Huk WJ, Gademann G, Friedmann G (1990) MRI of central nervous system diseases. Springer, Berlin Heidelberg New York Tokyo

Kazner E, Wende S, Grumme T, Stochdorph O, Felix R, Claussen C (1988) Computer- und Kernspin-Tomographie intracranieller Tumoren aus klinischer Sicht. Springer, Berlin Heidelberg New York Tokyo

Osborn AG (1991) Handbook of neuroradiology. Mosby, St. Louis Baltimore Boston Chicago London Philadelphia Sidney Toronto

Tomographische Messung von Hirndurchblutung und Hirnstoffwechsel

K. Herholz, W.-D. Heiss

Methodischer Überblick

Das vielseitigste und genaueste Verfahren zur tomographischen Messung von Hirndurchblutung und Hirnstoffwechsel ist derzeit die Positronenemissionstomographie. Es handelt sich dabei um ein nuklearmedizinisches Verfahren, bei dem Schnittbilder der zerebralen Verteilung von spezifischen, radioaktiv markierten Tracern erstellt werden. Zur Markierung werden extrem kurzlebige, in der Regel mit Hilfe eines Zyklotrons erzeugte Positronenemitter, wie ^{11}C, ^{13}N, ^{15}O und ^{18}F, verwendet (Tabelle 1). Dieses personell und apparativ enorm aufwendige Verfahren hat den wesentlichen Vorteil, daß die zur Markierung verwendeten Atome aufgrund ihrer kleinen Größe und des häufigen Vorkommens der entsprechenden stabilen

Tabelle 1. Ausgewählte Isotope und Verbindungen (Tracer) für PET. (Mod. nach [78])

Isotop (HWZ[a])	Anwendung	Tracer
^{11}C (20,4)	pH	Kohlendioxid, DMO
	Durchblutung	Butanol, Fluormethan
	Glukoseumsatz	Glukose, Deoxyglukose
	Aminosäurenaufnahme	Valin, Leucin, Tyrosin
	DNS-Synthese	Thymidin
	Dopaminrezeptoren	Spiperon, Raclopride
	Serotoninrezeptoren	Ketanserin, Altanserin
	Opiatrezeptoren	Carfentanyl, Diprenorphin
	Benzodiazepinrezeptoren	PK-11195, Flumazenil
	Acetylcholinrezeptoren	QNB, Dexetimid
^{15}O (2,05)	Sauerstoffverbrauch	Sauerstoffgas
	Durchblutung	Wasser, Kohlendioxyd, Butanol
	Blutvolumen	Kohlenmonoxid
^{18}F (109,7)	Durchblutung	Fluormethan
	Glukoseumsatz	Fluordeoxyglukose (FDG)
	Aminosäureaufnahme	Fluortyrosin
	DNS-Synthese	Fluordeoxyuridin
	Dopaminsynthese	Fluorodopa
	Dopaminrezeptoren	Spiperonderivate
	Opiatrezeptoren	Cylofoxy

[a] Halbwertszeit in Minuten.

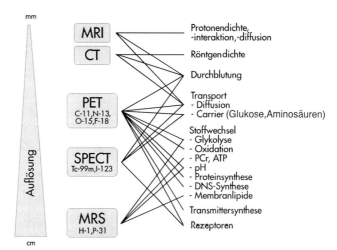

Abb. 1. Schematische Darstellung des Auflösungsvermögens und der Einsatzbereitschaft tomographischer Verfahren

Isotope in biologisch aktiven Substanzen die biochemischen Eigenschaften der Tracer kaum verändern und deswegen hochspezifische Messungen erlauben. Außerdem kommen die eingesetzten Detektorsysteme – im Gegensatz zu herkömmlichen nuklearmedizinischen Verfahren – ohne Bleikollimatoren aus, was die Quantifizierung der Traceraktivität in physikalischen Einheiten (z. B. nCi/ml Gewebe) ermöglicht. Genaue Kenntnis des biochemischen Verhaltens der Tracer und die Quantifizierung in absoluten Einheiten ermöglichen die Entwicklung quantitativer physiologischer Modelle und damit die Bestimmung von Stoffwechselraten in physiologischen Einheiten (z. B. Glukoseumsatz in µmol Glukose/100 g Gewebe/min). Eine eingehende Darstellung der technischen Aspekte des Verfahrens findet sich z. B. bei Wienhard et al. [78].

Wie in Abb. 1 schematisch dargestellt, können einzelne Aspekte der Hirndurchblutung und des Hirnstoffwechsels auch mit anderen tomographischen Verfahren dargestellt werden. Die höchste räumliche Auflösung erreicht dabei die Kernspintomographie (engl. „magnetic resonance imaging", MRI). Mit speziellen Sequenzen und steilen Gradienten können auf modernen Maschinen auch diffusions- und flußabhängige Signale gewonnen werden, die eine qualitative Darstellung von Durchblutungsveränderungen erlauben, wohingegen eine Quantifizierung derzeit nicht möglich ist [49].

Unter Inhalation von 30- bis 35%igem Xenon kommt es zu einer geringen durchblutungsabhängigen Dichtesteigerung des Hirngewebes, die mittels Computertomographie nachgewiesen werden kann. An entsprechend eingerichteten Meßplätzen kann so mittels Xenon-CT die regionale zerebrale Durchblutung gemessen werden [22]. Eine wesentliche Limitierung besteht in der variablen narkotischen Wirkung von Xenon (das hierbei nicht nur in Tracermengen appliziert wird), das Hyperventilation induziert und die zerebrale Durchblutung verändern kann (Hartmann et al. [23] berichten über eine Steigerung um 13,5–25,4%), und in der relativ hohen lokalen Strahlenbelastung.

Mittels Einzelphotonenemissionstomographie (engl. „single photon emission computed tomography", SPECT) kann ebenfalls die regionale zerebrale Durchblutung gemessen (mit ^{133}Xe) oder wenigstens semiquantitativ dargestellt werden (z. B. mit ^{99m}Tc-HM-PAO oder ^{123}I-Idoamphetamin). Bisher sind allerdings keine Tracer zur Untersuchung von Stoffwechselvorgängen mit SPECT verfügbar, was in erster Linie an der Atomgröße der typischerweise zur Markierung verwendeten Gammaemitter und der daraus resultierenden starken Veränderung metabolischer Substrate liegen dürfte. Substanzen zur Markierung von Rezeptoren (z. B. ^{123}I-Iodbenzamid für D_2-Rezeptoren) wurden hingegen bereits erfolgreich eingesetzt [11]. Eine wesentliche Limitierung gegenüber PET liegt in der fehlenden Möglichkeit der Bestimmung absoluter Tracerkonzentrationen sowie in einer schlechteren räumlichen Auflösung.

In der Kernspinspektroskopie (engl. „magnetic resonance spectroscopy", MRS) werden geringe Verschiebungen der Resonanzfrequenzen aufgrund der chemischen Einbindung der untersuchten Atome (in erster Linie ^{1}H und ^{31}P) untersucht. In der Regel geschieht dies an den im Körper vorhandenen Substanzen, was eine ausreichende Konzentration im millimolaren Bereich voraussetzt. Nach Zufuhr größerer Mengen ^{13}C-markierter Substanzen (z. B. ^{13}C-Glukose) sind auch damit metabolische Studien möglich [8]. In der klinischen Anwendung können heute mit ^{1}H-Spektroskopie die Resonanzen von Cholin, Kreatin zusammen mit Phosphokreatin, N-Acetylaspartat (vorwiegend in Neuronen lokalisiert) und unter bestimmten Bedingungen auch Laktat und evtl. Glutamat [61] nachgewiesen werden. Mit der ^{31}P-Spektroskopie werden die Resonanzen der energiereichen Phosphate Phosphokreatin und ATP, des anorganischen Phosphats sowie von Phosphomono- und -diestern dargestellt. Die Kernspinspektroskopie hat heute das schlechteste räumliche Auflösungsvermögen der besprochenen Verfahren (lokalisierbares Volumen im Bereich von 1–30 cm^3), und eine Quantifizierung ist nur begrenzt möglich.

Die folgende Übersicht soll nun die wichtigsten klinischen Anwendungen der Messungen von Hirndurchblutung und Hirnstoffwechsel darstellen. Sie stützt sich dabei vorwiegend auf die Ergebnisse der PET.

Funktionelle Veränderungen von Hirndurchblutung und Hirnstoffwechsel

Während die globale Durchblutung des Gehirns überwiegend von systemischen Faktoren wie dem arteriellen CO_2-Partialdruck reguliert wird und im Rahmen der Autoregulation trotz physiologischer Blutdruckschwankungen weitgehend konstant gehalten wird, ist die regionale Hirndurchblutung und der regionale Glukosestoffwechsel eng an die lokale neuronale Funktion gebunden. Obwohl die Mechanismen dieser Koppelung nicht in allen Details geklärt sind (eine Rolle spielen offenbar Substanzen wie Adenosin und Kalium), ist dieser Zusammenhang in vielen experimentellen und klinischen Untersuchungen reproduziert worden [39, 67].

Die regionalen Durchblutungs- und Stoffwechselwerte unter Ruhebedingungen sind abhängig vom Lebensalter. Im 1. Lebensjahr sind die Durchblutung und der Glukosestoffwechsel, insbesondere der frontalen und temporoparietalen Assoziationsfelder, noch relativ gering, erreichen im 2. Lebensjahr etwa das Niveau des Erwachsenen und steigen dann weiter an bis zu einem Maximum zwischen dem 4. und 12. Lebensjahr, um schließlich in der 2. Lebensdekade wieder auf das Niveau des Erwachsenen zu sinken [13, 14]. Danach verändern sich die Durchblutung und der Glukosestoffwechsel nur noch gering, in einigen Untersuchungen war bei Gesunden keine signifikante Änderung mehr nachzuweisen. Die meisten Untersuchungen und unsere eigenen Erfahrungen weisen auf ein geringfügiges Absinken des zerebralen Glukoseumsatzes v. a. in den frontalen Regionen hin (um ca. 2%/Dekade). Die Durchblutung sinkt möglicherweise noch etwas rascher [41], die Angaben variieren hier jedoch sehr je nach verwendeter Meßmethode.

Zur Durchführung von Aktivierungsuntersuchungen eignen sich v. a. 2 Techniken: Erstens die regionale Durchblutungsmessung mit Bolusinjektion von ^{15}O-markiertem Wasser. Die initiale Verteilung des nahezu frei diffusiblen Wassers im Gehirn erfolgt proportional zur Durchblutung und ist bei kurzen Meßzeiten von etwa 40 s bis zu 2 min für die gemessene Aktivität bestimmend. Auch die Geschwindigkeit des Auswaschvorgangs hängt von der regionalen Durchblutung ab. Sie wird in dem Quantifizierungsmodell berücksichtigt [58]. Der Vorteil des Verfahrens liegt darin, daß mehrere derartige Untersuchungen innerhalb einer Sitzung mit wenigen Minuten Abstand unter verschiedenen Stimulationsbedingungen durchgeführt und dadurch auch komplexe Stimulationsbedingungen in einzelne Komponenten aufgeteilt werden können [55].

Für Stimulationsuntersuchungen ebenfalls gut zu verwenden ist die Messung des regionalen Glukosestoffwechsels mittels ^{18}F-2-Fluor-2-Deoxy-D-Glukose (FDG) [59], die in Anlehnung an die Deoxyglukose-Autoradiographie [66] entwickelt wurde. Ihre Vorzüge liegen in der besseren räumlichen Auflösung und geringeren meßtechnisch bedingten Streuung der Meßwerte. Sie erfordert allerdings die Durchführung der Untersuchungen unter Ruhe- und Stimulationsbedingungen in 2 getrennte Sitzungen, typischerweise an 2 verschiedenen Tagen.

Regionale Steigerungen der zerebralen Durchblutung und des Glukoseumsatzes um bis zu 50% finden sich bei funktioneller Stimulation sensorischer oder motorischer Systeme in Übereinstimmung mit der klassischen Lokalisationslehre. Von besonderem Interesse sind komplexere Stimulationen höherer Hirnfunktionen, wie z. B. durch Sprache [39].

Rein akustische Stimulation ohne inhaltliche Bedeutungen führt v. a. zu einer Aktivierung des temporal gelegenen auditiven Kortex [36]. Die passive Registrierung von Worten führt bei Rechtshändern in erster Linie zu einer links-temporoparietalen Aktivierung. Auch die visuelle Präsentation von Worten bzw. wortähnlichen Buchstabensequenzen geht mit einer überwiegenden Aktivierung der linken Hemisphäre, insbesondere im Bereich des medialen temporookzipitalen Übergangs einher [55]. Motorische Sprachleistungen führen zu ausgedehnteren Aktivierungen, die neben den klassischen temporalen und frontalen Sprachzentren auch die Zentralregion, den supplementär motorischen Kortex und das Zerebellum umfassen [52]. Besonders ausgeprägte frontale Aktivierungen wurden bei Einschluß von Assoziationsaufgaben gesehen [54]. Die frontale Aktivierung, insbesondere der dominanten Hemisphäre, korreliert auch mit der Sprachflüssigkeit [21, 50]. Regionale Aktivierungen der Durchblutung des Stoffwechsels werden auch unter mentaler Aktivität ohne äußere Reize oder Reaktionen beobachtet [15, 33].

Von klinischer Bedeutung können Stimulationsuntersuchungen zur Beurteilung der Prognose nach ischämischen Insulten sein. Gute Aktivierbarkeit sprachrelevanter Areale in der Peripherie von Mediateilinfarkten zeigte sich in einer Pilotstudie [28] als Prädiktor einer guten Rückbildung der Aphasie. Weitere mögliche klinische

Tabelle 2. Verminderung des zerebralen Glukoseumsatzes unter Antiepileptika in therapeutischer Dosierung

Verminderung [%]	Medikament	Autoren
37	Phenobarbital	Theodore et al. [70]
22	Valproat	Leiderman et al. [42]
13	Phenytoin	Theodore et al. [71]
12	Carbamazepin	Theodore et al. [72]

Einsatzbereiche liegen in der Lokalisation von Sprachfunktionen bei unklarer Hemisphärendominanz, d. h. bei Linkshändern, vor neurochirurgischen Eingriffen [53]. Auch die Abgrenzung des motorischen Kortex bei zerebralen Raumforderungen kann von klinischer Bedeutung sein, ausreichend aussagefähige klinische Studien liegen hierzu jedoch noch nicht vor.

Drogen und Pharmaka

Die regionale Hirndurchblutung und der regionale Glukoseumsatz werden auch durch Pharmaka beeinflußt. Neben gefäßaktiven Substanzen [24] wirken sich hier v. a. sedierende oder aktivierende Medikamente aus. Eine Minderung des Glukosestoffwechsels und wahrscheinlich auch der Durchblutung wird unter den meisten Sedativa, insbesondere unter Barbituraten, beobachtet. Auch weniger sedierende Antiepileptika, wie Phenytoin, Carbamazepin und Valproat, führen noch zu einer deutlichen globalen Stoffwechselminderung (Tabelle 2).

Stimulierend wirksame Substanzen führen in einigen, jedoch nicht in allen Fällen zur Durchblutungs- und Stoffwechselsteigerung. Eine mäßige globale Stoffwechselsteigerung wurde bei Demenzpatienten unter Piracetam gesehen [26]. Auch die Applikation von Tetrahydrocannabinol führt zu einer vorwiegend zerebellären Stoffwechselsteigerung [74]. Stoffwechselsteigerungen sind insbesondere auch von epileptogenen Substanzen im Tierversuch bekannt. Keine Durchblutungszunahme wurde hingegen trotz psychisch aktivierender Effekte unter Amphetamin gesehen [34].

Neurotoxische Suchtmittel führen längerfristig zu z. T. erheblichen Stoffwechselminderungen, wobei bei Alkohol und Kokain v. a. der frontale Kortex betroffen ist [6, 45, 64]. Akute Entzugserscheinungen nach Kokainabusus gehen hingegen mit Stoffwechselsteigerungen einher [75].

Zerebrale Ischämie

Die Messung der regionalen zerebralen Durchblutung bei zerebraler Ischämie dient der Lokalisation und der Erfassung des Schweregrades. Zu fordern ist dabei in der Regel eine Quantifizierung in Absolutwerten, daß heißt z. B. in ml/100 g Gewebe/min, um dies mit den Schwellenwerten für reversible Funktionsstörungen (ab ca.

20 ml/100 g/min) und schwere, innerhalb weniger Minuten irreversible neuronale Schädigungen (ca. 10 ml/100 g/min), wie sie aus experimentellen Untersuchungen bekannt sind [68], vergleichen zu können. Dies ist am besten mit PET unter Anwendung der Tracer ^{15}O-Wasser, ^{18}F-Fluormethan oder ^{11}C- bzw. ^{15}O-Butanol möglich. Mit den eingangs genannten Einschränkungen kommen auch Xenon-CT und SPECT mit ^{133}Xe in Betracht, während mit anderen SPECT-Verfahren derzeit keine verläßliche Absolutquantifizierung möglich ist.

Nach abgelaufener akuter Ischämie variieren die Durchblutungswerte sehr stark. Bei durch therapeutische Thrombolyse induzierter oder auch spontaner Reperfusion (wobei letztere insbesondere bei Embolien sehr frühzeitig einsetzen kann) kommt es häufig zu einer überschießenden Reperfusion, der postischämischen Hyperperfusion. Da diese Hyperperfusion in der Regel die metabolischen Bedürfnisse des Gewebes übersteigt, spricht man auch von einer Luxusperfusion [38]. Insgesamt sind deshalb nach der frühen Akutphase metabolische Parameter bezüglich der Prognose wesentlich aussagekräftiger als Durchblutungsmessungen.

Die Untersuchung des zerebralen Sauerstoffumsatzes gelingt mit Hilfe der PET und der Inhalation von ^{15}O-Sauerstoffgas [18, 48]. Bei schwerer ischämischer Schädigung werden mit 1,25–1,7 ml Sauerstoff/100 g/min [5, 43] gegenüber Normalwerten von 2,9 ml/100 g/min (Durchschnittswert für das gesamte Gehirn [48]) bzw. 5,1 ml/100 g/min in der grauen Substanz [18] erheblich verminderte Werte gemessen. Bei bereits irreversibler neuronaler Schädigung bleiben diese Werte auch unter Einsetzen der Reperfusion vermindert.

Gegenüber dem Sauerstoffumsatz ist der Glukoseverbrauch bei akuter Ischämie in der Regel weniger stark vermindert [80] was auf anaerobe Glykolyse hinweist, die mit Azidose und Laktatbildung einhergeht, was mittels Kernspinspektroskopie nachgewiesen werden kann [12]. Erhöhte Laktatspiegel sind noch längere Zeit im ischämischen Infarkt nachweisbar, bei Einsetzen der Reperfusion und Nekrosebildung kommt es jedoch dann zu einer intrazellulären Alkalose [65].

Von besonderem klinischen Interesse ist die Untersuchung der ischämischen Penumbra, d. h. von Gewebe in der Peripherie eines sich entwickelnden Infarkts, in dem das Ausmaß der Durchblutungsstörung eine Funktionsbeeinträchtigung, jedoch keine irreversible Gewebeschädigung hervorgerufen hat [2]. In dieser Zone kann es in Abhängigkeit von der Dauer der Durchblutungsstörung auch zu selektiven neuronalen Zellverlusten ohne Ausbildung eines kompletten ischämischen Infarkts kommen [25, 47]. Bei klinischen Untersuchungen mit PET findet man bei akuten ischämischen Insulten in variablem Ausmaß eine kritische Verminderung der Durchblutung unter 20 ml/100 g/min bei noch relativ gut erhaltenem Sauerstoffumsatz, der durch eine erhöhte Sauerstoffextraktion von bis zu 80% (gegenüber Normalwerten von etwa 40%) gewährleistet wird (Abb. 2). Diese Situation wurde von Baron et al. [4] als „misery perfusion" bezeichnet. Sie fand sich in einer Untersuchung von Wise et al. [81] in 83% der Fälle bis zu 12 h nach Einsetzen der Symptomatik, während im Zeitraum von 12–24 h die Häufigkeit auf 38%, später auf 17% sank. Bei Verlaufsbeobachtungen zeigte sich, daß Sauerstoffumsatz in der Infarktrandzone innerhalb von 2 Wochen noch weiter absinkt [30] was als Hinweis auf einen verzögerten neuronalen Untergang gewertet werden kann.

Die Durchblutungs- und Stoffwechselminderung bei ischämischen Infarkten ist auch nach Abklingen der Akutphase häufig sehr viel ausgedehnter als es dem sich

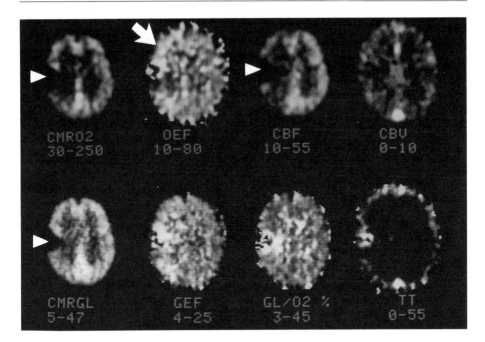

Abb. 2. PET-Befunde einer 50jährigen Patientin mit akutem linksseitigem brachiofazialbetontem Hemisyndrom bei V. a. Verschluß der A. carotis interna rechts, untersucht ca. 24 h nach Beginn der Symptomatik. Dargestellt ist eine einzelne transversale Hirnschicht in Höhe des Centrum semiovale. Sie zeigt einen keilförmigen Mediateilinfarkt (*Pfeilspitzen*) der rechten Hemisphäre (*im Bild links*) mit Verminderung des Sauerstoffumsatzes ($CMRO_2$, *oben, 1. v.l.*, Wertebereich in µmol/100 g/min), der Durchblutung (CBF, *oben, 3. v.l.*, ml/100 g/min) und des Glukoseumsatzes (CMRGL, *unten, 1. v.l.*, µmol/100 g/min). In der Peripherie des Infarktkerns findet sich v. a. frontal (*Pfeil*) eine ausgedehnte Zone erhöhter Sauerstoffextraktion (OEF, *oben, 2. v.l.*, [%]), was auf weiterhin bestehende Mangelperfusion und ischämische Gefährdung des Gewebes hinweist. Außerdem wird im Infarktrand Glukose vermehrt extrahiert (GEF, *unten, 2. v.l.*, [%]) und anaerob verstoffwechselt ($GL/O_2\%$, *unten, 3. v.l.*, µmol Glukose/100 µmol O_2). Im Infarkt ist die vaskuläre Transitzeit verlängert (TT, *unten rechts*, s), das lokale Blutvolumen ist nicht wesentlich verändert (CBV, *oben rechts*, ml/100 g)

dann in CT und Kernspintomographie abgrenzbaren Infarkt entspricht. Von dieser Stoffwechselminderung sind häufig unmittelbar umgebene Areale betroffen, die partiell ischämisch geschädigt sein könnten. Darüber hinaus finden sich erhebliche Stoffwechselminderungen auch in weiter entfernten, funktionell verbundenen Strukturen, wie z. B. dem kontralateralen Kleinhirn, das bei Mediainfarkten häufig eine Inaktivierung der Durchblutung und des Stoffwechsels zeigt, die auch als Diaschisis bezeichnet wird [3]. Stoffwechselinkativierungen in vom Infarkt nicht unmittelbar betroffenen Arealen stehen häufig in engem Zusammenhang mit der klinischen Symptomatik. So konnten Karbe et al. [35] zeigen, daß der Schweregrad einer Aphasie in engem Zusammenhang mit dem temporoparietalen Stoffwechsel der dominanten Hemisphäre steht und daß dies sowohl für kortikale als auch für subkortikal gelegenen Infarkte zutrifft. Auch andere neuropsychologische Syndrome sind häufig in engen Zusammenhang mit Veränderungen des regionalen Glukosestoffwechsels zu bringen [51].

Bei hochgradigen Stenosen oder Verschlüssen der hirnversorgenden Arterien, insbesondere der A. carotis interna, stellt sich häufig die Frage, inwieweit eine derartige Stenose hämodynamisch wirksam wird oder durch Kollateralversorgung ausreichend kompensiert ist. Zur Klärung dieser Frage eignen sich insbesondere Untersuchungen der Relation von Durchblutung und Sauerstoffumsatz. Bei einer echten Mangeldurchblutung, bei der die Blutversorgung die metabolischen Bedürfnisse des Gewebes nicht zu decken imstande ist, kommt es nach Untersuchungen von Powers et al. [57] zunächst zu einer peripheren Gefäßdilatation, die sich in einer Erhöhung des regionalen zerebralen Blutvolumens ausdrückt, das mittels ^{15}O-Kohlenmonoxid-Markierung der Erythrozyten mit PET gemessen werden kann. Bei stärkerer Ausprägung der Mangeldurchblutung findet sich dann auch eine Erhöhung der Sauerstoffextraktion zur Deckung des Sauerstoffbedarfs des Gewebes. Ein anderer Ansatz besteht in der Messung der durch Inhalation von CO_2 oder Injektion des Carboanhydrasehemmers Diamox auslösbaren regionalen Durchblutungssteigerung, die als Maß der noch verbleibenden Kompensationsfähigkeit der peripheren Vaskulatur aufgefaßt wird [76]. Eine Verminderung dieser Reservekapazität weist darauf hin, daß diese bereits durch hämodynamisch wirksame, proximale Stenosen beansprucht ist oder aufgrund bestehender peripherer Arteriosklerose eingeschränkt ist [60, 63]. Man versucht, mit Hilfe derartiger Untersuchungen eine echte Mangeldurchblutung aufgrund hämodynamisch wirksamer, proximaler Stenosen oder Gefäßverschlüsse zu unterscheiden von einer postischämischen Durchblutungsminderung, der ein verminderter Durchblutungsbedarf eines bereits funktionell oder partiell ischämisch beeinträchtigten Gewebes zugrunde liegt. Prospektive Untersuchungen darüber, inwieweit eine Behebung oder Umgebung einer so als hämodynamisch wirksam identifizierten proximalen Gefäßstenose durch chirurgischen oder interventionell radiologischen Eingriff die Prognose gegenüber medikamentöser Therapie verbessert, stehen jedoch noch aus.

Ausgedehnte Veränderungen der zerebralen Durchblutung und des zerebralen Energiestoffwechsels werden nach schwerer hypoxischer Schädigung des Gehirns gefunden. Erste klinische Untersuchungen [9] belegen einen Zusammenhang zwischen kortikalem Stoffwechsel und dem Schweregrad der Schädigung, insbesondere im Hinblick auf die Entwicklung eines apallischen Syndroms. Auch nach Hirnkontusion hat die Beeinträchtigung des Glukosestoffwechsels prognostische Bedeutung [1].

Degenerative Erkrankungen

Bei degenerativen Erkrankungen findet sich als Korrelat des neuronalen Untergangs bzw. der Beeinträchtigung synaptischer Übertragung eine Verminderung des Glukoseumsatzes und – aufgrund des verminderten Bedarfs – auch eine Verminderung der Durchblutung. Bei einigen degenerativen Erkrankungen zeigen sich typische topographische Verteilungen dieser Veränderungen: Bei der Demenz vom Typ des M. Alzheimer ist die Stoffwechselstörung in erster Linie im temporoparietalen Assoziationskortex beidseits lokalisiert, in variablem Ausmaß auch im frontalen Assoziationskortex [20, 69]. Es können erhebliche Seitenasymmetrien auftreten, die dann häufig auch im weiteren Erkrankungsverlauf erkennbar bleiben. Im Gegensatz zu dieser Beeinträchtigung der Assoziationsfelder bleibt der Stoffwechsel des primär visuellen Kortex, des primär sensomotorischen Kortex, der Stammganglien und des Zerebellums lange auf nahezu normalem Niveau erhalten. Die Stoffwechselveränderungen der Assoziationsfelder korrespondieren mit entsprechenden neuropsychologischen Ausfällen, wobei bei Betonung der dominanten Hemisphäre v. a. aphasische Symptome im Vordergrund stehen, bei Betonung der nichtdominanten Hemisphäre räumliche Orientierungstörungen. Das typische Stoffwechselmuster ist auch diagnostisch verwertbar. Bei einer Untersuchungsserie mit einer standardisierten quantitativen Auswertung fanden wir in 85% eine korrekte Zuordnung der Alzheimer-Demenz gegenüber anderen Erkrankungen mit kognitiven Defiziten und Normalpersonen [31].

Eine weitere degenerative Erkrankung mit typischem Stoffwechselmuster ist die dominant erbliche Huntington-Chorea, bei der striatale Neurone degenerieren und sich dementsprechend eine Stoffwechselminderung des N. caudatus darstellt. In der frühen Krankheitsphase finden sich gehäuft psychische Veränderungen bis hin zu psychotischen Episoden. Im weiteren Verlauf breitet sich die Stoffwechselminderung auf das Putamen aus, und klinisch imponieren dann die massiven choreatischen Hyperkinesen [46].

Vorwiegend frontale Stoffwechselminderungen finden sich bei der Pick-Erkrankung sowie – weniger stark ausgeprägt – beim Steele-Richardson-Olszewski-Syndrom, das durch einen Rigor der Rumpfmuskulatur, Gangstörungen und eine supranukleäre Blickparese gekennzeichnet ist. Bei den meisten anderen Hirndegenerationen überwiegen globale Stoffwechselminderungen [27].

Besonderes Interesse finden in jüngster Zeit Untersuchungen von Veränderungen spezifischer prä- und postsynaptischer Rezeptoren sowie der Syntheserate von Neurotransmittern bei degenerativen Erkrankungen. Eine Auswahl klinisch einsetzbarer Tracer zeigt Tabelle 1. Am besten untersucht ist bisher das dopaminerge System, insbesondere bei extrapyramidalen Erkrankungen. Bei idiopathischen oder durch MPTP hervorgerufenen M. Parkinson findet sich eine Verminderung der Anreicherung von ^{16}F-6-Fluorodopa im Striatum [40]. Bei unzureichend auf Dopa-Medikation ansprechenden hypokinetischen Syndromen wie dem bereits genannten Steele-Richardson-Olszewski-Syndrom, der kortikobasalen Degeneration und weit fortgeschrittenenm idiopathischem M. Parkinson zeigt sich auch eine mit D_2-Liganden nachweisbare Verminderung der postsynaptischen Rezeptoren [10].

Fokale Epilepsien

Die meisten Hirnläsionen, insbesondere auch gliöse narbige Veränderungen, zeigen sich als stoffwechselarme Areale. Dabei ist die Sensitivität der Stoffwechseluntersuchungen mit PET in der grauen Substanz anderen bildgebenden Verfahren wie CT und Kernspintomographie überlegen, da bereits synaptische Funktionsstörungen nachweisbar sind, bevor atrophische oder narbige Veränderungen eintreten. Auch epileptogene Herde stellen sich im anfallsfreien Intervall als stoffwechselarme Bezirke dar. Von besonderer klinischer Bedeutung ist dies bei komplexen partiellen Anfällen, deren Ursprung anhand klinischer Kriterien häufig nicht eindeutig zu lokalisieren, insbesondere nicht einer Hirnhemisphäre zuzuordnen ist. Häufige

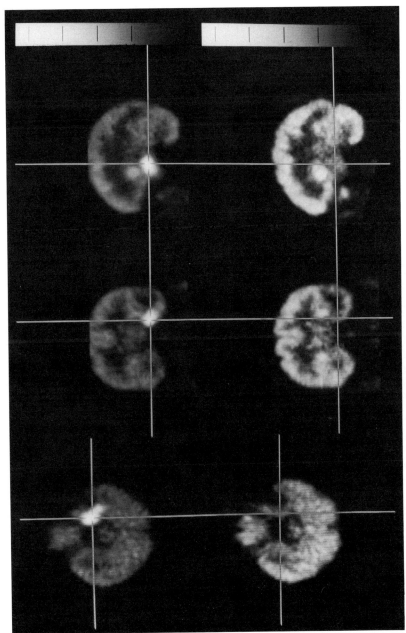

Abb. 3. Darstellung des zerebralen Glukoseumsatzes mit FDG-PET bei einem 33 Jahre alten Patienten mit postkontusioneller Temporallappenepilepsie in 3 orthogonalen Schnitten (links transaxial, Mitte koronal, rechts sagittal). Die obere Bildreihe wurde während eines psychomotorischen Anfalls aufgezeichnet und zeigt medial des Kontusionsdefektes im linken (*im Bild rechts*) Temporallappen einen stoffwechselaktiven Herd, der dem epileptisch aktiven Gewebe entspricht und durch das Fadenkreuz der Schnittebenen markiert ist. Die untere Bildreihe wurde einige Tage später interiktal aufgezeichnet, sie zeigt den epileptogenen Bezirk in typischer Weise als stoffwechselarmes Gewebe

Ursachen sind mesiale temporale Sklerosen. Hier kann mit Hilfe von FDG-PET in Kombination mit EEG-Oberflächenableitungen eine Lokalisationsgenauigkeit erreicht werden, die mit der von invasiven EEG-Tiefenableitungen vergleichbar ist [17]. Während eines fokalen Anfalls kommt es zu einer starken Stoffwechsel- und Durchblutungssteigerung der betroffenen Areale, die mit PET dargestellt werden kann (Abb. 3). Aus praktischen Gründen gelingt eine derartige Ableitung jedoch nur selten. SPECT-Untersuchungen [37] haben für iktale Untersuchungen den Vorteil, daß sie breiter verfügbar sind und die Vorbereitung der zu injizierenden Isotope weniger Zeitaufwand benötigt. Die klinische Interpretation der Befunde kann schwierig sein, da häufig eine Mischung aus iktaler und postiktaler Phase registriert wird, in der die Befunde sehr variabel sein können.

Hirntumoren

Der Glukoseumsatz in Gliomen des Zentralnervensystems hängt vom Malignitätsgrad ab [16]. Bei Gliomen niedriger Malignität, deren biochemische Eigenschaften der normalen weißen Substanz noch sehr ähnlich sind, finden sich auch ähnliche Stoffwechselraten von weniger als 20 µmol/100 g/min. Anaplastische Gliome oder Glioblastome weisen demgegenüber meist einen höheren Stoffwechsel auf, der auch den Stoffwechsel der normalen grauen Substanz noch übersteigen und Werte von bis zu 80 µmol/100 g/min erreichen kann. Die Durchblutung der Gliome ist häufig vermindert, auch der Sauerstoffumsatz ist in der Regel niedrig [7]. In den malignen Gliomen findet sich das Phänomen der nichtoxidativen Glykolyse trotz ausreichender Sauerstoffzufuhr, das in malignem Gewebe schon aus früheren biochemischen Untersuchungen bekannt ist [77]. Dabei wird auch vermehrt Laktat produziert, das mittels Kernspinspektroskopie nachgewiesen werden kann [19]. Während in der PET v. a. die zellreichen, metabolisch aktiven Areale sich mit gesteigerter FDG-Aufnahme darstellen, diffundiert Laktat offenbar v. a. in schlecht perfundierte Tumorareale und ist dort in erhöhter Konzentration nachweisbar [32]. Trotz Laktatproduktion kommt es in der Regel nicht zu einer intrazellulären Azidose, vielmehr zeigen PET und kernspinspektroskopische Untersuchungen, daß die meisten malignen Gliome eher eine intrazelluläre Alkalose aufweisen [29, 62]. Neben den Stoffwechselveränderungen im Tumor selbst sind auch sekundäre Veränderungen des Hirnstoffwechsels von klinischer Bedeutung; eine Abnahme des Hirnstoffwechsels geht häufig mit einem hirnorganischen Psychosyndrom und einer ungünstigen Prognose einher.

Die Aufnahme von Aminosäuren ist in den meisten Tumoren gegenüber dem normalen Gehirn erheblich gesteigert. Sie findet sich auch bei vielen Gliomen vom histologischen Grad 2, bei denen sich in der Regel mit CT und MRI keine wesentliche Kontrastmittelanreicherung darstellt [44, 73]. Die Ursache liegt offenbar in einer gesteigerten Aktivität der Aminosäuren-Carrier an der Blut-Hirn-Schranke [79]. Weitere Untersuchungen mit markierten Aminosäuren sind erforderlich, um evtl. Veränderungen der Proteinsynthese bei Hirntumoren und anderen neurologischen Erkrankungen nachzuweisen.

Zusammenfassung und Perspektiven

Zur klinischen Anwendung kommen tomographische Untersuchungen der Hirndurchblutung und des Hinrstoffwechsels in der Neurologie heute v. a. bei zerebrovaskulären Erkrankungen, degenerativen Erkrankungen, Demenz, fokalen Epilepsien und Hirntumoren. Die Veränderungen der Durchblutung und des Stoffwechsels sind dabei ein sensitiver Indikator synaptischer oder neuronaler Störungen. Sie sind oft nachweisbar, bevor morphologisch faßbare Veränderungen auftreten.

Der gegenwärtige Stand der Technologie ermöglicht PET-Untersuchungen mit einer Auflösung von 4–5 mm innerhalb der Schicht bei einer vergleichbaren Schichtdicke. Moderne Tomographen erfassen das gesamte Gehirn in einer Messung und ermöglichen die dreidimensionale Darstellung in beliebig wählbaren Schnittebenen. Die Einführung dreidimensionaler Rekonstruktionsverfahren bei PET führt zu einer weiteren Verbesserung der Sensitivität und ermöglicht die Applikation niedriger Aktivitätsdosen. Dadurch werden auch tieferliegende Strukturen geringer Ausdehnung, wie z. B. das limbische System, der Untersuchung zugänglich. Tiefere Einblicke in funktionelle Zusammenhänge sind durch dreidimensionale Überlagerung struktureller (CT, MRI) und funktioneller (PET) Tomogramme [56] sowie durch multiparametrische Studien mehrerer Stoffwechselparameter und Transmitter- bzw. Rezeptorveränderungen zu erwarten. Der potentielle Einsatzbereich ist heute erst zum geringsten Teil erschlossen, und funktionelle tomographische Verfahren werden in der klinischen Forschung eine weiterhin zunehmende Rolle spielen.

Literatur

1. Alavi A, Fazakas F, Alves W et al. (1987) Positron emission tomography in the evaluation of head injury. J Cereb Blood Flow Metab 7 (Suppl):646
2. Astrup J, Siesjö BK, Symon L (1981) Thresholds in cerebral ischemia – The ischemic penumbra. Stroke 12:723–725
3. Baron JC, Bousser MG, Comar D, Duquesnoy N, v Sastre J, Castaigne P (1980) Crossed cerebellar diaschisis in human supratentorial brain infarction. Transactions of the American Neurological Association 105:459–461
4. Baron JC, Bousser MG, Rey A, Guillard A, Comar D, Castaigne P (1981) Reversal of focal misery perfusion syndrome by extra-intracranial arterial bypass in hemodynamic cerebral ischemia – A case study with 15-O-PET. Stroke 12:454–459
5. Baron JC, Delattre JY, Bories J et al. (1983) Comparison study of CT and PET data in recent cerebral infarction. AJNR 4:536–540
6. Baxter LR, Schwartz JM, Phelps ME et al. (1988) Localization of neurochemical effects of cocaine and other stimulants in the human brain. J Clin Psychiatr 49 (Suppl):23–26
7. Beaney RP (1989) Cerebral perfusion and oxygen-uptake studies in patients with intracranial tumors. Seminars in Neurology 9:377–387
8. Beckmann N, Turkalj I, Seelig J, Keller U (1991) C-13 NMR for the assessment of human brain glucose metabolism invivo. Biochemistry 30:6362–6366
9. Beil C, Rudolf J, Neveling M, Pawlik G, Haupt WF, Szelies B, Hojer C, Heiss W-D (1989) Correlation of PET measurements and electrodiagnostic findings in vegetative states. J Cereb Blood Flow Metab 9 (Supp 1):S728
10. Brooks DJ, Ibanez V, Sawle GV et al. (1992) Striatal d2 receptor status in patients with Parkinson's disease, striatonigral degeneration, and progressive supranuclear palsy, measured with C-11-raclopride and positron emission tomography. Ann Neurol 31:184–192

11. Brücke T, Podreka I, Angelberger P et al. (1991) Dopamine-d2 receptor imaging with SPECT. Studies in different neuropsychiatric disorders. J Cereb Blood Flow Metab 11:220–228
12. Bruhn H, Frahm J, Gyngell ML, Merboldt KD, Hanicke W, Sauter R (1989) Cerebral metabolism in man after acute stroke – New observations using localized proton NMR-spectroscopy. Magnetic Resonance in Medicine 9:126–131
13. Chiron C, Raynaud C, Maziere B et al. (1992) Changes in regional cerebral blood flow during brain maturation in children and adolescents. J Nucl Med 33:696–703
14. Chugani HT, Phelps ME, Mazziotta JC (1987) Positron emission tomography study of human brain functional development. Ann Neurol 22:487–497
15. Decety J, Sjoholm H, Ryding E, Stenberg G, Ingvar DH (1990) The cerebellum participates in mental activity – tomographic measurements of regional cerebral blood flow. Brain Res 535:313–317
16. Di Chiro G (1987) Positron emission tompgraphy using [F-18]-fluorodeoxyglucose in brain tumors – A powerful diagnostic and prognostic tool. Invest Radiol 22:360–371
17. Engel J, Henry RT, Risinger MW, Mazziotta JC, Sutherling WW, Levesque MF, Phelps ME (1990) Presurgical evaluation for partial epilepsy – relative contributions of chronic depth-electrode recordings versus FDG PET and scalp-sphenoidal ictal EEG. Neurology 40:1670–1677
18. Frackowiak RSJ, Lenzi GL, Jones T, Heather JD (1980) Quantitative measurement of regional cerebral blood flow and oxygen metabolism in man using 150 and PET: theory, procedure and normal values. J Comput Assist Tomogr 4:727–736
19. Frahm J, Bruhn H, Hanicke W, Merboldt KD, Mursch K, Markakis E (1991) Localized proton NMR-spectroscopy of brain tumors using short-echo time steam sequences. J Comput Assist Tomogr 15:915–922
20. Friedland RP, Budinger TF, Ganz E et al. (1983) Regional cerebral metabolic alterations in dementia of the Alzheimner type: PET with 18-F-fluorodeoxyglucose. J Comput Assit Tomogr 7:590–598
21. Frith CD, Friston KJ, Liddle PF, Frackowiak RSJ (1991) A PET study of word finding. Neuropsychologia 29:1137–1148
22. Gur D; Yonas H, Good W (1989) Local cerebral blood flow by xenon-enhanced CT: current status, potential improvements, and future directions. Cerebrovasc and Brain Metab Rev 1:68–86
23. Hartman A, Dettmers C, Schuier FJ, Wassmann HD, Schumacher HW (1991) Effect of stable xenon on regional cerebral blood flow and the electroencephalogram in normal volunteers. Stroke 22:182–189
24. Heiss W-D (1979) Effect of drugs on cerebral blood flow in man. Adv Neurol 25:95–114
25. Heiss W-D, Rosner G (1983) Functional recovery of cortical neurons as related to degree and duration of ischemia. Ann Neurol 14:294–301
26. Heiss W-D, Herholz K, Pawlik G, Szelies B (1988) Beitrag der Positronen-Emissions-Tomographie zur Diagnose der Demenz. DMW 113:1362–1367
27. Heiss W-D, Hebold I, Klinkhammer P, Ziffling P, Szelies B, Pawlik G, Herholz K (1988) Effect of piracetam on cerebral glucose metabolism in Alzheimer's disease as measured by positron emission tomography. J Cereb Blood Flow Metab 8:613–617
28. Heiss W-D, Pawlik G, Hebold I, Beil C, Herholz K, Szelies B, Wienhard K (1989) Can positron emission tomography be used to gauge the brain's capacity for functional recovery following ischemic stroke? (A European perspective). In: Ginsberg MD, Dietrich WD (eds) Cerebrovascular diseases. Raven, New York pp 345–352
29. Heiss W-D, Heindel W, Herholz K, Rudolf R, Bunke J, Jeske J, Friedmann G (1990) Positron emission tomography of fluor-18-deoxyglucose and image-guided phosphorus-31 magnetic resonance spectroscopy in brain tumors. J Nucl Med 31:302–310
30. Heiss W-D, Huber M, Fink GR, Herholz K, Pietrzyk U, Wagner R, Wienhard K (1992): Progressive derangement of periinfarct viable tissues in ischemic stroke. J Cereb Blood Flow Metab 12:193–203
31. Herholz K, Adams R, Kessler J, Szelies B, Grond M, Heiss W-D (1990) Criteria for the diagnosis of Alzheimer's disease with positron emission tomography. Dementia 1:156–164
32. Herholz K, Heindel W, Luyten PR et al. (1992) In-vivo imaging of glucose consumption and lactate concentration in human gliomas. Ann Neurol 31:319–327

33. Ingvar DH, Risberg J (1967) Increase of regional cerebral blood flow during mental effort in normals and in patients with focal brain disorders. Exper Brain Res 3:195–211
34. Kahn DA, Prohovnik I, Lucas LR, Sackeim HA (1989) Dissociated effects of amphetamine on arousal and cortical blood flow in humans. Biol Psychiatr 25:755–767
35. Karbe H, Herholz K, Szelies B, Pawlik G, Wienhard K, Heiss W-D (1989) Regional metabolic correlates of token-test in cortical and subcortical left hemispheric infarction. Neurology 39:1083–1088
36. Kushner MJ, Schwartz R, Alavi A, Dann R, Rosen M, Silver F, Reivich M (1987) Cerebral glucose consumption following verbal audiotory stimulation Brain Res 409:79–87
37. Lang W, Podreka I, Suess E, Muller C, Zeitlhofer J, Deecke L (1988) Single photon-emission computerized tomography during and between seizures. J Neurol 235:277–284
38. Lassen NA (1966) The luxury-perfusion syndrome and its possible relation to acute metabolic acidosis localised within the brain. Lancet 1:1113–1115
39. Lassen NA, Ingvar DH, Raichle ME, Friberg L (eds) (1991) Brain work and mental activity. Proceedings of the Alfred Benzon Symposium 31. Munksgaard, Copenhagen
40. Leenders KL, Palmer AJ, Quinn N et al. (1986) Brain dopamine metabolism in patients with Parkinson's disease measured with positron emission tomography. J Neurol Neurosurg and Psychiatr 49:853–860
41. Leenders KL, Perani D, Lammertsma AA et al. (1990) Cerebral blood flow, blood volume and oxygen utilization – normal values and effect of age. Brain 113:27–47
42. Leiderman DB, Balish M, Bromfield EB, Theodore WH (1991) Effect of valproate on human cerebral glucose metabolism. Epilepsia 32:417–422
43. Lenzi GL, Frackowiak RSJ, Jones T (1982) Cerebral oxygen metabolism and blood flow in human cerebral ischemic infarction. J Cereb Blood Flow Metab 2:321–335
44. Lilja A, Bergström K, Hartvig P, Spännare B, Halldin C, Lundqvist H, Langström B (1985) Dynamic study of supratentorial gliomas with L-methyl-11C-methionine and positron emission tomography. AJNR 6:505–514
45. London ED, Broussolle EPM, Links JM et al. (1990) Morphine-induced metabolic changes in human brain studies with positron emission tomography and [fluorine-18] fluorodeoxyglucose. Arch Gen Psychiatr 47:73–81
46. Mazziotta JC (1989) Huntington's disease – Studies with structural imaging techniques and positron emission tomography. Seminars in Neurology 9:360–369
47. Mies G, Heiss W-D, Auer LM, Traupe H, Ebhardt G (1983) Flow and neuronal density in tissue surrounding chronic infarction. Stroke 14:22–27
48. Mintun MA, Raichle ME, Martin WRW, Herscovitch P (1984) Brain oxygen utilization with O-15 radio-tracers and positron emission tomography. J Nucl Med 25:177–187
49. Moonen CTW, Zijl PCM van, Frank JA, LeBihan D, Becker ED (1990) Functional magnetic-resonance-imaging in medicine and physiology. Science 250:53–61
50. Parks RW, Loewenstein DA, Dodrill KL et al. (1988) Cerebral metabolic effects of a verbal fluency test: a PET scan-study. J Clin and Exp Neuropsychol 10:565–575
51. Pawlik G, Heiss W-D (1989) Positron emission tomography and neuropsychological function. In: Bigler ED, Yeo RA, Turkheimer E (eds) Neuropsychological function and brain imaging. Plenum Publ Corp, New York, pp 65–138
52. Pawlik G, Heiss W-D, Beil C, Grünewald G, Herholz K, Wienhard K, Wagner R (1987) Three-dimensional patterns of speech-induced cerebral and cerebellar activation in healthy volunteers and in aphasic stroke patients studied by PET of 2 (18F)-fluorodeoxyglucose. In: Meyer JS, Lechner H, Reivich M, Ott EO (eds) Cerebral vascular disease. Excerpta Medica, Amsterdam, pp 207–210
53. Pawlik G, Fink GR, Treig T, Stefan H, Linke DB, Heiss W-D (1992) Hemispheric dominance for language: a comparative study of activation PET and intracarotid amobarbital (Wada) test results. Neurology 42 (Suppl 3):451
54. Petersen SE, Fox PT, Posner MI, Mintun M, Raichle ME (1988) Positron emission tomographic studies of the cortical anatomy of single-word processing. Nature 331:585–589
55. Petersen SE, Fox PT, Snyder AZ, Raichle ME (1990) Activation of extrastriate and frontal cortical areas by visual words and word-like stimuli. Science 249:1041–1044
56. Pietrzyk U, Herholz K, Heiss W-D (1990) Threedimensional alignment of functional and morphological tomograms. J Comput Assist Tomogr 14:51–59

57. Powers WJ, Press GA; Grubb RL Jr, Gado M, Raichle ME (1987) The effect of hemodynamically significant carotid artery disease on the hemodynamic status of the cerebral circulation. Ann Intern Med 106:27–35
58. Raichle ME, Martin WRW, Herscovitch P, Mintun MA, Markham J (1983) Brain blood flow measured with intravenous H2 150. II. Implementation and validation. J Nucl Med 24:790–798
59. Reivich M, Kuhl D, Wolf A, Greenberg J, Phelps M, Ido T, Casella V, Fowler J, Hofman E, Alavi A, Som P, Sokoloff L (1979) The $^{(18)}$F-fluorodeoxyglucose method for the measurement of local cerebral glucose utilization in man. Circ Res 44:127–137
60. Rogg J, Rutigliano M, Yonas H, Johnson DW, Pentheny S, Latchaw RE (1989) The acetazolamide challenge – imaging techniques designed to evaluate cerebral blood flow reserve. AJNR 10:803–810
61. Rothman DL, Hanstock CC, Petroff OAC, Novotny EJ, Prichard JW, Shulman RG (1992) Localized H-1-NMR spectra of glutamate in the human brain. Magnetic Resonance in Medicine 25:94–106
62. Rottenberg DA, Ginos JZ, Kearfott KJ, Junck L, Dhawan V, Jarden JO (1985) In vivo measurement of brain tumor pH using (^{11}C) DMO and positron emission tomography. Ann Neurol 17:70–79
63. Russell D, Dybevold S, Kjartansson O, Nyberghansen R, Rootwelt K, Wiberg J (1990) Cerebral vasoreactivity and blood flow before and 3 months after carotid endarterectomy. Stroke 21:1029–1032
64. Samson Y, Baron JC, Feline A, Bories J, Cronzel C (1986) Local cerebral glucose utilisation in chronic alcoholics: a positron emission tomographic study. J Neurol, Neurosurg and Psychiatr 49:1165–1170
65. Senda M, Alpert NM, Mackay BC et al. (1989) Evaluation of the (CO_2)-C-11 positron emission tomographic method for measuring brain pH. 2. Quantitative pH mapping in patients with ischemic cerebrovascular diseases. J Cereb Blood Flow and Metab 9:859–873
66. Sokoloff L, Reivich M, Kennedy C et al. (1977) The (14-C) deoxyglucose method for the measurement of local cerebral glucose utilization: theory, procedure and normal values in the conscious and anaesthetized albino rat. J Neurochem 28:897–916
67. Sokoloff L (1981) The relationship between function and energy metabolism: its use in the localization of functional activity in the nervous system. Neurosc Res 19:159–210
68. Symon L (1985) Flow thresholds in brain ischemia and the effects of drugs. Br J Anaest 57:34–43
69. Szelies B, Herholz K, Pawlik G, Beil C, Wienhard K, Heiss W-D (1986) Zerebraler Glukosestoffwechsel bei präseniler Demenz vom Alzheimer-Typ – Verlaufskontrolle unter Therapie mit muskarinergem Cholinagonisten. Fortschr Neurol und Psychiatr 11:364–373
70. Theodore WH, Di Chiro G, Margolin R, Fishbein D, Porter RJ, Brooks RA (1986) Barbiturates reduce human cerebral glucose metabolism. Neurology 36:60–64
71. Theodore WH, Bairamian D, Newmark ME, Di Chiro G, Porter RJ, Larson S, Fishbein D (1986) Effect of phenytoin on human cerebral glucose metabolism. J Cereb Blood Flow Metab 6:315–320
72. Theodore WH, Bromfield E, Onorati L (1989) The effect of carbamazepine on cerebral glucose metabolism. Ann Neurol 25:516–520
73. Tovi M, Lilja A, Bergström M, Ericsson A, Bergström K, Hartman M (1990) Delineation of gliomas with magnetic resonance imaging using gd-dtpa in comparison with computed tomography and positron emission tomography Acta Radiologica 31:417–429
74. Volkow ND, Gillespie H, Mullani N, Tancredi L, Grant C, Ivanovic M, Hollister L (1991) Cerebellar metabolic activation by δ-9-tetrahydro-cannabinol in human brain – a study with positron emission tomography and F-18-2-fluoro-2-deoxyglucose. Psych Res Neuroimaging 40:69–78
75. Volkow ND, Fowler JS, Wolf AP et al. (1991) Changes in brain glucose metabolism in cocaine dependence and withdrawal. Am J Psychiatr 148:621–626
76. Vorstrup S (1988) Tomographic cerebral blood flow measurements in patients with ischemic cerebrovascular disease and evaluation of the vasodilatory capacity by the acetazolamide test – Preface. Acta Neurol Scand 77 (S114A):3–48
77. Warburg O (1953) On the origin of cancer cells. Science 123:309–314

78. Wienhard K, Wagner R, Heiss W-D (eds) (1989) Positron emission tomography. Springer-Verlag, Berlin Heidelberg New York London Paris Tokyo
79. Wienhard K, Herholz K, Coenen HH, Rudolf J, Kling P, Stöcklin G, Heiss W-D (1991) Increased amino acid transport into brain tumors measured by positron emission tomography of L-(2-^{18}F) fluorotyrosine. J Nucl Med 32:1338–1346
80. Wise RJS, Rhodes CG, Gibbs JM, Hatazwa J, Palmer T, Frackowiak RSJ, Jones T (1983a) Disturbance of oxidative metabolism of glucose in recent human cerebral infarcts. Ann Neurol 14:627–637
81. Wise RJS, Bernardi S, Frackowiak RSJ, Legg NJ, Jones T (1983b) Serial observations on the pathophysiology of acute stroke. The transition from ischaemia to infarction as reflected in regional oxygen extraction. Brain 106:197–222

Zerebrovenöse Oxymetrie

A. Unterberg, G. H. Schneider, A. v. Helden, W. R. Lanksch

Im Rahmen des Neumonitorings ist die kontinuierliche Überwachung der Hirndurchblutung ein bisher unerreichtes Ziel. Insbesondere bei bewußtlosen neurochirurgischen und neurologischen Patienten wäre dies von allergrößter Wichtigkeit, um Phasen zerebraler Minderdurchblutungen zu verhindern, zu erkennen und zu behandeln. Nach wie vor ist die sekundäre zerebrale Ischämie die wichtigste Ursache des zerebralen Sekundärschadens nach primären Läsionen, wie dem Schädel-Hirn-Trauma oder dem ischämischen Insult [2, 4, 6, 10]. Zwar ist auch bei Intensivpatienten eine Messung der Hirndurchblutung prinzipiell möglich, z. B. durch Xenoninhalation, Xenon-gestützte Computertomographie etc. Diese Verfahren messen die Hirndurchblutung jedoch punktuell und sind außerdem mit einem hohen technischen Aufwand verbunden.

Kürzlich ist aber gezeigt worden, daß die arteriovenöse Sauerstoffdifferenz zur Abschätzung der Hirndurchblutung herangezogen werden kann [13]. Robertson et al. [13] stellten fest, daß bei bewußtlosen Patienten, die keine zerebrale Ischämie hatten, eine gute Korrelation zwischen der Hirndurchblutung und der arteriovenösen Sauerstoffdifferenz besteht: Ist die Hirndurchblutung hoch, so ist die $avDO_2$ niedrig und umgekehrt. Bei diesen Messungen wurde die Hirndurchblutung mit Hilfe der Kety-Schmidt-Technik diskontinuierlich gemessen

Die arteriovenöse Sauerstoffdifferenz durch Bestimmung des Sauerstoffgehaltes in der V. jugularis interna sowie arteriell

Durch die Entwicklung fiberoptischer Katheter ist es seit längerer Zeit auch möglich, die Sauerstoffsättigung kontinuierlich zu messen. Es war daher naheliegend, einen solchen Katheter zur kontinuierlichen Messung der Sauerstoffsättigung in der V. jugularis interna einzusetzen. Dies ist erstmals von Cruz [7, 8] beschrieben worden und findet seit einiger Zeit in verschiedenen neurochirurgischen Zentren weitere Verbreitung [1–3, 5, 9, 11, 13, 14, 16, 17, 19, 20].

Methodik

Für das Monitoring der Sauerstoffsättigung im Bulbus der V. jugularis interna wird unter Durchleuchtung ein fiberoptischer Katheter retrograd in die V. jugularis interna plaziert. Es handelt sich dabei entweder um den zweilumigen Opticath U440 (4F) oder den fünflumigen Opticath P575EH (5.5F) mit Ballon (Fa. Abbott,

Wiesbaden). Beide Katheter werden über eine Schleuse eingeführt. Die adäquate Plazierung im Bulbus der V. jugularis interna wird röntgenologisch kontrolliert. Bei dem größeren fünflumigen Katheter wird der endständige Ballon mit ca. 0,5–1 ml gebläht. Dadurch wird verhindert, daß sich die Katheterspitze an die Venenwand legt, wodurch Artefakte zustande kommen. Anschließend wird die spektroskopisch gemessene Sauerstoffsättigung in-vivo geeicht und im folgenden mindestens 2mal täglich durch direkte Oxymetrie kontrolliert. Der Katheter dient darüber hinaus zur Blutentnahme für die Bestimmung von pH, pO_2, pCO_2 und Laktat. Diese Parameter werden gleichzeitig auch im arteriellen Blut bestimmt [20].

Zum weiteren gleichzeitigen Monitoring gehört die Überwachung des intrakraniellen Drucks, des arteriellen Blutdrucks, des daraus ermittelten zerebralen Perfusionsdrucks, der arteriellen Sauerstoffsättigung sowie des endexspiratorischen CO_2 [20].

Eingesetzt wird die Überwachung der Sauerstoffsättigung im Bulbus der V. jugularis interna bei stark bewußtseinsgestörten bzw. bewußtlosen Patienten. Da jede Manipulation am Patienten bzw. Kopfbewegung Artefakte ergeben kann, kommen nur solche Patienten für dieses Monitoring in Frage. Es sind dies Patienten nach schwerem Schädel-Hirn-Trauma, intrazerebralen Blutungen oder einer schweren Subarachnoidalblutung.

Bei ca. 50 solcher Patienten ist von uns in den vergangenen 2 Jahren ein derartiges Monitoring durchgeführt worden. Die Meßdauer lag zwischen 2 und 11 Tagen. Der Sondendrift war geringfügig. Er betrug $4 \pm 3\%$ in 12 h und wurde stets korrigiert. Ein Sondendefekt wurde insgesamt 3mal beobachtet; er war als solcher stets eindeutig zu identifizieren. Medizinische Komplikationen durch diesen zusätzlichen Katheter sind bisher nicht beobachtet werden. Insbesondere wurde noch nie eine Thrombose der V. jugularis interna beobachtet. Bei lediglich 2 Patienten wurde der Katheter wegen einer Rötung der Einstichstelle vorsichtshalber entfernt.

Ergebnisse und Diskussion

Die verwendeten fiberoptischen Katheter zeigten ein zuverlässiges Meßverhalten über die gesamte Untersuchungszeit hinweg [1, 20]. Der Vergleich der angezeigten Sauerstoffsättigung mit der durch direkte Oximetrie ermittelten ergab eine hervorragende Übereinstimmung, vorausgesetzt, der Katheter wurde alle 12 h kalibriert, um den spontanen Sondendrift zu korrigieren [1, 20].

Zur Überprüfung der sog. CO_2-Reaktivität der Hirndurchblutung wurde untersucht, inwiefern sich die jugularvenöse Sauerstoffsättigung während Hypo- und Hyperventilation ändert. Unter physiologischen Bedingungen bewirkt eine Hyperventilation eine zerebrale Vasokonstriktion, verbunden mit einem Abfall der Hirndurchblutung. Dadurch müßte auch die jugularvenöse Sauerstoffsättigung abfallen, da ein Abfall der Hirndurchblutung bei gleichbleibendem Sauerstoffverbrauch zu einer stärkeren Sauerstoffextraktion führen müßte. Gegenteilige Befunde müßten bei Hypoventilation erhoben werden. Tatsächlich fand sich bei allen Patienten ein solches Verhalten: Bei Hyperventilation kam es zu einem Abfall der jugularvenösen Sauerstoffsättigung, bei Hypoventilation zu einem Anstieg (Abb. 1).

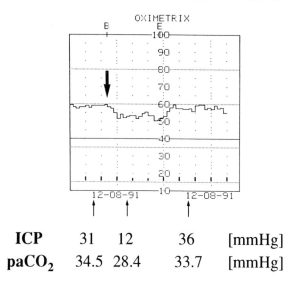

| ICP | 31 | 12 | 36 | [mmHg] |
| paCO$_2$ | 34.5 | 28.4 | 33.7 | [mmHg] |

Abb. 1. Originalregistrierung der jugularvenösen Sauerstoffsättigung bei einem Patienten mit schwerem Schädel-Hirn-Trauma. Initial beträgt die zerebrovenöse Sauerstoffsättigung 60%, der intrakranielle Druck 31 mm Hg. Der Patient ist beatmet und weist eine arterielle CO$_2$-Spannung von 34,5 mm Hg auf. Um den intrakraniellen Druck zu senken, wird eine moderate Hyperventilation (bis zu einem pCO$_2$ von 28,4 mm Hg) durchgeführt. Darauf fällt die zerebrovenöse Sauerstoffsättigung auf etwa 50%. Dies ist die kritische Schwelle, bei deren Unterschreiten die zerebrale Oxygenierung insuffizient wird. Durch Veränderung der Beatmung wird die arterielle CO$_2$-Spannung wieder angehoben; dadurch steigt auch die jugularvenöse Sauerstoffsättigung wieder an

Anders verhält es sich mit der zerebralen Autoregulation. Bei gesunden Patienten führt die Änderung des mittleren arteriellen Blutdrucks im Bereich von 70–170 mm Hg zu keinen signifikanten Änderungen der Hirndurchblutung. Nur unter pathologischen Bedingungen ist dieses Verhalten u. U. gestört (Abb. 2). Bei den meisten der von uns untersuchten Patienten war die zerebrale Autoregulation erhalten; nur bei einem kleinen Prozentsatz war dieses Kompensationsverhalten gestört.

Aus der Analyse sämtlicher Verläufe der zerebrovenösen Sauerstoffsättigung läßt sich folgendes zusammenfassen: Bei Patienten mit einem ausreichenden zerebralen Perfusionsdruck über 60 mm Hg ist die jugularvenöse Sauerstoffsättigung größer als 55% und liegt im Mittel bei 70 ± 5%. Die arteriovenöse Laktatdifferenz (avDL) ist kleiner als 3 mg/dl. Kommt es aber z. B. durch eine Erhöhung des intrakraniellen Drucks zu einer Drosselung des zerebralen Perfusionsdrucks unter 50 mm Hg, so fällt die jugularvenöse Sauerstoffsättigung unter 55%, oft gar unter 50%. Beim Unterschreiten der 50%-Grenze kommt es auch zu einem Anstieg der arteriovenösen Laktatdifferenz (>3 mg/dl), vorausgesetzt dieser Abfall ist von ausreichender Dauer. Ähnliche Grenzen sind auch von anderen Gruppen angegeben [2, 8, 9, 11, 14, 17].

Wie die Arbeitsgruppe um Robertson in Houston gezeigt hat, haben Episoden zerebraler Minderoxygenierung Einfluß auf das Outcome komatöser Patienten [11–14, 17]. Es ist daher in dem von uns untersuchten Krankengut analysiert worden,

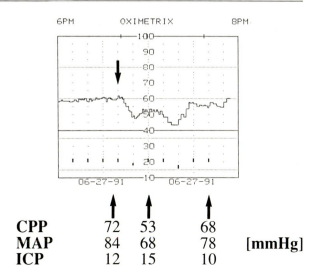

Abb. 2. Originalregistrierung der jugularvenösen Sauerstoffsättigung bei einem Patienten mit intrazerebralem Hämatom. Zu Beginn der Registrierung beträgt die jugularvenöse Sauerstoffsättigung 60%, bei einem mittleren arteriellen Blutdruck von 84, einem intrakraniellen Druck von 12 und einem zerebralen Perfusionsdruck von 72 mmHg. Spontan kommt es zu einem Abfall des mittleren arteriellen Blutdrucks und damit verbundenem Abfall des zerebralen Perfusionsdrucks auf 53 mmHg. Damit einhergehend fällt auch die jugularvenöse Sauerstoffsättigung bis auf 45%. Es handelt sich hierbei um eine typische spontane Episode zerebraler Minderoxygenierung ($SJVO_2 < 50\%$ für länger als 15 min). Durch Anheben des mittleren arteriellen Blutdrucks (sowie des zerebralen Perfusionsdrucks) kann dann die jugularvenöse Sauerstoffsättigung wieder normalisiert werden

Tabelle 1. Episoden zerebraler Minderoxygenierung ($SJVO_2 < 50\%$, > 15 min) bei komatösen Patienten (*ICB* intrazerebrales Hämatom, *SAB* Subarachnoidalblutung, *SHT* Schädel-Hirn-Trauma)

	ICB	SAB	SHT
Patientenzahl	14	12	24
Mittleres Alter (Medien)	60	51	45
(Minimum – Maximum)	(38–82)	(27–68)	(4–79)
Häufigkeit der Episoden	59	49	53
Dauer des Monitoring (Tage)	63	65	88

wie häufig solche Episoden zerebraler Minderoxygenierung auftraten und worauf sie zurückzuführen waren. Tabelle 1 faßt die bisherigen Ergebnisse zusammen: Insgesamt wurden bei den 50 Patienten während 216 Tagen des Monitoring 181 solcher Episoden nachgewiesen. Am häufigsten waren sie bei Patienten mit intrazerebralen Hämatomen zu finden, deutlich weniger bei Patienten mit schwerem Schädel-Hirn-Trauma. Dies mag daran liegen, daß die Patienten mit intrazerebralen

Blutungen im Mittel ca. 15 Jahre älter werden als die untersuchten Patienten mit schwerem Schädel-Hirn-Trauma. Bei der weiteren Analyse dieser Episoden wurde festgestellt, daß sie besonders in den ersten beiden Tagen nach dem akuten Ereignis auftraten. Im Anschluß daran fiel die Häufigkeit kontinuierlich ab.

Selbst bei sorgfältiger Analyse dieser Episoden konnte nur bei etwa 2/3 dieser Phasen eine plausible Ursache gefunden werden. Besonders wichtig waren die Hyperventilation sowie der unzureichende zerebrale Perfusionsdruck, wie auch von der Arbeitsgruppe aus Houston gezeigt ([11, 14, 17]; s. auch Abb. 2) werden konnte.

Hyperventilation

Bei ca. 30% der Episoden spontaner zerebraler Minderoxygenierung war die Hyperventilation die wahrscheinliche Ursache des Abfalls der jugularvenösen Sauerstoffsättigung. Oft war selbst ein nur mäßiger Abfall der arteriellen pCO_2-Spannung von 35 auf 28 mm Hg von einem Abfall der jugularvenösen Sauerstoffsättigung auch unter 50% begleitet (s. Abb. 1). Durch Anheben des pCO_2 kam es dann stets wieder zu einem Anstieg der jugularvenösen Sauerstoffsättigung.

Im Verlauf der empirischen Untersuchung wurde mehr und mehr klar, daß die Hyperventilation nur mit großer Vorsicht eingesetzt werden sollte. Selbst bei Patienten, bei denen der erhöhte intrakranielle Druck durch die Hyperventilation signifikant gedrosselt wird, kann evtl. ein kritischer Abfall der jugularvenösen Sauerstoffsättigung gemessen werden. Auch tierexperimentell ist gezeigt worden, daß bei eingeschränkter Compliance durch die Hyperventilation die zerebrale Oxygenierung verschlechtert werden kann [18].

In einer weiterführenden Studie wurde daraufhin systematisch untersucht, wie die jugularvenöse Sauerstoffsättigung auf eine moderate Hyperventilation (von 35 auf 28 mm Hg) reagiert. Dabei zeigte sich, daß durch dieses Manöver bei 5 von 12 Patienten mit schwerem Schädel-Hirn-Trauma die jugularvenöse Sauerstoffsättigung unter 55% abfiel, bei 1 Patienten gar unter 50%. Patienten mit einem intrazerebralen Hämatom reagierten noch empfindlicher: Bei 6 von 9 Patienten dieses Kollektivs fiel die zerebrovenöse Sauerstoffsättigung in den kritischen Bereich zwischen 50 und 55%.

Zerebraler Perfusionsdruck

Auf die Bedeutung eines ausreichenden zerebralen Perfusionsdrucks für die zerebrale Oxygenierung ist immer wieder hingewiesen worden [4, 5, 9, 10, 11]. Kürzlich haben Chan et al. [5] beschrieben, daß die jugularvenöse Sauerstoffsättigung absinkt, wenn der zerebrale Perfusionsdruck unter 60 mm Hg abfällt. Bei unseren Patienten wurde ein kritischer Abfall der $SJVO_2$ in der Regel erst deutlich, wenn der zerebrale Perfusionsdruck 50 mm Hg unterschritt.

Eine subkritische jugularvenöse Sauerstoffsättigung ($SJVO_2$ 55–50%) wurde andererseits auch bei einer Reihe von Patienten beobachtet, bei denen der zerebrale Perfusionsdruck zwischen 60 und 70 mm Hg betrug und bei denen die jugularvenöse Sauerstoffsättigung durch Anheben des Blutdrucks (und damit des zerebralen

Perfusionsdrucks) verbessert werden konnte (s. Abb. 2). Ein solches Verhalten war insbesondere bei älteren Patienten mit intrazerebralem Hämatom zu beobachten; evtl. besteht bei diesen Patienten aufgrund eines länger vorbestehenden Hypertonus oder aufgrund arteriosklerotischer Gefäßveränderungen die Notwendigkeit eines höheren zerebralen Perfusionsdrucks.

Oberkörperhochlagerung

Darüber hinaus wurde in einer kontrollierten Studie untersucht, welchen Einfluß die Lagerung des Oberkörpers bei Patienten mit eingeschränkter intrakranieller Compliance auf die jugularvenöse Sauerstoffsättigung hat. Nach wie vor wird die Frage der Oberkörperhochlagerung bei solchen Patienten kontrovers diskutiert [15]. Wie in vielen Studien zuvor beobachteten auch wir einen signifikanten Abfall des intrakraniellen Drucks bei zunehmender Oberkörperhochlagerung [16]. Hierbei kam es jedoch nur zu einer marginalen Verbesserung des zerebralen Perfusionsdrucks, und die zerebrovenöse Sauerstoffsättigung blieb unbeeinflußt. Um alle 3 Parameter zu optimieren, ist bei den meisten Patienten eine Oberkörperhochlagerung zwischen 15 und 30° angezeigt. Es bestanden jedoch große individuelle Unterschiede [16].

Zusammenfassung

Die kontinuierliche Überwachung der jugularvenösen Sauerstoffsättigung ist eine wertvolle Bereicherung des Monitorings komatöser Patienten, um Phasen zerebraler Minderperfusion frühzeitig zu erkennen und gezielt zu therapieren. Ein Abfall der zerebrovenösen Sauerstoffsättigung ist aber nicht immer gleichzusetzen mit einem Abfall der Hirndurchblutung (Abb. 3). Zunächst muß ein gesteigerter Sauerstoffverbrauch ausgeschlossen werden. Auch kann die gesteigerte Sauerstoffextraktion auf ein vermindertes Sauerstoffangebot, bedingt durch einen Abfall des arteriellen Sauerstoffgehalts, zurückzuführen sein. Unter diesen Bedingungen müßte der Hämoglobingehalt des Blutes erhöht werden bzw. durch Änderung der Beatmungsparameter der arterielle Sauerstoffgehalt verbessert werden. Sind diese anderen Ursachen für einen Abfall der jugularvenösen Sauerstoffsättigung ausgeschlossen, so kann man dann aber davon ausgehen, daß die Hirndurchblutung vermindert ist. Um diese dann zu verbessern, bieten sich verschiedene Möglichkeiten, z. B. die Senkung des evtl. erhöhten intrakraniellen Drucks, das Anheben des mittleren arteriellen Blutdrucks und damit des zerebralen Perfusionsdrucks oder aber das Anheben des arteriellen pCO_2.

Daraus wird deutlich, daß durch die zusätzliche Überwachung der jugularvenösen Sauerstoffsättigung – in Verbindung mit der Überwachung von Blutdruck, intrakraniellem Druck etc. – eine gezieltere Therapie betrieben werden kann.

Es bleibt zu hoffen, daß dadurch auch das Outcome der betroffenen komatösen Patienten verbessert wird.

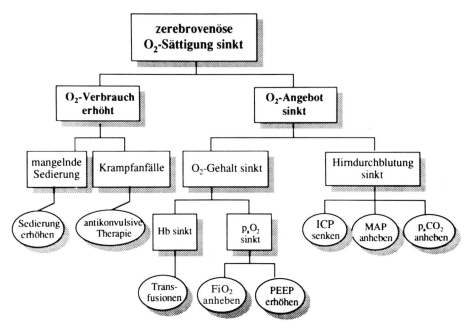

Abb. 3. Differentialdiagnostische und differentialtherapeutische Überlegungen bei einem Abfall der jugularvenösen Sauerstoffsättigung

Literatur

1. Andrews PJD, Dearden NM (1990) Validation of the oximetrics 3 for continuous monitoring of jugular bulb oxygen saturation after severe head injury: Comparison with IL 282 in vitro oximeter. Brit J Anaesth 66:393–394
2. Andrews PJD, Piper IR, Dearden NM, Miller JD (1990) Secondary insults during intrahospital transport of head-injured patients. Lancet 335:327–330
3. Andrews PJD, Dearden NM, Miller JD (1991) Jugular bulb cannulation: Description of a cannulation technique and validation of a new continuous monitor. Brit J Anaesth 67:553–558
4. Baethmann A, Go KG, Unterberg A (eds) (1986) Mechanisms of secondary brain damage. Plenum, New York
5. Chan KH, Miller JD, Dearden NM, Andrews PJD, Midgley S (1992) The effect of changes in cerebral perfusion pressure upon middle cerebral artery blood flow velocity and jugular bulb venous oxygen saturation after severe brain injury. J Neurosurg 77:55–61
6. Cruz J, Allen SJ, Miner ME (1985) Hypoxic insults in acute brain injury. Crit Care Med 4:284
7. Cruz J (1988) Continuous vs serial global cerebral hemometabolic monitoring. Application in acute brain trauma. Acta Neurochir Suppl 42:35–39
8. Cruz J, Miner ME, Allen SJ, Alves WM, Gennarelli TA (1990) Continuous monitoring of cerebral oxygenation in acute brain injury: Injection of mannitol during hyperventilation. J Neurosurg 73:725–730
9. Dearden NM (1991) Jugular bulb venous oxygen saturation in the management of severe head injury. Curr Opin Anaesth 4:279–286
10. Miller JD, Sweet RC, Narayan R, Becker DP (1978) Early insults to the injured brain. JAMA 240:439–442

11. Prakash S, Robertson CS, Narayan RK, Grossman RG, Hayes C (1992) Transient jugular venous oxygen desaturation and neurological outcome in patients with severe head injury. J Neurosurg 76:398 A
12. Robertson CS, Grossman RG, Goodman JC, Narayan RK (1987) The predictive value of cerebral anaerobic metabolism with cerebral infarction after head injury. J Neurosurg 67:361–368
13. Robertson C, Narayan RK, Gokaslan ZL, Pahwa R, Grossmann RG, Caram P, Allen E (1989) Cerebral arteriovenous oxygen difference as an estimate of cerebral blood flow in comatose patients. J Neurosurg 70:222–230
14. Robertson CS (in press) Desaturation episodes following severe head injury: Influence on outcome. In: Unterberg A, Schneider GH (eds) Monitoring of cerebral blood flow and metabolism in intensive care. Acta Neurochirur Suppl, Springer, Wien, New York
15. Rosner MJ, Coley IB (1986) Cerebral perfusion pressure, intracranial pressure and head elevation. J Neurosurg 65:636–641
16. Schneider GH, Franke R, v Helden A, Unterberg A, Lanksch WR (in press) Effect of head elevation on intracranial pressure, cerebral perfusion pressure and cerebral venous oxygen saturation. Adv Neurosurg
17. Sheinberg M, Kanter MJ, Robertson CS, Contant CF, Narayan RK, Grossmann RG (1992) Continuous monitoring of jugular venous oxygen saturation in head-injured patients. J Neurosurg 76:212–217
18. Sutton LN, McLaughlin AC, Dante S, Kotapka M, Sinwell T, Mills E (1990) Cerebral venous oxygen content as a measure of brain energy metabolism with increased intracranial pressure and hyperventilation. J Neurosurg 73:927–932
19. Unterberg A, Gethmann J, v Helden A, Schneider GH, Lanksch WR (1992) Treatment of cerebral vasospasm with hypervolemia and hypertension. In: Piscol K, Linger M, Brock M (eds) Adv Neurosurg 20:198–201
20. Unterberg A, Schneider GH, v Helden A, Lanksch WR (1992) Zerebrovenöse Oximetrie – Messungen in der Vena jugularis interna. In: Olthoff D (ed) Die kontinuierliche Überwachung der gemischtvenösen und organvenösen O_2-Sättigung beim kritisch Kranken – Aktueller Stand und Perspektiven. Abbott, Wiesbaden, pp 3.1–3.13

C. Untersuchungsmethoden: Intrakranielle Hämodynamik, Hirnfunktion

Die Messung des intrakraniellen Druckes

E. Pfenninger

Während die Überwachung hämodynamischer und pulmonaler Funktionen bei Intensivpatienten heute als selbstverständlich gilt, beschränkt sich die Überwachung des Zerebrums vielerorts noch auf eine gelegentliche Pupillenkontrolle, Auslösung von Reflexen sowie die Bewußtseinsüberwachung. Es ist somit nicht verwunderlich, daß die Mortalität schwerer Schädel-Hirn-Traumen trotz verbesserter intensivtherapeutischer Möglichkeiten in den letzten 30 Jahren kaum abgenommen hat [25]. Saul u. Ducker [55] konnten anschaulich nachweisen, daß durch eine konsequente Senkung des intrakraniellen Druckes bei schwerem Schädel-Hirn-Trauma die Mortalität von 46 auf 28% reduziert werden konnte. Voraussetzung hierfür ist jedoch, daß einmal eine intrakranielle Druckerhöhung mit geeigneten Maßnahmen erkannt wird und andererseits dies frühestmöglich geschieht. Beide Forderungen ergeben sich aus der Erkenntnis, daß sich die Überlebenschancen, v. a. das Überleben ohne schwere Dauerschäden, mit zunehmendem intrakraniellen Druck drastisch verringern. Während bei einem intrakraniellen Druck von 20 mmHg eine Mortalität um 20% zu erwarten ist, muß bei länger anhaltenden Hirndrucksteigerungen über 50 mmHg mit der irreversiblen Schädigung des Gehirns gerechnet werden. Die Mortalität ist dabei jedoch weniger abhängig von der Absoluthöhe des intrakraniellen Druckes, sondern von der Geschwindigkeit, mit der der intrakranielle Druck ansteigt.

Die Frage nach den geeigneten Maßnahmen zur Erkennung eines erhöhten intrakraniellen Druckes läßt sich relativ einfach beantworten. Da psychische und neurologische Veränderungen nur bei sehr langsamen Druckanstiegen mit der Druckhöhe korrelieren [24] und computertomographische Veränderungen zwar den Verdacht auf eine Erhöhung des intrakraniellen Druckes ergeben, indem Verlagerungen der Mittellinienstruktur, komprimierte Ventrikel sowie aufgebrauchte Subarachnoidalräume als Hinweis auf eine eingeschränkte zerebrale Kompensationsmöglichkeit anzusehen sind [18], können die angeführten Zeichen jedoch nicht als beweisend oder widerlegend für eine Druckerhöhung gewertet werden. Nur die direkte Druckmessung mit einem geeigneten Druckaufnehmer ist als Beweis zu erachten.

Obwohl nicht in allen neurochirurgischen Kliniken durchgeführt, fand die Messung des intrakraniellen Drucks in den letzten 20 Jahren zunehmend Verbreitung. Zwar beschrieben schon 1951 Guillaune u. Janny [23] die Prinzipien der intrakraniellen Druckmessung, aber erst die grundlegenden Arbeiten von Lundberg 1960–1965 [32, 33] erbrachten meßtechnisch den entscheidenden Durchbruch [19]. Während anfänglich eine sinnvolle intrakranielle Druckmessung nur über einen in einen Seitenventrikel eingelegten Katheter möglich war und somit ausschließlich an neurochirurgischen Abteilungen praktiziert wurde, weiteten sich nach der Entwicklung miniaturisierter Druckaufnehmer, die unter Erhalt der Dura epidural implantierbar sind, sowohl die Indikationen als auch der Anwendungsbereich entscheidend aus [20]. Dies war gerechtfertigt, da das Gehirn meist nicht nur durch eine primäre Funktionsstörung gefährdet ist, sondern vielmehr die Steigerung des intrakraniellen Druckes prognostisch limitierend wirkt. Dies gilt nicht nur für eine akute Traumatisierung, ein tumoröses Wachstum oder ischämisches Geschehen, sondern auch für Entzündungen, Postreanimationszustände, hypertensive Krisen, Urämie, Leberkoma, Strahlenschäden und Intoxikationen [16].

Indikationen für die intrakranielle Druckmessung

Die größte Erfahrung bezüglich der intrakraniellen Druckmessung liegt sicherlich bei Patienten mit akutem Schädel-Hirn-Trauma vor. Miller et al. [40] konnten in einer konsekutiven Serie von 215 bewußtlosen Patienten mit Schädel-Hirn-Trauma nachweisen, daß der intrakranielle Druck in 53% der Fälle 20 mm Hg überstieg. Erhöhte ICP-Werte werden zeitweilig bei über der Hälfte der Patienten gefunden, die trotz operativer Entfernung eines intrakraniellen Hämatoms und kontrollierter Beatmung bewußtlos bleiben. Alle Patienten mit einem operationsbedürftigen epi- oder subduralen Hämatom weisen vor der Operation erhöhte Druckwerte auf [3, 40]. Bei Patienten, die an ihrem Schädel-Hirn-Trauma versterben, ist in 50% der Fälle der unkontrollierbare intrakranielle Druck die Ursache, wobei der ICP bis auf Höhe des Blutdruckes und des zerebralen Perfusionsdruckes ansteigt [6]. Bei Patienten mit Schädel-Hirn-Trauma geht ein erhöhter intrakranieller Druck mit den verschiedensten definierbaren intrakraniellen pathophysiologischen Veränderungen einher, wie folgende Übersicht zeigt:

Indikationen für eine intrakranielle Druckmessung

1. Schädel-Hirn-Trauma:
   - Koma mit intrakraniellem Hämatom,
   - Koma mit kollabiertem 3. Ventrikel und perimesenzephalen Zysternen im CT,
   - Koma mit abnormen motorischen Reaktionen,
   - beatmungspflichtige Polytraumapatienten.

2. Subarachoidalblutung:
   - Koma,
   - Bewußtlosigkeit und Vasospasmus.

3. Hydrozephalus:
   - erweiterte Ventrikel,
   - Verdacht auf nichtfunktionierenden Shunt.

4. Koma mit Hirnödem:
   - metabolisch,
   - posthypoxisch,
   - infektiös.

Diese pathophysiologischen Konstellationen ergeben somit die Indikation für die Messung des intrakraniellen Drucks. Nach Miller [38] muß bei 76% der Patienten mit intrakranieller Druckmessung während des intensivmedizinischen Aufenthaltens für wenigstens 5 min oder länger mit erhöhten ICP-Werten gerechnet werden.

Bei Patienten mit einer Subarachnoidalblutung (SAB), bei denen eine merkliche Depression des Bewußtseins zu finden ist, liegt der intrakranielle Druck für gewöhnlich oberhalb der Normwerte. Darüber hinaus kann durch die Reduktion des ICP in einer nicht unerheblichen Anzahl der Patienten mit Subarachnoidalblutung eine Bewußtseinsverbesserung erreicht werden. Diese Patienten sollten deshalb auf alle Fälle für eine ICP-Messung vorgesehen werden, denn die Senkung des intrakraniellen Druckes kann unter direkter Kontrolle erfolgen.

Bei komatösen Patienten mit schwerer Meningitis sind im Computertomogramm oftmals aufgeweitete Ventrikel zu finden. Wenn in diesen Fällen der intrakranielle Druck gemessen wird, so ist er mitunter erheblich erhöht. Auch diese Patienten können durch die kontrollierte Liquordrainage bei gleichzeitiger Antibiotikagabe über einen liegenden Ventrikelkatheter beachtliche intrakranielle Drucksenkungen verzeichnen. Ähnliches gilt für Patienten, die infolge von Infektionen, posthypoxisch oder durch eine metabolische Enzephalopathie (Herpes-simplex-Enzephalitis, Reye-Syndrom, hepatisches Koma) erhöhte ICP-Werte aufweisen, wie aus folgender Übersicht zu ersehen ist:

Pathophysiologische Zustände mit erhöhtem intrakraniellen Druck

1. Schädel-Hirn-Trauma:
   - Intrakranielle Hämatome,
   - zerebrale Hyperämie,
   - Hirnödem,
   - Kontusion mit perifokalem Ödem.

2. Intrakranielle Blutung:
   - Subarachnoidalblutung,
   - Hämatome,
   - Hydrozephalus.

3. Tumor:
   - Massenverschiebung,
   - Ödem,
   - Hydrozephalus.

4. Zerebrale Infektion:
   - Meningitis,
   - Enzephalitis,
   - Abzeß.

5. Metabolische Enzephalopathie:
   - posthypoxisch,
   - Reye-Syndrom,
   - Koma hepaticum.

6. Benigne intrakranielle Hypertension

Tabelle 1. Vor- und Nachteile der Methoden zur intrakraniellen Druckmessung

Lokalisation	Vorteile	Nachteile
Ventrikulär	Liquoranalyse möglich, Liquorentlastung möglich, einfache Systeme	Falsche Meßwerte bei Ventrikelkompression, Liquorverlust, Infektion, technisch-operativ relativ schwierig
Lumbal	Einfach durchführbar	Liquorverlust (Einklemmung!), Infektion, zu niedrige Werte, da läsionsfern (Druckgradienten)
Intrazerebrale Gewebemessung	Direkte Gewebedruckmessung	Eröffnung der Dura notwendig, Nacheichung nicht möglich
Subdural	Ausweichmöglichkeit, wenn andere Verfahren nicht durchführbar	Infektionsgefahr, Liquorverlust, störanfällig (Katheterverlegung)
Epidural	Praktisch keine Infektionsgefahr, relativ einfach durchführbar	Technische und methodische Meßfehler möglich, relativ teuer

Aus der Auflistung der Ursachen, die zu einer Steigerung des intrakraniellen Druckes führen können, ergibt sich, daß fast alle medizinischen Disziplinen, die intensivtherapeutische Einheiten unterhalten, mit den Problemen tangiert sein können, die sich aus der Notwendigkeit der Messung des intrakraniellen Druckes ergeben.

Meßmethoden

Für die Messung des intrakraniellen Druckes kommen folgende Verfahren in Frage [48] (Tabelle 1):

- lumbale Druckmessung,
- intraventrikuläre Druckmessung,
- intrazerebrale Gewebedruckmessung,
- subdurale Druckmessung,
- epidurale Druckmessung.

Eine lumbale Liquordruckmessung ist nur bei freier Kommunikation zwischen spinalem und kraniellem Raum zulässig und aussagekräftig. Da nach einem Trauma die freie Liquorpassage nicht gewährleistet ist, kann sich durch Liquorverlust aus dem spinalen Kompartiment ein Druckgradient bis zu 80 mm Hg aufbauen [18] der zu akuter Einklemmungssymptomatik führen kann. Die lumbale Liquorpunktion ist somit nach einem akuten SHT kontraindiziert, auch wenn sich im Computertomogramm normale Verhältnisse darstellen. Die zerebrale Raumforderung könnte sich bei bestehendem Liquorleck erst nach Tagen entwickeln.

Die v. a. in neurochirurgischen Zentren angewandte Methode der ventrikulären Druckmessung benötigt zwar nur einen einfachen druckübertragenden Katheter und ermöglicht bei intrakranieller Drucksteigerung eine Entlastung durch Liquorentzug

Tabelle 2. Intrakranielle Druckmessung: Methoden, Fehler, Gefahren. (Nach Gaab [18])

	Lumbalkatheter	Ventrikelkatheter	Subarachnoidalschraube/ Katheter	Epiduraler Mikrosensor
n	49	71	62	440
Mittlere Meßdauer [h]	42	11	61	99
Technisches Versagen [%]	0	15,5	54	9,3
Lokale Infektion [%]	0	1,5	1,6	1,7
Liquorpleozytose [%]	4	8,5	6,5	0!
Manifeste Meningitis [%]	0	3	0	0
Einklemmung begünstigt? [%]	2	1,5	0	0

sowie die biochemische Analyse des Liquors, doch stellt diese Methode eine offene Hirnverletzung dar. Bei verstrichenen Ventrikeln kann die Punktion unmöglich sein, und ein liegender Katheter wird bei anliegender Ventrikelwand rasch verstopfen und zu niedrige Werte anzeigen [17]. Der auch sonst regelmäßig erforderliche Nullpunktabgleich durch Öffnen zur Atmosphäre stellt überdies eine erhebliche Infektionsquelle dar.

Die Messung des Subduraldruckes über die sog. Hohlschraube oder einen entsprechenden Katheter vermeidet zwar die Gewebetraumatisierung einer Ventrikelpunktion, ist aber durch die Flüssigkeitsverbindung nach außen ebenfalls infektionsgefährdend.

Schon früh versuchte man deshalb, den intrakraniellen Druck mit einer klinisch brauchbaren Methode ohne Eröffnung des Liquorraumes zu messen. Ursprünglich wurde der Rezeptor direkt auf die Dura in einem eigens zu diesem Zweck angelegten Bohrloch aufgesetzt und mittels einer Schraube in die Schädelkalotte verankert. Trotz fortgeschrittener Miniaturisierung ist ein kompletter Verschluß der Haut über diesen Rezeptoren meist nicht möglich; Hautnekrosen und Infektionen wird somit Vorschub geleistet [46]. Besonders problematisch gestaltet sich die angestrebte Langzeitanwendung, da in vivo keine Nullpunktkalibrierung möglich ist. Dies kann nur durch Herausnehmen des Aufnehmers durchgeführt werden. Hierbei können natürlich ebenfalls unkontrollierbare Infektionen entstehen.

Wir verwenden seit Jahren einen Druckaufnehmer in Form eines dünnen Kabels (Gaeltec-System), der durch ein Trepanationsloch in den Epiduralraum einer Drainage gleich eingelegt wird. Der Subduralraum sollte nicht eröffnet werden, um die so wichtige Infektionsbarriere Dura zu erhalten. Gaab [18] publizierte 1987 eine Gegenüberstellung der verschiedenen Meßverfahren, in der er v. a. die Komplikationen verglich (Tabelle 2). Hervorzuheben ist, daß die Ventrikeldruckmessung in 15,5% der Fälle nicht durchgeführt werden konnte, die subarachnoidale Messung sogar in 54% nicht. Besonders schwer wiegt eine Infektion des Zerebrums, sei es als Liquorzellvermehrung oder gar als manifeste Meningitis. Insbesondere die Liquorzellvermehrung trat beim Ventrikelkatheter in 8,5% der Fälle und bei der Subarachnoidalmessung in 6,5% auf. Eine manifeste Meningitis fand sich in 3% der Fälle mit Ventrikelkatheter. Dagegen ergab sich bei der epiduralen Druckmessung in 440 Fällen keine Alteration des Liquors.

Neuere Meßmethoden

In den letzten Jahren fanden vermehrt fiberoptische Tipkatheter Eingang in die klinische Praxis der intrakraniellen Druckmessung. Das Prinzip der Messung besteht darin, daß die Veränderung des an der Katheterspitze reflektierten Lichtes mit einer drucksensitiven Membran registriert wird. Diese fiberoptischen Meßkatheter scheinen von Vorteil gegenüber der herkömmlichen intrakraniellen Druckmessung zu sein, da sie speziell die Möglichkeit der intrazerebralen Parenchymmessung bieten. Als eine der ersten Autorengruppen berichteten Ostrup et al. [44] über die Anwendung eines fiberoptischen Systems, indem sie initial an Tieren, später an 15 Erwachsenen und 5 Kindern den intrakraniellen Druck überwachten. Sie berichteten, daß das System „scheinbar deutliche Vorteile gegenüber den anderen in Gebrauch befindlichen Monitoren" biete. Später berichteten Crutchfield et al. [10] ebenfalls über Vorteile gegenüber der konventionellen ICP-Messung. Die Autoren bemerkten jedoch kritisch, daß das System einen kumulativen Drift von ca. 6 mm Hg über die 5 tägige Beobachtungsperiode aufwies, ein Druckniveau, das durchaus klinische Relevanz erlangen kann. Da die fiberoptischen Katheter, wenn sie einmal implantiert sind, nicht mehr nachkalibriert werden können, empfahlen Crutchfield et al. die Entfernung der ICP-Messung am 5. Tag. Hollingsworth-Fridlund et al. [26] betonen als besondere Vorteile der fiberoptischen Katheter, daß sie sowohl intraventrikulär, subarachnoidal oder intraparenchymal applizierbar seien. Sie gewährleisten damit eine gewisse lokale Unabhängigkeit und mehr Flexibilität. Dem stehen jedoch die relativ hohen Kosten des Systems gegenüber. In Deutschland findet deshalb in letzter Zeit ein sog. „Low-cost"-Einmalsystem breitere Verwendung, die sog. Spiegelberg-Sonde. Als nachteilig muß allerdings angesehen werden, daß das System nicht mit einer Flüssigkeitstransmission, sondern mit Luftübertragung arbeitet. Es ergibt sich daraus eine sehr starke Dämpfung des Systems, die resultierenden Druckkurven sind sehr abgeflacht und können zu Fehlinterpretationen verleiten.

Weiterverarbeitung der herkömmlichen intrakraniellen Druckkurve

Die normale Fluktuation des intrakraniellen Druckes ergibt eine charakteristische Wellenform. Es existiert dabei eine enge Korrelation zwischen den Spitzen der intrakraniellen Druckkurve und der arteriellen Pulswelle. In den letzten Jahren wurden von vielen Autoren Versuche unternommen, die intrakranielle Druckwelle einer weiteren Analyse zu unterziehen oder sie mit der arteriellen Druckkurve zu korrelieren (Übersicht bei [13]). Cardoso et al. [7] versuchten, eine Beziehung zwischen anatomischen intrakraniellen Veränderungen und einzelnen Wellenkomponenten der intrakraniellen Druckkurve herzustellen. Sie fanden, daß die ICP-Kurvenform in direkter Abhängigkeit zum mittleren intrakraniellen Druck steht. Bei niedrigen intrakraniellen Druckwerten überwiegt die p_1-Komponente (Abb. 1), während bei ansteigendem ICP eine zunehmende Erhöhung von p_2 erfolgt, wobei p_1 nur eine leichte Veränderung im Sinne einer Abrundung erfährt. Ergänzende Untersuchungen mit Oberkörperhochlagerung, Liquordrainage und Hyperventilation belegten, daß „the p_1-component could result from pulsations originating at the

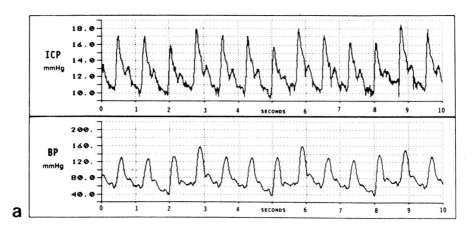

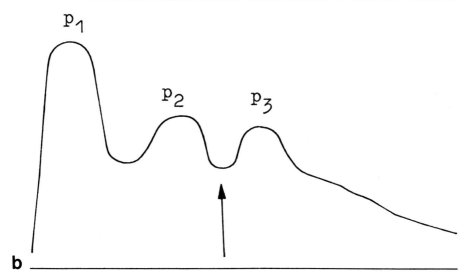

Abb. 1. Arterielle und intrakranielle Pulskurve. Akzentuierung von p_2 bei Ausweg des intrakraniellen Druckes, wohingegen p_1 sich verbreitert. (Nach [13])

chorioid plexus and large intracranial contactive vessels, while the p_2-component may reflect variations in the cerebral bulk compliance ... and could be used to indicate microcirculatory vasoparalysis, cerebral swelling and edema" [7].

Gokaslan et al. [22] postulierten, daß mit jeder arteriellen Pulswelle eine zusätzliche geringe Volumenbelastung des intrakraniellen Raumes stattfindet. Diese Volumenbelastung ist mit dem herkömmlichen Druckvolumenindex vergleichbar, bei dem über einen Ventrikelkatheter eine geringe Menge künstlichen Liquors zugeführt wird und die dadurch verursachte intrakranielle Druckerhöhung in ihrem Verlauf zur Auswertung gelangt. In der klinischen Praxis hat sich die Volumenzufuhr über einen Ventrikelkatheter jedoch wegen der erhöhten Infektionsgefahr nicht durchsetzen können, obwohl durch die Druckvolumenbelastung auch schon bei normalen intrakraniellen Drücken eine eingeschränkte zerebrale Compliance erkennbar ist. Die Auswertung der intrakraniellen Druckkurve mittels Computer läßt anhand der arteriellen Pulskurve ebenfalls Rückschlüsse über die intrakranielle Compliance zu. Die Autoren zeigten, daß v. a. die Frequenzaufschlüsselung im Sinne eines sog. „Powerspektrums" bei 90 Patienten eine exzellente inverse Korrelation zwischen der Verschiebung im Powerspektrum und der Druckvolumenbelastung des Zerebrums ergab. Sie definierten einen „high-frequency centroid" und zeigten, daß bei dessen Veränderung eine neurologische Verschlechterung des Patienten innerhalb von Stunden zu erwarten war.

Andere Autoren (Übersicht bei [13]) zeichneten den intrakraniellen Druck über eine längere Zeit auf und bildeten Histogrammklassen. Anhand der Verschiebung des Histogramms glauben die Autoren, frühzeitiger als bei der alleinigen Messung des intrakraniellen Druckes einen bevorstehenden Druckanstieg erkennen zu können.

Klinische Bedeutung des intrakraniellen Druckes

Die Messung des intrakraniellen Druckes hat ihre Bedeutung während der unterschiedlichsten Phasen der intensivmedizinischen Behandlung, aber auch einen Stellenwert bei längerdauernden chirurgischen Eingriffen zur Überwachung der zerebralen Situation. Insbesondere läßt sich der Einfluß unterschiedlicher Narkotika mit der kontinuierlichen ICP-Messung quantifizieren. Die Wirkung auf Hirndruck und Hirndurchblutung von zur Narkose verwendeten Medikamenten kann folgendermaßen charakterisiert werden. Die gebräuchlichen i.v.-Anästhetika senken die Hirndurchblutung durch zerebrale Vasokonstriktion und damit den Hirndruck. Volatile Inhalationsanästhetika erhöhen über eine zerebrale Vasodilatation mehr oder weniger stark den zerebralen Blutfluß und damit den intrakraniellen Druck. Dies gilt für Enfluran ebenso wie für Halothan, wenn auch geringe quantitative Unterschiede bestehen. Isofluran wird unterschiedlich beurteilt. Während Cucchiara et al. [11] Isofluran dem Halothan gleichgestellt haben, glaubten zur gleichen Zeit Murphy et al. [42], daß 1 MAC Halothan oder 1 MAC Enfluran die zerebrale Durchblutung steigere, ähnliche Isoflurankonzentrationen hingegen nicht. Bei 1,6 MAC verdopple sich die zerebrale Durchblutung sowohl bei Isofluran als auch bei Enfluran und vervierfache sich nahezu mit Halothan. Van Aken et al. [2] berichten über eine erhaltene Autoregulation bis zu 0,9 Vol.-% Isofluran, wenn es zusammen mit Lachgas verabreicht wird, und einer erhaltenen Autoregulation bis 1,5 Vol.-% bei Verabreichung in einem Sauerstoff-Luft-Gemisch [15]. Es scheint jedoch auch klar zu sein, daß sowohl Blutdruck als auch der zerebrale Perfusionsdruck unter Isofluran häufig auch bei normalem intrakraniellen Druck abfallen. Miller [38] empfiehlt deshalb, Isofluran bei eingeschränkter intrakranieller Compliance nicht zu verwenden, da in manchen Fällen der intrakranielle Druck trotz Abfall des arteriellen Blutdruckes und reduziertem pCO_2 ansteigen könne.

Unter den Opiaten scheint Fentanyl bezüglich seiner Auswirkungen auf den intrakraniellen Druck am besten untersucht zu sein [35]. Es bewirkt eine geringe Reduktion der zerebralen Durchblutung mit einer gleichartigen Reduzierung des Metabolismus, die zerebrale Autoregulation ist erhalten und der intrakranielle

Tabelle 3. In der Anästhesie gebräuchliche Narkosemittel

Pharmakon	Durchblutung (CBF)	Druck (ICP)	Stoffwechsel (CMRO$_2$)
Intravenöse Narkotika			
Thiopental	↓↓	↓↓	↓↓
Methohexital	↓↓	↓	↓
Propanidid	↓↓	↓	↓
Diazepam	↓	↓	↓
DHB	↓↓	↓	∅↓
Etomidat	↓	↓	
Inhalationsnarkotika			
Lachgas	↑	↑	(↓)
Halothan 0,5 Vol.-%	↑	↑	↓
Halothan 2,0 Vol.-%	↑↑	↑↑	↓↓
Enfluran	↑↑	↑	↓↓
Isofluran	↑↑	↑	↓↓
Analgetika			
Fentanyl	–	–	–
Alfentanil	↓	↑	↓
Sufentanil	↓	↑	↓

Druck und der Blutdruck nur minimal beeinflußt. Alfentanil und Sufentanil, 2 neuere Opiate, wurden in jüngerer Zeit auf ihre Brauchbarkeit bei eingeschränkter zerebraler Compliance untersucht. Marx et al. [35] berichten, daß Alfentanil trotz seiner angeblich hervorragenden kardiovaskulären stabilen Eigenschaften zu einer Reduktion des Blutdruckes und zu einer Erhöhung des intrakraniellen Druckes führe. Sufentanil würde ebenfalls zum Blutdruckabfall und zum ICP-Anstieg führen [35]. Andere Autoren können jedoch diese Befunde nicht bestätigen [14]. Tabelle 3 gibt eine Zusammenstellung der in der Anästhesie gebräuchlichen Narkosemittel. Je nach Beeinflussung des mittleren arteriellen bzw. des intrakraniellen Drucks in die eine oder andere Richtung ergibt sich daraus die Veränderung des zerebralen Perfusionsdrucks. Da die Verhinderung eines Anstiegs des intrakraniellen Drucks ein Primat der Anästhesie bei zerebralen Operationen darstellt, scheint die Verwendung volatiler Inhalationsanästhetika zumindest äußerst ungünstig zu sein.

Nichtmedikamentöse Beeinflussung des intrakraniellen Druckes

Viele in der Intensivtherapie routinemäßig durchgeführten Maßnahmen beeinflussen den intrakraniellen Druck. So ist zwar auf der einen Seite jede Obstruktion der Atemwege zu vermeiden, da dadurch ausgelöstes Husten und Pressen über eine Behinderung des venösen Abflusses aus dem Schädelinnenraum zu einer retrograden Blutvolumenvermehrung und damit Hirndrucksteigerung führen, andererseits sind aber gerade Absaugmanöver in der Lage, den ICP zu erhöhen [43]. Während der endotrachealen Absaugung droht nicht nur innerhalb kurzer Zeit der pCO_2 anzusteigen, sondern die Manipulation stellt auch einen gewissen Weckreiz infolge der zerebralen Blutvolumenzunahme dar [56]. Es sollte deshalb darauf geachtet werden, daß diese Maßnahmen zu Zeiten einer guten Sedierung durchgeführt werden oder aber unmittelbar vor der Trachealtoilette Sedativa appliziert werden. Die Anwendung eines Lokalanästhetikums in Sprayform durch den Tubus empfiehlt sich u. U. ebenfalls [28]. Beachtet werden muß auch, daß bei Verwendung eines hohen PEEP-Niveaus die plötzliche Diskonnektion des Tubus durch den vermehrten venösen Rückstrom zum Herzen eine autotransfusionsbedingte Blutdruckerhöhung mit entsprechendem ICP-Anstieg nach sich ziehen kann. Shapiro [56] empfiehlt deshalb bei besonders gefährdeten Patienten vor der Tubus-Diskonnektion eine schrittweise PEEP-Reduktion.

Daß Waschen des Patienten, Umlagern, Seitlagerung oder Flachlagerung zur Messung des zentralvenösen Druckes ebenfalls zu einer intrakraniellen Drucksteigerung führen kann, bedarf keiner weiteren Erörterung und wurde in der Literatur vielfach gezeigt [56].

Beeinflussung des ICP durch die Beatmung

Ohne Zweifel bewirken alle Formen der positiven Druckbeatmung einen im Vergleich zur spontanen Atmung erhöhten intrapulmonalen Druck, der sich mehr oder minder als intrathorakaler Druck fortpflanzt. Der durch die Beatmung in den positiven Bereich verschobene intrathorakale Druck wird durch 3 mögliche Mechanismen in das Gehirn zumindest teilweise fortgeleitet:

– Zunahme des intrazerebralen Blutvolumens als Folge des erhöhten intrathorakalen Drucks und der damit verbundenen venösen Abflußbehinderung,
– Übertragung des intrathorakalen Drucks via Foramina intervertebralia auf den Epiduralraum und damit auf das Verbundsystem Spinalraum–Gehirn. Die damit verbundene Verkleinerung des totalen Liquorraumes vermindert nicht nur die zerebrale Compliance, sondern kann auch als direkte Raumforderung wirken.
– hämodynamische Alterationen.

Obwohl die hämodynamische Anpassung an die veränderten Druckverhältnisse unter Beatmung relativ wenig Schwierigkeiten zu bereiten scheint, muß doch generell festgehalten werden, daß es zu einem Anstieg des zentralvenösen Drucks und einem Abfall von Herzzeitvolumen und arteriellem Druck kommen kann. Dabei ist das Ausmaß dieser Veränderungen um so gravierender, je höher der mittlere Beatmungsdruck über den spontanen Beatmungsdruck ansteigt [12]. Eine Autorengruppe zeigte kürzlich, daß mit Zunahme des zentralvenösen Druckes die Wahrscheinlichkeit der Entstehung eines Hirnödems deutlich gefördert wird [45].

Lange Zeit galt als Dogma, daß eine Beatmung mit PEEP den intrakraniellen Druck erhöhe. Daß diese Aussage so pauschal nicht gelten kann, haben Untersuchungen der letzten Jahre gezeigt. Bei genauerer Analyse der einzelnen Publikationen lassen sich Faktoren abgrenzen, die offensichtlich einen modifizierenden Einfluß auf die Kopplung zwischen PEEP und zerebraler Beeinflussung ausüben. So konnten Shapiro u. Marshall [57] zeigen, daß ein PEEP von 4–8 cmH_2O bei Patienten mit niedrigen ICP-Werten eher zu einem ICP-Abfall als zu einem Anstieg führte. Lagen die intrakraniellen Druckwerte dagegen höher, so bewirkte die PEEP-Applikation einen mitunter sehr starken ICP-Anstieg. Bemerkenswert war auch der u. U. starke Blutdruckabfall, so daß sich eine drastische Verschlechterung der zerebralen Perfusion ergab. Ein verminderter zerebraler Perfusionsdruck ist v. a. bei ungenügender Volumensubstitution zu befürchten, diese wird noch durch eine falsch verstandene forcierte dehydrierende Therapie aggraviert. In die gleiche Richtung weisen Untersuchungen von Apuzzo et al. [4], die an Schädel-Hirn-traumatisierten Patienten mit herabgesetzter intrakranieller Compliance Anstiege des ICP um mehr als das Doppelte bei einer PEEP-Beatmung von 10 cm H_2O sahen, wohingegen Patienten mit normaler Elastance keine PEEP-induzierten ICP-Anstiege erkennen ließen. Cotev et al. [9] verglichen die intrakranielle Drucksteigerung unter PEEP-Beatmung mit dem Anstieg des zentralvenösen Drucks als Ausdruck der intrathorakalen Druckzunahme. Sie sahen bei normalen ICP-Ausgangswerten stets eine geringere Zunahme des Gehirndrucks gegenüber dem ZVD, bei primär erhöhten ICP-Werten ergaben sich genau umgekehrte Ergebnisse.

Jedoch scheint auch der pathophysiologische Zustand der Lunge einen nicht unerheblichen Einfluß auszuüben. Bei reduzierter Compliance der Lunge erfolgt offensichtlich die Transmission des PEEP in weit geringerem Ausmaße. Aidinis et al. [1] fanden, daß im Tierexperiment nach einem Öl-Säure-induzierten Lungenversagen unter verschiedenen PEEP-Stufen der zentralvenöse Druck weniger stark anstieg als bei lungengesunden Kontrolltieren. Der zerebrale Perfusionsdruck fiel in der letzteren Gruppe bei einem PEEP von 15 cm H_2O um nahezu 60% ab, während die Öl-Säure-geschädigten Tiere nur CPP-Abfälle um 40% aufwiesen. Die Autoren diskutieren grundsätzlich 2 Möglichkeiten der zerebralen Funktionsminderung durch PEEP und nennen sie Typ-I- und Typ-II-Reaktion. Bei der Typ-I-Reaktion ist der intrakranielle Druck gleich oder kleiner dem Atemwegsdruckanstieg und dürfte die direkte Fortleitung des Drucks via Venen und v. a. Epiduralraum darstellen. Bei der Typ-II-Reaktion hingegen bewirkt ein verminderter Cardiac Output mit einem MAP-Abfall eine zerebrale Minderperfusion. Die dabei entstehenden Säureäquivalente erhöhen den intrakraniellen Druck über eine massive Vasodilatation, die immer einen ICP-Anstieg zur Folge hat, dieser fällt höher aus als der applizierte PEEP. Die Autoren [1] versuchten, diese Zuordnung in Gruppen auf die klinische Praxis auszudehnen, konnten aber keine prospektiven Kriterien dafür finden. Sie resümierten deshalb: „ ... we are not able to predict when reflex type II ICP responses would occur. This is similar to our clinical experience and remains the problem in applying PEEP to patients who have intracranial mass lesions or hydrocephalus."

Zu bedenken ist auch, daß die vorgelegten Ergebnisse über PEEP-bedingte Veränderungen unter sehr kurzfristiger Anwendung gewonnen wurden. Überhaupt keine Erkenntnisse liegen vor, welche Auswirkungen eine Tage andauernde PEEP-Beatmung hat. Immerhin fanden Cuypers et al. [12], daß ein über 30 min erhöhter zentralvenöser Druck bei geschädigter Blut-Hirn-Schranke nicht nur zu einer Hirndrucksteigerung, sondern auch zu einer deutlichen Wasserzunahme im Hirngewebe führt.

Nach allgemeiner Überzeugung hat eine PEEP-Beatmung bei normaler zerebraler Compliance keine negativen zerebralen Auswirkungen, und es scheinen niedrige PEEP-Werte bis 5 cm H_2O auch bei vorgeschädigtem Gehirn keine oder doch nur sehr geringe Alterationen des ICP zu bewirken. Sind hohe PEEP-Werte notwendig, so muß individuell unter sorgfältigster Überwachung von ICP und v. a. zerebralem Perfusionsdruck ein Mittelweg zwischen hoher inspiratorischer Sauerstoffkonzentration und PEEP-Niveau gesucht werden.

Therapie des erhöhten intrakraniellen Druckes

Allgemeines

Wir können heute – je nach Höhe des intrakraniellen Druckes – 2 therapeutische Stufen unterscheiden [49]. Die 1. Stufe beinhaltet die sog. „Basistherapie":

Basistherapie des erhöhten intrakraniellen Druckes

- ausreichende Sedierung,
- ausreichende Oxygenierung (p_aO_2: 80–100 mm Hg),
- leichte Oberkörperhochlagerung (15°–30°),
- Eu-, Hypothermie,
- adäquater systemischer Blutdruck (MAP: 90–110 mm Hg).

Sie umfaßt die Blutdruckstabilisierung, Normo- bis Hypothermie, adäquate Sedierung, eine leichte Oberkörperhochlagerung ohne Abknicken des Kopfes und bis vor wenigen Jahren die kontrollierte Hyperventilation. Wenn mit den Basismaßnahmen der intrakranielle Druck nicht unter Kontrolle gehalten werden kann, d. h. die durchschnittlichen Mitteldruckwerte über 20–25 mm Hg ansteigen, ist es notwendig, die „Zusatztherapie" einzusetzen:

Therapie bei intrakraniellem Druckanstieg

- Thiopental, 2–3 mg/kg KG,
- Osmodiuretika (z. B. Mannit 20% 1 ml/kg in 5 min),
- THAM-Puffer (1 mmol/kg in 10 min).

Unter Zusatztherapie verstehen wir die Gabe von Barbituraten, hyperosmolaren Lösungen und TRIS-Puffer. Da im Rahmen dieses Beitrages nicht alle therapeutischen Gesichtspunkte besprochen werden können, sollen nur diejenigen herausgegriffen werden, deren unsachgerechte Anwendung Gefahren für den Patienten heraufbeschwören kann.

Hyperventilation

Eine Hyperventilation mit p_aCO_2-Werten von 28–32 mm Hg gehörte bis vor kurzem zu den Basismaßnahmen bei Schwellungszuständen des Gehirns [47]. Neben der Hirndrucksenkung – die v. a. in den intakten Hirnarealen bewirkt wird – kommt es zu einer Mehrperfusion geschädigter Areale, dem sog. Robin-Hood-Phänomen [30]. Ein arterieller pCO_2 von 30 mm Hg sollte jedoch nach Empfehlung vieler Autoren nicht unterschritten werden (zit. nach [53]), da bei Hunden mit zunehmender

Tabelle 4. Regionale zerebrale Durchblutung (rCBF) und Hyperventilation. (Nach [8])

	p_aCO_2 [kPa]	ICP [kPa]	CPP [kPa]	Anzahl der Areale mit rCBF < 20 ml in % von 676 Arealen	Anzahl von Patienten mit rCBF < 20 ml
Vor Hyperventilation	4,8 ± 0,7	2,6 ± 0,8	10,1 ± 2,0	5,3%	8 von 27
Nach Hyperventilation	3,6 ± 0,7	1,9 ± 0,6	10,1 ± 1,3	16,1%[a]	15 von 27

[a] Signifikanz $p < 0,05$.

Hyperventilation ein Laktatanstieg gefunden wurde [50], der durch eine Hypoxie ausgelöst gedeutet werden kann.

Cold [8] machte kürzlich darauf aufmerksam, daß die Hyperventilation beim akuten Schädel-Hirn-Trauma jedoch durch die Verminderung der zerebralen Durchblutung auch eine ernsthafte Gefährdung des Patienten darstellen kann. So konnte der Autor nachweisen, daß von 676 gemessenen lokalen Gehirnarealen bei 27 Patienten unter Normoventilation 5,3% minderdurchblutet (unter 20 ml/100 g/min) waren, wohingegen unter einer kräftigen Hyperventilation die Anzahl der minderdurchbluteten Areale auf 16,1% anstieg (Tabelle 4). Cold empfiehlt deshalb, den p_aCO_2 bei Patienten mit akutem Schädel-Hirn-Trauma auch kurzfristig nicht unter 30–35 mm Hg abzusenken, wenn nicht aus Gründen des stark erhöhten intrakraniellen Druckes die absolute Notwendigkeit dazu gegeben ist [8].

Wiederholt wurde die Frage aufgeworfen, wie lange eine Hyperventilationstherapie, wenn sie durchgeführt wird, fortzusetzen sei, da bekannt ist, daß sich innerhalb von 4–36 h durch renale Kompensationsmechanismen sowie verändertes Verhalten der Carboanhydrase an der Blut-Hirn-Schranke ein neues Gleichgewicht einstellt [29]. Raichle u. Plum [52] wiesen zudem darauf hin, daß nach Beendigung einer Langzeithyperventilation eine reaktive zerebrale Hyperämie zu finden ist. Es gibt jedoch auch Hinweise, daß bei Hirnschädigungen durch die andauernde Liquorazidose eine Hyperventilationstherapie entschieden längere Zeit von therapeutischem Nutzen ist. Zu beachten ist aber auf alle Fälle, daß eine plötzliche Beendigung der Hyperventilation zu einer Gefäßerweiterung und damit zu einem Wiederanstieg des Hirndruckes führen kann. Die Hyperventilationsbehandlung muß deshalb ausschleichend beendet werden.

Barbiturate

Besondere Aufmerksamkeit haben in den zurückliegenden Jahren Barbiturate gefunden. Da die Nachteile einer hochdosierten Barbituratverabreichung jedoch u. a. in schwerer Kreislaufdepression, Abnahme der pulmonalen Compliance und erhöhtem pulmonalen Shunt bestehen, ist die prophylaktische hochdosierte Barbiturattherapie heute als obsolet anzusehen. Es konnte gezeigt werden, daß Hirndruckspitzen weder verhindert, noch verkürzt und Mortalität und neurologische Defizite nicht verbessert werden können. Der Einsatz von Barbituraten (meistens wird Thiopental verwendet) zur kurzfristigen Hirndrucksenkung ist jedoch unumstritten. Hierzu sind allerdings nur Dosierungen notwendig, wie sie auch zu einer Narkoseeinleitung verwendet werden oder gar darunterliegende Dosen.

Osmodiuretika

Schon 1919 entdeckten Weed u. McKibben experimentell eine Hirndrucksenkung durch Infusion von im Verhältnis zum Plasma hyperosmolaren Lösungen. Dabei sind hypertone Salz-, Glukose- und Harnstofflösungen nur noch von historischer Bedeutung. Heute am meisten verwendet wird 20%ige Mannitlösung. Die Wirkung setzt etwa nach 15 min ein, der hirndrucksenkende Effekt dauert im Mittel 3,5 h wobei jeodch eine große Streuung zwischen 0,5 und 12 h zu beobachten ist.

Im wesentlichen werden 2 Wirkmechanismen der Osmotherapie diskutiert [53]:
- Senkung des erhöhten intrakraniellen Druckes,
- Erhöhung des zerebralen Blutflusses in geschädigten Gehirnarealen.

Bis vor wenigen Jahren wurde die Wirkweise der Osmodiuretika allein damit erklärt, daß durch die im Blut erzeugte Hyperosmolarität Wasser aus dem Gehirngewebe entzogen werden würde. Dabei wirken Osmodiuretika nur in Gehirnanteilen, in denen die Blut-Hirn-Schranke intakt ist. Bei gestörter Blut-Hirn-Schranke kommt es dagegen zum Übertritt der Osmodiuretika in das Hirngewebe, ein osmotisch wirksamer Gradient ist nicht aufbaubar. Ob und wie hyperosmolare Lösungen nun wirken, hängt somit vom Verhältnis geschädigtem zu ungeschädigtem Hirngewebe ab. Überwiegt prozentual der Anteil an ungeschädigtem Hirngewebe, so steht genügend Austauschfläche zum Aufbau eines osmotisch wirksamen Gradienten zur Verfügung, durch die Entwässerung im gesunden Hirngewebe kommt es zur Verminderung des intrakraniellen Volumens und somit zur Hirndrucksenkung. Alternativ wird eine autoregulative Vasokonstriktion durch die verbesserte Plasmaviskosität diskutiert [41]. Ist jedoch, wie bei einer diffusen zerebralen Schädigung, der Großteil der Blut-Hirn-Schranke nicht mehr intakt, so kommt es nicht nur zu keiner Hirndrucksenkung, sondern im Gegenteil sogar zu einer intrakraniellen Drucksteigerung. Da ein Teil der hyperosmolaren Lösung in diesem Falle ins Hirngewebe übertritt, ist ein passives Nachfolgen von Wassermolekülen unvermeidbar, die Ödemformation nimmt zu. Es werden heute weit geringere Dosierungen als früher verwandt, im Regelfall sind von der 20%igen Mannitlösung 1 ml/kg KG über 15 min zu infundieren. Die Therapie kann bei Bedarf in 2- bis 8stündlichen Intervallen wiederholt werden.

Bei der Anwendung einer Osmotherapie ist in kürzeren Abständen die Serumosmolalität zu kontrollieren. Durch die Zufuhr osmotisch wirksamer Teilchen kann es sehr schnell zum Anstieg der Serumosmolalität kommen, bei über 320 mosmol/kg führt diese selbst zu einer Störung der Blut-Hirn-Schranke durch die osmotische Öffnung der „tight junctions". Bei ungenügender Flüssigkeitssubstitution kann es durch die forcierte Diurese zusätzlich zu einer Dehydratation und somit zu einem weiteren Anstieg der Serumosmolalität kommen. Bei dieser hohen Nebenwirkungsquote ist daher eine prophylaktische Gabe bei noch nicht erhöhtem Hirndruck kontraindiziert, ebenso die früher propagierte Anwendung in der Prähospitalphase [53].

Schleifendiuretika, wie Furosemid haben heute keine Indikation mehr in der Behandlung des akuten Schädel-Hirn-Traumas. Sie wirken nicht hirnödemspezifisch entwässernd, sondern über eine allgemeinen Wasserentzug. Die dabei auftretende Hämokonzentration verschlechtert die zerebrale Mikrozirkulation.

Puffertherapie mit THAM

Angeregt durch Fallbeschreibungen in der Literatur wenden wir in letzter Zeit verstärkt die notfallmäßige Applikation von THAM (TRIS-Puffer) bei akuter intrakranieller Druckerhöhung an. TRIS, eine intrazellulär penetrierende Base, vermochte in unseren Tierexperimenten den intrakraniellen Druck suffizient zu senken und bewirkt damit bei unveränderten Kreislaufverhältnissen einen Anstieg des zerebralen Perfusionsdruckes [48]. Um den Wirkmechanismus von THAM aufzuklären, untersuchten wir an Schädel-Hirn-traumatisierten Versuchstieren sowohl die zerebrale Durchblutung als auch den Gewebegehalt an energiereichen Phosphaten und Laktat. Unter THAM-Therapie konnte ein Wiederanstieg der stark abgefallenen zerebralen Durchblutung sowie des zerebralen Sauerstoffverbrauchs beobachtet werden. Die Gewebelaktatspiegel, die bei unbehandelten Tieren extensiv angestiegen waren, lagen unter THAM-Applikation weit niedriger. Reziprok dazu verhielt sich das Adenosintriphosphat, das bei den behandelten Tieren um über 100% höher lag gegenüber unbehandelten Versuchstieren. THAM vermag somit nicht nur den intrakraniellen Druck zu senken, sondern durch die verbesserte aerobe Energiegewinnung stellt sich die energetische Situation – gemessen an den energiereichen Phosphaten sowie dem Laktatgehalt im Gehirngewebe – weit besser als unter alleiniger Basistherapie dar. Die Verwendung von Natriumbikarbonat zur Behandlung der zerebralen Azidose erwies sich als wirkungslos, es kommt zu keiner Veränderung des intrakraniellen Druckes [48].

Basierend auf unseren tierexperimentellen Untersuchungen kam THAM bei 10 Schädel-Hirn-traumatisierten Patienten mit bedrohlichem Anstieg des intrakraniellen Druckes nach erfolgloser Ausschöpfung aller bekannter Maßnahmen wie Hyperventilation, Sedierung, Eu- oder Hypothermie sowie großzügiger Barbituratapplikation zur Anwendung. Wir infundierten dabei 1 mmol/kg KG als Kurzinfusion über 10 min. Diese notfallmäßige THAM-Infusion am Patienten senkte den im Mittel auf 37 mmHg erhöhten intrakraniellen Druck innerhalb von 10 min auf 27 mmHg, in den nächsten 50 min war keine Tendenz zu einem Wiederanstieg zu beobachten. Da sich der arterielle Blutdruck nicht änderte, stieg der zerebrale Perfusionsdruck an (Tabelle 5). Die arteriellen Blutgase änderten sich nicht. Kontraindikationen sind eine starke Alkalose sowie evtl. eine manifeste Niereninsuffizienz, da THAM über die Niere ausgeschieden wird.

Insgesamt gesehen muß man feststellen, daß die sog. Basismaßnahmen zur Senkung eines erhöhten intrakraniellen Druckes heute allgemein anerkannt sind, die „erweiterten Maßnahmen" jedoch häufig mehr auf empirischer Erfahrung beruhen als daß sie wissenschaftlich begründet sind. Es müssen hierzu erst weitere klinisch

Tabelle 5. Intrakranieller Druck (*ICP*), mittlerer arterieller Druck (*MAP*), zerebraler Perfusionsdruck (*CPP*) sowie Blutgaswerte bei notfallmäßiger THAM-Applikation (Einzelheiten s. Text; 1 mmHg ≙ 133,322 Pa)

Zeitpunkt [min]		vor	5	10	15	20	30	45	60
ICP [mmHg]	x̄	37,4	31,7	27,2*	27,4*	28,1*	28,9*	26,3	25,5
	±	7,6	9,0	7,4	6,3	5,4	4,5	2,2	2,6
MAP [mmHg]	x̄	83,9	81,5*	80,5*	82,2	83,3	83,6*	82,3	81,8
	±	9,4	9,3	9,8	8,7	9,0	8,8	11,8	11,3
CPP [mmHg]	x̄	46,5	49,8	54,3*	54,6*	55,6*	54,7*	56,0	56,3
	±	12,6	12,8	12,4	10,8	9,8	10,7	11,6	9,9
pCO$_2$ [mmHg]	x̄	31,8	–	–	–	–	31,0	–	–
	±	2,5	–	–	–	–	2,4	–	–
pH-Werte	x̄	7,4	–	–	–	–	7,4	–	–
	±	0,1	–	–	–	–	0,1	–	–

* $p \leq 0,05$

ausgerichtete Forschungsansätze evaluiert werden um eindeutige Therapieempfehlungen aussprechen zu können.

Wertigkeit bzw. prognostische Aussagekraft der intrakraniellen Druckmessung

Immer wenn der intrakranielle Druck gemessen wird, müssen ebenso der arterielle Blutdruck und der zentralvenöse Druck kontinuierlich registriert werden. Da die zerebrale Perfusion unmittelbar von den beiden letztgenannten Größen beeinflußt wird, ist die alleinige Betrachtung des intrakraniellen Druckes wenig sinnvoll. McGraw [36] zeigte, daß die Grenze für den zerebralen Perfusionsdruck bei Patienten mit akutem Schädel-Hirn-Trauma weit höher anzusetzen ist als dies bisher geglaubt wurde. Der Autor konnte nachweisen, daß bei 221 Patienten mit geschlossenem Schädel-Hirn-Trauma die Überlebensrate bei einem CPP von über 80 mmHg signifikant höher war gegenüber den Patienten, die einen CPP von unter 80 mmHg aufwiesen. Gleichzeitig besteht eine Abhängigkeit der Mortalität von der Zeitdauer, während der der CPP unter 80 mmHg lag. Zusätzlich sollte zur besseren Interpretation des intrakraniellen Druckes die zerebralvenöse Sauerstoffsättigung im Bulbus venae jugularis [54], die zerebrale elektrische Aktivität sowie das intrakranielle Pulswellenverhalten mit der transkraniellen Doppler-Sonographie evaluiert werden.

Viele Studien haben einen Zusammenhang zwischen erhöhtem intrakraniellen Druck und Outcome der Patienten gezeigt. Ponten [51] fand, daß ein hoher ICP mit einem schlechten Outcome der Patienten korreliert und schlägt die intrakranielle Druckmessung zu strategischen Entscheidungen bei der Therapie von operierten und nichtoperierten intrakraniellen Hypertensionen vor. Ähnliche Empfehlungen wurden von Johnston et al. [27] und Galbraith und Teasdale [21] ausgesprochen, nachdem klinische Zeichen sowie die computertomographische Untersuchung weniger aussagekräftig seien gegenüber dem intrakraniellen Druck. Levene et al. [31] zeigten bei Kindern, daß die Patienten um so wahrscheinlicher verstarben oder nur mit schweren Schädigungen überlebten, je höher die intrakraniellen Druckwerte waren. Die Autoren unterstrichen, daß die Kenntnis des intrakraniellen Druckes ein wesentlicher Faktor zur Entscheidung bezüglich der weiteren Prognose und den daraus folgenden Therapieplanungen sein kann.

Barnett et al. [5] fanden ebenfalls einen Zusammenhang zwischen niedrigen ICP-Werten und letztendlichem Überleben, aber die Autoren hoben hervor, daß die intrakranielle Druckkontrolle die Qualität der zerebralen Wiederherstellung nicht beeinflusse. Im Gegensatz dazu hoben Marshall et al. [34] hervor, daß die intrakranielle Druckmessung per se zu einer niedrigen Mortalität und Morbidität führe. Der Grund hierfür sei die vermehrte Zuwendung und damit das frühere Erkennen von Komplikationen bei Patienten mit akutem Schädel-Hirn-Trauma.

Schlußfolgerung

Obwohl die klinische ICP-Messung mehr als 30 Jahre im Gebrauch ist, wird sie nach wie vor kontrovers diskutiert. Unbestritten scheint jedoch, daß der intrakranielle Druck als Richtlinie zur Therapieführung bei Patienten mit erhöhten Druckwerten dienen kann und gerade bei Patienten mit akutem Schädel-Hirn-Trauma über die wissenschaftlichen Erkenntnisse hinaus, zumindest nach Meinung einiger Autoren, auch die Prognose verbessern kann. Therapeutische Nihilisten mögen zwar anführen, daß die Messung des intrakraniellen Druckes Leben und Outcome des Patienten im Einzelfall nicht immer verbessern kann, Dohle et al. [13] sind jedoch von der therapeutischen Möglichkeit beeindruckt, daß die intrakranielle Druckmessung die prompte therapeutische Intervention in Situationen möglich machte, in denen eine aggressive Behandlung das weitere Schicksal des Patienten positiv beeinflussen kann.

Literatur

1. Aidinis SJ, Lafferty J, Shapiro HM (1976) Intracranial responses to PEEP. Anesthesiology 45:275–286
2. Aken H van, Fitch W, Graham DI, Brusse I, Themann H (1986) Cardiovascular and cerebrovascular effects of isoflurane induced hypotension in the baboon. Anesthesia and Analgesia 65:565–574
3. Andrews PJD, Piper IR, Dearden NM, Miller JD (1990) Secondary insults during intrahospital transport of head injured patients. Lancet 335:327–330
4. Apuzzo MLJ, Weiss MH, Peterson V, Small RB, Kurze Th, Heiden JS (1977) Effect of positive endexpiratory pressure ventilation on intracranial pressure in man. J Neurosurg 46:227
5. Barnett GH, Ropper AH, Romeo J (1988) Intracranial pressure and outcome in adult encephalitis. J Neurosurg 68:585–588
6. Becker DP, Miller JD, Ward JD, Greenberg RP, Young HF, Sakalas R (1977) The outcome from severe head injury with early diagnosis and intensive management. J Neurosurg 47:491–502
7. Cardoso ER, Rowan JO, Galbraith S (1983) Analysis of cerebrospinal fluid pulse wave in intracranial pressure. J Neurosurg 59:817–821

8. Cold GE (1989) Does acute hyperventilation provoke cerebral oligaemia in comatose patients after acute head injury? Acta Neurochir 96:100–106
9. Cotev S, Paul WL, Ruiz BC, Kuck EJ, Modell JH (1981) Positive endexpiratory pressure (PEEP) and cerebrospinal fluid pressure during normal and elevated intracranial pressure in dogs. Intensive Care Med 7:187–191
10. Crutchfield JS, Narayah RK, Robertson CS et al. (1990) Evaluation of a fiberoptic intracranial pressure monitor. J Neurosurg 72:482–487
11. Cucchiara RF, Theye RA, Michenfelder JD (1974) The effects of isoflurane on canine cerebral metabolism and blood flow. Anesthesiology 40:571–574
12. Cuypers J, Matakas F, Potolicchio SJ Jr (1976) Effect of central venous pressure on brain tissue pressure and brain volume. J Neurosurg 45:89–94
13. Doyle M, Patrick WSM (1992) Analysis of intracranial pressure. J Clin Monit 8:81–90
14. Drummond JC (1990) Changing practices in neuroanaesthesia. J Anaesth 37 (Refresher outline course):Slxxxix–Sxcix
15. Frost EAM (1984) Some inquiries into neuroanaesthesia and neurological supportive care. J Neurosurg 60:673–686
16. Gaab MR (1980) Die Registrierung des intrakraniellen Druckes. Grundlagen, Techniken, Ergebnisse und Möglichkeiten. Habilitationsschrift, Universität Würzburg
17. Gaab MR (1982) Schädel-Hirn-Trauma und intrakranieller Druck. In: Bushe KA, Weis KH (Hrsg) Schädel-Hirn-Trauma. Bibliomed, Melsungen; S 17
18. Gaab MR (1987) Zerebrales Monitoring: Intrakranielle Druckmessung. Anästh Intensivmed 28:35–41
19. Gaab MR, Bushe KA (1981) Behandlung der intrakraniellen Drucksteigerung. Intensivbehandlung 1:34–52
20. Gaab MR, Knoblich OE, Dietrich K (1979) Miniaturisierte Methoden zur Überwachung des intrakraniellen Druckes. Langenbecks Arch Chir 350:13–31
21. Galbraith S, Teasdale G (1981) Predicting the need for operation in the patient with an occult traumatic intracranial hematoma. J Neurosurg 55:75–81
22. Gokaslan Z, Bray RS, Sherwood AM, Robertson CS, Narayan RK, Contant CF, Grossman RG (1989) Dynamic pressure volume index via ICP waveform analysis: In: Hoff JT, Betz AL (eds) Intracranial pressure VII. Springer, Berlin Heidelberg New York Tokyo, pp 124–128
23. Guillaume J, Janny P (1951) Manométrie intracranienne continue; Intérêt de la méthode et premiers résultats. Rev Neurol Psychiatr 84:131–142
24. Haase U, Reulen H-J (1985) Osmotherapie. In: Schürmann K (Hrsg) Der zerebrale Notfall. Urban & Schwarzenberg, München Wien Baltimore, S 135
25. Halves E (1982) Morbidität und Letalität beim Schädel-Hirn-Trauma. In: Bushe KA, Weis KH (Hrsg) Bibliomed, Melsungen, S III–XII
26. Hollingsworth-Fridlund P, Vos H, Daily EK (1988) Evaluation of a fiberoptic transducer for intracranial pressure measurements: a preliminary report. Heart Lung 17:111–120
27. Johnston IH, Johnston JA, Jennett B (1970) Intracranial pressure changes following head injury. Lancet 2:433–436
28. Khayata M, Arbit E, DiResta GR, Lau N, Galicich JH (1989) ICP reduction by lidocaine: Dose reseponse curve and effect on CBF and EEG. In: Hoff JT, Betz AL (eds) Intracranial pressure VII. Springer, Berlin Heidelberg New York Tokyo, pp 490–496
29. Lassen NA, Christensen MS (1976) Physiology of cerebral blood flow. Br J Anaesth 48:719–734
30. Lassen NA, Palvolgyi R (1968) Cerebral steal during hypercapnia and the inverse reaction during hypocapnia by the 133 Xenon technique in man. Scand lab Clin invest Suppl 122:XIII
31. Levene MI, Evans DH, Forde A et al. (1987) Value of intracranial pressure monitoring of asphyxiated newborn infants. Dev Med Child Neurol 29:311–319
32. Lundberg N (1960) Continuous recording and control of ventricular fluid pressure in neurosurgical practice. Acta Psychiatr Scand 36 Suppl 149
33. Lundberg N, Troupp H, Lorin H (1965) Continuous recording of the ventricular-fluid pressure in patients with severe acute traumatic brain injury. J Neurosurg 22:581–590

34. Marshall LF, Smith RW, Shapiro HM (1979) The outcome with aggressive treatment in severe head injuries. Part I: the significance of intracranial pressure monitoring. J Neurosurg 50:20–25
35. Marx W, Shah N, Long C (1989) Sufentanil, alfentanil and fentanyl: impact on cerebrospinal fluid pressure in patients with brain tumours. J Neurosurg Anesthesia 1:3–7
36. McGraw CP (1989) A cerebral perfusion pressure greater than 80 mm Hg is more beneficial. In: Hoff JT, Betz AL (eds) Intracranial pressure VII. Springer, Berlin Heidelberg New York Tokyo, pp 839–841
37. Miller JD, Adams JH (1984) The pathophysiology of raised intracranial pressure. In: Hume Adams J, Corsellis JAN, Duchen LW (eds) Greenfield's neuropathology, 4th edn. Arnold, London, pp 53–84
38. Miller JD, Dearden NM (1992) Measurement, analysis and the management of raised intracranial pressure. In: Teasdale GM, Douglas Miller J (eds) Current neurosurgery. Churchill Livingstone, Edinburgh London Madrid Melbourne New York Tokyo, p 119
39. Miller JD, Becker DP, Ward JE, Sullivan HG, Adams WE, Rosner MJ (1977) Significance of intracranial hypertension in severe head injury. J Neurosurg 47:503–516
40. Miller JD, Butterworth JF, Gudeman SK et al. (1981) Further experience in the management of severe head injury. J Neurosurg 54:289–299
41. Muizelaar JP, Lutz HA 3d, Becker DP (1984) Effect of mannitol on ICP and CBF and correlation with pressure autoregulation in severely head-injured patients. J Neurosurg 61:700–706
42. Murphy FL, Kennel EM, Johnstone FE (1974) The effects of enflurane, isoflurane, and halothane on cerebral blood flow and metabolism in man. (Abstracts of Scientific Paper. Annual Meeting of the American Society of Anesthesiologists, p 61)
43. Necek S, Klingler D, Jungwirth L, Blauhut B, Bergmann H (1979) Die Bedeutung der kontinuierlichen intrakraniellen Druckmessung beim Schädel-Hirn-Trauma. In: Steinbereithner, Bergmann (Hrsg) Anästhesiologie und Wiederbelebung. Springer, Berlin Heidelberg New York, pp 137–149
44. Ostrup RC, Luerssen TG, Marshall LF et al. (1987) Continuous monitoring of intracranial pressure with a miniaturized fiberoptic device. J Neurosurg 67:206–209
45. Palafox BA, Johnson MN, McEwen DK, Gazzaniga AB (1981) ICP changes following application of the MAST suit. J Trauma 21:55–59
46. Pfenninger E (1987) Die Messung des intrakraniellen Druckes. mt medizin technik 107:217–222
47. Pfenninger E (1988) Das Schädel-Hirn-Trauma. Springer, Berlin Heidelberg New York Tokyo
48. Pfenninger E, Mehrkens HH, Ahnefeld FW (1984) Tierexperimentelle Studie zur Beeinflussung des intrakraniellen Druckes durch THAM (Trishydoxymethylaminomethan) and Bicarbonat. Anästh Intensivther Notfallmed 19:179–183
49. Pfenninger E, Dell U, Kilian J, Neugebauer R (1986) Die Frühmessung des intrakraniellen Druckes beim Polytrauma mit assoziiertem Schädel-Hirn-Trauma. Akt Traumatol 16:1–42
50. Plum F, Posner JB (1967) Blood and cerebrospinal fluid lactate during hyperventilation. Amer J Physiol 212:864–870
51. Ponten U (1986) Post traumatic monitoring of intracranial pressure. Acta Neurochir Suppl 36:143–144
52. Raichle ME, Plum F (1972) Hyperventilation and cerebral blood flow. Stroke 3:566–575
53. Rindfleisch F, Murr R (1989) Die Therapie des erhöhten intrakraniellen Druckes. Anästh Intensivmed 30:7–18
54. Robertson CS, Narayan RK, Gokaslan ZL, Pahwa R, Grossman RG, Caram P, Allen E (1989) Cerebral arteriovenous oxygen difference as an estimate of cerebral blood flow in comatose patients. J Neurosurg 70:222–230
55. Saul TG, Ducker TB (1982) Effect of intracranial pressure monitoring and aggressive treatment on mortality in severe head injury. J Neurosurg 56:498–503
56. Shapiro HM (1975) Intracranial hypertension. Anesthesiology 43:445
57. Shapiro HM, Marshall LF (1978) Intracranial pressure responses to PEEP in head-injured patients. J Trauma 18:254–256

Die Bedeutung der transkraniellen Dopplersonographie als nichtinvasives Untersuchungsverfahren in Anästhesie und Intensivmedizin

W. Schregel

Der zerebrale Blutfluß (CBF) kann, speziell unter den Bedingungen von Trauma, Operation oder Intensivtherapie, unerwartet oder gar paradox verändert sein. Schon früh wurde der Wunsch geäußert [7] den CBF möglichst rasch, nichtinvasiv, fortlaufend, regionsspezifisch, ubiquitär anwendbar und sofort wiederholbar messen zu können. Die Messung des CBF ist wegen Invasivität, radioaktiver Substanzen und wegen des hohen Aufwands bislang jedoch kein klinisches Routineverfahren geworden.

Die transkranielle Dopplersonographie (TCD)

Die TCD wurde von Aaslid et al. [1, 2] in die Klinik eingeführt und scheint den Idealvorstellungen in vielen Aspekten zu entsprechen. Mittels einer auf die Temporalschuppe aufgesetzten Sonde werden die basalen Hirnarterien, meist die A. cerebri media (MCA), die als Endarterie ca. 70% der Blutversorgung einer Hemisphäre liefert, beschallt. Durch Reflexion des Ultraschalls an den Erythrozyten kommt es zu einer Frequenzverschiebung, welche proportional zur Flußgeschwindigkeit im untersuchten Gefäß ist. Die Einhüllende des reflektierten Frequenzspektrums entspricht der maximalen Flußgeschwindigkeit im Gefäßzentrum; mittels Fast-Fourier-Analyse wird die mittlere Maximalgeschwindigkeit v ermittelt und vom Gerät ausgegeben (Abb. 1). Aus der größten systolischen Geschwindigkeit vs, der

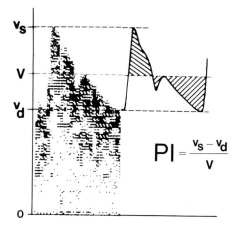

Abb. 1. Flußgeschwindigkeits-Zeit-Profil über einen Herzzyklus. Die Einhüllende des Frequenzspektrums entspricht der maximalen Flußgeschwindigkeit im Gefäßzentrum. Der Pulsatilitätsindex (*PI*) ist ein grobes Maß für den zerebrovaskulären Widerstand

$$PI = \frac{v_s - v_d}{v}$$

enddiastolischen Spitzen-Geschwindigkeit vd und v wird der Pulsatilitätsindex (PI) berechnet: Dieser kann als grobes Maß für den zerebrovaskulären Widerstand angesehen werden. Unter der Voraussetzung, daß sich der Gefäßquerschnitt nicht ändert, sind Änderungen der mittleren Flußgeschwindigkeit proportional zu Änderungen des CBF.

Zerebraler Vasospasmus

Der zerebrale Vasospasmus nach Subarachnoidalblutung (SAB) war die erste und wichtigste Applikation der TCD. In ihrer klassischen Arbeit [2] fanden Aaslid et al. bei Patienten mit angiographisch gesichertem Vasospasmus eine gegenüber dem Normalwert (62 ± 12) deutlich gesteigerte vMCA zwischen 120 und 230 cm/s. Auch eine enge Beziehung (r = 0,75) zwischen dem angiographisch ermittelten MCA-Durchmesser und den gemessenen Flußgeschwindigkeiten wurde beobachtet. Insbesondere der vMCA-Anstieg pro Tag kann Patienten selektieren, die durch vasospasmus-induzierte neurologische Defizite gefährdet sind [13]. Die Methode ist bei SAB ein Standardverfahren geworden und erfährt Einschränkungen nur bei erhöhtem intrakraniellem Druck (ICP) [22].

Schädel-Hirn-Trauma; erhöhter intrakranieller Druck

Mit steigendem ICP kommt es durch die relativ größere Behinderung der zerebralen Zirkulation in der Diastole zum Anstieg des PI. Übersteigt der ICP den diastolischen Blutdruck, treten hohe systolische Peaks ohne diastolischen Fluß auf. Bei weiterem Anstieg ist ein Pendelfluß nachweisbar, was ein Sistieren der Hirndurchblutung bedeutet [15]. Prinzipiell kann mittels TCD ein zerebraler Kreislaufstillstand diagnostiziert werden; die TCD ist in die Empfehlungen der Bundesärztekammer zur Hirntoddiagnostik eingegangen, wobei auf deren genaue Beachtung hinzuweisen ist. Klingelhöfer et al. [21] konnten eine enge Beziehung (r = 0,87) zwischen ICP und einem Produkt aus arteriellem Mitteldruck und PI dividiert durch v beobachten. Chan et al. [6] haben darauf hingewiesen, daß mit Ausnahme einer zerebralen Hyperämie ein kritischer zerebraler Perfusionsdruck (CPP) unter 60 mmHg an einem Anstieg des PI über 1,5 ablesbar ist. Zur Zeit ist die TCD als orientierendes Verfahren bezüglich ICP, CPP und CBF einzuschätzen, da die Kaliberkonstanz der zerebralen Gefäße bei erhöhtem ICP als ungewiß anzusehen ist [27]. Eine engmaschige TCD-Überwachung könnte jedoch als frühzeitige Trendanzeige und zur Indikationsstellung invasiver Verfahren hilfreich sein.

Zerebrale Durchblutungsstörungen; Karotischirurgie

Anstiege des arteriellen pCO_2 führen bei Gesunden zu einem fast linearen Anstieg der vMCA um 2,5–3,5% pro mmHg [29]. Bei kritischer zerebraler Durchblutung durch extrakranielle Gefäßstenosen besteht eine kompensatorische Weitstellung kleinerer Hirngefäße. Der unter CO_2-Inhalation verminderte vMCA-Anstieg kann Hinweise auf eine erschöpfte zerebrale Regulationsfähigkeit geben [44] und die Indikationsstellung für operative Maßnahmen beeinflussen. Ringelstein et al. [33] haben die Bedeutung der TCD zur Diagnose und Therapiekontrolle bei Gefäßstenosen im Bereich des Karotissiphons, der A. cerebri media und im vertebrobasilären Gebiet betont. Intraoperativ ist die TCD eingesetzt worden, um die Effekte des Abklemmens der A. carotis communis darzustellen und um die Indikation zum Einlegen eines temporären Shunts zu überprüfen [11]. Die TCD hat dadurch an Bedeutung gewonnen, daß Halsey et al. [12] zeigen konnten, daß bei niedrigem CBF eine sehr gute Korrelation zwischen vMCA und CBF besteht. Die vMCA kann durch das Abklemmen der ipsilateralen A. carotis um 0–90% absinken, wobei keine Beziehung zur ipsi- oder kontralateralen Stenosierung besteht [11]. Thiel et al. [40] geben an, daß mittels TCD und gleichzeitig abgeleiteter somatosensorisch evozierter Potentiale die Indikation zur Einlage eines Shunts innerhalb einer Minute klar gestellt werden kann. Das Auftreten postoperativer neurologischer Defizite hängt in einem erheblichen Ausmaß von intraoperativ erfolgenden Embolisierungen ab. Auch diese sind mittels TCD objektivierbar [38].

Operationen mit extrakorporaler Zirkualtion

Gleiches gilt für Operationen unter Benutzung der extrakorporalen Zirkulation (EKZ). Thiel et al. [39] beschrieben das Auftreten hochfrequenter Dopplersignale nach Öffnen der Aortenklemme und vermuteten, daß es sich um Dopplersonographische Korrelate von Luft- oder Partikelmikroembolien handelt. Mit Fortentwicklung der Technik konnten van der Linden et al. [25] eine unterschiedliche Embolierate in Abhängigkeit von Operationstyp und -phase nachweisen. Ob CBF-Veränderungen unter EKZ exakt erfaßbar sind, ist umstritten: Lundar et al. [26] fanden eine gute Korrelation (r = 0,92) zwischen vMCA-Änderungen und elektromagnetisch gemessenen Flußänderungen in der A. carotis interna. Demgegenüber berichteten Weyland et al. [43] über eine schlechte Korrelation von vMCA und CBF und vermuteten eine Änderung der Gefäßweite während EKZ.

CO_2-Reaktivität

Huber und Handa [18] wiesen angiographisch nach, daß Gefäße mit mehr als 2,5 mm Durchmesser durch CO_2-Veränderungen allenfalls geringe Lumenveränderungen erfahren. Dies ist die Basis für die Bestimmung der CO_2-Reaktivität mit TCD, die für Patienten mit zerebralen Durchblutungsstörungen [44], zerebralem Vasospasmus [15] und intrakraniellen Blutungen [20] diagnostischen, prognostischen und evtl. therapeutischen Wert hat. Weitere Bedeutung könnte die TCD gewinnen, wenn sich die Beobachtung von Nordström et al. [31] bestätigt, daß Patienten mit normaler CO_2-Reaktivität auch auf Barbiturate günstig reagieren.

Autoregulation

Die Ergebnisse der Arbeitsgruppen um Heistad [17], Kontos [23] und Müller [30] weisen darauf hin, daß Blutdruckänderungen den Querschnitt großer Hirngefäße erheblich beeinflussen können. Dennoch finden sich plausible Berichte über den Nachweis einer gestörten Autoregulation mittels TCD bei Patienten mit zerebralen Läsionen [5, 8]. Schlüssel zum Verständnis dieser scheinbar divergierenden Befunde ist die Studie von Magun [28], der mit angiographischer Methodik eine Vasokonstriktion großer Hirnarterien unter induzierter Hypertonie bei Hirngesunden fand, während diese Reaktion bei Patienten mit zerebralen Läsionen und gestörter Autoregulation ausblieb.

Effekte von Anästhetika

Eigene Untersuchungen [34] ergaben im Gegensatz zur Neuroleptanalgesie einen Anstieg der vMCA und einen Abfall des PI unter Halothan. Andere Autoren berichteten über Propofol [32], Thiopental und weitere Inhalationsanästhetika [41]. Dies warf die bezüglich des Werts der TCD entscheidende Frage auf, wie Anästhetika große Hirnarterien beeinflussen. Ahlgren et al. [3] beobachten im Tierexperiment eine Vasodilatation unter Halothan, während Heidsieck et al. [16] keinen Einfluß von Halothan auf die Gefäßweite im Karotisangiogramm erkennen konnten. Diese Studien sind jedoch widersprüchlich und nicht beweisend, da die Gefäßweite nur geschätzt und nicht gemessen wurde. Eigene tierexperimentelle [35] und TCD-Untersuchungen [36] kamen in Übereinstimmung mit neueren In-vitro-Ergebnissen [19] zu dem Schluß, daß Inhalationsanästhetika große Hirnarterien dilatieren, während letztere durch i.v. verabreichte Anästhetika nicht beeinfluß werden. Letzteres trifft wohl auch für Patienten mit intrakranieller Pathologie (große, maligne Hirntumoren) zu, bei denen mit TCD zusätzlich eine reduzierte Reaktivität auf Hyperventilation und i.v. verabreichte Anästhetika gezeigt werden konnte [37].

Fallstricke und Limitationen

Es ist ein Problem der Methode, daß sowohl Stenosen der MCA, als auch Vasospasmus und zerebrale Hyperämie zu einer Zunahme der Flußgeschwindigkeiten führen. Aussagen sind also häufig nur unter Berücksichtigung von Anamnese, Klinik und weiteren Verfahren möglich. In 5%–30% der Fälle gelingt eine befriedigende Ableitung der TCD-Signale nicht. Neben den schon erwähnten Störfaktoren, die einer genauen CBF-Analyse im Wege stehen, sind weitere zu berücksichtigen: Auch Stimulation des Sympathikus [42], Zigarettenrauchen [10] und Nitroglycerin [9] beeinflussen die Gefäßweite großer Hirnarterien. Die vMCA ändert sich auch in Abhängikeit vom Hämatokritwert [4]; in ca. 3% kommen anatomische Varianten der MCA vor [24].

Schlußfolgerungen und Ausblick

Die TCD ist ein etabliertes Verfahren bei zerebralem Vasospasmus und zur Ermittlung der CO_2-Reaktivität. Unter Berücksichtigung der klinischen Situation und der Limitationen kann sie ein guter nichtinvasiver und schnell einsetzbarer Trendmonitor bezüglich des intrakraniellen Drucks und veränderter, besonders reduzierter Durchblutung sein. Sie kann und soll jedoch CCT und exakte CBF-Messung nicht ersetzen. In der Anästhesie kann sie das zerebrale Monitoring bei Patienten mit zerebralen Läsionen (Karotisstenosen, Hirntumoren, Hirnarterienaneurysmen) sinnvoll bereichern.

Literatur

1. Aaslid R, Markwalder TM, Nornes H (1982) Nonivasive transcranial Doppler ultrasound recording of flow velocity in basal cerebral arteries. J Neurosurg 57:769–774
2. Aaslid R, Huber P, Nornes H (1984) Evaluation of cerebrovascular spasm with transcranial Doppler ultrasound. J Neurosurg 60:37–41
3. Ahlgren I, Aronsen KF, Nylander G, Trägardh B (1969) Cerebral angiography of the dog during fluothane and diethylether anaesthesia. Vasc Surg 3:25–29
4. Brass LM, Pavlakis S, Prohovnik I, Mohr JP (1987) Transcranial Doppler analysis of blood flow: Relationship to HCT, with rCBF Correlation. Stroke 18:285
5. Chan KH, Dearden NM, Miller JD (1991) Multimodality monitoring of intracranial pressure therapy after severe brain injury. Abstracts Intracranial Pressure VIII:135
6. Chan KH, Miller JD, Dearden NM, Andrews PJD, Midgley S (1992) The effect of changes in cerebral perfusion pressure upon middle cerebral artery blood flow velocity and jugular bulb venous oxygen saturation after severe brain injury. J Neurosurg 77:55–61
7. Christensen MS (1974) Measurement of cerebral perfusion. In: Feldman SA, Leigh JM, Spierdijk J (eds) Measurement in anaesthesia. Leiden Univ Press, Leiden, pp 170–182
8. Cunitz G, Beverungen M, Schregel W (1987) Verlauf von intrakraniellem Druck und Flowgeschwindigkeit in basalen Hirnarterien bei Lagerungswechseln von Patienten mit zerebralen Läsionen. Anaesthesist 36:347
9. Dahl A, Russell D, Nyberg-Hansen R, Rootwelt K (1991) Effect of nitroglycerin on cerebral circulation measured by Transcranial Doppler and SPECT. Stroke 20:1733–1736
10. Dorrance DE, Neil-Dwyer G (1988) The effect of repeat cigarette smoking on cerebral blood flow. In: Abstracts 2nd Intern. Conference on Transcranial Doppler Sonography, Salzburg
11. Edelmann M, Ringelstein EB (1985) Intraoperatives Monitoring der Flußgeschwindigkeit der Arteria cerebri media (ACM) während Carotis-Desobliteration mittels der transkraniellen Doppler-Sonographie (TCD). Angio 7:298–317
12. Halsey JH, McDowell HA, Gelmon S, Morawetz RB (1989) Blood velocity in the middle cerebral artery and regional cerebral blood flow during carotid endarterectomy. Stroke 20:53–57
13. Harders AG, Gilsbach JM (1987) Time course of blood velocity changes related to vasospasm in the circle of Willis measured by transcranial Doppler ultrasound. J Neurosurg 66:718–728
14. Hassler W, Chioffi F (1989) CO_2-reactivity of cerebral vasospasm after aneurysmal subarachnoid haemorrhage. Acta Neurochir 98:167–175
15. Hassler W, Steinmetz H, Gawlowski J (1988) Transcranial Doppler ultrasonography in raised intracranial pressure and in intracranial circulatory arrest. J Neurosurg 68:745–751
16. Heidsieck CH, Simon RS, Bradac GB, Dramburg M (1976) Der Einfluß unterschiedlicher Ventilationsgrößen unter Narkosebedingungen auf die Zerebralgröße im Karotisangiogramm. Anaesthesist 25:464–469
17. Heistad DD, Marcus ML, Abbound FM (1978) Role of large arteries in regulation of cerebral blood flow in dogs. J Clin Invest 62:761–768

18. Huber P, Handa J (1967) Effect of contrast material, hypercapnia, hyperventilation, hypertonic glucose and papaverine on the diameter of the cerebral arteries. Angiographic determination in man. Invest Radiol 2:17–32
19. Jensen NF, Todd MM, Kramer DJ, Leonard PA, Warner DS (1992) A comparison of the vasodilating effects of halothane and isoflurane on the isolated rabbit basilar artery with and without intact endothelium. Anesthesiology 76:624–634
20. Klingerhöfer J, Sander D (1991) Doppler CO_2 test as an indicator of cerebral vasoreactivity and prognosis in severe intracranial hemorrhages. Stroke 23:962–966
21. Klingelhöfer J, Conrad B, Benecke R, Sander D, Markakis E (1988) Evaluation of intracranial pressure from transcranial Doppler studies in cerebral disease. J Neurol 235:159–162
22. Klingelhöfer J, Sander D, Holzgraefe M, Bischoff C, Conrad B (1991) Cerebral vasospasm evaluated by Transcranial Doppler Ultrasonography at different intracranial pressures. J Neurosurg 75:752–758
23. Kontos HA, Wei EP, Navari RM, Levasseur JE, Rosenblum WI, Patterson JL (1978) Responses of cerebral arteries and arterioles to acute hypotension and hypertension. Am J Physiol 234:H371–H383
24. Lang J (1984) Über eine Doppelung der A. cerebri media und die A. cerebri media accessoria. J Hirnforsch 25:21–27
25. Linden J van der, Casimir-Ahn H (1991) When do cerebral embolies appear during open heart operations? A Transcranial Doppler study. Ann Thorac Surg 51:237–241
26. Lundar T, Lindegaard KF, Fraysaker T, Aaslid R, Wiberg J, Nornes H (1985) Cerebral perfusion during nonpulsatile cardiopulmonary bypass. Ann Thorac Surg 40:144–150
27. Lundberg N, Cronquist S, Kjällquist A (1986) Clinical investigations on interrelations between intracranial pressure and intracranial hemodynamics. Prog Brain Res 30:69–75
28. Magun JG (1970) The effect of pharmacologically increased blood pressure on brain circulation. Z Neurol 204:107–134
29. Markwalder TM, Grolimund P, Seiler RW, Roth F, Aaslid R (1984) Dependency of blood flow velocity in the middle cerebral artery on endtidal carbon dioxide partial pressure – A Transcranial Doppler study. J Cerebral Blood Flow Metabol 4:368–372
30. Müller HR, Lampl Y, Haefele M (1991) Ein TCD-Steh-Test zur klinischen Prüfung der zerebralen Autoregulation. Ultraschall in Med 12:218–221
31. Nordström CH, Messeter K, Sundbärg G, Schalen W, Werner M, Ryding E (1988) Cerebral blood flow, vasoreactivity, and oxygen consumption during barbiturate therapy in severe traumatic brain lesions. J Neurosurg 68:424–431
32. Parma A, Massei R, Pesenti A et al. (1989) Cerebral blood flow velocity and cerebrospinal fluid pressure after single bolus of propofol. Neurol Res 11:150–152
33. Ringelstein EB, Zeumer H, Korbmacher G, Wulfinghoff E (1985) Transkranielle Dopplersonographie der hirnversorgenden Arterien: Atraumatische Diagnose von Stenosen und Verschlüssen des Karotissiphons und der A. cerebri media. Nervenarzt 56:296–306
34. Schregel W, Beverungen M, Cunitz G (1988) Transkranielle Doppler-Sonographie: Halothan steigert die Flußgeschwindigkeit in der Arteria cerebri media. Anaesthesist 37:305–310
35. Schregel W, Geißler C, Schäfermeyer H, Cunitz G (1991) Diameters of large cerebral arteries – relevant for patients with brain disorders? Eur J Anaesthesiology 8:321–323
36. Schregel W, Schäfermeyer H, Müller C, Geißler C, Bredenkötter U, Cunitz G (1992) Einfluß von Halothan, Alfentanil und Propofol auf Flußgeschwindigkeiten, „Gefäßquerschnitt" und „Volumenfluß" in der A. cerebri media. Anaesthesist 41:21–26
37. Schregel W, Geißler C, Winking M, Schäfermeyer H, Cunitz G (1994) Transcranial Doppler monitoring during induction of anesthesia: effects of propofol, thiopental, and hyperventilation in patients with large malignant brain tumors. J Neurosurg Anesthesiol (in press)
38. Spencer MP, Thomas GJ, Nicholls SC, Sauvage LR (1990) Detection of middle cerebral artery emboli during carotid endarterectomy using transcranial Doppler Ultrasonography. Stroke 21:415–423
39. Thiel A, Russ W, Kaps M, Marck GP, Hempelmann G (1988) Die transkranielle Dopplersonographie als intraoperatives Überwachungsverfahren. Anaesthesist 37:256–260
40. Thiel A, Russ W, Marck GP, Kaps M, Stermann WA (1988) Transkranielle Doppler-Sonographie (TCD) und somato-sensorisch evozierte Potentiale (SEP) bei desobliterierenden Eingriffen an der Karotisgabel. Anaesthesist 37:226

41. Thiel A, Zickmann B, Zimmermann R, Hempelmann G (1992) Transcranial Doppler sonography: Effects of halothane, enflurane and isoflurane on blood flow velocity in the middle cerebral artery. Brit J Anaesth 68:388–393
42. Wahlgren WG, Hellström G, Lindquist C, Rudehill A (1988) The effect of sympathetic stimulation in man on the MCA flow velocity. In: Abstracts 2nd International Conference on Transcranial Doppler Sonography, Salzburg
43. Weyland A, Stephan H, Kazmaier S, Grüne F, Sonntag H (1990) Ermöglicht die transkranielle Dopplersonographie quantitative Aussagen über die Hirndurchblutung während kardiochirurgischer Eingriffe? Anaesthesist 40:566
44. Widder B (1985) Der CO_2-Test zur Erkennung hämodynamisch kritischer Karotisstenosen mit der transkraniellen Doppler-Sonographie. Dtsch Med Wochenschr 110:1553

Neurophysiologisches Monitoring in der perioperativen Phase: Grundlagen und Problematik

M. Dinkel

Seit der ersten erfolgreichen Hirnstromableitung von der intakten Kopfhaut des Menschen durch Hans Berger im Jahr 1924 besteht eine wechselseitige Verbindung zwischen Anästhesie und Elektroenzephalographie: Zum einen gelang es Hans Berger anhand einer charakteristischen Verlangsamung des Hirnstrombildes unter einer Chloroformnarkose, die nach Narkoseende reversibel war, nachzuweisen, „ ... daß die Veränderung des EEG nur mit dem veränderten Tätigkeitszustand des zentralen Nervensystems und da wohl vor allem der Hirnrinde, die durch die Narkose zuerst ausgeschaltet wird, zusammenhängen kann ..." [2]. Aufgrund des damit erbrachten Nachweises des kortikalen Ursprungs des EEG erkannte man zum anderen den Wert der Hirnstromableitung, um narkoseinduzierte Veränderungen der zerebralen Funktion zu objektivieren.

Elektroenzephalographie

Wie wir heute wissen, entsteht das EEG durch die Summation exzitatorischer und inhibitorischer postsynaptischer Wechselstrompotentiale an kortikalen Pyramidenzellen, die von thalamischen Kerngebieten moduliert werden. Die Ableitung dieser Potentialschwankungen erfolgt entweder bipolar als Spannungsdifferenz zwischen benachbarten Elektroden oder unipolar als Potentialdifferenz zwischen der aktiven Elektrode über der Schädelkonvexität und einer gemeinsamen Referenzelektrode [11, 15, 16].

EEG-Ableitung

Um sowohl bei intraindividuellen Verkaufskontrollen als auch bei der Ableitung an verschiedenen Individuen vergleichbare Meßergebnisse zu gewährleisten, ist die Elektrodenplazierung nach dem 10-20-System dadurch standardisiert, daß der Elektrodenabstand jewels 10–20% des Abstandes zwischen den anatomischen Fixpunkten Nasenwurzel und okzipitale Protuberanz in sagittaler Richtung und zwischen den äußeren Gehörgängen in horizontaler Richtung beträgt (Abb. 1).

Signalanalyse

Die im konventionellen EEG abgeleiteten Signale lassen sich hinsichtlich der Amplitude, der Frequenz, der Zeitdauer der Signalaufzeichnung (Epoche) und

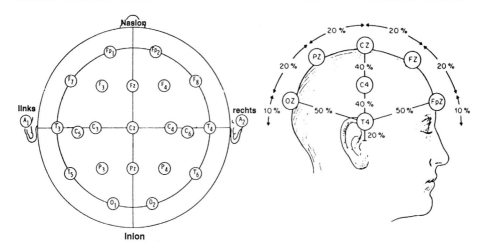

Abb. 1. Elektrodenposition im internationalen ten-twenty-System zur standardisierten Ableitung von Hirnströmen

hinsichtlich typischer Muster (z. B. „burst suppression") analysieren und charakterisieren. Nach der Anzahl der Nulldurchgänge werden die EEG-Signale unterteilt in δ-Wellen mit einer Frequenz von 0,5–4 Hz, θ-Wellen mit einer Frequenz von 4–8 Hz, α-Wellen mit einer Frequenz von 8–12 Hz und β-Wellen mit einer Frequenz von 13–30 Hz. Beim wachen, gesunden Menschen mit geschlossenen Augen herrschen α-Wellen vor.

EEG-Veränderungen unter Allgemeinanästhesie

Anhand allgemeiner EEG-Veränderungen lassen sich unterschiedliche Zustände der spontanen Großhirnfunktion objektivieren und einige Grundaussagen über den Einfluß von Anästhetika auf das EEG treffen (Abb. 2). Der α-Rhythmus des wachen

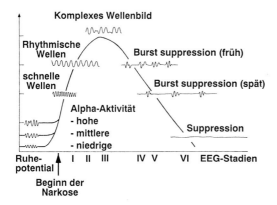

Abb. 2. EEG-Veränderungen bei zunehmender „Narkosetiefe" nach Martin [9]

Patienten weicht in oberflächlicher Narkose einem schnelleren β-Rhythmus. Mit zunehmender Dosissteigerung der Anästhetika kommt es wie im Schlaf zu einer Synchronisation der Hirnströme und schließlich über einen dominierenden δ-Rhythmus zu komplexen EEG-Mustern mit variabler Amplitude und Frequenz. Eine weitere Dosissteigerung und Narkosevertiefung führt schließlich über ein zeitweiliges Verschwinden der EEG-Aktivität, der sog. Burst-suppression-Phase, zum kortikalen Funktionsstillstand, der sich im EEG als Nullinie äußert. Eine ähnliche Frequenzverlangsamung wie unter Narkose findet sich auch bei einer Hypoxie der Großhirnrinde oder unter Hypothermie [9, 11, 15].

Als eindeutig pathologisch lassen sich daher EEG-Veränderungen unter Allgemeinanästhesie nur identifizieren, wenn sie in Zusammenhang mit einem entsprechenden klinischen Ereignis auftreten. Sicher pathologisch sind eine asymmetrische Aktivitätsverteilung über beiden Hemisphären oder das Auftreten pathologischer Muster (z. B. „spikes and waves" als zerebrale Krampfäquivalente) [16].

Evozierte Potentiale

Während im EEG nur die spontane elektrische Aktivität der Hirnrinde beurteilt werden kann, lassen sich durch die Ableitung evozierter Potentiale neben kortikalen auch subkortikale, spinale und periphernervöse Funktionen überwachen.

Unter evozierten Potentialen im engeren Sinn werden nach Stimulation peripherer Nerven ausgelöste elektrische Antworten afferenter ZNS-Leitungsbahnen verstanden. Dem stehen die durch transkranielle Stimulation des Motorkortex ausgelösten Antworten efferenter Leitungsbahnen gegenüber.

Nach der Reizmodalität und dem Stimulationsort werden somatosensorisch, akustisch, visuell und motorisch evozierte Potentiale unterschieden. Eine Sonderform der somatosensorisch evozierten Potentiale bilden die auf unterschiedliche Weise ausgelösten schmerzkorreliert evozierten Potentiale. Eine weitere Unterteilung erfolgt hinsichtlich des gesicherten oder vermutlichen Entstehungsortes in periphere, spinale, subkortikale und kortikale Potentiale. Bei den kortikal abgeleiteten Potentialen werden frühe Potentialantworten, die innerhalb von 100 ms nach dem Reiz entstehen und über dem entsprechenden sensorischen Kortex abgeleitet werden können, von späten Komponenten unterschieden, die mehr als 100 ms nach dem Reiz entstehen und eine diffuse Verteilung über dem Skalp aufweisen.

Da die frühen Komponenten nur wenige zentrale Synapsen durchlaufen, weisen sie eine geringe inter- und intraindividuelle Variabilität auf und werden von Anästhetika nur wenig beeinflußt. Sie sind daher zur Überwachung gefährdeter zentralnervöser Strukturen und Funktionen unter dem Einfluß von Sedativa und Anästhetika prädestiniert. Die späten Komponenten sind dagegen Ausdruck einer komplexen kortikalen Signalverarbeitung. Sie variieren intra- und interindividuell erheblich und sind in Narkose supprimiert. Sie eignen sich daher nicht zur intraoperativen Überwachung, ermöglichen aber den Nachweis diskreter neuropsychologischer Funktionsstörungen, z. B. aufgrund einer Narkoserestwirkung, und geben Hinweis auf eine günstige zerebrale Prognose, wenn sie nach einem zerebralen Ereignis auslösbar sind. Unter den späten Potentialen ist das sog. Verarbeitungspotential P 300 von besonderer Bedeutung. Im Gegensatz zu den exogenen, unmittelbar durch verschiedene Reize ausgelösten Potentialen entsteht dieses Potential endogen, ereigniskorreliert, indem Testpersonen eine Diskriminationsaufgabe, z. B. hohe von niedrigen Tönen zu unterscheiden, lösen [3, 6, 7, 10].

Signalverarbeitung

Da alle über dem Skalp abgeleiteten Potentiale nur eine Amplitude von 0,1–10 µV aufweisen und daher in der spontanen EEG-Hintergrundaktivität mit Amplituden bis zu 100 µV nicht zu erkennen sind, muß neben der Signalfilterung und -verstärkung eine Mittelung mehrerer Reizantworten durchgeführt werden. Durch das Signalaveraging wird das jeweils zeitgleich nach dem Reiz wiederkehrende Potential proportional zur Quadratwurzel aus der Anzahl der Mittelungsschritte verstärkt, während die unsystematisch auftretende Hintergrundaktivität abgeschwächt wird.

Die Potentialaufzeichnung erfolgt nach den gleichen Konventionen wie die EEG-Registrierung, d. h. die Ableitung erfolgt in Anlehnung an das 10-20-System, und negative Spannungen werden nach oben, positive nach unten aufgetragen. Neben der Aufeinanderfolge positiver und negativer Peaks und einer daraus resultierenden charakteristischen Wellenform sind die Potentiale durch die Latenzzeit, mit der diese Spannungsausschläge nach dem Reiz auftreten, und durch die Peak-to-Peak- bzw. Peak-to-Baseline-Amplitude gekennzeichnet (Abb. 3). Unter Narkose ergibt die Auswertung der Amplitude gewöhnlich verläßlichere und besser reproduzierbare Ergebnisse als die Analyse der Latenzzeit [3, 6, 7].

Somatosensorisch evozierte Potentiale

Zur intraoperativen Überwachung werden somatosensorisch evozierte Potentiale (SEP) je nach Fragestellung durch die elektrische Stimulation des N. medianus, des

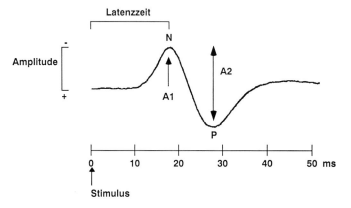

Abb. 3. Kennzeichnung evozierter Potentiale durch die Abfolge positiver (P) und negativer (N) Peaks, durch die Latenzzeit der Peaks nach dem Stimulus und durch die Peak-to-Baseline (A1) bzw. Peak-to-Peak (A2) Amplitude. Exemplarisch ist das frühe Medianus-SEP N20P25 dargestellt.

N. tibialis oder durch eine epidurale Rückenmarkstimulation ausgelöst. SEP ermöglichen eine objektive Funktionsprüfung des somatosensiblen Systems vom peripheren Nerven bis zum somatotopisch gegliederten Kortex und erlauben die Lokalisation einer Leitungsunterbrechung bei Eingriffen, die die funktionelle Integrität der sensiblen Leitungsbahnen in Rückenmark und Gehirn gefährden.

Durch Stimulation des N. tibialis oder des Rückenmarks ausgelöste SEP werden daher abgeleitet, um Funktionsstörungen des Rückenmarks bei Operationen spinaler Raumforderungen, bei Skolioseoperationen oder bei Eingriffen an der thorakoabdominellen Aorta zu erkennen.

Medianus-SEP eignen sich insbesondere dazu, eine kritische Minderdurchblutung im Versorgungsgebiet der A. cerebri media bei zerebrovaskulären Eingriffen zu objektivieren. Ein ein- oder beidseitiger Verlust der kortikalen Medianusantwort weist auch auf eine schlechte Prognose eines komatösen Patienten hin, während auslösbare späte SEP-Komponenten eine Restitutio ad integrum, z. B. nach einem Schädel-Hirn-Trauma, erwarten lassen [3,7, 10].

Akustisch evozierte Potentiale

Nach akustischer Stimulation entstehen 25–30 Wellen, die entsprechend ihrer Latenz in frühe, mittlere und späte Potentiale eingeteilt werden. Frühe akustisch evozierte Potentiale entstehen innerhalb von 10 ms nach dem Stimulus und weisen 5 charakteristische Komponenten auf, die sich verschiedenen anatomischen Strukturen zuordnen lassen. In der Kochlea und am Hörnerven entsteht die Welle I, die Wellen II–V finden ihren Ursprung in verschiedenen Hirnstammstrukturen. Deshalb werden diese Potentiale auch als „brainstem auditory evoked potentials" (BAEP) oder Hirnstammpotentiale bezeichnet.

Indikationen für die Ableitung früher akustisch evozierter Potentiale sind alle Prozesse und Eingriffe, die den Hirnstamm betreffen. Bei Operationen in der hinteren Schädelgrube werden sie zur Überwachung und Erhaltung der Hörfunktion eingesetzt. Schließlich werden frühe AEP herangezogen, um im Rahmen der Hirntoddiagnostik anhand eines Verlustes der Wellen II–V ein irreversibles Erlöschen der Hirnstammfunktion zu objektivieren [3, 6, 7, 10].

Akustisch evozierte Potentiale mittlerer Latenz, die 10–100 ms nach einem akustischen Reiz entstehen, werden im primären auditiven Kortex generiert. Sie spiegeln die kortikale Verarbeitung akustischer Reize wieder. In Narkose unverändert auslösbare akustisch evozierte Potentiale mittlerer Latenz weisen daher auf eine inadäquate Bewußtseinsausschaltung und mögliche intraoperative Wachheit hin [13].

Übrige Potentialmodalitäten

Visuell evozierte Potentiale zeigen unter Allgemeinanästhesie nur schlecht reproduzierbare Ergebnisse. Sie eignen sich deshalb nicht zur intraoperativen Überwachung. Auch motorisch evozierte Potentiale sind in Narkose nur schwierig abzuleiten. Viele technische Detailfragen hinsichtlich einer Optimierung der Potentialqualität sind

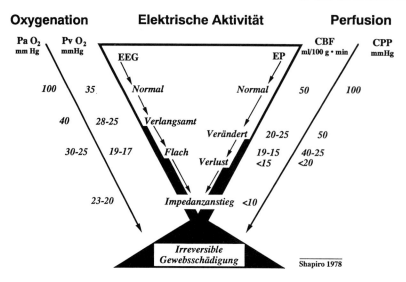

Abb. 4. Schwellenwerte der zerebralen Oxygenierung und Perfusion, die zu charakteristischen Veränderungen elektrophysiologischer Parameter führen

derzeit nicht gelöst, so daß der Wert motorisch evozierter Potentiale zur intraoperativen zerebralen und spinalen Überwachung nicht geklärt ist.

Dennoch stehen uns mit den übrigen Potentialmodalitäten und dem EEG Verfahren zur Verfügung, die eine differenzierte Beurteilung zentralnervöser Funktionen ermöglichen und kritische Veränderungen der zerebralen Oxygenierung und Perfusion erkennen lassen, bevor es zu irreversiblen Schäden kommt (Abb. 4). Schließlich kommt es unter bestimmten Anästhetika zu charakteristischen Veränderungen akustisch evozierter Potentiale mittlerer Latenz und im EEG als Korrelat der Narkosewirkung.

Daher drängt sich die Frage auf, warum das neurophysiologische Monitoring kein klinisch etabliertes Routinemonitoring in der Anästhesie und Intensivmedizin ist, obwohl neurologische und neuropsychologische Funktionsstörungen in der perioperativen Phase durchaus von Bedeutung sind:

Bis zu 60% der Patienten, die sich einem kardiochirurgischen Eingriff unter extrakorporaler Zirkulation unterziehen, sind postoperativ neuropsychologisch auffällig. Bis zu 24% der Patienten weisen nach Operationen an der thorakoabdominellen Aorta eine Querschnittslähmung auf. Bei Skolioseoperationen beträgt die Paraplegierate durchschnittlich 1%. Bei Karotisoperationen erleiden 2–20% der Patienten einen Schlaganfall. Nach allgemeinchirurgischen Eingriffen ohne besondere zentralnervöse Gefährdung sind gravierende neurologische Defizite mit einer Inzidenz von 6/10000 Operationen relativ selten. Sie bedeuten aber häufig eine erhebliche Beeinträchtigung der Persönlichkeit und den Verlust der Selbständigkeit des Patienten und sind daher im Einzelfall besonders schwerwiegend [4].

Auch Wachheitsepisoden sind mit einer Inzidenz von 2–3% bei allgemeinchirurgischen Eingriffen relativ selten. Sie können aber für den einzelnen Patienten besonders belastend sein und u. U. zu psychovegetativen und neurotischen Störungen führen. In bestimmten klinischen Situationen (z. B. Versorgung polytraumatisierter Patienten, Anästhesie bei Sectio caesarea) finden sich zudem bei bis zu 25% der Patienten Zeichen einer intraoperativen Wachheit [13].

Die Frage, warum das neurophysiologische Monitoring nicht etabliert ist, stellt sich auch deshalb, weil klinische Zeichen zur Objektivierung neurologischer Funktionsstörungen und einer ungenügenden Schmerz- und Bewußtseinsausschaltung in Allgemeinanästhesie entweder nicht zur Verfügung stehen oder unzureichend sind.

Anforderungen an intraoperatives Neuromonitoring

Das neurophysiologische Monitoring hat offensichtlich deshalb keinen breiten Eingang in den Operationssaal gefunden, weil es die Anforderungen an ein geeignetes perioperatives Neuromonitoring nicht oder nicht in vollem Umfang erfüllt.

Anforderungen an das Neuromonitoring in der Anästhesie und Intensivmedizin

- Vertretbare Anschaffungs- und Unterhaltskosten,
- keine monitorbedingten Risiken,
- unkomplizierte Anwendung,
- geringe Störanfälligkeit,
- einfache und sichere Meßwertinterpretation,
- hohe Sensitivität und Spezifität,
- klinischer Nutzen.

Klinische Praktikabilität

Die Ableitung des EEG und evozierter Potentiale ist zwar prinzipiell nichtinvasiv und frei von methodenimmanenten Risiken. Allerdings erfordert beispielsweise die richtige Plazierung und Fixierung von 16 Elektroden, die für eine topographische EEG-Analyse nötig sind, einige Übung, damit die Signalaufzeichnung verwertbar wird. Eine Lösung dieses Problems bietet die Anwendung von Elektroden, die in eine Badehaube eingearbeitet sind. Dadurch wird eine rasche und sichere Elektrodenplazierung möglich.

Eine breite perioperative Anwendung des neurophysiologischen Monitorings wurde bisher auch durch die hohen Anschaffungskosten, die geringe Mobilität und Flexibilität elektrophysiologischer Überwachungssysteme verhindert. Durch die Entwicklung der Computertechnologie im vergangenen Jahrzehnt sind die Monitorsysteme jedoch nicht nur preiswerter, sondern v. a. kompakter und handlicher geworden, so daß sogar eine kontinuierliche neurophysiologische Überwachung des Patienten z. B. während des Transports möglich wird. Darüber hinaus sind viele Systeme auf PC-Basis aufgebaut. Dies ermöglicht eine flexible Anpassung der Software an individuelle Bedürfnisse und Fragestellungen.

Geringe Störanfälligkeit

Ein weiteres Problem, das die Anwendung neurophysiologischer Untersuchungsverfahren im Operationssaal erschwert, ist die Vielzahl biologischer und technischer Störquellen, die in folgender Übersicht zusammengefaßt sind.

Störquellen für das perioperative neurophysiologische Monitoring

Biologische Artefakte:
- Bewegungsartefakte,
- EKG-Artefakte,
- Pulswellenartefakte,
- Schwitzartefakte.

Technische Artefakte:
- Netzbrummen,
- Hochfrequenzartefakte,
- Elektrodenartefakte.

Sie erschweren die Signalaufzeichnung und Interpretation der Meßergebnisse. Durch sorgfältiges Anbringen der Elektroden, durch eine Beschränkung auf die unbedingt notwendige Anzahl von Ableitepunkten, durch eine Signalweiterleitung über Lichtleiter und durch geeignete Filtereinstellungen lassen sich Artefakte teilweise, aber nie völlig vermeiden. Daher muß bei der Anwendung neurophysiologischer Untersuchungsverfahren immer die Möglichkeit zur Betrachtung des Originalsignals gegeben sein, und der Anwender muß über Grundkenntnisse der EEG- und Potentialanalyse verfügen, um Fehlinterpretationen aufgrund von Artefakteinstreuungen zu vermeiden [8, 11].

Einfache Meßwertinterpretation

Ein spezielles Problem der konventionellen EEG-Ableitung ist die anfallende Datenflut. Um in der komplexen Informationsvielfalt des konventionellen EEG kritische Veränderungen frühzeitig erkennen zu können, sind neurophysiologische Spezialkenntnisse erforderlich. Deshalb wird seit langem nach Wegen gesucht, um durch eine computergestütze EEG-Analyse, durch eine übersichtliche Darstellung und durch eine geeignete Parametrisierung das EEG auch für den neurophysiologisch wenig erfahrenen Anwender nutzbar zu machen.

Unter den verschiedenen Methoden zur Signalverarbeitung hat die Spektralanalyse durch Fast-Fourier-Transformation die größte Verbreitung gefunden. Dabei wird das EEG unter der Annahme, daß es sich um übereinandergelagerte sinusförmige Schwingungen handelt, in die zugrundeliegenden Frequenzen zurückgeführt. In Abhängigkeit der in einem bestimmten Analysezeitraum enthaltenen Frequenzanteile ergibt sich eine charakteristische Aktivitätsverteilung, das sog. Powerspektrum (Abb. 5).

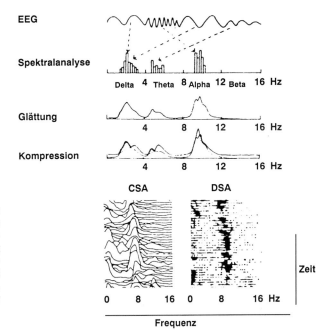

Abb. 5. Spektralanalyse des Elektroenzephalogramms durch Fast Fourier Transformation und Darstellung aufeinanderfolgenden Powerspektren als Compressed Spectral Array (CSA) bzw. Density modulated Array (DSA)

Mehrere aufeinanderfolgende Powerspektren lassen sich 3dimensional als Spektralgebirge („compressed spectral array") bzw. 2dimensional als „density modulated array" darstellen, wobei die unterschiedliche Aktivität einzelner Frequenzen durch eine unterschiedliche Strichdichte markiert ist (Abb. 5). Durch die zeitliche Abfolge der Spektralhistogramme werden Veränderungen der Hirnfunktion sofort und in einer Präzision erkennbar, wie es bei Analyse der EEG-Rohdaten selbst vom geübtesten Neurophysiologen nicht und v. a. nicht über längere Zeit zu schaffen ist.

Allerdings ist die Spektralanalyse nicht in der Lage, spezielle Wellenformen zu erkennen, und manche Muster, wie die Burst-suppression-Aktivität, werden vorwiegend als schnelle Frequenzkomponenten und damit nicht richtig wiedergegeben. Deshalb muß nicht nur zur Erkennung von Artefakten, sondern auch zur Erkennung spezieller EEG-Muster das Originalsignal beobachtet werden. Charakteristische Muster, wie z. B. Burst-suppression-Aktivität sind allerdings ähnlich sicher wie z. B. ventrikuläre Extrasystolen im EKG zu identifizieren [8, 16].

Eine weitere interessante Darstellungsmöglichkeit ist die Farbcodierung der Aktivität einzelner Frequenzbänder. Aus der Farbmischung kann man auf die Zusammensetzung der zugrundeliegenden Aktivität unter den einzelnen Ableitepunkten rückschließen. Durch die räumliche Darstellung der Aktivität unter verschiedenen Ableitepunkten ergeben sich landkartenartige Bilder, sog. „brain maps". Das „brain mapping" läßt nicht nur die Dynamik zentralnervöser Funktionsänderungen, sondern v. a. topographische Unterschiede in der spontanen Hirnaktivität deutlich werden. Allerdings ist es schwierig, anhand von Farbsprüngen kritische Aktivitätsänderungen und eine zerebrale Gefährdung exakt zu bestimmen.

Zur Vereinfachung der EEG-Interpretation, aber auch zur Quantifizierung des EEG, werden verschiedene Indizes propagiert. Eine solche Monoparametrisierung ist der Versuch, den komplexen Informationsgehalt des EEG auf einen Wert zu reduzieren.

Parameter zur Charakterisierung der EEG-Aktivität

- Gesamtaktivität,
- absolute Bandleistung,
- relative Bandleistung,
- Verhältnis von Bandleistungen,
- dominante Frequenz,
- spektrale Eckfrequenz,
- Median,
- Zerebrogramm.

Die Vielzahl der angegebenen Parameter zeigt, daß es einen allgemein akzeptierten Parameter offensichtlich nicht gibt. In der Anästhesie am besten untersucht sind der Median, d. h. die Frequenz, bei der 50% der gesamten Aktivität im Powerspektrum erreicht sind, und die spektrale Eckfrequenz, bei der 95% der Gesamtaktivität erreicht sind. Ob allerdings diese univariaten Deskriptoren das Verhalten des EEG in verschiedenen Situationen angemessen beschreiben, ist umstritten.

Dies gilt prinzipiell auch für den multivariaten Ansatz zur EEG-Analyse, der im Narkograph (Fa. Pallas) realisiert ist. Anhand der Gesamtleistung, relativer Bandleistungen, der dominanten Frequenz, des Medians und vorgegebener alterskorrigierter Vergleichs-EEG wird eine Stadieneinteilung vorgenommen, die unterschiedliche Schlaftiefen widerspiegeln soll.

Hohe Sensitivität und Spezifität

Trotz aller Schwierigkeiten ist die EEG-Interpretation mit Hilfe der computerunterstützten Signalverarbeitung auch für den im Operationssaal tätigen Arzt möglich geworden. Daher muß es noch weitere wesentliche Gründe dafür geben, daß das EEG nicht zum Routinemonitoring in der Anästhesie und Intensivmedizin gehört.

Ein Grund ist sicher die mangelnde Spezifität des neurophysiologischen Monitoring. Eine Vielzahl von Einflüssen, die in der folgenden Übersicht dargestellt sind, führt zu gleichgerichteten Veränderungen evozierter Potentiale und v. a. des EEG.

Perioperative Einflüsse auf das neurophysiologische Monitoring

- Anästhetika,
- Hypoxie,
- Ischämie,
- Hypothermie,
- Hypo-/Hyperkapnie,
- Hypoglykämie.

Daraus resultiert eine geringe Spezifität des neurophysiologischen Monitoring. Dies limitiert den Wert dieser Verfahren im Hinblick auf therapeutische Entscheidungen bei einer drohenden zentralnervösen Gefährdung, aber auch im Hinblick auf die

Objektivierung der „Anästhesietiefe". Durch eine Kombination des funktionellen Neuromonitorings mit hämodynamischen Meßverfahren wie z. B. der transkraniellen Dopplersonographie oder mit metabolischen Überwachungsverfahren, wie z. B. der zerebrovenösen Oxymetrie, und v. a. durch einen motivierten Anästhesisten, der in Kenntnis der Vitalfunktionen, der zerebralen Überwachungsparameter und gefährlicher Situationen im Operationsablauf die Veränderungen des EEG und evozierter Potentiale interpretiert, lassen sich die Spezifität und der Wert des neurophysiologischen Monitoring entscheidend verbessern.

Klinischer Nutzen

Die Hauptursache für die mangelnde Verarbeitung des neurophysiologischen Monitoring ist sicherlich der in vielen Situationen nicht belegte klinische Nutzen. Bevor das neurophysiologische Monitoring für eine spezielle Anwendung empfohlen werden kann, muß nicht nur die Frage beantwortet werden, welches Monitorverfahren (EEG bzw. evozierte Potentiale) die zu erwartende Funktionsstörung am besten erfaßt, sondern es muß insbesondere geklärt werden, ob sich therapeutische Konsequenzen aus dem Monitoring ableiten lassen, ob die Qualität der Patientenversorgung verbessert wird und ob eine Verbesserung des neurologischen Outcomes erreicht wird.

Indikationen für das perioperative Neuromonitoring

Antworten auf diese Fragen und damit gesicherte Indikationen für das neurophysiologische Monitoring bestehen bei gefäßchirurgischen und neurochirurgischen Eingriffen an hirnversorgenden Gefäßen, bei denen durch das Monitoring drohende zerebrale Defizite zuverlässig und frühzeitig erkannt und durch eine Änderung des operativen Vorgehens (z. B. Shuntanlage) bleibende neurologische Defizite vermieden werden können (Tabelle 1).

Auch zur Steuerung einer optimalen Hirnprotektion durch Hypothermie und Barbiturate hat sich das EEG-Monitoring bewährt. Die zerebrale Prognose eines Patienten nach einem Schädel-Hirn-Trauma oder einer zerebralen Ischämie kann durch die Ableitung somatosensorisch evozierter Potentiale auch unter Sedierung frühzeitig beurteilt werden. Schließlich sind die Ableitung akustisch evozierter Potentiale zum Nachweis des irreversiblen Verlustes der Hirnstammfunktion und die Ableitung des EEG zur Verkürzung der Schwebezeit im Rahmen der Hirntoddiagnostik längst klinische Praxis [10, 15].

Die Epilepsiechirurgie ist ohne die intraoperative Hirnstromableitung undenkbar. Bei Eingriffen in der hinteren Schädelgrube hilft das neurophysiologische Monitoring, gefährliche Situationen bei der Tumorpräparation und neurovaskulären Dekompression zu erkennen und insbesondere einen Hörverlust zu vermeiden [12].

Dagegen ist der Wert des neurophysiologischen Monitorings zur Steuerung der Narkose und Sedierung offen (Tabelle 1). Es kommt zwar mit ansteigender Konzentration eines Hypnotikums zu charakteristischen Veränderungen des EEG

Tabelle 1. Indikationen für das perioperative neurophysiologische Monitoring

Bereich	Gesicherte Indikation	Mögliche Indikation
Anästhesie	–	Objektivierung des Hypnosegrades (EEG, MLAEP)
Gefäßchirurgie	Karotisdesobliteration (SEP, EEG)	Aortenchirurgie (SEP, MEP)
Intensivmedizin	Barbituratprotektion (EEG) Prognosebeurteilung (SEP) Hirntoddiagnostik (EEG, AEP)	Steuerung der Sedierung (EEG)
Kardiochirurgie	Eingriffe unter Kreislaufstillstand und tiefer Hypothermie (EEG, SEP)	Zerebrale Überwachung unter extrakorporaler Zirkulation (EEG)
Neurochirurgie	Epilepsiechirurgie (EEG) Aneurysmaoperationen (SEP) Brückenwinkelprozesse (AEP)	Spinale Eingriffe (SEP, MEP)
Orthopädie	Wirbelsäulenchirurgie (SEP, MEP)	

und akustisch evozierter Potentiale mittlerer Latenz, doch das spiegelt mehr einen substanzspezifischen pharmakodynamischen Effekt als eine echte „Narkosetiefe", das heißt die Interaktion zwischen chirurgischer Schmerz- und Weckreaktion auf der einen und der anästhesiologischen Schmerz- und Bewußtseinsausschaltung auf der anderen Seite wider. Der Nachweis, daß durch das neurophysiologische Monitoring die Qualität der Narkoseführung verbessert, die Inzidenz intraoperativer Wachheit und protrahierter Aufwachphasen verringert und die Qualität und Kosten der Analgosedierung reduziert werden, muß erst noch erbracht werden. Erste Untersuchungen zeigen allerdings, daß im Vergleich zu einer nur nach klinischen Kriterien zusätzlich mit Hilfe einfacherEEG-Parameter geführten Narkose die hämodynamische Stabilität der Narkose verbessert und die Differentialdiagnose bei kardiovaskulären Reaktionen erleichtert wird [3, 13].

Der Nutzen des Neuromonitoring bei herzchirurgischen Eingriffen unter extrakorporaler Zirkulation wird gegenwärtig kontrovers diskutiert. Während manche Studien keinerlei Korrelation zwischen postoperativen neuropsychologischen Funktionsstörungen und intraoperativen EEG-Parametern fanden, konnten andere Autoren mit Hilfe des EEG die Inzidenz neurologischer Defizite reduzieren [1, 5].

Auch der Wert des spinalen Monitoring muß differenziert gesehen werden. Bei der neurochirurgischen Operation spinaler Raumforderungen finden sich häufig bereits präoperativ pathologische Ausgangsbefunde somatosensorisch oder motorisch evozierter Potentiale, so daß eine operationsinduzierte spinale Gefährdung nicht mehr zu verifizieren ist. In der Aortenchirurgie ist es bisher nur möglich, die weniger ischämiegefährdeten aszendierenden Rückenmarkbahnen direkt zu überwachen. Die besonders gefährdeten deszendierenden Bahnen können dagegen mit Hilfe motorisch evozierter Potentiale unter Narkose nur unzuverlässig beurteilt werden. Bei Skolioseoperationen ist es aber offensichtlich möglich, eine drohende spinale Schädigung mit Hilfe somatosensorisch evozierter Potentiale zu erkennen. Ob das SEP-Monitoring den intraoperativen Aufwachtest zur neurologischen Funktionskontrolle ersetzen kann oder ob der Aufwachtest nur noch bei einem pathologischen SEP-Befund durchgeführt werden muß, ist allerdings nicht endgültig entschieden [12].

Literatur

1. Bashein G, Nessly ML, Bledsoe SW, Townes BD, Davis KB, Coppel DB, Hornbein TF (1992) Electroencephalography during surgery with cardiopulmonary bypass and hypothermia. Anesthesiology 76:878–891
2. Berger M (1929) Über das Elektroenzephalogramm des Menschen. Arch Psychiatr 87:527–570
3. Black S, Cucchiara RF (1990) Neurologic monitoring. In: Miller RD (ed) Anesthesia, 3rd edn. Churchill Livingston, New York Edinburgh London Melbourne, pp 1185–1206
4. Crosby G (1992) CNS dysfunction in the perioperative period: diagnosis and management. ASA Refresher Course Lectures, p 521
5. Edmonds HL, Griffiths LK, Laken J van der, Slater AD, Shield CB (1992) Quantitative electroencephalographic monitoring during myocardial revascularization predicts postoperative disorientation and improves outcome. J Thorac Carciovasc Surg 103:555–563
6. Kochs E (1991) Zerebrales Monitoring. Anaesthesiol Intensivmed Notfallmed Schmerzther 26:363–374
7. Lake CL (1990) Evoked potentials. In: Lake CL (ed) Clinical monitoring. Saunders, Philadelphia London Toronto, pp 757–800
8. Mahla M (1992) Electrophysiologic monitoring of the brain and spinal cord. ASA Refresher Course Lectures, pp 552
9. Martin JT, Faulconer A, Bickford RG (1959) Electroencephalography in anesthesia. Anaesthesia 20:359
10. Maurer K, Lowitzsch K, Stoehr M (1988) Evozierte Potentiale: Atlas mit Einführungen. Enke, Stuttgart
11. Pichlmayr I (1985) EEG Atlas für Anaesthesisten. Springer, Berlin Heidelberg New York Tokyo
12. Schramm J, Moller AR (eds) (1991) Intraoperative neurophysiologic monitoring in neurosurgery. Springer, Berlin Heidelberg New York Tokyo
13. Schwender D, Keller I, Daschner B, Madler C (1991) Sensorische Informationsverarbeitung während Allgemeinanästhesie – Akustisch evozierte 30–40 Hz-Oszillation und intraoperative Aufwachreaktion während Sectio caesarea. Anästhesiol Intensivmed Notfallmed Schmerzther 26:17–24
14. Shapiro HM (1978) The cerebral circulation. ASA Annual Refresher Course Lectures, p 12
15. Stöhr M, Riffel, Pfadenhauer K (1991) Neurophysiologische Untersuchungsmethoden in der Intensivmedizin. Springer, Berlin Heidelberg New York Tokyo
16. Warren JL (1990) Eletroencephalography. In: Lake CL (ed) Clinical monitoring. Saunders. Philadelphia London Toronto, pp 687–718

Neurophysiologisches Monitoring: technische Möglichkeiten*

G. Pfurtscheller

Allgemeine Betrachtungen

Das neurophysiologische Monitoring basiert auf der Ableitung und Auswertung spontaner und/oder evozierter bioelektrischer Hirnaktivitäten, wobei diese Untersuchung kontinuierlich über Stunden (Langzeitmonitoring) oder kurzzeitig (z. B. ambulant) durchgeführt werden kann. Unter der spontanen Aktivität versteht man das EEG, das man als zeitlich-örtliches Kontinuum ansehen kann. Das bedeutet aber auch, daß es für eine umfassende Aussage über die zerebrale Funktion bzw. Dysfunktion nicht immer genügt, nur eine EEG-Ableitung durchzuführen; speziell für Fragen der Lokalisation bestimmter intrazerebraler Funktionsstörungen sind Vielkanal-EEG-Ableitungen mit topographischer Darstellung bestimmter Parameter in Form von EEG-Maps unerläßlich.

Unter evozierten bioelektrischen Hirnaktivitäten versteht man evozierte Potentiale (EPs), die man, abhängig von der Reizmodalität, in akustische (AEP), visuelle (VEP) und somatosensorisch evozierte Potentiale (SEP) einteilen kann. Eine Sonderform der AEP sind die akustischen Hirnstammpotentiale (BAEP), deren Komponenten in den ersten 10 ms nach akustischer Stimulation vom intakten Schädel abgeleitet werden können. Neben den EP gibt es auch noch Änderungen in der EEG-Aktivität, die sich z. B. in Form von Spindeln oder aber auch in einer ereignisbezogenen Desynchronisation (ERD) manifestieren können [9].

Ein wichtiger Faktor beim neurophysiologischen Monitoring ist die Zeitspanne, nach der dem Arzt die entsprechende Information über die Funktion zerebraler Strukturen zur Verfügung gestellt werden kann. Bei neurochirurgischen Eingriffen muß eine Veränderung eines bioelektrischen Signals so schnell wie möglich. d. h. im Bereich von Sekundenbruchteilen bis zu wenigen Sekunden, dem Chirurgen angezeigt werden.

Für die Überwachung der „Narkosetiefe" genügt es, wenn im Abstand von einigen Sekunden Meßwerte erhoben werden. Im Falle von Patienten einer Intensivstation

---

* Der Beitrag entstand mit Unterstützung durch den Fonds zur Förderung der wissenschaftlichen Forschung in Österreich (Projekt S49/03) und in Zusammenarbeit mit der Abteilung für medizinische Informatik am Institut für Elektro- und Biomedizinische Technik der TU Graz und der Klinik für Anästhesiologie der Universität Graz.
Für die Zurverfügungstellung der Daten möchte ich den Herren Doz. Dr. Schwarz, Dr. Litscher und Frau Dr. Lechner von der Universitätsklinik für Anästhesiologie in Graz und den Herren Professor Dr. Kamp und Dr. Hilz vom Institut für Anaesthesiologie und der Neurologischen Klinik der Universität Erlangen meinen Dank aussprechen.

kann ein neurophysiologischer Untersuchungsbefund in Abständen von Minuten angezeigt werden. Daraus erkennt man, daß die Anforderungen an ein Monitoringsystem vom Einsatzgebiet und vom Anwender abhängig sind.

Als Einsatzgebiete können genannt werden:

- Neurochirurgie (z. B. Eingriffe in der hinteren Schädelgrube, zerebrale Aneurysmaoperationen),
- allgemeine Anästhesie (z. B. Ermittlung der „Narkosetiefe"),
- Intensivstation (Überwachung der Akut- und Postakutphase).

Für ein neurophysiologisches Monitoring haben folgende Signale eine mehr oder weniger große Bedeutung: EEG, frühe SEP (SSEP), späte SEP, VEP, mittlere AEP und BAEP und als weiteres Signal, das über den Funktionszustand der unteren Hirnstammstrukturen Informationen enthält, die Herzratenvariabilität (HRV). Im Speziellen sei hier auf die einschlägige Literatur verwiesen [1, 3, 4, 8, 10, 13, 14]. Je nach Einsatzgebiet besteht die Forderung nach Ableitung bestimmter Signale oder bestimmter Signalkombinationen.

Diese Kombinationen sind:

- Neurochirurgie in der hinteren Schädelgrube; benötigt werden SSEP und/oder BAEP,
- Gefäßchirurgie (z. B. Karotisoperationen); benötigt werden EEG und/oder frühe SEP,
- allgemeine Anästhesie (Narkoseüberwachung); benötigt werden EEG und/oder mittlere AEP,
- Intensivstation; in der Akutphase sind v. a. BAEP, SSEP, EEG und HRV von Bedeutung, in der Postakutphase ist die Messung von VEP, späten SEP und EEG von Interesse.

Ein neurophysiologisches Monitoringsystem muß daher flexibel sein, d. h. es muß dem Anwender ermöglichen, eine seinen spezifischen Anforderungen entsprechende Signalkombination zu erstellen und diese jederzeit zu verändern. Im einen Fall benötigt der Neurochirurg z. B. die BAEP alleine, im anderen Fall, bei einer vaskulären Operation, wären z. B. EEG und frühe SEP von Nutzen. Bei einem Intensivpatienten mit Polytrauma müssen SSEP, BAEP und EEG zur Verfügung stehen, wobei das BAEP-Monitoring nur dann sinnvoll ist, wenn die Hörfunktion sichergestellt ist. Es muß daher sowohl die Möglichkeit bestehen, entweder einzelne Signale (EEG, SSEP, BAEP, mittlere AEP) oder Kombinationen aus 2 Signalen (z. B. EEG und mittlere AEP beim Narkosetiefmonitoring) oder die Kombination aus mehreren Signalen (z. B. EEG, SSEP und BAEP in der Akutphase bei Intensivpatienten) zu überwachen. Die Maximalanforderung ist dabei, wahrscheinlich allerdings nur in Ausnahmefällen, das simultane Monitoring von EEG, SSEP, BAEP und weiteren physiologischen Größen wie Blutdruck, EKG, Atmung, Temperatur, Sauerstoffsättigung, u. a. m. Ein solches System muß auf jeden Fall in jedem nicht speziell geschirmten Raum, d. h. sowohl im Op. als auch in einer Intensivstation mit mehreren Betten pro Raum, eingesetzt werden können.

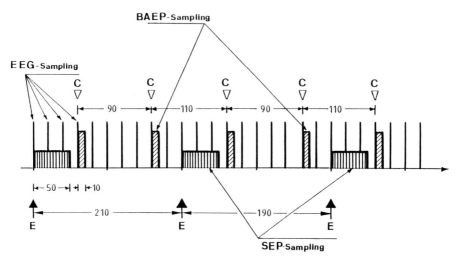

Abb. 1. Schema der Signalableitung und Stimulation. Akustische Stimulation (C) mit 10/s- und elektrische Stimulation (E) mit 5/s-Abtastfrequenzen: EEG 130 Hz, SEP 2,6 kHz und BAEP 5,2 kHz

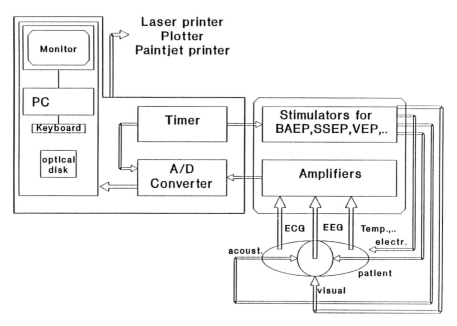

Abb. 2. Blockschaltbild eines multimodalen Monitoringsystems, bestehend aus EEG-Verstärkern, Stimulatoreneinheit und PC

Gemeinsames EEG, SSEP und BAEP-Monitoring

Diese Technik ist seit 1985 verfügbar [7, 11] und seit 1990 auf einem PC-basierenden System realisiert [15]. Die Philosophie eines solchen Monitoring besteht darin, daß ein Computer (PC), Stimuli verschiedener Reizmodalität (akustische, elektrische, visuelle Signale) triggert und das EEG, entsprechend den einzelnen Stimuli, mit verschieden großer Abtastfrequenz und verschieden langer Dauer abtastet. Das Prinzip einer solchen Stimulation und Datenerfassung zeigt Abb. 1.

Ein universelles neurophysiologisches Monitoringsystem, das für alle Anwendungen im Bereich der Neurochirurgie, Anästhesiologie und Intensivmedizin eingesetzt werden kann, besteht aus PC, 4-Kanal-EEG-Verstärker und Stimulatoreinheit, wobei letztere vom Computer gesteuert wird. Softwaremäßig können über Menüauswahl entweder einzelne Signale oder Kombinationen von mehreren Signalen für das Monitoring angewählt werden. Die Signale werden während der Messung auf die Festplatte des PC gespeichert und können anschließend auf optische Platten gesichert werden, wodurch eine nachträgliche Auswertung ermöglicht wird. Das technische Konzept ist in Abb. 2 ersichtlich und wurde im Detail von Steller et al. [15] beschrieben.

Monitoring auf der Intensivstation

Die technische Machbarkeit eines solchen kombinierten EEG-SSEP-BAEP-Monitoring soll an einem Beispiel aus der Intensivstation dokumentiert werden. Untersucht wurde eine 25jährige Patientin nach Medikamentenintoxikation, wobei die Überwachung mit einer Unterbrechung über insgesamt 10 h durchgeführt wurde. Wie das Protokoll in Abb. 3 zeigt, waren die BAEP und zervikalen SEP, beide dargestellt in komprimierter Form, über die gesamte Zeit technisch einwandfrei abzuleiten und von größtmöglicher Stabilität. Bei den frühen SEP (positive Komponente folgend auf N 20) ist im letzten Meßabschnitt eine Veränderung festzustellen, die mit einer Verkürzung der N 20-Latenz verbunden ist; dementsprechend erscheint auch die CCT verkürzt, was als Verbesserung des zerebralen Funktionszustandes interpretiert werden kann.

Ein weiteres Beispiel, das aus der Neurologischen Klinik der Universität Erlangen stammt, dokumentiert den Verlust einzelner EP-Komponenten in der terminalen Phase beim Hirntod. Interessant ist, daß die Funktion einzelner neuronaler Systeme vom Kortex absteigend erlischt und sich im Verlust der verschiedenen EP-Komponenten manifestiert. So vergehen ca. 7 h vom Verlust der kortikalen N 20-Komponente bis zum Komponentenverlust V/IV des Hirnstammpotentials (Abb. 4). Die simultane Erfassung verschiedener Signale reduziert den Zeitbedarf einer Messung und erhöht die Sicherheit der Diagnose. Auf die Bedeutung von multimodalen EP-Messungen haben u. a. Anderson et al. [1] hingewiesen.

Neben der Dokumentation der Meßdaten auf einem Laserdrucker oder Plotter (s. Beispiele in Abb. 3, 4, 6, 7 und 8) können die Daten natürlich auch online am Monitor dargestellt werden. Dabei besteht die Möglichkeit, das EEG sowohl in Form von Spektren als auch in Kurvenform anzuzeigen; bei den EP kann ein

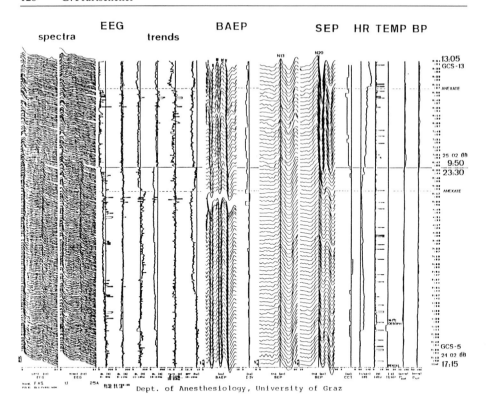

Abb. 3. 10 h kontinuierliches multiparametrisches Neuromonitoring bei einer komatösen Patientin nach Medikamentenintoxikation. *Von links nach rechts* sind folgende Parameter bzw. Kurven dargestellt: Logarithmierte EEG-Leistungsspektren, 4 EEG-Bandleistungstrendkurven (0–5, 5–11, 11–15 und 15–24 Hz), Verhältnistrendkurve (ϕ-/β-Leistung), dominante Frequenz im α-Band, BAEP, I–IV Interpeaklatenz, zervikale und kortikale SEP, zentrale Überleitungszeit (*CCT*), Herzrate (*HR*), Herzratenvariabilität (*HRV*), Blutdruckwerte und Zeitskala. (Mod. nach Litscher et al. [6])

Potentialverlauf ausgewählt, in vergrößerter Form dargestellt (Zoommodus) und vermessen werden (Abb. 5).

Narkoseüberwachung

Speziell das EEG und die kortikal generierten EP-Komponenten sind von der Qualität und Tiefe der Narkose abhängig. Unbeeinflußt sind dagegen die BAEP und die zervikal abgeleiteten SEP-Komponenten. Ein Beispiel für ein neurophysiologisches Monitoring unter Ableitung von EEG, zervikalen und kortikalen SSEP, BAEP und anderer physiologischer Größen ist in Abb. 6 dokumentiert. Deutlich sind im EEG und bei den SSEP narkosebedingte Veränderungen zu erkennen. Durch die Berechnung einzelner EEG-Parameter (Bandleistungen, Mittenfrequenzen) und die Darstellung dieser in Form von Trendkurven kann der Narkoseeinfluß besser objektiviert werden [12].

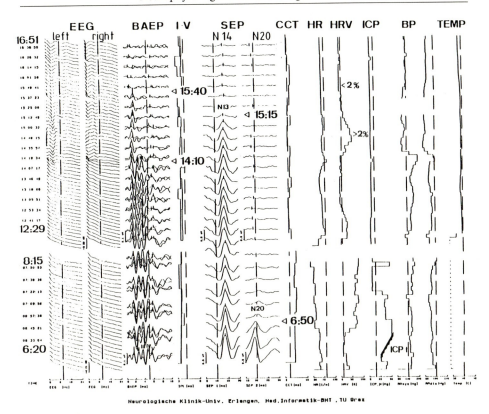

Abb. 4. Offline-Protokoll eines Neuromonitorings über 10 h an einem 58 Jahre alten Patienten (Dokumentation des Hirntodeintritts). *Von links nach rechts:* EEG-Leistungsspektren im logarithmischen Maßstab von beiden Hemisphären, BAEP (digitale Filtergrenzen 200–1200 Hz), Interpeaklatenz I–V, SEP 1 (Stimulation: Medianusnerv, Ableitung C_2-Fpz, digitale Filtergrenzen 100–800 Hz), SEP 2 (Ableitung C_3'-Fpz, digitale Filtergrenzen 100–800 Hz), CCT, HR, HRV, intrakranieller Druck (ICP), Blutdruckwerte und Temperatur. (Mod. nach Hilz et al. [5])

Ähnlich wie man die SSEP messen und in komprimierter Form darstellen kann, sind natürlich auch die mittleren AEP, die speziell für das Narkosetiefemonitoring von Bedeutung sind (s. Beitrag von Schwender et al., S. 319 in diesem Buch) parallel mit dem EEG ableitbar. Technisch gesehen steht also einem gemeinsamen Monitoring von EEG und mittleren AEP nichts im Wege, weil selbst in einer extrem elektromagnetisch gestörten Umgebung, wie sie ein OP darstellt, EEG und EP ohne größere Probleme registriert werden können.

Polygraphisches Monitoring

Diese Form des Monitoring ist nicht nur bei Patienten mit Schlafstörungen oder Säuglingen mit SIDS-Risiko [15], sondern auch in der Postakutphase oder in der terminalen Phase (Hirntodbestimmung) auf der Intensivstation von Bedeutung. Bei dieser Art des neurophysiologischen Monitorings können eine große Zahl verschie-

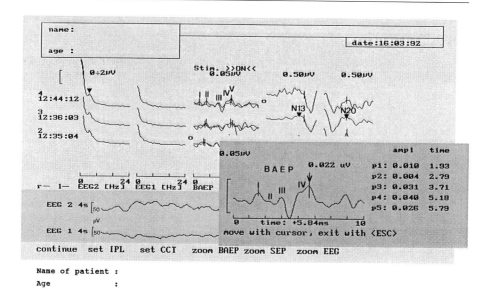

Abb. 5. Schirmbilddarstellung beim Online-Monitoring. *Von links nach rechts:* EEG-Spektren, BAEP, frühe SEP; *unten:* EEG-Kurven und gezoomter BAEP

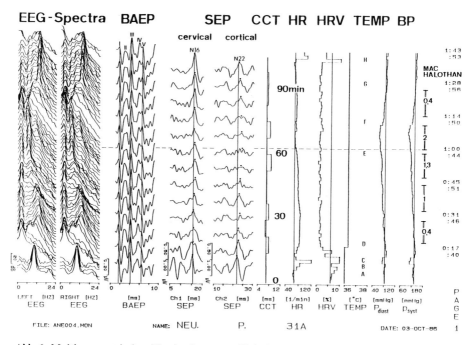

Abb. 6. Multiparametrisches Monitoring unter Halothan-Narkose. *Von links nach rechts* sind dargestellt: Logarithmierte EEG-Leistungsspektren beider Hemisphären, BAEP, zervikale und kortikale SEP, CCT, HR, HRV, Temperatur und die beiden Blutdruckwerte ($p_{diast.}$, $p_{syst.}$)

Neurophysiologisches Monitoring: technische Möglichkeiten 131

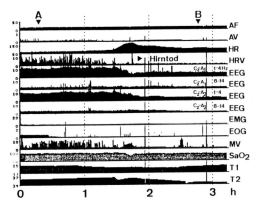

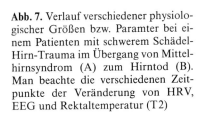

Abb. 7. Verlauf verschiedener physiologischer Größen bzw. Paramter bei einem Patienten mit schwerem Schädel-Hirn-Trauma im Übergang von Mittelhirnsyndrom (A) zum Hirntod (B). Man beachte die verschiedenen Zeitpunkte der Veränderung von HRV, EEG und Rektaltemperatur (T2)

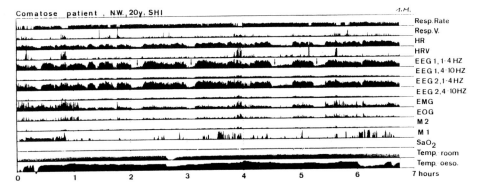

Abb. 8. 8-h-Polygraphie bei einem Patienten mit SHT. Dargestellt sind folgende Signale bzw. Parameter (*von oben nach unten*): Atemfrequenz (*AF*), Atemvariabilität (*AV*), HR, HRV, EEG-Bandleistungen, EMG, EOG, Mikrovibration (*M1, M2*), Sauerstoffsättigung (S_aO_2) und Temperatur. Man beachte die ultradiane Rhythmik, die sich besonders im EEG und EOG und in der HR bemerkbar machten

dener physiologischer Größen, wie EKG, Atmung, EMG, EOG, Temperatur etc. abgeleitet, digital gespeichert und verarbeitet werden. Dazu ein Beispiel (Abb. 7), das die terminale Phase bei einem Patienten mit Schädel-Hirn-Trauma dokumentiert, wobei die zu verschiedenen Zeitpunkten auftretenden Änderungen in der EEG-Aktivität, HR, HRV, Mikrovibration (MV) und Rektaltemperatur (T2) von Interesse sind. Zuerst sinkt die HRV bei gleichbleibender Herzfrequenz und erst ca. 20 min später wird das EEG isoelektrisch; anschließend nimmt die Körpertemperatur langsam ab.

Die Bedeutung eines solchen polygraphischen Monitorings erkennt man auch in Abb. 8. Hier wurde an einem Patienten mit SHT in der Postakutphase eine „Schlafmessung" durchgeführt. Abbildung 8 zeigt eine ultradiane Rhythmik, die sich sowohl im EEG als auch in der Herzaktivität manifestiert. Im Gegensatz zum normalen Schlaf, bei dem die HR bei gleichzeitigen großamplitudigen, langsamen EEG-Wellen niedrige Werte aufweist (Tiefschlaf), ist im gezeigten Beispiel die HR hoch, wenn im EEG langsame Wellen vorhanden sind. Diese Form von Rhythmik ist prognostisch als günstig anzusehen.

Erfahrungen in Graz

Um eine gute Signalqualität zu erhalten, sind einige Punkte zu beachten. So sind z. B. EEG-Ableitungen bipolar und möglichst mit eng beieinanderliegenden Elektroden durchzuführen. Durch die bipolare Ableitung kommt es zu einem Hochpaßfiltereffekt und damit zur Eliminierung von Störungen. Bei der Triggerung der Stimuli bei EP-Messungen ist darauf Bedacht zu nehmen, daß der Abstand der Stimuli nicht immer equidistant ist, sondern die Stimuli einmal in Phase und einmal in Gegenphase mit der 50-Hz-Störung appliziert werden. Durch diese Art der Stimulation wird bereits bei der Aufnahme die 50-Hz-Störung weitgehend unterdrückt.

Wenn man das EEG bipolar ableitet, die Stimulation computergesteuert durchführt und die Verstärker in Kopfnähe anbringt, sind simultane Ableitungen von EEG und multimodalen EP in jeder Umgebung relativ problemlos möglich.

Von Interesse bei einem multimodalen Monitoring sind Fragen der Zuverlässigkeit. Dazu einige Daten: In Graz sind derzeit 2 Systeme im Einsatz (Klinik für Anästhesiologie und Klinik für Neurochirurgie der Universität Graz) wobei im Laufe von 12 Monaten (1991/92), neben verschiedenen Kurzzeitmessungen, ca. 100 multimodale Überwachungen (EEG, SSEP, BAEP, HRV und diverse langsame physiologischen Größen) mit einer mittleren Dauer von jeweils 1–4 h durchgeführt wurden.

Technisch gab es keine größeren Schwierigkeiten, vorausgesetzt ein biomedizinischer Techniker war in ständiger Bereitschaft. Patientenbedingt konnten BAEP nicht registriert werden, wenn ein Hörfunktionsverlust vorlag. Es soll noch erwähnt werden, daß die Einschulung für ein Monitoring, welches die Überwachung einer Vielzahl neurophysiologischer Signale ermöglicht, relativ zeitaufwendig ist und mehrere Monate dauern kann. Erst nach dieser Zeit ist ein qualifizierter Mitarbeiter in der Lage, die diversen Einstellungen samt Parameterwahl richtig vorzunehmen und ein qualitativ einwandfreies Monitoring durchzuführen.

Literatur

1. Anderson DC, Bundlie S, Rockswold GL (1984) Multimodality-evoked potentials in closed head trauma. Arch Neurol 41:369–374
2. Bricolo A, Turazzi S, Faccioli F, Odorizzi F, Sciarretta G, Erculiani R (1978) Clinical application of compressed spectral array in long-term EEG monitoring of comatose patients. Electroenceph Clin Neurophysiol 45:211–225
3. Druschky KF, Pfurtscheller G, Litscher G, Hilz MJ, Schwarz G, Jahns I, Neundörfer B (1989) Visuell evozierte Potentiale bei primär infra- und supratentoriellen Läsionen. Intensivbeh 14:168–173
4. Grundy BL (1983) Intraoperative monitoring of sensory-evoked potentials. Anesthesiology 58:72–87
5. Hilz MJ, Litscher G, Weis M, Claus D, Druschky KF, Pfurtscheller G, Neundörfer B (1991) Continuous multivariables monitoring in neurological intensive care patients – preliminary reports on four cases. Intensive Care Med 17:87–93
6. Litscher G, Schwarz G, Schalk HV, Pfurtscheller G (1988) Polygraphisches Neuromonitoring nach Medikamentenintoxikation. Intensivbeh 13(4):154–158
7. Maresch H, Gonzales A, Pfurtscheller G (1985) Intraoperative patient monitoring including EEG and evoked potentials. In: Proceedings of XIV ICMBE and VII ICMP. Espoo, Finland, pp 776–777

8. Nuwer MR (1986) Evoked potential monitoring in the operating room. Raven New York
9. Pfurtscheller G, Schwarz G, Pfurtscheller B, List W (1983) Quantification of spindles in comatose patients. Electroenceph Clin Neurophysiol 56:114–116
10. Pfurtscheller G, Schwarz G, Gravenstein N (1985) Clinical relevance of long-latency SEPs and VEPs during coma and emergence from coma. Electroenceph Clin Neurophysiol 62:88–98
11. Pfurtscheller G, Schwarz G, Schroettner O, Litscher G, Maresch H, Auer L, List W (1987) Continuous and simultaneous monitoring of EEG spectra and brainstem auditory and somatosensory evoked potentials in the intensive care unit and the operating room. J Clin Neurophysiol 4:407–417
12. Pichlmayr I, Lips K, Künkel H (1984) The electroencephalogram in anesthesia. Fundamentals, practical applications, examples. Springer, Berlin Heidelberg New York Tokyo
13. Prior PF, Maynard DE (1986) Monitoring cerebral function. Elsevier, Amsterdam
14. Schwarz G, Pfurtscheller G, Litscher G, List WF (1987) Quantification of autonomic activity in the brianstem in normal, comatose and brain dead subjects using heart rate variability. Functional Neurol 2:149–154
15. Steller E, Litscher G, Maresch H, Pfurtscheller (1990) Multivariables Langzeitmonitoring von zerebralen und kardiovaskulären Größen mit Hilfe eines Personal-Computers. Biomed Technik 35:90 97

D. Intraoperatives Neuromonitoring: Neuroanästhesie

Zerebrale Effekte volatiler und intravenöser Anästhetika

J.-P. Jantzen

Sowohl die Inhalationsanästhesie als auch die „total intravenöse Anästhesie" (TIVA) sind bewährte Verfahren in der Neurochirurgie; die Überlegenheit eines dieser Verfahren bei intrakraniellen Eingriffen konnte bisher nicht bewiesen werden [57, 63]. Die Neuroleptanalgesie verdrängte von Mitte der 60er Jahre an die zuvor für neurochirurgische Eingriffe bevorzugte Halothannarkose. Die Kombination eines Hypnoanalgetikums mit einem Neuroleptikum erwies sich als geeignet für eine Allgemeinanästhesie ohne die unerwünschten Wirkungen des Halothans auf den zerebralen Blutfluß (CBF) und den intrakraniellen Druck (ICP). Als weitere Vorteile galten die ausgeprägtere Streßprotektion, die kürzere Aufwachphase und das Fehlen einer Myokarddepression. 1977 wurde das Medikamentenspektrum durch Etomidat ergänzt, das zur Einleitung einer Neuroleptanalgesie und intraoperativ zur „Zerebroprotektion" verwendet wurde. Mit zunehmender Verbreitung der intravenösen Anästhesie in der Neurochirurgie zeigten sich auch Nachteile: Bei Eingriffen von ungleichmäßiger Schmerzintensität erwies sich die Steuerbarkeit als mangelhaft mit der Folge unerwünschter Blutdruckschwankungen; nach hohen Fentanyldosen kam es zur postoperativen Atemdepression, die einer Frühextubation entgegenstand; die Verwendung des Etomidats ging aufgrund des Auftretens von Myoklonien und der „Verunsicherung der Anästhesisten durch eine Cortisolstory" [12] zurück. Diese Unzulänglichkeiten und der Mangel an geeigneten Geräten für die kontrollierte Verabreichung, führten mit der Einführung des Isoflurans Anfang der 80er Jahre zu einer Renaissance der Inhalationsanästhesie in der Neurochirurgie.

Die pharmazeutischen und technischen Entwicklungen der letzten Jahre, wie neue Hypnotika (Propofol, Etomidat in Sojaöl), kürzer wirksame bzw. potentere Analgetika (Alfentanil, Sufentanil) und besser steuerbare Muskelrelaxanzien (Mivacurium) sowie programmierbare Spritzenpumpen geben Anlaß zu einer Standortbestimmung der total intravenösen Anästhesie (TIVA) für intrakranielle Eingriffe. Andererseits geben die Einführung des Sevoflurans (Sevofran, Abbott) und die Erprobung des Desflurans (Suprane, Anaquest) Anlaß zu einer Neubewertung der Inhalationsanästhetika hinsichtlich ihrer Eignung für die Ziele der Neuroanästhesie.

Ziele der Neuroanästhesie

- Erhöhung der zerebralen Ischämietoleranz (Zerebroprotektion),
- Senkung des zerebralen Sauerstoffverbrauchs ($CMRO_2$),
- Senkung des zerbralen Blutflusses (CBF),
- Senkung des intrakraniellen Blutvolumens (CBV),
- Senkung des intrakraniellen Druckes (ICP),
- Erhaltung der Autoregulation des CBF,

- Erhaltung der CO_2-Reagibilität der zerebralen Gefäße,
- Erhaltung der evozierten Potentiale,
- kurze Aufwachphase ohne Atemdepression, arterielle Hypertension und postnarkotisches Zittern.

Die Eignung einer Medikamentenkombination für die Ziele der Neuroanästhesie ergibt sich aus ihrer Wirkung auf die intrakranielle Dynamik (Pharmakodynamik), die Anflutungs- und Abklinggeschwindigkeit (Pharmakokinetik) und den Zustand des Patienten in der intra- und postoperativen Phase (Klinik). Aufgrund dieser Kriterien muß eine Bewertung der Einzelsubstanzen vorgenommen werden; die Möglichkeit von Interferenzen muß bei der Beurteilung definierter Medikamentenkombinationen berücksichtigt werden.

Im folgenden wird die zerebrale Pharmakodynamik zuerst der Inhalationsanästhetika und anschließend der intravenösen Anästhetika dargestellt. Wegen der pharmakodynamischen Ähnlichkeit der volatilen Inhalationsanästhetika erfolgt die Gliederung nach zerebralen Wirkungen, die intravenösen Anästhetika sind wegen ihrer Heterogenität nach Substanzgruppen gegliedert.

Inhalationsanästhetika

Die Eignung der Inhalationsanästhetika für die Ziele der Neuroanästhesie ist nach der zerebralen Pharmakodynamik zu beurteilen. Es ist die Wirkung auf den zerebralen Blutfluß (CBF), das zerebrale Blutvolumen (CBV), den zerebralen Perfusionsdruck (CPP), die Liquorbilanz und die intrakranielle Elastance ($\Delta P : \Delta V$) zu berücksichtigen; darüber hinaus sind die Auswirkungen auf den Metabolismus und die elektrische Aktivität des Zentralnervensystems (ZNS) von Bedeutung. Dabei muß bedacht werden, daß das Inhalationsanästhetikum unter klinischen Bedingungen in der Regel nicht allein, sondern in Kombination mit weiteren Pharmaka und unter ungleichen Bedingungen (Lagerung, Beatmung u. a.) verabreicht wird. Exemplarisch für dieses Problem sind die Studien von McDowall zur Wirkung des Halothans auf den zerebralen Blutfluß [46, 47]: In der ersten Studie wurde eine *Abnahme,* in der Folgestudie eine *Zunahme* des CBF durch Halothan bewiesen – in der ersten Studie *mit,* in der zweiten Studie *ohne* Stickoxydul! Ferner muß bedacht werden, daß CBF, CBV und ICP keine eigenständigen Größen sind, sondern sich gegenseitig beeinflussen. Eine Zunahme des CBV führt bei erhöhter intrakranieller Elastance zum Anstieg des ICP; ein primärer Anstieg des ICP dagegen muß – bei intakter Autoregulation – zur Erhaltung des CBF eine zerebrovaskuläre Dilatation bewirken, in deren Folge das CBV zunimmt. Die Beurteilung eines Inhalationsanästhetikums aufgrund seiner erwünschten und unerwünschten Wirkung auf *eine* Variable [18] ist nicht zulässig.

Intrakranielle Dynamik

Das Gehirn ist in die unnachgiebige Schädelkapsel eingeschlossen; eine intrakranielle Substanzzunahme führt daher zum Anstieg des intrakraniellen Druckes (ICP).

Komponenten des intrakraniellen Volumens sind das Hirnparenchym (80%), das Blut (12%) und der Liquor cerebrospinalis (8%). Jede Volumenänderung einer Komponente führt kompensatorisch zu einer entgegengesetzten Änderung einer oder beider anderen Komponenten, damit der ICP konstant bleibt (Munro-Kellie-Doktrin). Eine Zunahme des „Parenchymvolumens" (Hirnödem, Neoplasma, Massenblutung) oder des zerebralen Blutvolumens (Giant aneurysm) führt zur Liquorverschiebung in extrakranielle Räume, eine Vergrößerung der Liquorräume (Hydrozephalus, Hygrom) primär zur Verkleinerung des venösen Gefäßvolumens. Der Verbrauch intrakranieller Reserveräume läßt die Elastance ansteigen; eine weitergehende Raumforderung führt zur Massenverschiebung des Gehirns in Richtung auf das Foramen magnum. Die Massenverschiebung kommt am Tentoriumsschlitz unter dem Bild der „Einklemmung" zum Stillstand.

Zerebraler Blutfluß

Grundsätzlich steigern alle Inhalationsanästhetika konzentrationsabhängig den globalen zerebralen Blutfluß (CBF); bei Stickoxydul ist dieser Effekt ausgeprägter als bei volatilen Anästhetika [36]. Am Tiermodell ist die Zunahme des CBF zeitabhängig und hält selten länger als 2 ½ h an [5]. In einer vergleichenden Studie am Schweinemodell ließ sich eine Zunahme des CBF nur unter Isofluran-, nicht jedoch unter Sevoflurananästhesie nachweisen [45]. Der Zunahme des CBF liegt eine – regional unterschiedliche – zerebrovaskuläre Dilatation zugrunde; deshalb kann durch Hyperventilation dem anästhetikainduzierten Anstieg des CBF vorgebeugt werden. Bei Isofluran ist die zerebrovaskuläre Chemoreaktivität therapeutisch, bei Halothan nur prophylaktisch nutzbar [1, 2].

Bezogen auf die MAC ist die Zunahme des CBF bei Verwendung des Halothans am ausgeprägtesten, bei Verwendung des Isoflurans am geringsten (Abb. 1). Ursächlich dafür ist die unterschiedliche Beeinflussung des zerebralen Sauerstoffverbrauches ($CMRO_2$), der physiologischen Determinante des CBF. Während alle volatilen Anästhetika den zerebralen Metabolismus konzentrationsabhängig senken, ist eine Reduktion auf den strukturellen Erhaltungsbedarf nur mit Isofluran erreichbar (Abb. 2); oberhalb 2 MAC Isofluran wird das EEG isoelektrisch. Bei

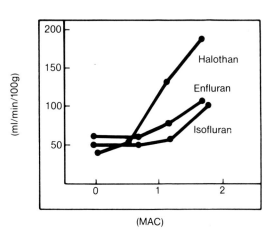

Abb. 1. Wirkung volatiler Anästhetika auf den zerebralen Blutfluß (CBF). (Nach [54])

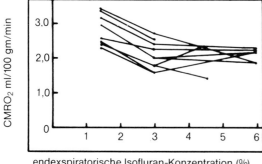

Abb. 2. Abhängigkeit des zerebralen Sauerstoffverbrauchs ($CMRO_2$) von der alveolären Isoflurankonzentration. (Nach [60])

Enfluran treten oberhalb dieser Konzentration im EEG Spike-wave-Aktivitäten auf, die allgemein als Krampfäquivalente angesehen werden [16, 59]. Halothan senkt konzentrationsabhängig infolge myokardialer Depression den zerebralen Perfusionsdruck. 2 MAC Desfluran führen am Hundemodell nach 20 min zu einer „Adaptation response", die durch einen Anstieg der zerebralen $CMRO_2$ gekennzeichnet ist [40].

Unklar ist, warum die Senkung der $CMRO_2$ durch volatile Anästhetika mit einer Zunahme des CBF einhergeht; es wurde hierin eine Abweichung von dem Prinzip „Function drives metabolism, metabolism drives flow" gesehen. Möglicherweise handelt es sich jedoch nicht um eine Entkopplung des CBF von der $CMRO_2$, sondern um eine „Sollwertverstellung" der zerebralen $avDO_2$. Ob diese Senkung des Sollwertes als toxischer Effekt anzusehen ist, sei dahingestellt. Als hypothetische Regelgröße ist der pO_2 im Sinus sagittalis (pO_2SS) anzusehen, dessen Sollwert durch die Verabreichung volatiler Anästhetika nach oben verschoben wird; Stellgrößen sind $CMRO_2$ und CBF. Bei Verabreichung des Isoflurans kommt es zu einer erheblichen Abnahme der $CMRO_2$, die einen Anstieg des pO_2SS zur Folge hat. Weil Enfluran und Halothan die $CMRO_2$ nicht in gleichem Maße senken, muß der CBF zunehmen, damit der Sollwert des pO_2SS erreicht wird [48].

Seit kurzem wird vermehrt über die nichtinvasive Messung der Blutflußgeschwindigkeit in Hirnbasisgefäßen (CBFC), in der Regel in der A. cerebri media, berichtet (Doppler-Verfahren). Experimentelle Befunde sprechen dafür, daß eine anästhetikainduzierte Veränderung der CBFV qualitative Rückschlüsse auf gleichgerichtete Änderungen des CBF erlaubt [82]. Ob unterschiedliche Wirkungen der Anästhetika auf die CBFV [70] indikationsrelevant sind, ist ungewiß.

Zerebrales Blutvolumen

Ein Anstieg des zerebralen Blutflusses (CBF), dem die Dilatation zerebraler Gefäße zugrunde liegt, geht mit einer Zunahme des zerebralen Blutvolumens (CBV) einher. Demzufolge läßt die Verabreichung des Halothans die größte, die des Isoflurans die geringste Zunahme des CBV erwarten. Diese Annahme ließ sich am Katzenmodell verifizieren: Der Hirnprolaps, der am Ort der Kraniotomie quantifiziert wurde, war bei Halothan ausgeprägter als bei Enfluran; bei Isofluran fand sich kein Prolaps [14].

Aus einer Studie am Hundemodell wurde gefolgert, daß Desfluran ein stärkerer Vasodilatator sei als Isofluran [41].

Bei intakter CO_2-Reagibilität des zerebralen Gefäßsystems kann der Zunahme des CBV durch eine induzierte Hypokapnie entgegengewirkt werden. Am hypokapnischen Primatenmodell wurde gezeigt, daß Isofluran das CBV nicht erhöht [6]. Ob dies auch bei Patienten mit intrakranieller Raumforderung oder bei Verwendung des Stickoxyduls als Trägergas zutrifft, ist nicht bekannt. Bei Verabreichung von $\geq$ 1 MAC Desfluran war es in einer klinischen Studie nicht möglich, die Zunahme des ICP durch kontrollierte Hypokapnie zu verhindern [56].

Während der meisten intrakraniellen Eingriffe sind die Zunahme des CBV und der konsekutive Anstieg des ICP unerwünscht. Für bestimmte Operationen kann eine Zunahme des CBV jedoch vorteilhaft sein: Bei extra-intrakranieller Shuntanlage wird die Gefäßanastomosierung erleichtert, wenn der Abstand zwischen Cortex cerebri und A. temporalis verkleinert wird. Bei transsphenoidaler Hypophysenteilresektion läßt eine Zunahme des CBV die Hypophyse tiefer in die Sella turcica treten und verbessert die Exposition. Das CBV kann zur Wandstabilisierung intrakranieller Aneurysmen beitragen, weil durch den Anstieg des ICP der transmurale Druck des Aneurysmasackes quantitativ gesenkt wird.

Liquor cerebrospinalis

Das Volumen der zerebrospinalen Flüssigkeit (CSF) ist die maßgebliche Steuergröße für die *langfristige* Stabilität des ICP. Die Entnahme von CSF durch einen lumbalen Katheter ist die effektivste Maßnahme zur intraoperativen Reduzierung des intrakraniellen Volumens. Inhalationsanästhetika beeinflussen sowohl die Liquorproduktion im Plexus chorioideus als auch die spontane Reabsorption. Enfluran steigert die Produktion der CSF, Halothan hemmt die Reabsorption, Isofluran zeigt keine eindeutige Wirkung [7]. Die klinische Relevanz dieser am Tiermodell erhobenen Befunde ist noch unklar.

Intrakranieller Druck

Als Folge der routinemäßigen präoperativen Steroidtherapie kommen Patienten mit Hirntumoren in aller Regel mit normalen intrakraniellem Druck (ICP) zur Operation. Dennoch muß bei diesen Patienten grundsätzlich eine erhöhte intrakranielle Elastance angenommen werden; ebenso bei allen Patienten mit akuter intrakranieller Blutung oder Liquorabflußstörung. Das anästhesiologische Vorgehen muß der erhöhten Elastance Rechnung tragen und darauf ausgerichtet sein, die Volumenzunahme intrakranieller Komponenten zu vermeiden.

Bei normokapnischer Beatmung steigern Inhalationsanästhetika konzentrationsabhängig den ICP. Diesem Anstieg liegen die Wirkungen der Anästhetika auf das zerebrale Blut- und Liquorvolumen zugrunde. Bei hypokapnischer Beatmung beeinflußt Isofluran den normalen ICP nicht, ein erhöhter ICP wird gesenkt ([2]; Abb. 3). Eine klinische Studie an Patienten, die sich einer Kraniotomie wegen Hirntumors oder zerebralen Aneurysmas unterziehen mußten, bestätigte, daß Isofluran den ICP nicht steigert und in Kombination mit kontrollierter Hyperventilation den ICP senkt [17]. Wird Desfluran in Kombination mit 50% Stickoxydul und

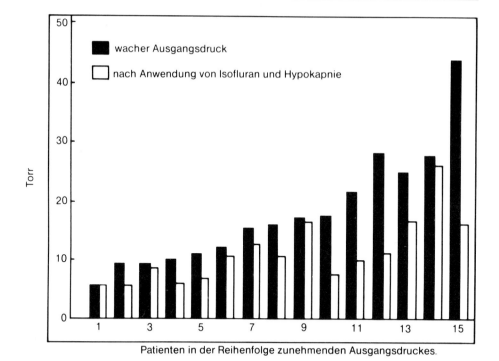

Abb. 3. Wirkung einer hypokapnischen Beatmung mit Isofluran auf den Liquordruck. (Nach [2])

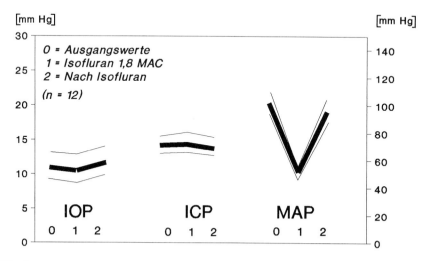

Abb. 4. Am Schweinemodell senkt Isofluran (1,8 MAC in 60 Vol.-% N_2O) den arteriellen Mitteldruck (MAP) um 50%. Der intrakranielle Druck (ICP) und der intraokulare Druck (IOP) ändert sich nicht signifikant. (Aus [25])

kontrollierter Hypokapnie (p_aCO_2 24–28 mm Hg) Patienten mit supratentorieller Raumforderung verabreicht, ist die Wirkung auf den ICP dosisabhängig: Bei $\leq 0{,}5$ MAC bleibt der ICP unverändert, bei ≥ 1 MAC steigt er an [55, 56]. In einer eigenen Untersuchung am anästhesierten (Piritramid/N_2O/Pancuronium) Schweinemodell [25] führte 1,8 MAC Isofluran zu einem Abfall des arteriellen Mitteldruckes (MAP) um 50%, nicht jedoch zu einem signifikanten Anstieg des ICP (Abb. 4).

Damit die Auswirkungen anästhesiologischer Maßnahmen nicht überschätzt werden, sei darauf hingewiesen, daß ein vorübergehender Anstieg des ICP auf 25–30 mm Hg in aller Regel unbedenklich ist. Deletäre Folgen einer Zunahme des ICP, wie Hirnstammeinklemmung oder relevanter Abfall des zerebralen Blutflusses, sind von 30 mm Hg an zu befürchten. Ein Anstieg des ICP, der den zerebralen Perfusionsdruck (CPP) beeinträchtigt, löst den Cushing-Reflex aus, der über eine Zunahme des arteriellen Blutdruckes den CPP wiederherstellt. Werden in diesem Fall Inhalationsanästhetika in myokarddepremierender oder vasodilatierender Dosierung verabreicht, ist die zerebrale Perfusion akut gefährdet.

Intrakranielle Regelmechanismen

Autoregulation

Inhalationsanästhetika in klinisch üblicher Dosierung schränken die Autoregulation ein, setzen sie jedoch nicht außer Kraft. Wird Isofluran hoch dosiert, wie zur Durchführung einer kontrollierten Hypotension, muß mit einer Beeinträchtigung der Autoregulation über die Dauer der Hypotension hinaus gerechnet werden (experimentelle Befunde an Pavianen, Ratten und Schweinen; [3, 22, 75]). Eine klinische Studie zeigt eine Zunahme des zerebralen Blutflusses über den Ausgangswert hinaus, wenn Isofluran zur Blutdrucksenkung verabreicht wird [43]. Ob diese Befunde der klinisch und experimentell belegten Eignung des Isoflurans für die kontrollierte Hypotension [29, 35] entgegenstehen, ist nicht abschließend zu beantworten. Eine Ablehnung des Isoflurans für diese Indikation wäre nur dann gerechtfertigt, wenn überlegene Alternativen zur Verfügung stünden; dies scheint nicht der Fall zu sein: Eine über die Hypotension hinaus anhaltende Beeinträchtigung der Autoregulation ist in gleicher Weise für intravenöse Vasodilatatoren – am identischen Schweinemodell – belegt [74, 76]. Schädel-Hirn-Traumen, intrakranielle Raumforderungen und operative Eingriffe können die Autoregulation regional außer Kraft setzen. Eine durch Inhalationsanästhetika induzierte Vasodilatation intakter Bereiche könnte einen Steal-Effekt zuungunsten vasoparalytischer Bereiche bewirken. Ob diesem Effekt eine klinische Bedeutung zukommt, ist jedoch fraglich.

CO_2-Reagibilität

Unter physiologischen Bedingungen ermöglicht die CO_2-Reagibilität der zerebralen Gefäße eine Kopplung des rCBF an die $rCMRO_2$ und auf diese Weise die regionale Verteilung des Blutflusses. Erhöhte Hirnaktivität führt über gesteigerten aeroben Metabolismus zur vermehrten CO_2-Produktion der aktiven Areale mit der Folge einer regionalen Dilatation intrazerebraler Gefäße. Eine iatrogene Umkehr von Ursache und Wirkung, die kontrollierte Hyperventilation, reduziert infolge Vasokonstriktion das zerebrale Blutvolumen (CBV). Durch Inhalationsanästhetika – zumindest Isofluran – wird die CO_2-Reagibilität des zerebralen Gefäßsystems eher gesteigert als gedämpft. Infolgedessen können Inhalationsanästhetika auch dann angewandt werden, wenn intraoperativ eine Steuerung der zerebralen Perfusion durch induzierte Hypo- oder Hyperkapnie beabsichtigt ist. Unklar ist, in welcher Weise zerebrale Erkrankungen mit der CO_2-Reagibilität interferieren [44, 71]. Bei Ausfall der Reagibilität in geschädigten Hirnarealen könnte die kontrollierte Hyperventilation eine Umverteilung des Blutflusses zugunsten geschädigter Areale bewirken („Robin-Hood-Effekt").

Elektroneurophysiologische Wirkungen

Isofluran, Halothan und Enfluran verschieben die EEG-Aktivität von den hinteren zu den vorderen Hirnabschnitten. Konzentrationen unterhalb der MAC gehen mit einem geringen Amplituden- und Frequenzanstieg einher. Oberhalb der MAC fällt die Frequenz ab, während die Amplitude noch erhöht bleibt. Oberhalb 2 MAC tritt ein Burst-suppression-Muster auf. Oberhalb 2 MAC führt Isofluran zur weiteren Aktivitätsabnahme bis hin zum isoelektrischen EEG. Die ausgeprägte Dämpfung der zerebralen Aktivität läßt eine antikonvulsive Wirkung des Isoflurans vermuten; über den erfolgreichen Einsatz des Isoflurans zur Behandlung eines Status epilepticus ist berichtet worden [33]. Auch Krampfanfälle sind im Zusammenhang mit der Verabreichung des Isoflurans beschrieben worden [24, 65]; dabei scheint es sich jedoch um nicht repräsentative Einzelbeobachtungen gehandelt zu haben.

Bei Halothan fällt die $CMRO_2$ oberhalb 2 MAC weiter ab. Dieser Abfall geht jedoch nicht mit korrespondierenden EEG-Veränderungen einher; es handelt sich eher um einen toxischen Effekt auf die oxydative Phosphorylierung als um eine weitergehende zerebrale Aktivitätsminderung.

Wird Enfluran höher dosiert (> 2 MAC), kommt es zu Spike-wave-Aktivitäten im EEG, die allgemein als Krampfäquivalente angesehen werden. Klinisch manifeste Krampfanfälle wurden von mehreren Autoren beschrieben; das Risiko ist am höchsten, wenn hypokapnische Patienten hohen Enflurandosen exponiert werden [39, 48]. Unter anderem als Konsequenz aus diesen Mitteilungen ist die Anwendung des Enflurans für intrakranielle Eingriffe zurückgegangen.

Desfluran führt am Hundemodell zu einer konzentrationsabhängigen Aktivitätsabnahme im EEG, die dem Abfall der $CMRO_2$ entspricht. Oberhalb 2 MAC wird das EEG jedoch nicht isoelektrisch, sondern zeigt nach 20 min ein als „Adaptation response" bezeichnetes Muster, dessen Auftreten mit einer Zunahme der $CMRO_2$ einhergeht [40]. Unter Sevofluran kommt es im EEG zu einer Aktivitätsabnahme, entsprechend der, die mit einer äquipotenten Isoflurandosierung einhergeht [69].

EEG-Veränderungen halten über die Dauer der Anästhesie hinaus an. Sie sind nach Isofluran über 4 Tage, nach Enfluran noch 14–16 Tage nachweisbar [30].

Hinsichtlich der Wirkungen des Halothans, Enflurans und Isoflurans auf evozierte Potentiale (EPs) sind eine konzentrationsabhängige Latenzzunahme und Amplitudenabnahme beschrieben worden. Diese Wirkungen sind bei Isofluran und

Enfluran stärker ausgeprägt als bei Halothan. Generell sind EPs gegenüber den Inhalationsanästhetika resistenter als das EEG. Oberhalb der MAC wird die Interpretation somatosensorisch evozierter Potentiale zunehmend erschwert.

Zerebroprotektion

Die Beobachtung, daß volatile Anästhetika den zerebralen Sauerstoffverbrauch ($CMRO_2$) senken, den zerebralen Blutfluß (CBF) jedoch erhöhen und somit eine Luxusperfusion bewirken, ließ vermuten, diese Substanzgruppe könne zur zerebralen Protektion vor ischämiebedingten Schädigungen angewandt werden. Eine günstige Beeinflussung des neurologischen Defizites nach inkompletter zerebraler Ischämie durch Sevofluran wurde am Rattenmodell gezeigt [80]. Die bisher gültige Auffassung ging von einer Senkung der $CMRO_2$ als Grundlage der Zerebroprotektion aus; dieser Zusammenhang wurde kürzlich in Frage gestellt [78]. Neuere Ergebnisse von Untersuchungen am Rattenmodell weisen darauf hin, daß die zerebroprotektive Wirkung volatiler Anästhetika möglicherweise über eine Hemmung der während der Ischämie gesteigerten Katecholaminaktivität vermittelt wird [20]. Anfangs wurde die Vermutung einer Zerebroprotektion durch volatile Anästhetika durch experimentelle Befunde, u. a. am Hundemodell, gestützt. In der Folgezeit wurden weitere experimentelle Studien an unterschiedlichen Spezies und retrospektiv klinische Analysen durchgeführt – mit z. T. widersprüchlichen Ergebnissen [20, 67].

In biochemischen Untersuchungen ischämischen Hirngewebes ohne „Protektion" und mit „Protektion" (Halothan, Isofluran oder Thiopental) wurde die „energy charge" (EC) als Parameter des aeroben zerebralen Energiestoffwechsels ermittelt:

$$EC = (ATP + \tfrac{1}{2} ADP) : (ATP + ADP + AMP).$$

Es zeigte sich in der Isoflurangruppe ein intakter Energiestatus, der dem nach einer Zerebroprotektion mit Thiopental entsprach; im Gegensatz dazu fanden sich in der Halothangruppe Hinweise auf anaeroben Stoffwechsel [51, 60]. Die Wirkungen des Desflurans entsprechen in dieser Hinsicht denen des Isoflurans [50]. Klinische Studien, in denen Isofluran mit Thiopental verglichen wird, liegen nicht vor. Als Erklärungsversuch einer gegenüber Isofluran umfassenderen Protektion mit Thiopental bei inkompletter regionaler Ischämie wird der „Robin-Hood-Effekt" angeführt, demzufolge die thiopentalinduzierte Vasokonstriktion reagibler zerebraler Gefäßareale eine Umverteilung des CBF zugunsten vasoparalytischer Bezirke bewirken soll. Einen klinischen Beweis für diesen Effekt gibt es allerdings ebenso wenig wie für einen isofluraninduzierten Steal-Effekt.

Outcome-Studien kontrollierter ischämischer Schädigungen an Ratten, Hunden und Primaten haben zu gegensätzlichen Schlußfolgerungen Anlaß gegeben (Übersicht bei [34] und [79]). Am Primatenmodell wurde eine zerebroprotektive Wirkung des Isoflurans sowohl bewiesen [51] als auch widerlegt [15, 58]. Eine Metaanalyse publizierter Daten spricht nach Auffassung von Drummond eher gegen eine zerebroprotektive Wirkung volatiler Inhalationsanästhetika [13]; zutreffend beschrieben wird die derzeitige Unklarheit mit der von Arthur Lam gewählten

Formulierung: „Isoflurane and brain protection: lack of clear cut evidence is not clear cut evidence of lack" [34].

Im eigenen Arbeitsbereich wird Isofluran auch bei ischämiegefährdeten Patienten für neurochirurgische und Karotiseingriffe eingesetzt. Auf die Verabreichung von Halothan und Enfluran wird grundsätzlich, auf die von Stickoxydul zunehmend verzichtet; zugegebenermaßen aufgrund theoretischer Erwägungen und nicht aufgrund eindeutiger klinischer Evidenz.

Intravenöse Anästhetika

Pharmokologie

Sedativa

Benzodiazepine: Diese haben einen festen Platz in der oralen Prämedikation neurochirurgischer Patienten eingenommen. Bei Patienten mit Funktionsstörungen respirationsrelevanter Hirnnerven ist primär anxiolytisch wirkenden Substanzen (Lorazepam, Lormetazepam, Dikaliumclorazepat u. a.) der Vorzug zu geben, weil nach der Verabreichung eines stark sedierenden Benzodiazepins (Flunitrazepam) ein Atemstillstand beschrieben worden ist [68]. Von den injizierbaren Benzodiazepinen hat in der Neuroanästhesie vor allem das Midazolam (Dormicum) Bedeutung erlangt. Es senkt den zerebralen Sauerstoffverbrauch ($CMRO_2$) und den zerebralen Blutfluß (CBF); der Ceiling-Effekt reflektiert möglicherweise die Absättigung zentraler Benzodiazepinrezeptoren. Wegen der langen Halbwertszeit, die auch beim „kurzwirkenden" Midazolam über 2 h beträgt, werden die Benzodiazepine bei der Narkoseführung in der Neurochirurgie nicht alleine, sondern zur Supplementierung einer intravenösen oder einer Inhalationsanästhesie verwendet; dadurch läßt sich eine Stabilisierung des intraoperativen Kreislaufverhaltens erreichen. Wenn Benzodiazepine intraoperativ verabreicht werden, müssen ihre Wirkungen bei der Interpretation des elektroneurophysiologischen Monitorings berücksichtigt werden: Die Aktivitätszunahme im β-Spektrum verschiebt die spektrale Eckfrequenz in den höherfrequenten Bereich und täuscht damit ein Abflachen der Narkosetiefe vor.

Neuroleptika: Dehydrobenzperidol oder Haloperidol werden in Kombination mit Fentanyl und Stickoxydul bei der Neuroleptanalgesie angewendet. In niedriger Dosis senken diese Neuroleptika den CBF, von α-blockierend wirkender Dosis an steigt der CBF. Die relativ lange Wirkungsdauer und das Auftreten extrapyramidaler Begleitsymptome in der postoperativen Phase führten zu einem Rückgang ihrer Anwendung zugunsten der Benzodiazepine („modifizierte Neuroleptanalgesie"). Eine Indikation zur Verabreichung eines Neuroleptikums in antiemetisch wirkender Dosis ist in der frühen postoperativen Phase gegeben, weil der Anstieg des intrakraniellen Druckes infolge Erbrechens besonders bei kraniotomierten Patienten unerwünscht ist.

Hypnotika

Barbiturate: Diese werden seit Einführung in die Klinik für die Einleitung von Allgemeinanästhesien in der Neurochirurgie angewandt; sie gelten als Standard zur Beurteilung einer medikamentösen Zerebroprotektion. Barbiturate senken dosisabhängig den zerebralen Funktionsstoffwechsel. Er fällt im „Barbituratkoma" auf Null ab, so daß der globale zerebrale Sauerstoffverbrauch ($CMRO_2$) – dem Strukturerhaltungsstoffwechsel entsprechend – auf 40% gesenkt wird. Weil die Kopplung des zerebralen Blutflusses (CBF) an die $CMRO_2$ während Barbituratanästhesie erhalten bleibt, nimmt der CBF ab; infolge der Abnahme des zerebralen Blutvolumens (CBV) sinkt der intrakranielle Druck (ICP). Während Barbituratanästhesie bleibt die Autoregulation der zerebralen Perfusion erhalten, die CO_2-Reagibilität intrazerebraler Gefäße wird gedämpft. Kennzeichnend für die Pharmakodynamik der Barbiturate ist die Myokarddepression, für die Pharmakokinetik die Kumulation, so daß eine Verabreichung per infusionem für intrakranielle Langzeiteingriffe nicht indiziert ist.

Die antikonvulsive Wirkung des Methohexitals ist geringer ausgeprägt als die des Thiopentals; daraus ließe sich eine Bevorzugung des Methohexitals ableiten, wenn während eines intrakraniellen Eingriffs diagnostisch kortikographiert werden soll.

Etomidat: Es senkt den zerebralen Sauerstoffverbrauch in ähnlichem Ausmaß wie Barbiturate. Myokarddepression und Kumulation sind auch bei kontinuierlicher Verabreichung deutlich geringer. Diese Eigenschaften prädestinierten das Etomidat zur Anwendung in der Neuroanästhesie; über den erfolgreichen Einsatz zur Zerebroprotektion während Resektion großer Aneurysmen mit vorübergehender Abklemmung gehirnversorgender Arterien ist berichtet worden [9]. Etomidat bewirkt eine Amplitudenzunahme somatosensorisch evozierter Potentiale (SSEP); dies kann z. B. bei Eingriffen am Rückenmark von Nutzen sein [72]. Eine unerwünschte Wirkung sind Myoklonien, die auftreten, wenn Etomidat zur Narkoseeinleitung ohne Vorgabe von Opioiden oder Benzodiazepinen verabreicht wird.

Die Anwendung des Etomidats hat aufgrund der Diskussion über die Suppression der Kortisolsynthese nachgelassen. Dies ist in der Neuroanästhesie nicht grundsätzlich gerechtfertigt, weil die Steroidsynthese bei Patienten, die wegen intrakranieller Neoplasmen operiert werden, infolge der präoperativen Dexamethasonbehandlung ohnehin supprimiert ist.

Die in Propylenglykol gelöste Präparation (Hypnomidate) ist hyperosmolar und venenreizend; gemäß Empfehlung des Herstellers soll die Verabreichung auf 40 ml Lösung je Patient und Narkose begrenzt werden (Rote Liste 1992); dies schließt die Nutzung des Hypnomidates als zerebroprotektive Komponente einer TIVA bei längeren intrakraniellen Eingriffen aus. Bei Verwendung von Sojaöl als Lösungsmittel ist das Präparat (Etomidat-Lipuro) isoosmolar und besser venenverträglich; eine Höchstdosis wird vom Hersteller nicht angegeben. In einer neueren Untersuchung wurde Etomidat zur Narkoseeinleitung bei Patienten mit intrakranieller Raumforderung unter elektroenzephalographischer Überwachung verwendet; der ICP fiel um 50% ab, der zerebrale Perfusionsdruck (CPP) blieb auch während der laryngoskopischen Intubation unverändert [52]. Eine Renaissance des Etomidats im Rahmen einer TIVA für intrakranielle Eingriffe ist zu erwarten.

Propofol: Die zerebrale Pharmakodynamik des Propofols (Disoprivan) ist durch Abnahme der $CMRO_2$, des CBF und des ICP gekennzeichnet [77]. Die zerebrale Autoregulation und die CO_2-Reagibilität bleiben erhalten [28]. Am Rattenmodell wurde eine zerebroprotektive Wirkung des Propofols im Vergleich zu N_2O gezeigt [32]. Die Verabreichung als Bolus bereitet Injektionsschmerzen, sie führt zum Abfall des zerebralen Perfusionsdruckes und des Herzzeitvolumens; die langsame Verabreichung, am günstigsten mit einer programmierbaren Spritzenpumpe, läßt dies vermeiden.

Uneinheitlich sind die Angaben zur Iktogenität des Propofols. Es wurde sowohl zur Behandlung von Krampfanfällen [42] als auch zur Provokation fokaler Krämpfe [9] erfolgreich eingesetzt. Über die Propofolanästhesie zur Elektrokrampfbehandlung wurde ebenfalls berichtet [66]. In der Produktinformation sind epileptiforme Anfälle und Opisthotonus als Nebenwirkungen aufgeführt (Rote Liste 1992); dem britischen Committee for the Safety of Medicines lagen 1988 63 Berichte über Konvulsionen vor, die mit der Verabreichung des Propofols in Zusammenhang gebracht worden waren [10]; der Arzneimittelkommission der deutschen Ärzteschaft liegen bisher 2 Berichte über Krampfanfälle und 1 Bericht über extrapyramidale Symptome vor. Im eigenen Arbeitsbereich trat während der Resektion eines Glioblastoms unter Propofol-Alfentanil-Anästhesie ein generalisierter motorischer Krampfanfall auf; motorische Krampfäquivalente wurden seitdem bei 2 weiteren Patienten beobachtet [31]. Als ursächlich für die Iktogenität wird eine Interaktion des Propofols mit Rezeptoren exzitatorischer Aminosäuren diskutiert [8]. Trotzdem hat die kontinuierliche Verabreichung des Propofols – in der Regel in Kombination mit Alfentanil (Rapifen) - zur Anästhesie bei intrakraniellen Eingriffen große Verbreitung gefunden. Die auch bei Langzeitverabreichung vernachlässigbare Kumulation des Propofols ist besonders dann vorteilhaft, wenn ein Patient nach einem intrakraniellen Eingriff zur neurologischen Beurteilung frühzeitig extubiert werden soll.

Analgetika

Opioide: Für die Anästhesie neurochirurgischer Patienten stehen die reinen Opiatrezeptoragonisten Fentanyl, Alfentanil und Sufentanil zur Verfügung, für die postoperative Analgesie Agonisten (z. B. Piritramid) und partielle Agonisten (z. B. Pentazocin). Wenn die Basisanästhesie Stickoxydul einschließt, wirken Fentanyl, Alfentanil und Sufentanil zerebrovasokonstriktorisch und senken somit den CBF. Die Wirkung auf die $CMRO_2$ ist geringer als die der unspezifisch angreifenden i.v. verabreichten Anästhetika; ein Ceilingeffekt tritt mit Besetzung der zerebralen Opiatrezeptoren ein.

In einer experimentellen Studie mit Sufentanil am Hundemodell (Relaxierung, Beatmung, keine Basisanästhesie) wurde eine Zunahme des CBF gefunden [49]. Dagegen ergab eine Studie mit Sufentanil an anästhesierten Hunden einen Abfall des CBF, der von Veränderungen des arteriellen Blutdruckes unabhängig war [81].

Wenn Fentanyl, Alfentanil oder Sufentanil Patienten mit erhöhter intrakranieller Elastance verabreicht werden, muß mit einem potentiell bedrohlichen Anstieg des ICP gerechnet werden [53, 73]; ob dieser Befund Rückschlüsse für ein gleichgerichtetes Verhalten des ICP bei Verabreichung per infusionem zuläßt, ist ungewiß. Hinsichtlich der Pharmakokinetik bietet Alfentanil gewisse Vorteile wegen seiner kürzeren Halbwertszeit und weil es während einer TIVA die Pharmakokinetik des Propofolfs nicht beeinflußt; Fentanyl reduziert das Verteilungsvolumen, die Halbwertszeit und die Clearance des Propofols um $^1/_3$ [37]. Hinsichtlich der für die Ziele der Neuroanästhesie relevanten pharmakodynamischen Eigenschaften ist davon auszugehen, daß die Unterschiede zwischen Fentanyl, Alfentanil und Sufentanil marginal sind [11].

Ketamin: Bereits bei Einführung in die Klinik war bekannt, daß Ketamin den ICP erhöht und deswegen in der Neuroanästhesie nicht indiziert ist. Diese Auffassung mußte überdacht werden, nachdem tierexperimentell gezeigt worden war, daß Ketamin den ICP nicht steigert, wenn es unter kontrolliert normokapnischen Bedingungen verabreicht wird [64]. Weiter belebt wurde die Diskussion über den Stellenwert des Ketamins in der Neuroanästhesie durch die Entdeckung, daß Ketamin den N-Methyl-D-Aspartatrezeptor zu blockieren vermag [83]. Die aufgrund dieser In-vitro-Untersuchungen gehegte Erwartung, Ketamin könnte zerebroprotektiv wirken, ließ sich im Ganztierversuch nicht bestätigen [4]. In ihrer klinischen Bedeutung noch unklar sind am Rattenmodell erhobene Befunde, denen zufolge die Verabreichung von Ketamin zur Vakuolenbildung in mittelgroßen und großen Neuronen der Schichten III und IV des Gyrus cinguli führt [62]. Nach dem gegenwärtigen Wissensstand ist davon auszugehen, daß Ketamin keine klinisch nutzbare zerebroprotektive Potenz besitzt, die $CMRO_2$ sowie den CBF steigert und deswegen in der Neuroanästhesie nicht indiziert ist.

Muskelrelaxanzien

Wenn man „Narkose" als umfassende zerebrale Deafferenzierung definiert, sind nichtdepolarisierende Muskelrelaxanzien als intravenöse Narkosemittel anzusehen, weil sie eine zerebrale Stimulierung durch Muskelspindelpotentiale verhindern. Depolarisierende Muskelrelaxanzien stimulieren die Muskelspindeln indirekt durch (succinylcholininduzierte) Faszikulationen, möglicherweise auch direkt [27]. Folglich ist die kompetitive neuromuskuläre Blockade ohne Auswirkung auf die $CMRO_2$, den CBF und den ICP; dagegen wird nach Verabreichung des Succinylcholins am Hundemodell eine Zunahme des CBF gefunden [38]. Im eigenen Arbeitsbereich ist die Verwendung des Succinylcholins bei intrakraniellen Eingriffen auf die „Blitzintubation" und die Kinderneuroanästhesie beschränkt. Eine neuromuskuläre Blockade über die Anästhesieeinleitung hinaus ist bei intrakraniellen Eingriffen nicht erforderlich; zur Relaxierung für die endotracheale Intubation wird aus Kostengründen Pancuronium verwendet.

Bei der Hofmann-Elimination des mittellangwirkenden Muskelrelaxans Atracurium entsteht die iktogene Substanz Laudanosin. Es ist jedoch unwahrscheinlich, daß die auch während eines längeren intrakraniellen Eingriffs erreichte Konzentration im Plasma klinisch bedeutsam ist. Wenn eine Relaxierung beabsichtigt ist, bietet die kontinuierliche Verabreichung des Atracuriums in Hinblick auf Hämodynamik [19] und Kumulation Vorteile.

Klinik

Für intrakranielle Eingriffe ist die TIVA, den intraoperativen Verlauf betreffend, eine gleichwertige – wenn auch etwa 3mal teurere – Alternative zur Inhalationsanästhesie. Vorteilhaft ist die TIVA hinsichtlich der intraoperativen neurophysiologischen Überwachung: Wird ein Burst-suppression-Muster im EEG herbeigeführt, bleiben die evozierten Potentiale erhalten – bei isofluraninduziertem Burst-suppression-Muster gehen sie verloren. In der postoperativen Phase zeichnen sich Vorteile der TIVA ab, die entscheidungsrelevant sein können, wenn der Patient zur neurologischen Beurteilung frühzeitig extubiert werden soll. In einer klinischen Studie [21] wurde die TIVA mit Propofol und Alfentanil mit einer fentanylsupplementierten Isofluoranästhesie verglichen. Unterschiede fanden sich v. a. in der Aufwachphase, die durch ein schnelleres Wiedererlangen intellektueller und kognitiver Fähigkeiten der Patienten der Alfentanil-Propofol-Gruppe gekennzeichnet war. Im eigenen Arbeitsbereich wurde eine prospektive, randomisierte Studie an Patienten durchgeführt, die wegen einer intrakraniellen Raumforderung oder eines Aneurysmas kraniotomiert und unmittelbar postoperativ extubiert wurden. Es zeigte sich, daß der hinsichtlich des Anästhesieverfahrens blinde Neurochirurg keinen Unterschied zwischen den mit einer fentanylsupplementierten Isofluran-Stickoxydul-Anästhesie und mit einer Alfentanil-Propofol-Stickoxydul-Anästhesie einhergehenden Operationsbedingungen feststellen konnte. Unterschiede ergaben sich in der postoperativen Phase zugunsten der i.v.-Anästhesie: Die Zeitspanne von der Hautnaht bis zur Extubation war kürzer, der Anteil orientierter Patienten 5 min nach der Extubation größer. Der Bedarf an Hypotensiva (Urapidil) zur Normalisierung des während der Zeit im Aufwachraum und an Analgetika (Piritramid) zur Analgesie während der ersten 12 postoperativen Stunden auf der Intensivstation war geringer. Von besonderer Bedeutung ist die niedrigere Inzidenz des postnarkotischen Zitterns. Diese postoperative Komplikation, deren Inzidenz mit 6–20% angegeben wird, ist in der Neuroanästhesie von besonderer Bedeutung, weil das Zittern mit einer drastischen Steigerung des ICP (Abb. 5) einhergeht. Der Patient, der nach einer Kraniotomie frühzeitig extubiert wird, ist durch eine potentielle Beeinträchtigung der zerebralen Autoregulation und der Integrität der Blut-Hirn-Schranke sowie durch eine postnarkotische hypoventilatorische Hypoxämie gefährdet. Eine durch Zittern induzierte Verbrauchshypoxygenierung und ein durch Anstieg des ICP bedingter Abfall des zerebralen Perfusionsdruckes müssen in dieser Phase unbedingt vermieden werden.

Schlußfolgerung

Die intravenöse Anästhesie ist für intrakranielle Eingriffe eine gleichwertige Alternative zur Inhalationsnarkose. Entscheidungsrelevante Unterschiede, den intraoperativen Verlauf betreffend, ließen sich in prospektiven klinischen Studien nicht sichern.

In Übereinstimmung mit dem Arbeitskreis Neuroanästhesie der DGAI empfiehlt sich folgendes Vorgehen: Für intrakranielle Elektiveingriffe sind die intravenöse und die Inhalationsanästhesie gleichermaßen bewährte Verfahren. Wenn eine Beein-

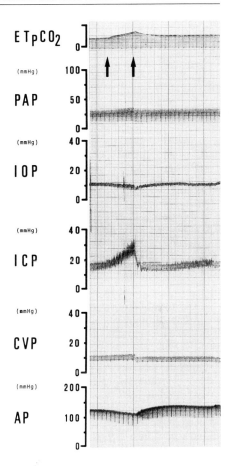

Abb. 5. Auswirkung des „Kältezitterns" auf den intrakraniellen Druck (ICP) am anästhesierten Schweinemodell. Die Stoffwechselsteigerung zeigt sich an der Zunahme der endexspiratorischen CO_2-Konzentration, deren Verlauf dem des ICP entspricht. Die Beendigung des Muskelzitterns durch Blockade der neuromuskulären Übertragung (Pancuronium 0,1 mg/kg; Pfeil) läßt den $ETpCO_2$ und den ICP auf die Ausgangswerte zurückkehren. (Aus [26])

trächtigung der Regelmechanismen des CBF oder eine erhebliche Zunahme der intrakraniellen Elastance angenommen werden muß, ist in erster Linie von der Verabreichung des Stickoxyduls abzusehen; falls volatile Anästhetika verwendet werden sollten, ist die Dosis auf ≤ 1 MAC zu begrenzen. Bei dekompensierter intrakranieller Hypertension, Verlust der Autoregulation des CBF oder Verdacht auf Schädigung der Blut-Hirn-Schranke sowie bei Schädel-Hirn-Trauma ist die Verabreichung von Inhalationsanästhetika nicht indiziert.

Literatur

1. Adams RW, Gronert GA, Sundt TM, Michenfelder JD (1972) Halothane, hypocapnia, and cerebrospinal fluid pressure in neurosurgical patients. Anesthesiology 37:510–517
2. Adams RW, Cucchiara RF, Gronert GA (1981) Isoflurane and cerebrospinal fluid pressure in neurosurgical patients. Anesthesiology 60:541–546
3. Aken H van, Fitch W, Graham DI, Brüssel T, Themann H (1986) Cardiovascular and cerebrovascular effects of isoflurane-induced hypotension in the baboon. Anesth Analg 65:565–574

4. Albin MS, Bunegin L, Rasch J, Gelineau J, Enst P (1989) Ketamine hydrochloride (KH) fails to protect against global hypoxia in the rat. Anesth Analg 68:S8
5. Albrecht RF, Miletich DJ, Madala LR (1983) Normalization of cerebral blood flow during prolonged halothane anesthesia. Anesthesiology 58:26–31
6. Archer DP, Labrecque P, Tyler J et al. (1990) Measurement of cerebral blood flow and volume with positron emission tomography during isoflurane administration in the hypocapnic baboon. Anesthesiology 72:1031–1037
7. Artru AA (1990) Cerebrospinal fluid dynamics. In: Cucchiara RF, Michenfelder JD (eds) Clinical neuroanesthesia. Churchill Livingstone, New York Edinburgh London Melbourne, pp 41–76
8. Bansinath M, Shukla VK, Turndorf H (1992) Proconvulsant effect of propofol on the excitatory amino acid agonists induces convulsions. Anesthesiology 77:A211
9. Batjer HH, Frankfurt AI, Purdy PD, Smith S, Sampson D (1988) Use of etomidate, temporary arterial occlusion and intraoperative angiography in surgical treatment of large and giant aneurysms. J Neurosurg 68:234–240
10. Committee on Safety of Medicines (1988) Propofol – convulsions, anaphylaxis and delayed recovery from anaesthesia. Curr Prob No. 26
11. Cuillerier DJ, Manninen PH, Gelb AW (1990) Alfentanil, sufentanil and fentanyl: effects on cerebral perfusion pressure. J Neurosurg Anesth 2:S8
12. Doenicke A (1984) Verunsichert eine Cortisolstory die Anaesthesisten? Anaesthesist 33:391–394
13. Drummond JC (1992) Cerebral ischemia: state of the art management (Review course lecture, IARS 66th Congress). Anesth Analg 74 (Suppl.):120–128
14. Drummond JC, Todd MM, Toutant SM, Shapiro HM (1983) Brain surface protrusion during enflurane, halothane and isoflurane anesthesia in cats. Anesthesiology 59:288–293
15. Gelb AW, Boisvert DP, Tang C, Lam AM, Marchak BE, Dowman R, Meilke BW (1989) Primate brain tolerance to temporary focal cerebral ischemia during isoflurane- or sodium nitroprusside-induced hypotension. Anesthesiology 70:678–683
16. Gies B, Gerking P, Scholler KL (1975) Das EEG bei Probanden-Narkosen und kontinuierliche EEG-Frequenz-Analyse (EISA) während Operationen unter Ethrane. In: Lawin P, Beer R (Hrsg) Ethrane. Anästhesiologie und Wiederbelebung 84. Springer, Berlin Heidelberg New York, pp 263–271
17. Gordon E, Lagerkranser M, Rudehill A, Vonholst H (1988) The effect of isoflurane on cerebrospinal fluid pressure in patients undergoing neurosurgery. Acta Anaesthesiol Scand 32:108–112
18. Grosslight K, Foster R, Colohan AR, Bedford RF (1985) Isoflurane for neuroanesthesia: risk factors for increases in intracranial pressure. Anesthesiology 63:533–536
19. Hackett GH, Jantzen J-P, Earnshaw G (1989) Cardiovascular effects of vecuronium, atracurium, pancuronium, metocurine and RGH-4201 in dogs. Acta Anaesthesiol Scand 33:298–303
20. Hannigan J, Hoffman WE, Lingamneni P, Miletich DJ, Albrecht RF (1991) Inhalational anesthetics decrease central catecholamine activity and improve ischemic outcome. J Neurosurg Anesthesiol 3:198
21. Hemelrijck J van, Aken H van, Merckx L, Mulier J (1991) Anesthesia for craniotomy: total intravenous anesthesia with propofol and alfentanil compared to anesthesia with thiopental sodium, isoflurane, fentanyl, and nitrous oxide. J Clin Anesth 3:131–136
22. Hoffman WE, Edelman G, Kochs E, Werner C, Segil L, Albrecht RF (1991) Cerebral autoregulation in awake versus isoflurane-anesthetized rats. Anesth Analg 73:753–757
23. Hufnagel A, Elger CE, Nadstawek J, Stoeckel H (1990) Specific responce of the epileptic focus to anesthesia with propofol. J Epilepsy 3:37–45
24. Hymes JA (1985) Seizure activity during isoflurane anesthesia. Anesth Analg 64:367–368
25. Jantzen J-P (1990) Untersuchung zur Auswirkung anästhesiologischer Maßnahmen auf den intraokularen Druck unter besonderer Berücksichtigung der kontrollierten arteriellen Hypotension. Eine experimentelle Studie am Schweinemodell. Wissenschaftliche Verlagsabteilung, Wiesbaden
26. Jantzen J-P, Hennes HJ (1991) Präklinische Kapnometrie: ein richtungsweisender Fortschritt. Notfallmed 17:450–456

27. Jantzen J-P, Eberle B, Gaida B-J, Hennes HJ, Otto S, Schäfer M (1992) Zur Wirkung von Muskelrelaxanzien auf den Massetertonus. Eine experimentelle Studie am MH-disponierten Schweinemodell. Anaesthesist 41:248–253
28. Jantzen J-P, Hennes HJ, Klein AM, Wallenfang T (1991) Propofol erhält intrakranielle Regelmechanismen am Schweinemodell. Anaesthesist 40 (Suppl 2):29
29. Jantzen J-P, Hennes HJ, Wallenfang T, Kempski O (1991) Intrakranielle Effekte der induzierten arteriellen Hypotension. Eine experimentelle Studie am Schweinemodell. Anaesthesist 40 (Suppl 2):101
30. Kavan EM, Julien RM, Lucero JL (1974) Persitent electroencephalographic alterations following administration of some volatile anaesthetics. Br J Anaesth 46:714–721
31. Kerz T, Jantzen J-P (1992) Motorischer Krampfanfall während Propofol-Alfentanil-Anästhesie? Anaesthesist 41:426–430
32. Kochs E, Hoffman WE, Werner C, Albrecht RF, Schulte am Esch J (1990) The effects of propofol on neurologic outcome from incomplete cerebral ischemia in rats. Anesthesiology 73:A719
33. Kofke WA, Snider MT, Young RSK, Ramer JC (1985) Prolonged low flow isoflurane anesthesia for status epilepticus. Anesthesiology 62:653–656
34. Lam AM (1990) Isoflurane and brain protection: lack of clear cut evidence is not clear cut evidence of lack. J Neurosurg Anesth 2:315–318
35. Lam AM, Gelb AW (1983) Cardiovascular effects of isoflurane-induced hypotension for cerebral aneurysm surgery. Anesth Analg 62:742–748
36. Lam AM, Slee TA, Cooper JO, Bachenberg KL, Mathisen TL (1991) Nitrous oxide is a more potent cerebrovasodilator than isoflurane in humans. J Neurosurg Anesthesiol 3:244
37. Langley MS, Heel RC (1988) Propofol. Drugs 35:334–372
38. Lanier WL, Milde JH, Michenfelder JD (1986) Cerebral stimulation following succinylcholine in dogs. Anesthesiology 64:551–559
39. Larsen R, Maurer I, Khambatta H (1988) Wirkungen von Isofluran und Enfluran auf die zerebrale Hämodynamik und den zerebralen Sauerstoffverbrauch des Menschen. Anaesthesist 37:173–181
40. Lutz LJ, Milde LN (1990) The cerebral hemodynamic and metabolic effects of I-653 in dogs. Anesth Analg 70:S252
41. Lutz LJ, Milde JH, Milde LN (1990) The cerebral functional, metabolic, and hemodynamic effects of desflurane in dogs. Anesthesiology 73:125–131
42. Mackenzie DJ, Kapadia F, Grant IS (1990) Propofol infusion for control of status epilepticus. Anaesthesia 45:1043–1045
43. Madsen JB, Kruse-Larsen C (1987) Cerebral blood flow and metabolism during isoflurane-induced hypotension in patients subjected to surgery for cerebral aneurysms. Br J Anaesth 59:1204–1207
44. Madsen JB, Hansen ES, Bardrum B (1987) Cerebral blood flow, cerebral metabolic rate of oxygen and relative CO_2 reactivity during craniotomy for supratentorial cerebral tumours in halothane anaesthesia. A dose-response study. Acta Anaesthesiol Scand 31:454–457
45. Manohar M, Parks CM (1984) Porcine systemic and regional organ blood flow during 1.0 and 1.5 minimum alveolar concentrations of sevoflurane anesthesia without and with 50% nitrous oxide. J Pharm Exp Ther 231:640–648
46. McDowall DG (1967) The effects of clinical concentrations of halothane on the blood flow and oxygen uptake of the cerebral cortex. Br J Anaesth 39:186–189
47. McDowall DG, Harper AM, Jacobson I (1963) Cerebral blood flow during halothane anaesthesia. Br J Anaesth 35:394–402
48. Michenfelder JD: Anesthesia and the brain. Clinical, functional, metabolic and vascular correlates. Churchill Livingstone, New York Edinburgh London Melbourne, 1988
49. Milde LN, Milde JH (1987) The cerebral hemodynamic and metabolic effects of sufentanil in dogs. Anesthesiology 67:A570
50. Milde LN, Milde J (1991) The cerebral and systemic hemodynamic and metabolic effects of desflurane-induced hypotension in dogs. Anesthesiology 74:513–518
51. Milde L, Milde J, Lanier W, Michenfelder J (1988) Comparison of the effects of isoflurane and thiopental on neurologic outcome and neuropathology following temporary focal cerebral ischemia in primates. Anesthesiology 69:905–913

52. Modica PA, Tempelhoff R (1992) Intracranial pressure during induction of anaesthesia and tracheal intubation with etomidate-induced EEG burst suppression. Can J Anaesth 39:236–241
53. Moss E (1992) Alfentanil increases intracranial pressure when intracranial compliance is low. Anaesthesia 47:134–136
54. Murphy FL, Kennell EM, Johnstone RE et al. (1974) The effects of enflurane, isoflurane, and halothane on cerebral blood flow and metabolism in man. Annual Meeting of the American Society of Anesthesiologists. Abstracts of Scientific Papers, pp 61–62
55. Muzzi D, Daltner C, Losasso T, Weglinski M, Milde L (1991) The effect of desflurane and isoflurane with N_2O on cerebrospinal fluid pressure in patients with supratentorial mass lesions. J Neurosurg Anesth 3:202
56. Muzzi DA, Losasso T, Dietz NM (1990) The effects of desflurane on cerebrospinal fluid pressure in neurosurgical patients. Anesthesiology 73:A1215
57. Nadstawek J, Taniguchi M, Ruta U, Limberg N, Schramm J (1991) Totale intravenöse Anästhesie (TIVA) mit Alfentanil und Propofol versus balancierte Anästhesie mit Isofluran und Fentanyl in der Neurochirurgie. Anaesthesist 40 (Suppl 2):43
58. Nehls D, Todd M, Spetzler R, Drummond J, Thompson R, Johnson P (1987) A comparison of the cerebral protective effects of isoflurane and barbiturates during temporary focal ischemia in primates. Anesthesiology 66:453–464
59. Neigh JL, Garman JK, Harp JR (1971) The electroencephalographic pattern during anesthesia with ethrane. Effects of depth of anesthesia. p_aCO_2, and nitrous oxide. Anesthesiology 35:482–487
60. Newberg L, Milde J, Michenfelder J (1983) The cerebral metabolic effects of isoflurane at and above concentrations that suppress cortical electrical activity. Anesthesiology 59:23–28
61. Newberg LA, Michenfelder JD (1983) Cerebral protection by isoflurane during hypoxemia or ischemia. Anesthesiology 59:29–35
62. Olney JW, Labruyere J, Price MT (1989) Pathological changes induced in cerebrocortical neurons by phencyclidine and related drugs. Science 244:1360–1362
63. Pashayan AG, Grundy BL, Mahla ME, Shah BD (1991) Comparison of sufentanil, fentanyl and isoflurane for neuroanesthesia. Anesth Analg 72:S210
64. Pfenninger E, Dick W, Ahnefeld FW (1985) The influence of ketamine on both normal and raised intracranial pressure of artificially ventilated animals. Eur J Anaesthesiol 2:297–307
65. Poulton TJ, Ellingson RJ (1984) Seizure associated with induction of anesthesia with isoflurane. Anesthesiology 61:471–472
66. Rouse EC (1988) Propofol for electroconvulsive therapy. Anaesthesia 45 (Suppl.):61–64
67. Sano T, Drummond JC, Patel PM, Grafe MR, Watson JC, Cole DJ (1992) A comparison of the cerebral protective effects of isoflurane and mild hypothermia in a model of incomplete forebrain ischemia in the rat. Anesthesiology 76:221–228
68. Schäfer M, Jantzen J-P, Wallenfang T (1988) Risiken der Prämedikation mit Benzodiazepinen am Beispiel einer Asphyxie nach Flunitrazepam. Anästh Intensivther Notfallmed 23:183–186
69. Scheller MS, Tateishi A, Drummond JC (1988) The effects of sevoflurane on cerebral blood flow, cerebral metabolic rate for oxygen, intracranial pressure, and the electroencephalogram are similar to those of isoflurane in the rabbit. Anesthesiology 68:548–551
70. Schregel W, Schäfermeyer H, Müller C, Geißler C, Bredenkötter U, Cunitz G (1992) Einfluß von Halothan, Alfentanil und Propofol auf Flußgeschwindigkeiten, „Gefäßquerschnitt" und „Volumenfluß" in der A. cerebri media. Anaesthesist 41:21–26
71. Shah NK, Long CW, Marx W, Diresta GR, Arbit E, Mascott C, Mallya K, Bedford RF (1988) Cerebrovascular response to CO_2 in edematous brain during either fentanyl or isoflurane anesthesia. Anesthesiology 69:A620
72. Sloan TB, Ronaj AK, Toleikis JR, Koht A (1988) Improvement of intraoperative somatosensory potentials by etomidate. Anesth Analg 67:582–585
73. Sperry RJ, Bailey PL, Reichman MV, Peterson JC, Petersen PB, Pace NL (1992) Fentanyl and Sufentanil increase intracranial pressure in head trauma patients. Anesthesiology 77:416–420
74. Stange K, Lagerkranser M, Sollevi A (1989) Effects of adenosine-induced hypotension on the cerebral autoregulation in the anesthetized pig. Acta Anaesthesiol Scand 33:450–457
75. Stange K, Lagerkranser M, Sollevi A (1990) Effects of isoflurane-induced hypotension on the cerebral autoregulation in the anesthetized pig. J Neurosurg Anesth 2:114–121

76. Stange K, Lagerkranser M, Sollevi A (1991) Nitroprusside-induced hypotension and cerebrovascular autoregulation in the anesthetized pig. Anesth Analg 73:745–752
77. Stephan H, Sonntag H, Schenk HD, Kohlhausen S (1987) Einfluß von Disoprivan® (Propofol) auf die Durchblutung und den Sauerstoffverbrauch des Gehirns und die CO_2-Reaktivität der Hirngefäße beim Menschen. Anaesthesist 36:60–65
78. Todd MM, Warner DS (1992) A comfortable hypothesis reevaluated: cerebral metabolic depression and brain protection. Anesthesiology 76:161–164
79. Warner DS (1990) Isoflurane: more than an anesthetic? J Neurosurg Anesthesiol 2:319–321
80. Werner C, Kochs E, Hoffman WE, Möllenberg O, Schulte am Esch J (1991) The effects of sevoflurane on neurologic outcome from incomplete ischemia in rats. J Neurosurg Anesthesiol 3:237
81. Werner C, Hoffman WE, Kochs E, Schulte am Esch J (1992) Der Einfluß von Sufentanil auf die regionale und globale Hirndurchblutung und den zerebralen Sauerstoffverbrauch beim Hund. Anaesthesist 41:34–37
82. Werner C, Hoffman WE, Kochs E, Albrecht RF, Schulte am Esch J (1992) The effects of propofol on cerebral blood flow in correlation to cerebral blood flow velocity in dogs. J Neurosurg Anesth 4:41–46
83. Yamamura T, Harada K, Okamura A, Kemmotsu O (1990) Is the site of ketamine anesthesia the N-methyl-D-aspartate receptor? Anesthesiology 72:704–710

Neurophysiologisches Monitoring bei intrakraniellen und spinalen Eingriffen

J. Schramm, J. Zentner

Die Verminderung perioperativer Funktionsausfälle bei Operationen am ZNS ist ein klassisches Anliegen in der Neurochirurgie. Aber neurologische Ausfälle können auch bei operativen Eingriffen in anderen Fachgebieten entstehen, wie z. B. Rückenmarkläsionen bei der Aortenchirurgie, Hirninfarkte bei endovaskulären therapeutischen Eingriffen der Neuroradiologen oder bei Karotiseingriffen der Gefäßchirurgen. Das intraoperative Monitoring mit neurophysiologischen Methoden hat seinen Anfang genommen bei orthopädischen Eingriffen an der Wirbelsäule bei intaktem Rückenmark, z. B. bei dem klassischen Eingriff der Skolioseaufrichtung [9]. Wo früher der Aufwachtest das einzige Mittel zur intraoperativen Überwachung neurologischer Funktionen war, bieten sich jetzt zusätzlich neurophysiologische Methoden an [10, 21, 52, 53, 55]. Nach diesem Einsatz ausschließlich somatosensorisch evozierter Potentiale für das intraoperative neurophysiologische Monitoring hat eine stürmische Entwicklung eingesetzt, die neurophysiologische Methoden zur Überwachung verschiedener afferenter und efferenter Bahnensysteme in einem weiten Spektrum von Operationen umfaßt, die das Nervensystem teils direkt, teils auch indirekt betreffen. In diesem Kapitel soll versucht werden, für den primär neurophysiologisch nicht erfahrenen Anästhesisten einen Einblick über vorhandene Methoden und den gesicherten Stellenwert sowie die noch unsicheren Aspekte dieser Methodik, insbesondere auf dem Gebiet der Neurochirurgie zu geben.

Apparative Ausstattung

Es gibt komplette neurophysiologische Monitoringsysteme, die von der Industrie bereits mit einer menügesteuerten Software versehen sind, die es gestattet, eine auf die individuellen Bedürfnisse maßgeschneiderte Ableiteroutine selbst einzuprogrammieren. Solche Geräte sollten mehrkanalig arbeiten und einen großen Datenspeicher haben, der es gestattet, während einer gesamten Operation abzuspeichern, ohne zwischendurch ausdrucken zu müssen. Ein gutes Gerät müßte einen digitalen Filter haben, einen schnellen Plotter oder Drucker, mindestens 2 Cursoren und ein gutes Artefaktunterdrückungssystem.

Ideal ist die Anwesenheit eines überwachenden Arztes oder einer sehr erfahrenen MTA. Bei echten Routinemonitoringprozeduren wie z. B. bei uns im Haus bei Aneurysmen, kann es auch ausreichen, wenn die Monitoringeinheit von einem erfahrenen Arzt oder Techniker installiert wird, dann kontinuierlich arbeitet und dabei so plaziert wird, daß der Operateur den Bildschirm immer wieder selber beurteilen kann. Da die Darstellungsweise so gewählt ist, daß jeweils die letzten

8 Ableitungskurven der in Frage kommenden Medianus-SEP (somatosensiblen evozierten Potentiale) übereinander dargestellt werden, hat der Operateur ohne äußeres Zutun eine gute Chance, in einer kritischen Phase, in der er mit Störungen rechnet, die SEPs zu kontrollieren.

Anatomische Vorbemerkungen

Den anatomischen Voraussetzungen für neurophysiologische Meßmethoden ist in diesem Buch ein eigenes Kapitel gewidmet (s. S. 3–16). Wichtiges sei nur noch einmal hervorgehoben: Beim Monitoring von Hirnstammprozessen muß berücksichtigt werden, daß die akustischen Bahnen ab Höhe der Mitte des IV. Ventrikels im Hirnstamm verlaufen. Damit ist das Monitoring von akustisch evozierten Potentialen bei Prozessen, die unterhalb dieses Niveaus liegen, nicht mehr sinnvoll. Die somatosensiblen Bahnen, die durch SEP überwacht werden können, entsprechen im Hirnstamm dem Lemniscus medialis und kreuzen in Höhe des Obex, also am unteren Pol des IV. Ventrikels. Daher muß ein Prozeß, der den Hirnstamm oberhalb des Obex komprimiert, durch gegenseitige Medianusstimulation überwacht werden, während eine Raumforderung in Höhe des Foramen magnum oder spinal eine ipsilaterale Medianusstimulation benötigt.

Beim Monitoring von Aneurysmaoperationen können die Verhältnisse dadurch kompliziert werden, daß die Gefäßterritorien der potentiell bedrohten Gefäße in sehr unterschiedlicher Weise miteinander verzahnt sind oder kombiniert sein können. So wird bei Aneurysmen im A.-communicans-anterior-Bereich in erster Linie das Beinareal des motorischen Kortex auf der operierten Seite gefährdet sein, also eine kontralaterale Beinnervenstimulation erfordern. Andererseits gehen ganz in der Nähe der A. communicans die A. recurrens Heubneri und thalamostriatäre Äste der ipsilateralen Hemisphäre ab, so daß hier wiederum eine kontralaterale Medianusstimulation erforderlich ist [13, 57].

Anästhesiologische Aspekte

Die Anwendung des intraoperativen neurophysiologischen Monitorings erfordert eine Umstellung der Narkosetechnik. Der Anästhesist in einer Institution, in der diese Technik eingeführt wird, kann sich aus der Literatur gut informieren, weil besonders im angloamerikanischen Sprachraum viele Anästhesisten das Neuromonitoring selbst betreiben und entspechend ausgerichtete Publikationen zur Verfügung stehen [12, 17, 25, 32, 46, 64]. Da auch die Prämedikation schon das intraoperative Verhalten von Amplitude und Latenz der evozierten Potentiale beeinflussen kann, ist es wichtig, daß man als Beziehungsgröße für intraoperative Potentialveränderungen die nach Einleitung der Narkose erhaltenen Latenz- und Amplitudenwerte benutzt [42].

Je mehr Pharmaka benutzt werden, desto schwieriger ist es, den Einfluß auf die evozierten Potentiale vorherzusagen. Hilfreich ist auf jeden Fall, wenn statt Bolusgaben die kontinuierliche Gabe von Pharmazeutika angestrebt wird. Halogenierte Narkosegase sind in Konzentrationen bis zu 0,4 Vol.-% gut mit einer

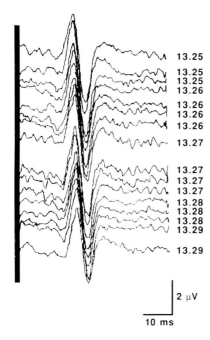

Abb. 1. Die Ableitung von Medianus-SEP unter TIVA-Narkose gestattet eine besonders rasche Rückkoppelung für den Operateur, da pro Minute bis zu 4 SEP gewonnen werden können

neurophysiologischen intraoperativen Überwachung kompatibel und in ihren Effekten vorhersehbar. Lachgas wirkt sich deutlich auf Amplitude und Latenz aus während Fentanyl wenig Einfluß darauf hat (41, 48, 58, 59]. Eine Flunitrazipam-N_2O-Basisnarkose verändert die Latenzen um 0,1 ms bei den AEP ab Gipfel II. Bei den SEP werden überwiegend Potentialkomponenten jenseits des Gipfel P25 betroffen, dabei wird die zentrale Überleitungszeit überhaupt nicht beeinflußt [18, 64].

Seit kurzem steht mit der totalen intravenösen Anästhesie, basierend auf Propofol, eine Narkosemethode zur Verfügung, mit der man SEPs mit sehr niedriger Zahl von Mittelungsvorgängen ableiten kann, so daß man in 1 min 3–4 SEP-Messungen nach Medianusstimulation erhalten kann (Abb. 1). Damit hat man sich dem Ziel einer nahezu online stattfindenden Überwachung für das Medianus-SEP schon fast genähert [60]. Koht hat die Einflüsse der Narkosemittel in einer Übersichtsarbeit zusammengefaßt [25].

Bezüglich der Ableitung von myogenen, motorisch evozierten Potentialen liegt eine besondere Situation vor. Mit Inhalationsanästhetika können motorische Reizantworten jenseits einer Konzentration von 0,5 MAC nicht mehr abgeleitet werden [72]. Bei sehr deutlicher Supprimierung können MEP unter Anästhesie mit Lachgas [11, 49, 71] oder Propofol [19, 20, 23] registriert werden. Bei einer kontinuierlichen i.v.-Narkose mit Fentanyl und Midazolam bei Luft-Sauerstoff-Atmung kann man eine intraoperative Überwachung motorischer Bahnen über die Muskelaktivität durchführen [70], allerdings muß bei dieser sehr differenzierten Anästhesietechnik die Beatmung für einige Stunden nach dem Ende der Operation fortgesetzt werden, was doch einen gewissen Nachteil darstellt. Wir haben eine Technik entwickelt, mit der man bei direktem Zugang zum motorischen Kortex ohne besonderen anästhesiologischen Aufwand, also mit balancierter Narkosetechnik oder mit TIVA ein vernünftiges MEP-Monitoring durchführen kann [61].

Sicherheitsaspekte

Während nahezu 2 Jahrzehnten sind praktisch keine unerwünschten Nebeneffekte durch die intraoperative Anwendung von SEP oder AEP berichtet worden. Die transkranielle morotische Stimulation muß jedoch separat betrachtet werden, weil hier eine direkte kortikale Belastung mit beachtlichen Stromdichten erfolgt. Agnew und McCreery haben definiert, daß die Ladungsdichte pro Phase und die Gesamtladung wichtig sind. Die Ladungsdichte pro Phase sollte 40 $\mu c/cm^2$ bei der Skalpstimulation und 10 $\mu c/cm^2$ bei Direktstimulation des Nervengewebes nicht überschreiten [1]. Nach dem gegenwärtigen Wissensstand sind sowohl die magnetoelektrische wie auch die elektrische Stimulation der motorischen Rinde sicher, solange Einzelreize verwendet werden. Die oben angeführten Aspekte müssen jedoch bei der Dauerstimulation mit Reizserien genauestens beachtet werden [61].

Spontane intraoperative Potentialvaribilität, Normalwertgrenzen und Kriterien pathologischer Potentiale

Bei vielen Modalitäten des intraoperativen neurophysiologischen Monitorings besteht das Problem der Definition von sicher-pathologischen Veränderungen. Diese setzt zunächst mal voraus, daß die narkosebedingten und manipulationsbedingten Veränderungen von SEP, AEP oder MEP bekannt sind [54]. Die klassischen Abläufe der Amplituden- und Latenzänderungen, die als normal vorausgesetzt werden können, sind z. B. für typische Skolioseaufrichtungsoperationen genau beschrieben [16, 30], ebenso wie die normalen intraoperativen Schwankungen für AEP [14] und für die Karotischirurgie [37, 45].

Zerebrovaskuläre Chirurgie

Eine große Rolle spielt hier die zentrale Überleitungszeit, also die Zeit, die der sensorische Impuls vom Halsmark zur kortikalen Elektrode benötigt. Der Normalwert für die CCT liegt bei 5,6 ms, unter Berücksichtigung von 2 Standardabweichungen liegt die Obergrenze bei 6,1 ms, bei älteren Patienten bei etwa 7.1 ms:

Zentrale Überleitungszeit

Normalkollektiv (n = 81):
19–29 Jahre, MW: 24 Jahre: 5,63 ms ± 0,24 ms
19–67 Jahre, MW: 44 Jahre: 5,82 ms ± 0,5 ms

Obergrenze (MW + 2,5 SD): 7,07 ms

Bei zerebraler Ischämie im somatosensorischen Bahnensystem kommt es entweder zum Verlust des kortikalen Potentials mit dann nicht mehr meßbarer zentraler Überleitungszeit oder zu einer deutlichen Erhöhung der zentralen Überleitungszeit wegen Zunahme der Latenz des kortikalen Gipfels N 20 des Medianus-SEP. Es gilt folgende Faustregel: Erhöhungen über den Bereich von 2 ½ Standardabweichungen hinaus zeigen eine bedeutsame Beeinträchtigung der Blutversorgung der somatosensorischen Afferenz an. Wenn die zentrale Überleitungszeit über 10 ms erhöht ist bzw. das kortikale Potential verlorengegangen ist, besteht prinzipiell das Risiko einer neurologischen Störung. Das Risiko einer neurologischen Störung ist dann besonders hoch, wenn diese Potentialveränderungen länger als 10 min angehalten haben, allerdings haben wir auch nach kürzer dauernden Potentialverlusten in Einzelfällen bleibende neurologische Störungen gesehen [57].

Bei *spinalem Monitoring* muß dringlich unterschieden werden zwischen den Ausgangsvoraussetzungen bei deutlich gestörter Neurologie und bei neurologischem Normalbefund. Neurochirurgische Patienten mit intraspinalen oder gar intramedullären Tumoren haben häufig erhebliche neurologische Störungen und sehr schlechte oder stark veränderte SEP [53]. Orthopädische Patienten, z. B. Skoliosepatienten, haben häufig komplett normale SEP. Im letzteren Fall gelten daher andere Warnkriterien, weil Veränderungen einer primär normalen SEP-Kurve eine andere Relevanz haben, als wenn eine a priori schon sehr schlechte SEP-Kurve bei einer geringfügigen Manipulation des Rückenmarkes nicht mehr nachweisbar ist.

Von verschiedenen Autoren sind Amplitudenverminderungen von 20-60% und Latenzerhöhungen von 4%-10% als Kriterium der oberen Grenze der normalen intraoperativen Veränderungen definiert worden [21, 22, 26, 52]. Je geringfügiger die Änderung ist, die als Warnkriterium definiert ist, desto größer ist die Chance, daß man sog. falsch-positive Fälle erhalten wird, also Monitoringfälle, bei denen es trotz Veränderung der SEP nicht zu einer neurologischen Störung gekommen ist. Die Frage des Warnkriteriums bei dem spinalen Monitoring ist immer noch ein sehr großes Problem, insbesondere für neurochirurgische Fälle. Als sicher kann nur angenommen werden, daß ein ursprünglich sehr gutes SEP, das für mindestens 10-15 min verschwunden ist oder das sich nicht bis zum Ende der Chirurgie zurückbildet, eine deutliche Bedrohung der Rückenmarksfunktion anzeigt.

Operationen in der hinteren Schädelgrube

Hier handelt es sich in erster Linie um Operationen im Brückenwinkel, z. B. bei Akustikusneurinomen. Eigene Untersuchungen über die normale Schwankungsbreite allein aufgrund von Narkoseeinflüssen bei Bandscheibenpatienten ergaben, daß es ohne Brückenwinkelmanipulation zu maximalen Latenzanstiegen der einzelnen AEP-Gipfel bis zu 0,2 ms kommt. Bei Brückenwinkelprozessen sind Latenzzunahmen für den Gipfel V bis zu 1 ms als absolut normal im Rahmen der intraoperativen Manipulation anzusehen. Auch Erhöhungen der Zwischengipfellatenz Gipfel I zu III bzw. I zu V um bis zu 1,4 ms sind häufig und normal. Bei neurovaskulären Dekompressionen können Latenzerhöhungen bis zu 1 ms häufig gesehen werden und sind tolerabel [14]. Sicher spielt auch die Geschwindigkeit, mit der eine AEP-Veränderung auftritt, eine große Rolle. So ist eine langsame Latenzerhöhung weniger gefährlich als ein abrupter Potentialverlust [38]. Es erscheint am vernünftigsten, in Abhängigkeit vom neurologischen Ausgangsbefund und den bei Beginn der Narkose vorliegenden Potentialen unterschiedliche Interventionskriterien beim spinalen Neuromonitoring in Orthopädie bzw. Neurochirurgie anzuwenden. Dabei liefern invasive Ableitemethoden, z. B. epidurale spinale Elektroden wesentlich stabilere Potentiale, die wiederum die Beurteilbarkeit von intraoperativen Potentialveränderungen und deren Relevanz erleichtern. Falsch-negative Monitoringergebnisse mit nur geringen oder flüchtigen neurologischen Veränderungen sind mit einer Frequenz bis zu 3,5% beim Rückenmarkmonitoring beschrieben worden [4], wobei falsch-negative Monitoringfälle mit großen neurologischen Ausfällen sehr selten zu sein scheinen. Allerdings beträgt die Frequenz von falsch-positiven Ableitungen bis zu 25% für spinale Ableitungen von motorischen Potentialen.

SEP-Monitoring

Somatosensible Potentiale werden bei der intraoperativen Überwachung in unterschiedlichen Varianten eingesetzt: bei der Skoliosechirurgie, bei der Rückenmarkchirurgie, bei Tumoren in der hinteren Schädelgrube, bei intrakraniellen Aneurysmaoperationen, in der Aorten- und in der Karotischirurgie. Große Erfahrungen liegen in der Skoliose- und Karotischirurgie sowie in der Aneurysmachirurgie vor [5, 10, 21, 30, 31, 33, 37, 45, 47, 51, 57, 63, 66].

SEP-Techniken

Die Nervenstammreizung an Arm oder Bein und die kortikale Ableitung mit Reizfrequenzen um 5-7 Hz sind am weitesten verbreitet. Daneben existiert die spinospinale Reizableitetechnik, die sich wegen ihres invasiven Charakters eher bei neurochirurgischen und orthopädischen Operationen anbietet. Während bei der Nervenstammreizung die gleichen Parameter verwendet werden wie sonst für SEP-Untersuchungen auch, werden bei der epiduralen Reizung Stärken von 1-2 mA verwendet. Bei der rein spinalen Reiztechnik sind Frequenzen bis 50 Hz möglich, wobei man einen sehr raschen Ableitungszyklus erhält mit raschem Feedback für den Operateur. Nachteilig sind aber die deutliche Abhängigkeit der Potentialform und der Latenzen von den unterschiedlichen Elektrodenlagen je nach Punktionshöhe. Außerdem besteht eine gewisse Empfindlichkeit der Elektroden gegenüber der chirurgischen Manipulation.

Klinische Erfahrungen bei spinaler Chirurgie

Das spinale Monitoring in der Neurochirurgie ist in seiner Wertigkeit immer noch umstritten. In der Skoliosechirurgie hingegen hat es sich weitgehend durchgesetzt. Einer kürzlichen Umfrage von Nuwer et al. folgend (184 Skoliosezentren mit 59 303 Operationen), verwenden nur 10% der Chirurgen den Aufwachtest häufiger als das elektrophysiologische Monitoring, und nur 11% der Chirurgen benutzen immer einen Aufwachtest. Aber 50% der Skoliosechirurgen verwenden den Aufwachtest nur noch dann, wenn sich beim neurophysiologischen Monitoring eine Änderung der Potentiale ergeben hat, und 18% verwenden überhaupt keinen Aufwachtest mehr [39]. Bei orthopädischem Monitoring werden Amplituden-Absenkungen bis zu 50% nach der Distraktion häufig gesehen. Ist die vermutliche Läsionsstelle im voraus bekannt, z. B. bei Beseitigung eines Gibbus, lohnt es sich, unmittelbar oberhalb und unterhalb der erwarteten Läsionsstelle abzuleiten.

Klinische Erfahrungen in der Gefäßchirurgie

Bei der *Aortenchirurgie* wird die Beinnervenstimulation angewendet. Da die Abklemmung der Aorta eine Ischämie der distalen Körperabschnitte erzeugen kann, kann ein Potentialverlust auch durch die Ischämie des peripheren Nerven mit erklärbar sein. Von daher ist die Abgrenzung von Rückenmarkischämie und peripherer Ursache oft schwierig [31, 50]. SEP-Veränderungen können früh oder erst nach 20 min auftreten. Ein allmählicher Abfall der SEP, der sich zwischen 15 und 30 min langsam entwickelt, soll weniger bedrohlich sein als ein früher und sehr rascher Abfall. Die Gefahr, daß sich eine Paraplegie entwickelt, ist auch deutlich höher, wenn die Potentiale für mehr als 30 min ausgefallen sind.

Dem Monitoring von SEP in der *Karotischirurgie* steht das seit vielen Jahren angewendete EEG-Monitoring gegenüber. Letzteres hat den Vorzug, daß man über das Burst-suppression-EEG gut erkennen kann, ob eine eventuelle Barbituratprotektion ausreichend ist. Beim SEP-Monitoring der Karotischirurgie werden oft Amplitudenrückgänge bis zu 50% gesehen. Potentialverluste, die binnen 1-2 min eintreten, sind signifikanter als solche, die erst nach 10 min eintreten. Potentialverluste, die so spät eintreten, lassen sich häufig durch eine Erhöhung des systemischen Blutdrucks über eine dann erfolgende Verbesserung der Kollateralzirkulation wieder beseitigen. Mittlerweile gibt es zahlreiche Operateure, die das Einlegen eines Shunts abhängig machen von den intraoperativ festgestellten Veränderungen der neurophysiologischen Parameter.

Nach temporärer Clippung eines größeren zerebralen Astes in der *Aneurysmachirurgie* kommt es frühestens nach etwa 2 min häufig erst nach 10 min zu einer SEP-Veränderung (Abb. 2). Diese kann in einem langsamen Potentialverlust, begleitet

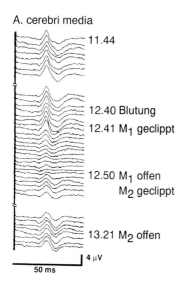

Abb. 2. SEP-Monitoring bei Operation eines A.-cerebri-media-Aneurysmas. Wegen einer Blutung wird das M1-Segment der Media temporär mit einem Clip verschlossen, und im Verlauf einiger Minuten entwickelt sich ein Potentialverlust mit nur geringem Anstieg der kortikalen Überleitungszeit. Die Erholung des N20-Gipfels erfolgt sehr rasch nach Wiederöffnung der M1. Dies ist ein gutes Beispiel für die Steuerung des operativen Vorgehens durch das Monitoring

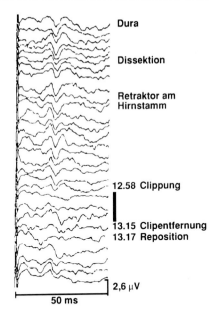

Abb. 3. SEP-Monitoring bei Clippung eines Basilarisaneurysmas. Hier kommt es sehr schnell nach Aufsetzen eines Clips auf das Aneurysma zu einem Potentialverlust, offensichtlich weil ein kleinerer perforierender Ast miterfaßt wurde. Die Länge des Balkens markiert die Verschlußzeit, und bei den letzten Ableitungen nach der Reposition des Clips sieht man den N20-Gipfel wieder eindeutig

vom Anstieg der kortikalen Latenz bzw. der zentralen Überleitungszeit bestehen. Häufig wird auch ein sehr rasch auftretender abrupter Verlust des kortikalen Potentials beobachtet (Abb. 3). Diese Variabilität erklärt sich über die individuell sehr unterschiedliche Kollateralversorgung, die wiederum sehr gut vom Anästhesisten über eine Erhöhung des systemischen Blutdrucks beeinflußt werden kann. Wenn die Beeinflussung der zerebralen Durchblutung nach Entfernung eines temporären Gefäßclips, der vom Chirurgen bewußt plaziert worden war, bzw. nach Entfernung eines nicht gut sitzenden Aneurysmaclips wieder normalisiert ist, kommt es in der Regel zu einer Normalisierung der erhöhten CCT-Werte und zu einer Erholung der kortikalen SEP [13, 29, 36, 57, 66].

Die Erholungszeiten schwanken zwischen 10 und 40 min in Abhängigkeit davon, wie signifikant die Ischämie war. Es spricht sehr viel dafür, daß nach einem Potentialverlust durchaus noch eine Sicherheitsmarge von mindestens 10–15 min vorhanden ist. Es gibt Berichte in der Literatur, daß auch Potentiale, die für ½ h verloren waren, sich hinterher sehr gut erholen können, und daß dies nicht mit einer neurologischen Störung verbunden sein muß.

Wir überblicken jetzt eine Serie von über 282 überwachten Aneurysmen bei 226 Patienten. Dabei fanden sich signifikante SEP-Veränderungen bei 32 Aneurysmen, also 11,3 % der Fälle, meist im Zusammenhang mit versehentlicher oder beabsichtigter Gefäßverschließung. In 8,1 % dieser Fälle reagierte der Chirurg auf die SEP-Veränderungen, so daß in einem relativ hohen Prozentsatz der Fälle das SEP-Monitoring der zerebralen Aneurysmachirurgie zu einer Beeinflussung des intraoperativen Vorgehens geführt hat. Die Sensitivität des SEP-Monitorings bei den Aneurysmen war recht gut. Bei unveränderten SEP war in 93 % der Fälle auch der neurologische Zustand unverändert, während bei verschlechterten SEP eine neurologische Verschlechterung nur in ⅓ der Fälle auftrat. Das heißt, die Quote der bleibenden neurologischen Störungen ist im Fall von SEP-Veränderungen wesentlich niedriger, aber bei stabilen SEP spricht alles dafür, daß die Chance einer neurologischen Veränderung sehr niedrig ist. Von verschiedenen Autoren [13, 29, 57] wurde darauf hingewiesen, daß bei Aneurysmen im Basilariskopfgebiet neurologische Störungen nach temporärer Clippung der Gefäße auftreten können, obwohl die SEP immer normal geblieben waren. Hierfür liegt insofern ein anatomischer Grund vor, als das Gefäßversorgungsgebiet der kleineren perforierenden Äste, die bei einer solchen Clippung betroffen sein können, die sensorische Bahn nicht immer einschließt. Für den praktischen Bedarf bedeutet dies, daß der Chirurg in der Basilarischirurgie sich nach dem Setzen eines temporären Gefäßclips nicht darauf verlassen kann, daß bei stabilen SEP nichts passiert, wohl aber muß er nach Setzen eines temporären Clips mit Potentialveränderung diesen Clip revidieren.

Zusammenfassend kann man sagen, daß das SEP-Monitoring in der zerebralen Aneurysmachirurgie sich in sehr vielen Fällen als hilfreich erweist, weil es dem Operateur wertvolle Hinweise auf signifikante ischämische Episoden innerhalb der Narkose geben kann. In etwa 10% der Fälle hat es sich besonders bewährt und hat in der Tat den Ablauf des chirurgischen Vorgehens verändert, so daß man für komplexere Aneurysmen, multilobuläre Aneurysmen, Riesenaneurysmen, Operationen, bei denen mit einem Trapping oder einem langfristigen Gefäßverschluß zu rechnen ist, das SEP-Monitoring als sehr nützlich empfehlen sollte.

AEP-Monitoring

Ableitetechnik

Die Ableitetechnik entspricht im Prinzip der präoperativen Routinetechnik, außer daß statt Mastoidelektroden besser Ohrläppchenelektroden verwendet werden sollen. Man verwendet kleine Ohrhörer, die direkt in den äußeren Gehörgang eingeführt werden können. Die Reizfrequenz kann im Gegensatz zur Routinetechnik auf bis zu 22 Hz gesteigert werden, wobei intraoperativ häufig bis zu 2000 Durchläufe erforderlich sind für ein evoziertes Potential. Die Feedbackzeit beträgt daher etwa 2,5 min pro Ableitung. Wie immer soll das gegenseitige Ohr mit weißem Rauschen vertäubt werden. Bei stark veränderten AEP kann es notwendig sein, die Analysezeit auf 15 oder 20 ms auszudehnen, weil die Welle V manchmal auf über 10 ms verzögert sein kann [56].

Anwendungsgebiete

Anwendungsgebiete des AEP-Monitorings sind die Überwachung des N. akustikus bei noch hörenden Patienten mit kleinen Akustikusneurinomen oder anderen Prozessen im Brückenwinkel. Außerdem kommt die neurovaskuläre Dekompression beim Fazialistic und bei der Trigeminusneuralgie in Frage. Die Zahl der Patienten mit sehr kleinen Läsionen im Brückenwinkel hat in der Kernspinära zugenommen, so daß dieses Anwendungsgebiet in der Zukunft eher wachsen wird. Eine weitere Methode ist die Überwachung des Nervenaktionspotentials (NAP) des VIII. Hirnnerven über eine Elektrode, die intraoperativ direkt an das Eintrittsgebiet

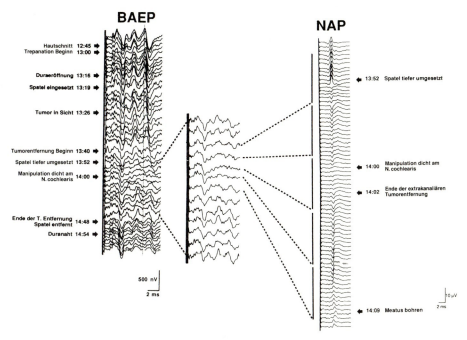

Abb. 4. Operation eines kleinen Akustikusneurinoms bei einem noch hörenden Patienten mit gut erhaltenen AEP. Es entwickelt sich langsam eine Zunahme der Latenz des Gipfels V, der schließlich mit Beginn der Tumorentfernung langsam verlorengeht (*linke Kurvensäule*). Auf der *mittleren Kurvensäule* sieht man eine weiter auseinandergezogene Wiedergabe der AEP-Verläufe zwischen 13 Uhr 52 und 14 Uhr 48 mit dem Verlust der Welle V. Diese kritische Phase, in der die Welle V verlorengeht, ist wiederum in der *rechten Kurvensäule* anhand der einzelnen NAP vom VIII. Hirnnerven genau dargestellt. Man erkennt hier, daß das große negative Aktionspotential um 13 Uhr 52 beim Tiefersetzen des Spatels sich in ein positiv gefärbtes Verletzungspotential des Hirnnerven umwandelt. Ganz am Ende der Operation, bevor der intrameatale Teil beginnt, hat sich dieses wieder in ein typisches negatives Potential verwandelt. Die unterschiedliche Zeitauflösung in den 3 Kurvensäulen sollte beachtet werden. Passend zur Rückverwandlung des Verletzungspotentials in ein überwiegend negatives Aktionspotential im VIII. Hirnnerven taucht bei den AEP wieder die V. Welle auf

des VIII. Hirnnerven im Hirnstamm gelegt wird (Abb. 4) [35]. Das AEP-Monitoring kann natürlich nur sinnvoll durchgeführt werden, wenn der Patient trotz seiner Brückenwinkelläsion noch die Welle V oder mindestens die Welle I des AEP hat. Darüber hinaus kann die Hirnstammfunktion durch AEP, dann besser beidseits, überwacht werden. Auch vertebrobasiläre Aneurysmen können durch AEP-Monitoring überwacht werden.

Klinische Ergebnisse des AEP-Monitorings

Die normalen intraoperativen Manipulationen wie die Kleinhirnretraktion verursachen typische Latenz- und Amplitudenveränderungen. Die Erfahrung mit Brückenwinkeltumoren bei noch hörenden Patienten zeigte, daß besonders die Manipulation im Meatus internus sowie die Präparation der Tumorkapsel im hinteren Bereich in der Nähe des N. akustikus zu Veränderungen der Potentiale führen können. Hat man aber stabile AEP während der gesamten Tumoroperation, so hat man bezüglich der Hörfunktion eine gute Prognose und natürlich auch erst recht bezüglich der Hirnstammfunktionen [40, 44]. Eine Analyse unserer eigenen Ergebnisse [67] läßt die Schlußfolgerung zu, daß die Wellen I und V relativ zuverlässige Prädiktoren für das postoperative Hörvermögen sind. Der Verlust der Welle I ging in 15 von 19 Fällen (79%) der Verlust der Welle V in 16 von 20 Fällen (80%) mit postoperativer Ertaubung einher. Ein Hörverlust wurde aber auch gesehen bei 4 von 70 Fällen mit erhaltener Welle I und bei 2 von 75 Fällen mit erhaltener Welle V (6% bzw. 2,7%). Für die Welle I bedeutet dies eine falsch-positive Rate von 21% und 6% falsch-negative Fälle. Bei Welle V handelt es sich um 20% falsch-positive und 3% falsch-negative Fälle. Die prognostische Aussage des Wellenerhalts ist also keine absolute,

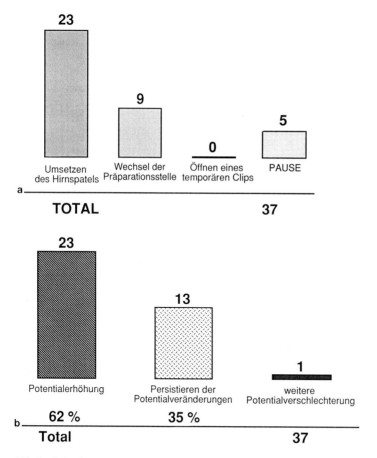

Abb. 5a, b. In einer Serie von 135 Brückenwinkelprozessen war bei 37 Patienten eine Potentialveränderung Ursache für eine Reaktion des Chirurgen. In a wird die unterschiedliche Reaktion wiedergegeben, b zeigt die Ergebnisse der Reaktion des Chirurgen bezogen auf die evozierten Potentiale. Diese Abbildung zeigt, daß auch bei der Tumorchirurgie Reaktionen des Chirurgen durchaus möglich sind und sich positiv auf die abgeleiteten Potentiale auswirken können

aber sie läßt eine sehr große Wahrscheinlichkeit für einen postoperativen Hörerhalt annehmen, wenn die Wellen erhalten geblieben waren. Erwähnt werden muß noch, daß ein Verlust der Welle V immer wieder auch reversibel war, d. h. daß es noch intraoperativ zu einem Wiederauftauchen der Welle V kam. Die Welle I hingegen war in der Regel irreversibel verloren, wenn sie einmal verlorengegangen war.

Einschränkend muß angemerkt werden, daß ein hoher Prozentsatz von Patienten mit Brückenwinkeltumoren, besonders Akustikusneurinomen, mit einer Tumorgröße von mehr als 2 $^1/_2$ cm entweder sehr schlechte oder gar keine AEP mehr haben, so daß hier die Möglichkeit des ipsilateralen Monitorings nicht mehr gegeben ist. Die Möglichkeit des Neurochirurgen, bei einer Tumoroperation sich durch die AEP-Veränderungen leiten zu lassen, sind zwar gegeben, aber relativ eingeschränkt. In erster Linie kann die aktuelle Stelle der Tumorpräparation verlagert werden, und es kann viel durch Veränderung des Spateldrucks erreicht werden (Abb. 5a, b).

Immerhin konnte bei 23 von 37 Patienten eine Potentialerholung beobachtet werden, wenn der Neurochirurg auf Potentialveränderungen reagierte.

Bei den neurovaskulären Dekompressionen im Brückenwinkel erscheint das Monitoring des Hörnerven besonders wichtig, weil bei diesen Operationen Hörverluste mit einer Inzidenz von 2,8–8 % berichtet worden sind [34, 35].

Zusammenfassend kann man sagen, daß das BAEP-Monitoring ein typisches Anwendungsgebiet ist, wo die intraoperative Neurophysiologie dem Chirurgen viel geholfen hat, die Pathophysiologie perioperativer Hirnnervenausfälle zu verstehen, weil das chirurgische Manöver, das zum Verlust der Potentiale geführt hat, oft genau identifiziert werden kann. Außerdem gibt es bei ca. 20 % der Fälle Situationen, bei denen das Monitoring wegen Potentialveränderungen zu einer Überprüfung des Situs und ggf. des Vorgehens führt. Darüber hilft das Monitoring, die Denkweise des Chirurgen auf eine mehr funktionelle und nicht mehr rein morphologische umzustellen.

Akustikusmonitoring mit Nervenaktionspotentialen

Das Monitoring der Akustikusfunktion über eine im Feld liegende Dochtelektrode am Akustikus ist nur bei kleinen Läsionen möglich. Es hat den Vorzug, daß es sehr rapide ein Feedback erlaubt, weil man nach 10–15 s ein Potential erhält [35]. Wir verfügen über eine beschränkte Erfahrung mit der simultanen Ableitung von Nervenaktionspotentialen und AEP bei mittlerweile 24 Patienten mit kleinen Akustikusneurinomen (Abb. 4). Hierbei zeigte sich, daß das NAP etwa 10- bis 15mal schneller als das AEP abgeleitet werden kann. Wir hatten auch einige Fälle dabei, in denen nach Verlust des AEP durchaus noch ein Nervenaktionspotential erhältlich war. Es ist zum gegenwärtigen Zeitpunkt aber noch nicht abzuschätzen, ob das Echtzeitmonitoring bei NAP-Ableitung, durch die klinische Erfahrung des Operateurs unterstützt, einen großen Gewinn darstellt.

Motorische Monitoring

Der Bedarf nach einem Monitoring der motorischen Bahnen ist evident, denn das SEP-Monitoring erfaßt im engeren Sinne natürlich nur aufsteigende Bahnensysteme und nicht auch deszendierende Bahnen. Es ist denkbar, daß es zu einer isolierten Läsion sensorischer oder motorischer Bahnen bei spinalen Verletzungen kommt [15, 27]. Eigene Erfahrungen mit MEP-Überwachung bei 122 Patienten mit neurochirurgischen Operationen in der hinteren Schädelgrube und am Rückenmark mit unterschiedlichen Ableitestellen entlang der Rückenmarkachse und der Extremitätenmuskulatur nach elektrischen Stimulationen legen den Schluß nahe, daß das MEP-Monitoring einen gewissen Wert für die Beurteilung der motorischen Bahnensysteme hat. So lag eine gute Korrelation vor zwischen dem Vorhandensein einer mindestens 50%igen Amplitudengröße (gemessen am Ausgangswert) der MEP und dem fehlenden motorischen Defizit am Ende der Operation. Bei 5 Fällen kam es zu einem intraoperativen MEP-Verlust, und jedes Mal lagen schwere postoperative motorische Defizite vor. Nur eine falsch-negative Ableitung war in den 122 Fällen enthalten [68, 69]. Es gibt schon einige Berichte, die vom MEP-Monitoring bei orthopädischen, neurochirurgischen und verschiedenen Gefäßoperationen berichten [3, 11, 24, 28, 65].

Die Erzeugung motorisch evozierter Potentiale kann auf verschiedenen Wegen erreicht werden. Die Stimulation kann transkraniell oder direkt auf den Motorkortex erfolgen. Es können Einzel- oder wiederholte Reize benutzt werden, und die Reizantworten können entweder von den Extremitätenmuskeln, über den peripheren Nervenstämmen oder sogar im Epiduralraum abgeleitet werden. Beim intraoperativen Monitoring wird die elektrische Stimulation bevorzugt, weil sie auch unter Narkose reproduzierbare D-Wellen erzeugt. Wir haben mittlerweile auch sehr gute Erfahrungen mit der direkten kortikalen Stimulation bei intrakraniellen Eingriffen gemacht, wobei dann gute Potentiale von den kleinen Handmuskeln abgeleitet werden können [61].

Gewisse Einschränkungen müssen aber gemacht werden: Zum einen ist die magnetische Stimulation unter Narkosebedingungen praktisch nicht möglich, obwohl dies von ein oder zwei Arbeitsgruppen behauptet wird [2, 62]. Andererseits sollte zum gegenwärtigen Stand nur eine vorsichtige Einschätzung des Wertes des MEP-Monitoring abgegeben werden. Bei den bisher veröffentlichten Serien scheinen schwere motorische Defekte noch nicht durch das Monitoringverfahren erfaßt worden zu sein. Geringgradige oder flüchtige motorische Verschlechterungen können im Einzelfall durchaus mal mit unveränderten motorischen Potentialen aus dem spinalen Epiduralraum beobachtet werden. Es sind Fälle beobachtet worden, bei denen es zu Veränderungen oder sogar Potentialverlusten gekommen ist, die sich noch intraoperativ wieder zurückgebildet haben. In solchen Fällen wurde postoperativ keine neurologische Verschlechterung gesehen.

Die gegenwärtige Situation mit dem MEP-Monitoring ist immer noch dadurch gekennzeichnet, daß viele technische Probleme bezüglich eines sicheren und reproduzierbaren Erhaltes von motorischen Signalen unter der Narkose existieren. Auch hier wäre dann die Frage der Warnkriterien noch zu definieren.

Visuell evozierte Potentiale

Das Monitoring mit visuell evozierten Potentialen ist von der Theorie her nur mit blitzevozierten Potentialen möglich, obwohl musterevozierte Potentiale vom Prinzip her bessere VEP ergeben, mit geringeren Schwankungsbreiten bei den Normalwerten für Amplituden und Latenzen. In der älteren Literatur gibt es einige Fallberichte, die zunächst sehr positiv klangen, aber insgesamt stehen nur 5 größere detaillierte Studien über das intraoperative VEP-Monitoring zur Verfügung. Überwiegend werden Variabilität und mangelnde Aussagefähigkeit betont [43], lediglich ein Autor [8] sah darin einen Nutzen. Eigene Untersuchungen [6, 7] bestätigten die ausgeprägten Spontanschwankungen der blitz-evozierten VEP, die durch die Narkose und durch operative Manipulation erheblich zunehmen. Daher muß schlußgefolgert werden, daß die blitz-evozierten VEP für die intraoperative Anwendung keine ausreichend zuverlässigen Resultate liefern und daß das VEP-Monitoring sich als nicht machbar erwiesen hat.

Abschließende Bemerkungen und Ausblick

Das Konzept der intraoperativen neurophysiologischen Überwachung ist nach wie vor faszinierend, und die Entwicklung auf diesem Gebiet ist immer noch nicht abgeschlossen. Die Faszination wird vor allen Dingen dadurch begründet, daß es mit Ausnahme des Wake-up-Testes für spinale Operationen praktisch keinerlei Ersatz für das Konzept des neurophysiologischen Monitorings gibt. Nur das intraoperative neurophysiologische Monitoring eröffnet die Möglichkeit, gefährliche Perioden der Manipulation in der Narkose (z. B. temporäre Gefäßclippung bei Hirnarterien) zu überwachen.

So konnte durch die nun gut 15jährigen Erfahrungen mit dem intraoperativen Monitoring in vielen Bereichen eingesetzt und besser beschrieben werden, welche Potentialveränderungen bei bestimmten gefährlichen Operationsperioden auftreten. Das SEP-Monitoring in der Aneurysmachirurgie, das BAEP-Monitoring bei der neurovaskulären Dekompression und das BAEP-Monitoring bei hörenden Akustikusneurinompatienten hat den wichtigsten Test für jede Monitoringmethode bestanden. Es können den Patienten gefährdende Situationen besser erkannt werden, und der Operateur kann darauf reagieren. Für das SEP-Monitoring bei der Aneurysmaoperation gilt, daß besonders bei komplizierten Aneurysmafällen, bei Fällen mit geplantem temporärem oder dauerhaftem Gefäßverschluß das SEP-Monitoring außerordentlich wertvoll ist. Für das spinale Monitoring gilt, daß der Nutzen stark abhängt von der präoperativ erhältlichen Aussagequalität der Potentiale. Aber in der interventionellen Neuroradiologie und der Skoliosechirurgie, wo in der Regel intakte Rückenmarkpotentiale vorliegen, ist es ein sehr wertvolles Instrument und wird von vielen Skoliosechirurgen dem Aufwachtest vorgezogen. Beim Monitoring motorischer Bahnensysteme müssen noch viele Narkoseprobleme gelöst werden, ebenso wie verschiedene technische Voraussetzungen für die Definition von Interventionskriterien geschaffen werden müssen.

Literatur

1. Agnew WF, McCreery DB (1987) Consideration for safety in the use of extracranial stimulation for motor-evoked potentials. Neurosurgery 20:143-147
2. Berardelli A, Inghilleri M, Cruccu G, Manfredi M (1951) Corticospinal potentials after electrical and magnetic stimulation in man. In: Levy WJ et al. (eds) Magnetic motor stimulation. Basic principles and clinical experience (EEG Suppl 43). Elsevier, Amsterdam, pp 147-154
3. Boyd SG, Rothwell JC, Cowan JMA, Webb PJ, Morley T (1986) A method of monitoring functions in corticospinal pathways during scoliosis surgery with a note on motor conduction velocities. J Neurol Neurosurg Psychiat 49:251-257
4. Brown RH, Nash CL (1984) Implementation and evaluation of intraoperative somatosensory cortical potential - Procedures and pitfalls. In: Homma S, Tamaki T (eds) Fundamental and clinical application of spinal cord monitoring. Saikon, Tokyo, pp 373-384
5. Brown RH, Nash CL jr (1985) Intraoperative somatosensorisch evozierte koritkale Potentiale bei spinalen Operationen. In: Schramm J (Hrsg) Evozierte Potentiale in der Praxis. Springer, Berlin Heidelberg New York Tokyo, pp 153-182
6. Cedzich C, Schramm J, Fahlbusch R (1987) Are flash-evoked visual potentials useful for intraoperative monitoring of visual pathway function? Neurosurgery 21:709-715
7. Cedzich C, Schramm J, Mengedoht CF, Fahlbusch R (1988) Factors that limit the use of flash visual evoked potentials for surgical monitoring. Electroenc Clin Neurophysiol 71:142-145
8. Costa e Silva J, Wang AD, Symon L (1985) The application of flash visual evoked potentials during operations on the anterior visual pathways. Neurol Res 7:11-16
9. Croft TJ, Brodkey JS, Nulsen FE (1972) Reversible spinal cord trauma: A model for electrical monitoring of spinal cord function. J Neurosurg 36:402-406
10. Dinner DS, Lueders H, Lesser RP, Morris HH, Barne HG, Klem G (1986) Intraoperative spinal somatosensory evoked potential monitoring. J Neurosurg 65:807-814
11. Edmonds HL, Paloheimo MPJ, Backman MH, Johnson JR, Holt RT, Shields CB (1989) Transcranial magnetic motor evoked potentials (tcMEP) for functional monitoring of motor pahtways during scoliosis surgery. Spine 14:683-686
12. Frazier WT, Odom SH, Biggs BD (1984) Anesthetic technique for spinal cord monitoring. In: Schramm J, Jones SJ (eds) Spinal cord monitoring. Springer, Berlin Heidelberg New York Tokyo, pp 69-81
13. Friedman WA, Kaplan BL, Day AL, Sypert GW, Curran MT (1981) Evoked potential monitoring during aneurysm operation: Observations after fifty cases. Neurosurgery 20:678-687
14. Friedman WA, Kaplan BJ, Gravenstein D, Rhoton AL (1985) Intraoperative brainstem auditory evoked potentials during posterior fossa microvascular decompression. J Neurosurg 62:552-557
15. Ginsburg HH, Shetter AG, Raudzens PA (1985) Postoperative paraplegia with preserved intraoperative somatosensory evoked potentials. J Neurosurg 63:296-300
16. Gonzalez EG, Hajdu M, Keim H, Brand L (1984) Quantification of intraoperative somatosensory evoked potential. Arch Phys Med Rehabil 65:721-725
17. Grundy BL (1982) Monitoring of sensory evoked potentials during neurosurgical operations: Methods and applications. Neurosurgery 11:556-575
18. Hume AL, Durkin MA (1986) Central and spinal somatosensory conduction times during hypothermic cardiopulmonhary bypass and some observations on the effect of fentanyl and isoflurane anesthesia. Electroencephalogr Clin Neurophysiol 65:46-58
19. Jellinek D, Jewkes D, Symon L (1991) Noninvasive intraoperative monitoring of motor evoked potentials under propofol anesthesia: effects of spinal surgery on the amplitude and latency of motor evoked potentials. Neurosurgery 29:551-557
20. Jellinek D, Platt M, Jewkes D, Symon L (1991) Effects of nitrous oxide on motor evoked potentials recorded from sceletal muscle in patients under total anesthesia with intravenously administered propofol. Neurosurgery 29:558-562

21. Jones SJ, Carter L, Edgar MA, Morley T, Ransford AO, Webb PJ (1985) Experience of epidural spinal cord monitoring in 410 cases. In: Schramm J, Jones SJ (eds) Spinal cord monitoring. Springer, Berlin Heidelberg New York Tokyo, pp 215–220
22. Jones SJ, Howard L, Shakwat F (1988) Criteria for detection and pathological significance of response decrement during spinal cord monitoring. In: Ducker TL, Brown RH (eds) Neurophysiology and standards in spinal cord monitoring. Springer, Berlin Heidelberg New York Tokyo, pp 201–206
23. Keller BP, Haghighi SS, Oro JJ, Eggers GWN (1992) The effects of propofol anesthesia on transcortical electric evoked potentials in the rat. Neurosurgery 30:557–560
24. Kitagawa H, Itoh T, Takano H, Takekuwa K, Yamamoto N, Yamada H (1989) Motor evoked potential monitoring during upper spine surgery. Spine 14:1078–1083
25. Koht A (1988) Anesthesia and evoked potentials: an overview. Int J Clin Monit Comput 5:167–173
26. Koht A, Sloan T, Ronai A, Toleikis JR (1985) Intraoperative deterioration of evoked potentials during spinal surgery. In: Schramm J, Jones SJ (eds) Spinal cord monitoring. Springer, Berlin Heidelberg New York Tokyo, pp 161–166
27. Lesser RP, Raudzens PA, Lueders H et al. (1986) Postoperative neurological deficits may occur despite unchanged intraoperative somatosensory evoked potentials. Ann Neurol 19:22–25
28. Levy WJ (1987) Clinical experience with motor and cerebellar evoked potential monitoring. Neurosurgery 20:169–182
29. Little JR, Lesser RP, Lueders H (1987) Electrophysiological monitoring during basilar aneurysm operaton. Neurosurgery 20:421–427
30. Maccabee PJ, Levine DB, Pinkhasov EI, Cracco RQ, Tsairis P (1983) Evoked potentials recorded from scalp and spinous processes during spinal column surgery. Electroenc Clin Neurophysiol 56:569–582
31. Macon JB, Poletti CE, Sweet WH, Ojemann RG, Zervas N (1982) Conducted somatosensory evoked potentials during spinal surgery. Part 2: Clinical applications. J Neurosurg 57:354–359
32. McPherson RW, Mahla M, Johnson R, Traystman RJ (1985) Effects of enflurane, isoflurane and nitrous oxide on somatosensory evoked potentials during fentanyl anesthesia. Anesthesiology 62:626–633
33. McWilliam RC, Conner AN, Pollock JCS (1985) Cortical somatosensory evoked potentials during surgery of scoliosis and coarctation of the aorta. In: Schramm J, Jones SJ (eds) Spinal cord monitoring. Springer, Berlin Heidelberg New York Tokyo, pp 167–172
34. Moller A (1988) Evoked potentials in intraoperative monitoring. Williams & Wilkins, Baltimore
35. Moller AT, Jannetta PJ (1991) Compound action potentials recorded intracranially from the auditory nerve in man. Exp Neurol 74:862–874
36. Momma F, Wang AD, Symon L (1987) Effects of temporary arterial occlusions on somatosensory evoked response in aneurysm surgery. Surg Neurol 27:343–352
37. Narayan PV, Gilmour MP, Lloyd AJ, Dahn MS, King SD (1985) An assessment of the variability of early scalp-components of the somatosensory evoked response in uncomplicated, unshunted carotid endarterectomy. Clin Electroenc 3:157–160
38. Nuwer MR (1986) Evoked potential monitoring in the operating room. Raven, New York, pp 1–4
39. Nuwer MR, Carlson LG : A multi-center survey of spinal cord monitoring outcome. Vortrag auf 4. International Spinal Cord Monitoring Symposium, London, Juni 1992. Erscheint in: Proceedings of the 4th International Spinal Cord Monitoring Symposium, Kluwer
40. Ojemann RG, Levine RA, Montgomery WM, McGraffigan P (1984) Use of intraoperative auditory evoked potentials to preserve hearing in unilateral acoustic neuroma removal. J Neurosurg 61:938–948
41. Pathak KS, Brown RH, Cascorbi HF, Nash CL (1984) Effects of fentanyl and morphine on intraoperative somatosensory cortical evoked potentials Anaesth Analg 63:833–837
42. Prevec T (1980) Effect of valium on the somatosensory evoked potentials. Prog Clin Neurophysiol 7:311–318

43. Raudzens PA (1982) Intraoperative monitoring of evoked potentials. Ann NY Acad Sci 388:308–326
44. Raudzens PA, Shetter AG (1982) Intraoperative monitoring of brain-stem auditory evoked potentials. J Neurosurg 57:341–348
45. Russ W, Krummholz W (1984) Monitoring in der Carotischirurgie mit somatosensorisch evozierten Potentialen (SEP). Anaesthesist 33:475
46. Russ W, Thiel A, Gerlach H, Hempelmann G (1985) Die Wirkung von Lachgas und Halothan auf somatosensorisch evozierte Potentiale nach Stimulation des Nervus medianus. Anaesth Intensivth Notfallmed 20:186–192
47. Ryan TP, Britt RH (1985) Spinal and cortical somatosensory evoked potential monitoring during corrective spinal surgery with 108 patients. Spine 11:352–361
48. Samra SK, Lilly DJ, Rush NL, Kirsch MM (1984) Fentanyl anesthesia and human brainstem auditory evoked potentials. Anesthesiology 61:261–265
49. Schmid UB, Boll J, Liechti S, Schmid J, Hess CW (1992) Influence of some anesthetic agents on muscle responses to transcranial magnetic cortex stimulation: a pilot study in humans. Neurosurgery 30:85–92
50. Schramm J (1985) Spinal cord monitoring: current status and new developments. CNS Trauma 2:207–225
51 Schramm J (1989) Intraoperative monitoring with evoked potentials in cerebral vascular surgery and posterior fossa surgery. In: Desmeth JE (ed) Neuromonitoring in Surgery. Elsevier Science Publishers, pp 243–262
52. Schramm J, Jones SJ (eds) (1985) Spinal cord monitoring. Springer, Berlin Heidelber New York Tokyo
53. Schramm J, Kurthen M (1992) Recent developments in neurosurgical spinal cord monitoring. Paraplegia 30:609–616
54. Schramm J, Romstöck J, Thurner F, Fahlbusch R (1985) Variance of latencies and amplitudes in SEP monitoring during operation with and without cord manipulation. In: Schramm J, Jones SJ (eds) Spinal cord monitoring. Springer, Berlin Heidelberg New York Tokyo, pp 186–196
55. Schramm J, Romstöck J, Watanabe E (1986) Intraoperative Rückenmarkmonitoring: Eigene Ergebnisse und Bestandsaufnahme. Z Orthopäd 124:671–682
56. Schramm J, Watanabe E, Strauss C, Fahlbusch R (1989) Neurophysiologic monitoring in posterior fossa surgery. I. Technical principles, applicability and limitations. Acta neurochir 98:9–18
57. Schramm J, Koht A, Schmid G, Pechstein U, Taniguchi M, Fahlbusch R (1990) Surgical and electrophysical observations during clipping of 134 aneurysms with evoked potential monitoring. Neurosurgery 26:61–70
58. Sebel PS, Flynn PJ, Ingram DA (1984) Effect of nitrous oxide on visual, auditory and somatosensory evoked potentials. Br J Anaesth 56:1403–1407
59. Sloan TB, Koht A (1985) Depression of cortical somatosensory evoked potentials by nitrous oxide. Br J Anaesth 57:849–852
60. Taniguchi M, Nadstawek J, Pechstein U. Schramm J (1992) Total intravenous anesthesia for improvement of intraoperative monitoring of somatosensory evoked potentials during aneurysm surgery. Neurosurgery 31:891–897
61. Taniguchi M, Cedzich C, Schramm J (1993) Modification of cortical stimulation for motor evoked potentials under general anesthesia: technical description. Neurosurgery 32:219–226
62. Thompson PD, Day BL, Crockard HA, Calder I, Murray NMF, Rothwell JC (1991) Intraoperative recording of motor tract potentials at the cervico-medullary junction following scalp electrical and magnetic stimulation of the motor cortex. J Neurol Neurosurg Psychiat 54:618–623
63. Thurner F, Schramm J (1986) Perioperative Registrierung somatosensorisch evozierter Potentiale bei intrakraniellen Gefäßmißbildungen. Anästh Intensivmed 27:42–46
64. Thurner F, Schramm J, Romstöck J, Pasch T (1987) Wirkung von Fentanyl und Enfluran auf sensorisch evozierte Potentiale des Menschen in Flunitrazepam/N_2O-Basisnarkose. Anaesthesist 36:548–554

65. Tsubokawa T, Yamamoto T, Hirayama T, Maejima S, Katayama Y (1986) Clinical application of corticospinal evoked potentials as a monitor of pyramidal function. Nikon Univ J Med 28:27–37
66. Wang AD, Cone J, Symon L, Costa e Silva JE (1984) Somatosensory evoked potential monitoring during the management of aneurysmal SAH. J Neurosurg 60:264–268
67. Watanabe E, Schramm J, Strauss C, Fahlbusch R (1989) Neurophysiologic monitoring in posterior fossa surgery. II. BAEP-waves I and V and preservation of hearing. Acta Neurochir 98:118–128
68. Zentner J (1989) Noninvasive motor evoked potential monitoring during neurosurgical operations on the spinal cord. Neurosurgery 24:709–712
69. Zentner J (1991) Motor evoked potential monitoring during neurosurgical operations on the spinal cord. Neurosurg Rev 14:29–36
70. Zentner J (1991) Motor evoked potential monitoring in operations on the brainstem and posterior fossa. In: Schramm J, Moller AR (eds) Intraoperative electrophysiological monitoring. Springer, Berlin Heidelberg New York Tokyo, pp 95–105
71. Zentner J, Ebner A (1989) Nitrous oxide suppresses the electromyographic response evoked by electrical stimulation of the motor cortex. Neurosurgery 24:60–62
72. Zentner J, Albrecht T, Heuser D (1992) Influence of halothane, enflurane, and isoflurane on motor evoked potentials. Neurosurgery 31:298–305

Erweitertes anästhesiologisches Monitoring bei speziellen Eingriffen am ZNS

H. Strauss

Konventionelles Anästhesiemonitoring umfaßt die Überwachung von Vitalfunktionen unserer Patienten mit dem Ziel, Änderungen und Gefahren frühzeitig zu erkennen, entsprechende Schritte zu deren Verhinderung einzuleiten und den Erfolg an der Messung entsprechender Vitalparameter zu verifizieren.

Es sollen im folgenden 2 Parameter besprochen werden, die i. allg. als vernachlässigbar und wenig beachtenswert eingestuft werden, aber gerade im Bereich der Neurochirurgie unter dem Aspekt des neurophysiologischen Monitoring an Bedeutung gewinnen. Weiter sollen exemplarisch einzelne Operationstechniken und deren spezielle Anforderungen an anästhesiologisches Monitoring aufgezeigt werden. Abschließend werden neuere Probleme besprochen, die sich in 2 Randgebieten aus den Bereichen der Neurochirurgie und Neurologie in den letzten Jahren ergeben haben.

Temperatur

Ein Vitalparameter, dem leider – vielleicht wegen seiner scheinbaren Banalität – viel zu wenig Beachtung geschenkt wird, ist die Körpertemperatur. Die Problematik ist allgemein geläufig: es kommt im zeitlichen Verlauf von Eingriffen zu einem Abfall der Körpertemperatur; insbesondere bei Kindern genügen hierfür kurze Operationszeiten, aber auch beim Erwachsenen kommt es bei den langdauernden Eingriffen der Neurochirurgie zu Hypothermiephasen [16]. Die Folgen betreffen Veränderungen im Metabolismus, im Säure-Basen-Haushalt und bei der Gerinnung [17].

Ein besonderes Gewicht hat die Temperaturänderung auch bei der Ableitung evozierter Potentiale. Mit sinkender Körperkerntemperatur verlängert sich durch die Abnahme der Reizleitungsgeschwindigkeit die Latenz der Potentiale z.T. erheblich. Leider ist dieser Effekt nicht streng korreliert, so daß eine Umrechnung der bei erniedrigter Temperatur erhaltenen Werte auf Daten der Normothermie nicht möglich ist. Somit kann eine Veränderung evozierter Potentiale nicht nur einen verschlechterten Zustand des Patienten signalisieren, was weitreichende Konsequenzen aus operationstaktischer Sicht bedeuten kann, sondern u. U. auch ein Spiegelbild der abgefallenen Körpertemperatur sein. Es ist somit erforderlich, die Körperkerntemperatur und, falls möglich, auch die Temperatur der Peripherie zu überwachen, um Änderungen zu erkennen, Fehlinterpretationen zu vermeiden und die nötigen Maßnahmen zur Erhaltung der Körperwärme in die Wege leiten zu können.

Verfahren zur Überwachung
- Messung der Körperkerntemperatur
  - Ösophagus/Gehörgang/A. pulmonalis;
- Messung der peripheren Körpertemperatur
  - Rektum/Blase/Haut.

Maßnahmen zur Wärmeerhaltung
- Verlustminderung durch
  - Anhebung der Raumtemperatur,
  - Erwärmung der Infusionslösungen,
  - Erwärmung der Atemgase (geschlossenes System);
- passive Erwärmung durch
  - Aluminiumfolien („Rettungsdecken")
  - Stofftücher/Wattepackungen;
- aktive Erwärmung durch
  - Heizmatte (wasserdurchströmt)
  - Wärmematte (konvektive Warmluft).

Für den Bereich der Körperkerntemperatur bietet sich die Messung im Ösophagus retrokardial an oder auch die Erfassung in der A. pulmonalis durch den Thermistor des einliegenden Pulmonaliskatheters. Gerade bei Kleinkindern ermöglicht die neu auf dem Markt befindliche Kombination aus ösophagealem Stethoskop und Temperatursonde die Erfassung von Herzgeräuschen und Temperatur ohne zusätzliche Belastungen. Viel zu wenig bekannt und genutzt hingegen wird die Messung der Temperatur im äußeren Gehörgang, da die Temperatur hier durch die in unmittelbarer Nähe vorbeilaufende A. carotis interna praktisch der Temperatur des strömenden Blutes und damit der des Gehirns selbst am besten entspricht. Die praktische Anwendung ist ohne jeden Aufwand mit den üblichen Sensoren problemlos möglich, und die Risiken beschränken sich auf Verletzungen des Trommelfells bei fälschlich zu tiefer Einführung der Sonde; einzig limitierender Faktor ist die gleichzeitige beiderseitige Applikation von akustischen Reizen im Rahmen der Ableitung akustisch evozierter Potentiale. Die Temperatur der Körperperipherie kann im Rektum und auf der Haut gemessen werden, wobei in letzter Zeit durch das Vorhandensein von Blasenkathetern mit integriertem Sensor der Meßort Harnblase an Bedeutung gewinnt.

Bei längerdauernden Eingriffen kommt es häufig zu einem biphasischen Verlauf der Körpertemperatur. Es findet sich zunächst ein Abfall der Temperatur um mehrere Grad durch die lagerungsbedingten Manipulationen am entkleideten Patienten, bis sich nach dem Abdecken mit sterilen Tüchern ein Gleichgewichtszustand mit erniedrigter Temperatur entwickeln kann; erst nach mehreren Stunden kommt es durch verminderten Verlust und gesteigerte Wärmeproduktion zu einem langsamen Anstieg der Temperatur. Am einfachsten kann ein Wärmeverlust vermindert werden durch die Erhöhung der Raumtemperatur im Operationssaal, die i. allg. bei 18–21°C liegt. Aus den Erfahrungen der Lebertransplantationschirurgie ergibt sich, daß bei einer angehobenen Raumtemperatur zwischen 26 und 28°C einer Auskühlung des entkleideten Patienten wirksam begegnet werden kann. Dieses Vorgehen findet seine Grenzen bei den Arbeitsbedingungen des Personals und den hygienischen Bedenken bezüglich des Bakterienwachstums. Eine passive Erwärmung kann durch eine Verminderung der Wärmeabstrahlung und Konvektion erreicht werden; bekannteste Maßnahmen sind die Abdeckung des Patienten durch Stofftücher oder Wattepackungen und insbesondere durch metallbedampfte Kunststoffolien (sog. „Rettungsdecken"). Es muß jedoch darauf geachtet werden, daß die üblicherweise benutzten Standardaluminiumfolien an ihrer Oberfläche elektrisch leitfähig sind und durch Kontakt mit den Stimulations- oder Ableitelektroden ein Kurzschluß entsteht, bei dem eine Potentialmessung unmöglich wird.

Zur aktiven Erwärmung werden zumeist konventionelle wasserdurchströmte Wärmematten eingesetzt, wobei durch die begrenzte Auflagefläche, z. B. bei sitzender Lagerung, nur ein eingeschränkter Effekt zu erwarten ist. Bessere Ergebnisse bringen in dieser Hinsicht luftdurchströmte Wärmematten (z. B. Warmtouch, Fa. Mallinckrodt), die nach dem Prinzip der Haartrockenhaube über den Patienten gelegt werden und diesen mit einem Mikroklima erhöhter Temperatur umgeben, ohne den ganzen Operationssaal aufzuheizen. Eingehende Untersuchungen zur Problematik der Keimverfrachtung durch die Luftströmung und einer damit möglicherweise zusammenhängenden Infektionsgefahr stehen z. Z. noch aus.

Relaxometrie

Ebenfalls vernachlässigt wird häufig die Relaxometrie. Die Problematik besteht darin, daß es bei Ableitung peripherer Muskelantworten nach transkranieller Stimulation oder direkter Nervenreizung Schwierigkeiten geben kann. Dies gilt z. B. bei Eingriffen am Kleinhirnbrückenwinkeltumor für den N. facialis oder bei Operationen im Rückenmarkbereich. Hier steht die bisher konventionell geführte Narkose mit Hypnose, Analgesie und Muskelrelaxation im Widerspruch zur Anforderung des Operateurs nach einer normal erregbaren neuromuskulären Struktur. Ein weiteres Problem in der postoperativen Phase ergibt sich daraus, daß gerade bei Eingriffen in der hinteren Schädelgrube und am Hirnstamm eine zentral bedingte Atemdepression bei früher Extubation des Patienten sicher unterschieden werden muß von einer möglicherweise überhängenden neuromuskulären Relaxation. Die Konsequenzen für den Anästhesisten bestehen aus einem zeitgerechten Einsatz der Relaxanzien, welcher durch Relaxometrie überwacht wird. Dies setzt jedoch voraus, daß der Narkosearzt mit dem operativen Fortgang vertraut ist und bei Änderungen frühzeitig informiert wird, damit zum Zeitpunkt der Stimulation eine neuromuskuläre Erregbarkeit sichergestellt ist und ein Stimulationserfolg zuverlässig nachgewiesen werden kann. Folgende Übersicht zeigt Verfahren der Relaxometrie:

Verfahren der Relaxometrie
- perkutane Elektrostimulation:
  - N. ulnaris,
  - N. tibialis;
- „train of four" (TOF);
- „double burst stimulation" (DBS);
- posttetanische Potenzierung (PTC).

Praktisches Vorgehen
- Einsatz kurz- bis mittellang wirkender Relaxanzien,
- Verzicht auf höhere Konzentrationen volatiler Anästhetika,
- Verzicht auf hohe Dosen von Benzodiazepinen.

Sie bedient sich in aller Regel der perkutanen Elektrostimulation des N. ulnaris oder des N. tibialis, wobei zumeist die Technik des „train of four" (TOF) ausreichend ist; ist mit diesem Vorgehen keine Messung möglich, so kann neben der „double burst stimulation"-Technik (DBS) insbesondere die posttetanische Potenzierung, der „posttetanic count" (PTC), eingesetzt werden um abschätzen zu können, wann mit der Rückkehr der neuromuskulären Erregungsantwort zu rechnen ist.

Eine gute Steuerbarkeit ergibt sich aus dem Einsatz kurz- bis maximal mittellang wirkender Relaxanzien (z. B. Vecuronium oder Atracurium) in Anpassung an den Operationsfortgang sowie im Verzicht auf volatile Anästhetika in höheren Konzentrationen ($>0{,}5$ MAC) und Benzodiazepine in hohen Dosierungen, da diese Substanzen ebenfalls die neuromuskuläre Erregbarkeit beeinflussen.

Sitzende Lagerung

Die neurochirurgische Lagerungsvariante mit der höchsten Anforderung an den Anästhesisten stellt wohl die sitzende Lagerung dar [5, 8, 10, 13]. Wenngleich dieses Vorgehen für den Operateur einige Vorteile bieten soll, gibt es dennoch eine ganze Reihe von neurochirurgischen Zentren, die auf diese Form der Lagerung verzichten können und statt dessen in Kopf-tief-Seitenlage des Patienten oder in Bauchlage mit stark flektiertem Kopf operieren. Demgegenüber gibt es jedoch bei der sitzenden Lagerung eine ganze Reihe von Risiken und Problemen, die der Narkosearzt kennen und berücksichtigen muß. Zunächst müssen die hämodynamischen Änderungen beim Aufrichten des Patienten aus der horizontalen Lage in die sitzende Position bei gleichzeitig durch den Narkoseeinfluß ausgeschalteten Kompensationsmöglichkeiten angeführt werden [14, 15].

Dieser Effekt tritt bei der klassischen sitzenden Lagerung (Oberkörper senkrecht) ausgeprägter auf als bei der modifizierten „Badewannenlagerung" (Oberkörper in der Schräge aus der Horizontalen angehoben). Die Konsequenz hieraus lautet, daß jede Lagerungsänderung, insbesondere aber die Aufrichtung aus der Horizontalen, nur unter dem invasiven Monitoring der arteriellen Druckmessung und EKG-Überwachung erfolgen darf. Die zweite Problematik, die i. allg. unterbewertet wird, da sie nicht ins Auge springt, ist das Auftreten von Lagerungsschäden [10, 14]. Hier ist man auf den kritischen Blick des Anästhesisten angewiesen, der die gefährdeten Areale (N. pernonaeus, N. ischiadicus, Nerven der oberen Extremität etc.) fortlaufend überprüft.

Luftembolie

Die dritte und größte Risikogruppe sind die Luftembolien, die uns zwingen müssen, jede noch so kleine Lufteindringung im Frühstadium zu detektieren und zu verhindern, bevor es zu hämodynamisch wirksamen oder gar letalen Ereignissen kommt [1, 6, 14, 15]. Die Luftembolie entsteht in sitzender Position durch den Lufteintritt in eröffnete Gefäße im Bereich der Haut und der Subkutis, durch eröffnete Venen im Kalotte-Diploe-Bereich sowie durch Lufteindringung in meningeale und zerebrale Gefäße wie folgende Übersicht zeigt.

Ursachen der Luftembolie
- Lufteintritt in eröffnete venöse Gefäße durch hydrostatische Druckdifferenz:
  – kutane, subkutane Gefäße,
  – Diploevenen,
  – meningeale, zerebrale Gefäße.

Es erscheint zunächst unverständlich, daß auch kutane und subkutane Gefäße Anlaß für eine Luftembolie sein können, denkt man doch zunächst an die Eröffnung intrakranieller Venen, aber eine ganze Reihe von Berichten dokumentiert gefährliche Luftembolien bereits beim Durchtrennen der Haut. Die wirksame hydrostatische Druckdifferenz ergibt sich in der sitzenden Lagerung aus dem Herzniveau und der Schädelbasis, so daß sich eine rechnerische Druckdifferenz im klappenlosen Venensystem von 20–30 cm H_2O^1 ergibt. Es stellt sich also die Frage, wie ein Eindringen von Luft überwacht und rechtzeitig eine kausale Therapie eingeleitet werden kann. Es gibt eine Reihe von Monitoringverfahren, die Luftembolien detektieren können.

Monitorverfahren
- Ultraschalldoppler:
  – transthorakal,
  – transösophageal;
- rechts-kardiale Druck- und HZV-Messung:
  – Pulmonaliskatheter,
  – rechts-atrialer Katheter;
- Kapnographie.

Der klinisch-physikalische Befund, das Auftreten von auskultierbaren Herzgeräuschen, die in der Literatur als „Mühlradphänomen" beschrieben werden, ist extrem unzuverlässig (Abb. 1). Erst bei einer Rate von 1,7 ml/kg·min, also für den Erwachsenen nahezu 150 ml/min, ist eine Veränderung mit dem präkordialen oder transösophagealen Stethoskop erkennbar. Auch die weiteren konventionellen nichtinvasiven Verfahren wie Blutdruckmessung oder EKG-Überwachung sind sehr unzuverlässig, so daß man gezwungen ist, auf spezielle Methoden mit höherer Sensitivität zu wechseln. An erster Stelle wären hier invasive Maßnahmen der Kreislauf- und Ventilationsüberwachung sowie der Einsatz der Ultraschallverfahren zu nennen [3, 4]. Die größte Sensitivität hat die transösophageale Echokardiographie, die mit einem Dopplersignal gekoppelt werden kann. Durch die enge anatomische Beziehung zwischen Ösophagusvorderwand und Herz ist es möglich, eine mono- oder biplanare Schnittebene durch das Herz zu legen und damit den

---

[1] 1 cm $H_2O \triangleq 98,0665$ Pa.

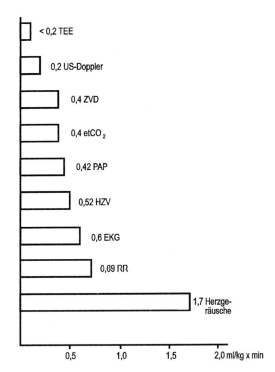

Abb. 1. Erfassungsgrenzen einer Luftembolie durch invasive und nichtinvasive Monitoringverfahren (Mod. nach [1])

interessierenden Bereich, insbesondere die obere Hohlvene, den rechten Vorhof, das rechte Herzohr und den rechten Ventrikel einzusehen. Eingedrungene Luft stellt sich im Monitorbild als Auftreten von multiplen Reflexen dar, auch ein Übertritt von Luftblasen durch ein offenes Foramen ovale und damit paradoxe Embolien sind erkennbar [6]. Als Einschränkung muß jedoch erwähnt werden, daß es kein Monitorverfahren ist, welches eine Alarmierung beinhaltet. Es wäre also erforderlich, ununterbrochen den Bildschirm zu beobachten, um jede diskrete Änderung zu erfassen. Computerisierte Bildmustererkennungsverfahren stehen derzeit nicht zur Verfügung. Ferner muß berücksichtigt werden, daß dieses Verfahren zwar sehr sensitiv, aber nicht sehr spezifisch ist. Strömungsänderungen im Bereich des rechten Vorhofs, z. B. die Infusion partikulärer Lösungen (Volumenersatzmittel), führen zu einem Signal, das praktisch kaum von einer Luftembolie zu unterscheiden ist, so daß mit einer großen Zahl falsch-positiver Alarme gerechnet werden muß. Nicht unerwähnt bleiben soll schließlich auch, daß für derartige Systeme mit Kosten in Höhe von DM 200000 bis 300000 zu rechnen ist. Der regelmäßige Einsatz kann daher zum gegenwärtigen Zeitpunkt nicht gefordert werden und muß auf einzelne spezielle Indikationen aus dem Bereich der Forschung eingeschränkt werden.

Routine hingegen ist der Einsatz einfacherer Verfahren, die sich das Areal der absoluten Herzdämpfung zunutze machen. So zeigt sich, daß der Bereich der oberen Hohlvene, des rechten Atriums und auch ein Teil der Pulmonalarterie nicht von der lufthaltigen Lunge überlagert ist und daher einem Ultraschallsignal zugänglich ist. Es ist daher Standard, eine Ultraschalldopplersonde im Bereich des 4.–5. ICR rechts parasternal zu befestigen und das reflektierte Signal so aufzubereiten, daß es akustisch den Strömungszustand im rechten Atrium widerspiegelt [3, 4]. Die Erfahrung zeigt, daß dieses Geräusch bei optimaler Fixierung des Ultraschallkopfes unbewußt wahrgenommen wird – so wie die Töne des EKG oder des Pulsoxymeters – jede Änderung aber sofort ins Bewußtsein rückt. Die Sensibilität dieses nichtinvasiven Verfahrens liegt bei 0,2 ml/kg · min und damit nur um den Faktor 2 unter der Empfindlichkeit des transösophagealen Echokardiogramms; die Kosten liegen jedoch um den Faktor 1000 niedriger!

Andere Verfahren versuchen, eine Luftembolie durch Änderungen der rechtskardialen Drucksituation oder des Herzzeitvolumens zu detektieren. Die Sensitivität für einen ZVD-Anstieg beträgt 0,4 ml/kg · min und ist damit vergleichbar der des Anstiegs des pulmonal-arteriellen Drucks (0,42 ml/kg · min) knapp hinter der HZV-Abnahme (0,52 ml/kg · min). Veränderungen des arteriellen Drucks sind demgegenüber wesentlich später zu erkennen (0,69 ml/kg · min). Nachteilig ist jedoch die Invasivität aller dieser Verfahren. Der Pulmonaliskatheter beinhaltet Risiken, die man nicht ohne weiteres ignorieren kann, insbesondere dann, wenn sie für den angestrebten Zweck keine Konsequenzen hätten. Es wird immer wieder darauf hingewiesen, daß der Pulmonaliskatheter letztendlich Diagnostik und Therapie in sich vereine, da er, im rechten Vorhof und der A. pulmonalis gelegen, ein Absaugen der eingedrungenen Luft erlauben soll. Es muß jedoch bedacht werden, daß Pulmonaliskatheter durch ihre Länge und ihr geringes Lumen derart hohe Widerstände besitzen, daß die Effektivität einer Luftabsaugung in Zweifel gezogen werden muß. Effektiver erscheint unter diesem Aspekt die Verwendung eines dicklumigen Kavakatheters (14 G), dessen Spitze unter Röntgenkontrolle im rechten Vorhof plaziert und mit einer antikoagulanshaltigen Vakuumflasche (aus dem Blutspendewesen) verbunden wird, wodurch eine selbsttätige Absaugung des Blut-Luft-Gemisches sowie die anschließende Retransfusion des Blutes möglich ist [2, 9, 11]. Berücksichtigt man zusätzlich die Detektionsgenauigkeit, so wäre der einfache Kavakatheter, im rechten Atrium plaziert, dem Pulmonaliskatheter in allen Aspekten überlegen.

Kapnographie

Ebenfalls eine hohe Sensitivität besitzt die Messung des endexpiratorischen Kohlendioxidanteils der Atemluft, die auch aus anderen Gründen zum Standardmonitoring gehört:

Vorteile der Kapnographie
- Detektion der Luftembolie (sitzende Lagerung)
- Detektion technischer/medizinischer Störungen (Diskonnektion, Tubusdislokation, Gerätedefekte, maligne Hyperthermie etc.),
- kontrollierte Hyperventilation ($p_{et}CO_2 \approx 30$ mmHg).

Forderung
- nichtinvasive kontinuierliche „Real-time"-Überwachung mit Alarmfunktion und Trendauswertung.

Meßverfahren
- Infrarotabsorptionsmessung von CO_2 im
  - Hauptstromverfahren (HF-Chirurgie!),
  - Nebenstromverfahren (Verzögerung, Absaugrate);
- punktuelle „innere Eichung" durch Blutgasanalyse.

Diese nichtinvasive risikolose Untersuchung hat denselben Aussagewert wie die ZVD-, die Pulmonalisdruck- oder die HZV-Messung, d. h. gleiche Wertigkeit und gleiche Empfindlichkeit bei deutlich geringerem Risiko. Daher muß gefordert werden, daß bei jeder Operation in sitzender Lagerung eine kontinuierliche Kapnographie installiert wird. Dies erlaubt auch, eine evtl. indizierte kontrollierte Hyperventilation zur Senkung des intrakraniellen Drucks kontinuierlich zu überwachen. Die allgemein bekannten Vorteile der Kapnographie wie Detektion technischer und medizinischer Störungen [8, 15], angefangen bei der Schlauchdiskonnektion, der Tubusdislokation, Gerätedefekten bis hin zur malignen Hyperthermie, gewinnen gerade unter den unübersichtlichen und verwirrenden Bedingungen der sitzenden Lagerung besonderes Gewicht. Positiv zu bewerten ist ferner die „Real-time"-Überwachung, die auch kurze Episoden sofort erkennen und therapieren läßt, während die intermittierende Blutgasanalytik jeweils mit einer Verzögerung im Minutenbereich punktuelle Befunde erbringt. Das Verfahren der Infrarotabsorption im Hauptstromverfahren wird zwar häufig angewandt, hat aber gerade in der Neurochirurgie seine Tücken, da der Einsatz der Hochfrequenzdiathermie im Kopfbereich in der Regel auf den Sensor durchschlägt und zu Fehlmessungen führt. Die Nebenstromverfahren umgehen diese Störungen, haben jedoch den (geringen) Nachteil der Meßwertverzögerung im Sekundenbereich. Kritisch wird allerdings der Verlust an abgesaugtem Atemgas zu werten sein, wenn im Low-flow- oder geschlossenen Narkosesystem gearbeitet wird und eine Rückführung des Gasvolumens aus dem Nebenstrom nicht stattfindet.

Außerordentlich wichtig ist die punktuelle innere Eichung der Kapnographie mittels Blutgasanalyse, da einige Systeme mit untolerabel hohen Abweichungen zum arteriellen pCO_2 arbeiten und ohne Vergleich mit einem Wert der Blutgasanalyse allenfalls als Trendüberwachung Verwendung finden können.

Zerebrale Aneurysmen

Spezielle Probleme entstehen bei Eingriffen an zerebralen Aneurysmen. Hier stehen ganz im Vordergrund hypotensive Phasen im Operationsverlauf, sei es durch kontrollierte Hypotension – soweit dies der Chirurg zur Ausschaltung des Aneurysmas fordert –, sei es durch unbeabsichtigte Blutdruckabfälle infolge ausgeprägter Blutung. Zielgrößen sind in dieser Situation die zerebrale und die myokardiale Perfusion. Daher sollte eine gezielte Überwachung der Perfusion und, falls möglich, der Oxygenation des Gehirns erfolgen. Als Routineverfahren zur Messung der Perfusion steht gegenwärtig nur die invasive Erfassung des arteriellen Drucks als einer Komponente der zerebralen Perfusion zur Verfügung. Neuere Verfahren wie die kontinuierliche Messung der O_2-Sättigung im Bulbus venae jugularis oder die Near-infrared-Transmissionsspektroskopie sind noch nicht allgemein verfügbar und

Gegenstand intensiver Untersuchungen. Folgende Übersicht zeigt Problematik und Folgen zusammengefaßt.

Problematik
- hypotensive Phasen mit verminderter Perfusion
  - zerebral,
  - kardial;
  infolge
  - kontrollierter Hypotension,
  - Blutung.

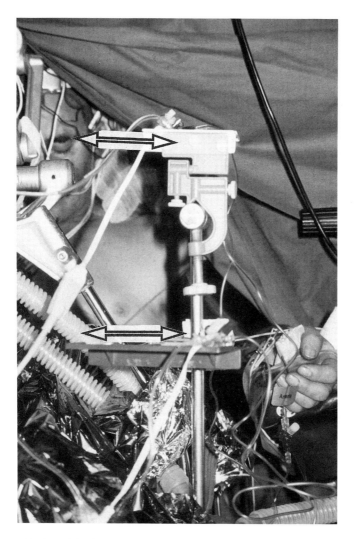

Abb. 2. Positionierung zweier Druckaufnehmer auf Schädelbasis- und Herzniveau

Folgen
- Überwachung der Perfusion und Oxygenation
  - zerebral (arterieller Druck, IR-Transmissions-Spektroskopie),
  - kardial (arterieller Druck, Ableitung V_5),
  - peripher (Pulsoxymetrie),

Die kardiale Überwachung des Patienten erfolgt ebenfalls über den invasiv gewonnenen arteriellen Druck und über die Ableitung eines Oberflächen-EKG, wobei der Ableitung V_5 als sensiblem Parameter für eine stille Myokardischämie die entscheidende Rolle zukommt. Die periphere Oxygenierung wird routinemäßig durch Pulsoxymetrie überwacht. Ein Einsatz der Druckmessung kann im Einzelfall erfordern, daß mehrere Druckwandler plaziert werden (Abb. 2). Insbesondere Lagerungen mit erhöhtem Oberkörper, im Extremfall die sitzende Position, erfordern eine Druckmessung in Höhe des äußeren Gehörgangs zur Erfassung des realen Hirnbasisperfusionsdrucks, während die Druckverhältnisse der Koronarperfusion am besten im Bereich der Thoraxmitte repräsentiert werden. Deshalb sollte mit 2 Druckaufnehmern, die sich auf den entsprechenden Niveaus befinden, der jeweils zu berücksichtigende Wert dargestellt und gemessen werden (Abb. 3). Natürlich ist es auch möglich, die beiden Werte ineinander umzurechnen, wenn man die Höhendifferenz zwischen den beiden Referenzpunkten ausmißt und dann addiert bzw. subtrahiert. Aber gerade in kritischen Situationen ist die sofortige Verfügbarkeit beider Werte ohne große Verzögerung nicht hoch genug zu bewerten. Das erweiterte

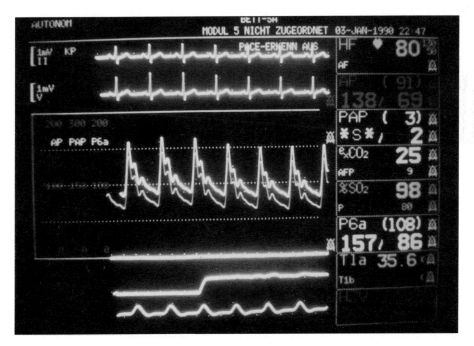

Abb. 3. Synchrone Darstellung der Druckmeßwerte in Schädelbasishöhe (P6a) und auf Herzniveau (AP); gleichzeitig Registrierung der EKG-Ableitung V_5 als Ischämieindikator

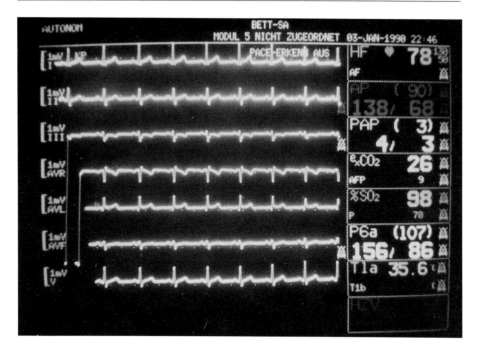

Abb. 4. Synchrone Darstellung der EKG-Ableitungen nach Einthoven und Goldberger sowie von V_5 zur Ischämielokalisation

Monitoring der Myokardperfusion setzt die Ableitung V_5 voraus. Dies bedeutet in der klinischen Routine, daß man von der bisweilen abenteuerlich definierten intraoperativen EKG-Ableitung zu einer standardisierten Ableitung mittels 5-Pol-Kabel kommen muß, um eine verwertbare Kurve V_5 zu erhalten. Von großer diagnostischer Wertigkeit ist ferner die gleichzeitige Darstellung mehrerer Ableitungen auf einem Schirm, so daß im Falle einer Ischämie eine differenzierte Lokalisation möglich wird (Abb. 4). Zu Überwachungszwecken verfügen diverse Monitortypen bereits über eine Möglichkeit zur S-T-Streckenanalyse mit Alarmdefinition und erleichtern so die Ischämiediagnostik wesentlich.

Kernspintomographie

Zu den Randgebieten der Neurochirurgie zählt auch die Kernspintomographie, deren weitere Verbreitung und Indikationsstellung auch anästhesiologische Konsequenzen mit sich gebracht hat [12, 14]. Wegen des eingesetzten starken Magnetfelds ist die Verwendung ferromagnetischer Teile (Eisen, Kobalt, Nickel) weitestgehend untersagt, weil es durch sie zur Störung der Bildgeneration kommen kann und weil sie durch das Magnetfeld angezogen werden bis hin zur Beschleunigung in Richtung Meßröhre. Diese Kraftfelder überlagern andererseits auch alle eingesetzten anästhesiologischen Geräte und führen zu Störungen im Bereich der Meßwertaufnehmer, der Meßwertverarbeitung und der Anzeige samt Alarmfunktionen. So sind z. B.

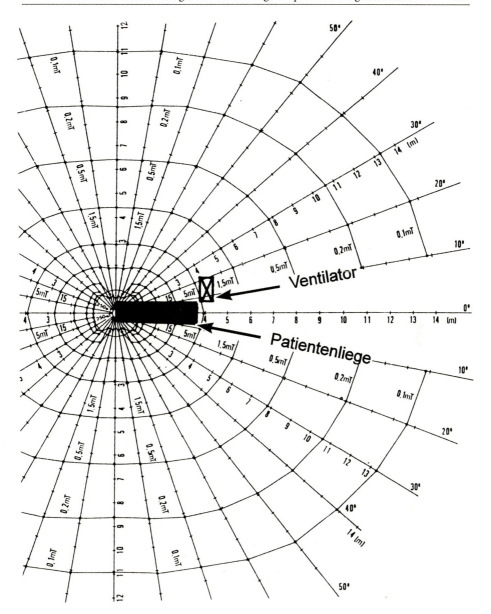

Abb. 5. Magnetfeldstärke eines Kernspintomographen mit 0,5 Tesla Feldstärke; eingezeichnet die Patientenliege sowie die Position des Ventilators

Analogzeigerinstrumente nicht einsetzbar, LCD-Displays liefern keine verwertbaren Bilder, und konventionelle Kathodenstrahlröhren (z. B. Monitorschirm) haben extreme Verzerrungen. Bereits bei einem NMR-Tomographen mit der geringen Feldstärke von 0,5 Tesla herrschen am Fußende der Patientenliege, wo sich die anästhesiologischen Geräte befinden, Feldstärken von 1,5–5 mTesla, d. h. etwa das 20- bis 100fache des Erdmagnetfelds (Abb. 5). Im Nahbereich des Untersuchungstunnels, wo sich die Sensoren am Patienten befinden, können Werte bis zum 10000fachen des Erdmagnetfelds herrschen und die Meßwertaufnehmer beeinflussen.

Nicht übersehen werden sollte in Analogie zum Strahlenschutz auch der Gedanke des Schutzes der Mitarbeiter vor den Einwirkungen künstlicher starker Magnetfelder. Obwohl die bisher vorliegenden Untersuchungen keine schädigenden Wirkungen bei den im medizinischen Bereich eingesetzten Feldstärken zeigen konnten, sollte dennoch versucht werden, durch Abstand und kurze Arbeitszeiten im Magnetfeldbereich dieses (wenn auch geringe) Restrisiko zu minimieren, bis durch Langzeituntersuchungen eine Schädigung definitiv ausgeschlossen ist. Für den Anästhesisten folgt aus diesen Umfeldbedingungen eine deutliche Einschränkung der Möglichkeiten zum Monitoring. Zum einen betrifft dies die Verfahrenswahl, denn es ist nicht möglich, alles das zu messen, was man messen möchte, und zum anderen betrifft es den Aussagewert, denn nicht alles, was auf einem Schirm erscheint, bedeutet auch das, was man gerne haben möchte.

Ein besonderes Problem stellen die langen Verbindungsleitungen dar, die nötig sind, um die Respiratoren und Monitoren weit genug vom Meßplatz absetzen zu können. Im Bereich der Beatmung ist das kompressible Volumen und die Diskonnektionsgefahr der bis zu 5 m langen Schläuche zu beachten; die langen Meßleitungen der anderen Monitore fungieren als Empfangsantennen für das hochfrequente Magnetfeld mit Störeinstrahlungen und sind bisweilen echte „Fallstricke" für das Personal. Durch das Einbringen des Patienten in die Untersuchungsröhre des NMR-Tomographen ist er einer direkten Beobachtung entzogen, und ein schneller Zugriff im Falle sich abzeichnender Komplikationen ist nicht möglich (Abb. 6). Um so wichtiger ist die apparative Überwachung der einzelnen Parameter, um risikoträchtige Situationen frühzeitig erkennen und beseitigen zu können, wie die folgende Übersicht zeigt.

Monitoringverfahren
- ventilatorisch-mechanische Parameter
  - ventilatorseitig (LED-Display/Alarme);
- EKG
  - NMR-geräteseitig (Rhythmusanalyse),
  - Omnitrac-System (Kurvenanalyse);
- Pulsoxymetrie
  - Nonin-System (konventionell),
  - Omnitrac-System (Glasfasertechnologie);
- F_iO_2/etCO$_2$ - Atemgasmonitor im Nebenstrom;
- NIBP
  - oszillometrische Verfahren;
- Temperatur
  - Quecksilberthermometer.

Die ventilatorischen und mechanischen Parameter, also Atemminutenvolumen, Atemwegsdruck, Atemfrequenz usw., müssen ventilatorseitig abgenommen werden. Konventionelle Drehspulinstrumente sind hier nicht verwendbar, großflächige LED-Anzeigen liefern hingegen auch aus der Entfernung gut ablesbare Daten. In unserem Institut hat sich eine NMR-geeignete Sonderanfertigung des Siemens

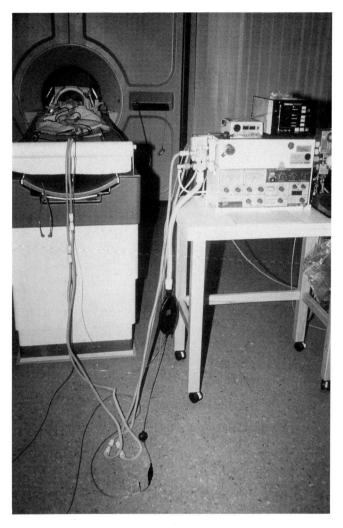

Abb. 6. Lagerung in der NMR-Meßröhre. Deutlich sind die überlangen Beatmungsschläuche und Monitorleitungen sowie die schlechte Zugänglichkeit ders narkotisierten Patienten erkennbar

Servoventilator 900 D bei der Beatmung Erwachsener, aber auch kleinerer Kinder bestens bewährt. Eine EKG-Ableitung über Oberflächenelektroden findet in der Regel bereits im NMR-Gerät selbst statt. Die elektrisch geladenen korpuskulären Bestandteile des Blutes erzeugen jedoch durch ihre Bewegung im Magnetfeld selbst eine Induktionsspannung, die das EKG-Signal verfälscht. Kathodenstrahlröhren geben eine durch das überlagernde Magnetfeld stark verzerrte Kurve wieder, so daß allenfalls eine Frequenzbestimmung und Rhythmusanalyse möglich ist; eine differenzierte Aussage über EKG-Veränderungen, z. B. eine S-T-Streckenanalyse war bis vor wenigen Monaten nicht möglich; eine Neuentwicklung der Firma Invivo, das System Omnitrac-MRI, scheint dieses Ziel neuerdings erreicht zu haben.

Die Pulsoxymetrie war bis vor kurzem im NMR-Bereich nicht möglich, obwohl gerade sie eine gute Überwachungsmaßnahme darstellen würde. Jetzt steht jedoch ein Pulsoxymeter der Firma Nonin zur Verfügung, das durch den Einbau spezieller elektronischer Bauteile in die Meßleitungen eine Ausfilterung der hochfrequenten Störeinstrahlungen und damit eine Überwachung der O_2-Sättigung ermöglicht. Dennoch ist zur zuverlässigen Erzielung valider Meßwerte eine sorgfältige Leitungsführung (Vermeidung jeglicher Kabelschlingen) und Sensorpositionierung (möglichst weit von Untersuchungsareal entfernt) unabdingbar. Eine entscheidende Verbesserung dürften in diesem Bereich kurz vor der Markteinführung stehende Pulsoxymeter bringen, die auf fiberoptischem Weg den Meßwert aufnehmen.

Als nichtinvasives Überwachungsverfahren der Beatmung sollte auch im NMR-Bereich die Bestimmung des endtidalen CO_2 erfolgen. Leider haben für die Kapnographie alle Geräte mit einem LCD- oder Kathodenstrahlschirm ungenügende Ergebnisse geliefert, so daß wir uns mit der Kapnometrie zufrieden geben müssen. Gute Ergebnisse erhalten wir mit dem Gerät Accucap der Firma Datascope, das es uns erlaubt, die Atemfrequenz, das endtidale CO_2, das inspiratorische CO_2 (zur Erkennung einer Rückatmung) sowie die inspiratorische O_2-Konzentration im Seitenstromverfahren zu messen.

Die Blutdruckmessung wird routinemäßig nach dem oszillometrischen Prinzip durchgeführt, wobei es außerordentlich wichtig ist, die extrem langen Zuleitungen aus einem Material mit minimaler Kompressibilität und hoher Resonanzfrequenz zu erstellen. Einschlauchgeräte mit druckstabilen Kunststoffleitungen, wie sie in der Hydraulik verwendet werden, oder Kupferröhren erbringen bei uns befriedigende Ergebnisse.

Zuletzt muß noch auf die Temperaturmessung eingegangen werden, da Meßsequenzen, z. T. zusätzlich mit Kontrastmittel, bei Kindern durchaus im Bereich mehrerer Stunden liegen können. Ein Anheben der Raumtemperatur wie im Op.-Bereich ist nicht möglich, da die Elektronik des NMR-Gerätes auf eine klimatisierte niedrige Temperatur angewiesen ist. So können nur einfache Methoden der Wärmeerhaltung eingesetzt werden, z. B. das großzügige Einhüllen des nicht untersuchten Körperteils in warme Wattepackungen und Stofftücher. Für die unter diesen Bedingungen ausreichenden punktuellen Temperaturmessungen können die konventionellen Quecksilberthermometer vorteilhaft verwendet werden.

Strahlentherapie

Zum Abschluß soll noch auf ein weiteres Grenzgebiet der Neurochirurgie eingegangen werden. Die enge Zusammenarbeit zwischen Neurochirurgen, Onkologen und Pädiatern hat zu Therapiekonzepten geführt, bei denen bei zerebralen und spinalen Raumforderungen eine hochenergetische Bestrahlung des Gehirns oder des Rückenmarks bei Kleinkindern und Säuglingen notwendig wurde. Um eine exakte Lokalisation der Bestrahlungsregionen zu ermöglichen, ohne die Felder auf die Haut der Patienten aufzeichnen zu müssen, werden die Kinder mit dem Kopf in entsprechend anmodellierten Plexiglasmasken fixiert und z. T. sogar auf dem Bauch gelagert (Abb. 7). Um eine Ganzkörperbestrahlung durchführen zu können, ist

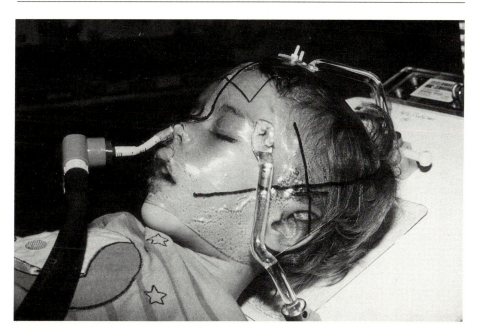

Abb. 7. Fixierung des Kopfes in anmodellierter Plexiglasmaske mit aufgezeichneten Bestrahlungsfeldern

bisweilen eine hängende Lagerung erforderlich (Abb. 8). Derartige Bestrahlungsserien bestehen aus bis zu 50 Einzelapplikationen, teilweise sogar 2mal täglich. Die besondere Problematik ergibt sich aus der technischen Konzeption der Bestrahlungsräume. Zum einen sind in der Regel keine zentralen Gasanschlüsse vorhanden, so daß die Versorgung mit Narkosegasen aus Stahlflaschen erfolgen muß. Ausreichend große Vorräte und ein frühzeitiges Wechseln bei absinkendem Druck erlauben jedoch auch hier einen zuverlässigen Betrieb. Weit wichtiger ist jedoch der Umstand, daß während des Betriebs der Bestrahlungsgeräte ein Aufenthalt patientennah im Bestrahlungsraum, selbst bei Nutzung abschirmender Faktoren, absolut unmöglich ist, da mit hohen Dosen gestreuter Strahlung gerechnet werden muß. Das gesamte anästhesiologische Monitoring muß daher darauf ausgerichtet werden, Vitalparameter mittels zuverlässiger Verfahren technisch zu erfassen und optisch, am besten in Form eines digitalen Wertes, anzuzeigen. Diese Anzeigen können dann mittels der im Bestrahlungsraum befindlichen Kameras auf Fernsehmonitore im Steuerraum außerhalb des Kontrollbereichs übertragen werden. Dabei sind Verfahren zu bevorzugen, die frühzeitig auf sich anbahnende Komplikationen hinweisen, da der Zugriff auf die anästhesiologischen Geräte und den Patienten erst möglich ist, wenn die Bestrahlungsgeräte notabgeschaltet worden sind und die motorgetriebenen schweren Barytbetontüren geöffnet werden können. Bei optimaler Koordinierung aller Maßnahmen muß mit einer Zugriffsverzögerung im Bereich von 30–60 s gerechnet werden. Für unseren Bereich hat sich das Standardmonitoring aus EKG, nichtinvasivem Blutdruck sowie Pulsoxymetrie bewährt, wobei die digitalen Anzeigen auf einem Kamerabild, die des Respirators (z. B. Babylog, Fa. Dräger, Servoventilator 900C, Fa. Siemens) auf den 2. Bildschirm übertragen werden.

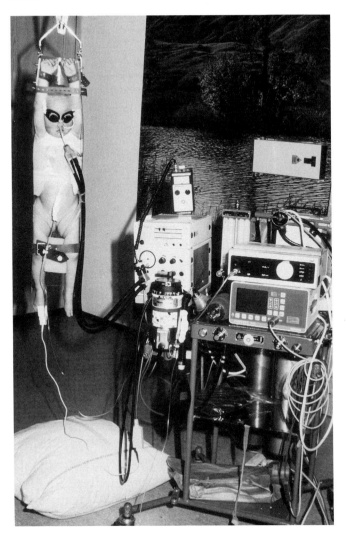

Abb. 8. „Hängende Lagerung" zur Ganzkörperbestrahlung mit Ventilator und Monitoring

Videoüberwachung
- des Kindes
  - Thoraxexkursionen,
  - Hautkolorit;
- der Monitoren
  - Ventilator-Alarme,
  - EKG,
  - Pulsoxymeter,
  - NIBP.

Durch die ionisierende Wirkung der Strahlen wird möglicherweise die Funktion der Pulsabnehmer für die Pulsoxymetrie gestört, wenn sie sich im direkten Strahlengang oder im Bereich starker gestreuter Strahlung befinden. Bei einer Applikation außerhalb des Strahlenkegels, etwa am Zeh bei einer Bestrahlung des Gehirns, lassen sich diese Störungen jedoch leicht ausblenden. Wichtigster Faktor bei Narkosen unter diesen ungewöhnlichen Umständen ist die Etablierung und Sicherstellung einer zuverlässigen Ventilation sowie stabiler Monitoringwerte, damit Störungen so frühzeitig erkannt werden, daß die unumgängliche Zugriffsverzögerung den Patienten nicht in eine vital gefährliche Situation bringen kann.

Literatur

1. Adornato DC, Gildenberg PL, Ferrario CM, Smart J, Frost EAM (1978) Pathophysiology of intravenous air embolism in dogs. Anesthesiology 49:120–127
2. Bedford RF, Marshall WK, Butler A, Welch JE (1981) Cardiac catheters for diagnosis and treatment of venous air embolism. A prospective study in man. J Neurosurg 55:610–614
3. Brechner TM, Brechner V (1977) An audible alarm for monitoring air embolism during neurosurgery. J Neurosurg 47:201–204
4. Edmonds-Seal J, Maroon JC (1969) Air embolism diagnosed with ultrasound A new monitoring technique. Anaesthesia 24:438–440
5. Frost EAM (ed) (1984) Clinical anesthesia in neurosurgery. Butterworth, Boston London Sydney Wellington Durban Toronto
6. Gronert GA, Messik JM, Cuchiara RF, Michenfelder JD (1979) Paradoxical air embolism from a patent foramen ovale. Anesthesiology 50:548–549
7. Hessel RA, Schmer G, Dillard DH (1980) Platelet kinetics during hypothermia. J Surg Res 28:23–24
8. Larsen R (1987) Anästhesie und Intensivmedizin. Springer, Berlin Heidelberg New York Tokyo
9. Marshall WK, Bedford RF (1980) Use of pulmonary-artery catheter for detection and treatment of venous air embolism. Anesthesiology 52:131–134
10. Martin JT (ed) (1987) Positioning in anaesthesia and surgery. Saunders, Philadelphia London Toronto Montreal Sydney Tokyo
11. Michenfelder JD (1981) Central venous catheters in the management of air embolism: whether as well as where. Anesthesiology 55:339–341
12. Peden CJ, Menon DK, Hall AS, Sargentoni J, Withwam JG (1992) Magnetic resonance for the anaesthesist, part II: anaesthesia and monitoring in MR units. Anaesthesia 47:508–517
13. Schindler H (1985) Arbeitsgebiet Operationssaal. Enke, Stuttgart
14. Strauss H (1980) Vermeidung von Lagerungsschäden. In: Rügheimer E (Hrsg) Konzepte zur Sicherheit in der Anästhesie, Teil 1: Fehler durch Mensch und Technik. (Klinische Anästhesiologie und Intensivmedizin, Bd 38) Springer, Heidelberg New York Tokyo
15. Taylor TH, Major E (ed) (1987) Hazards and complications in anaesthesia. Churchill Livingstone, Edinburgh London Melbourne New York
16. Vaughan SM, Vaughan RW, Cork RC (1981) Postoperative hypothermia in adults: relationship of age, anesthesia, and shivering to rewarming. Anesth Analg 60:746–751

E. Intraoperatives Neuromonitoring: Spezielle Anwendungsgebiete

Monitoring und Narkoseführung bei Epilepsie aus der Sicht des Neurologen

H. Stefan, U. Neubauer, M. Weis, L. Wölfel

Anästhesie bei Patienten mit Epilepsie als Begleiterkrankung

In Deutschland leben ca. 800000 Patienten mit Epilepsie und 4 Mio. Menschen mit Gelegenheitsanfällen. Ein Anfallsleiden kann daher als Begleiterkrankung bei Patienten aller Altersklassen, die zu einer Narkose anstehen, vorliegen.

Epileptische Anfälle werden folgendermaßen klassifiziert: partielle Anfälle – einfach oder komplex – und generalisierte Anfälle bis hin zum Grand-mal-Status mit anhaltender Bewußtlosigkeit. Das klinische Erscheinungsbild der Anfälle kann sehr unterschiedlich sein.

Heute gebräuchliche Antiepileptika sind das Carbamazepin, Valproinsäure, Phenytoin, Phenobarbital und Clonazepam. Einige Nebenwirkungen dieser Medikamente sind für Anästhesie und Operation von klinischer Relevanz.

Prämedikation

Neben einer gründlichen körperlichen Untersuchung ist es wichtig, Art und Dosierung der Dauermedikation des Patienten mit Antiepileptika zu eruieren, da ein Teil dieser Medikamente anästhesierelevante Nebenwirkungen aufweisen. Phenytoin kann neben gastrointestinalen Störungen periphere Neuropathien und Gingivahyperplasie hervorrufen und zu einer Megaloblastenanämie führen. Diese Form der Anämie ist auch für das Phenobarbital beschrieben, ebenso wie das Auftreten von Nystagmus und Ataxie; bei hohen Blutkonzentrationen kann es zur Leberenzyminduktion kommen. Valproinsäure beeinflußt die Blutblättchenaggregation und kann aufgrund seiner Hepatotoxitität die Blutgerinnung beeinträchtigen, so daß hier, auch bei pädiatrischen Patienten, präoperativ die Gerinnungsparameter bestimmt werden müssen.

Wenn aufgrund der Anamneseerhebung Zweifel an der Zuverlässigkeit der Antiepileptikaeinnahme bestehen, sollte vor einem elektiven operativen Eingriff ein neurologisches Konsil, evtl. ergänzt durch Blutspiegelbestimmungen des Pharmakons, eingeholt werden.

Wenn die Art des operativen Eingriffes eine Nahrungskarenz über mehrere Tage erfordert, stehen als injizierbare Antiepileptika in der Regel Phenytoin und Phenobarbital zur Verfügung. Es sollte dann am Operationstag mit der Umstellung begonnen werden, die sich an folgenden Tagesdosen bzw. Serumkonzentrationen orientieren sollte (Tabelle 1).

Tabelle 1. Dosierungsrichtlinien für Phenytoin und Phenobarbital

	Kinder-dosis [mg/kg]	Erwachsenen-dosis [mg]	Therapeutische Serumkonzentration [µg/ml]
Phenytoin (Diphenylhydantoin)	4–7	300–400	10–20
Phenobarbital	2–6	120–250	10–30

Aufgrund der langen Halbwertszeiten der meisten Antiepileptika muß bei einer lediglich mehrstündigen Nahrungskarenz keine Umstellung auf eine intravenöse Applikation des Medikamentes durchgeführt werden.

Während der präoperativen Phase ist es neben der korrekten Einstellung der antiepileptischen Medikation wichtig, den Patienten gegen Streß abzuschirmen, also ausreichend medikamentös, z. B. durch ein Benzodiazepin, zu prämedizieren. So kann einem potentiell gefährlichen, weil möglicherweise anfallsauslösenden Schlafentzug vorgebeugt werden. Bei Kindern kann hier auch auf eine rektale Anwendung von Midazolam oder Diazepam zurückgegriffen werden.

Auswahl des Narkoseverfahrens

Für nahezu alle Anästhetika, Hypnotika und Opiate gibt es in der Literatur Hinweise auf mögliche Spikeaktivierungen im EEG, z. T. als Kasuistik oder als Beobachtungen im Tierexperiment.

Gründsätzlich ist eine epileptische Spikeaktivität im EEG während einer Vollnarkose nicht mit einer neuronalen zellulären Schädigung gleichzusetzen. Darüber hinaus bedeutet ein einmaliger, spontan sistierender Krampfanfall unter Muskelrelaxierung bei gesicherten Vitalfunktionen und fehlenden kardiopulmonalen und zerebralen Begleiterkrankungen keine Gefährdung für den Patienten.

Deutliche Spikeaktivierungen finden sich bei den ansonsten unauffälligen Barbituraten durch Methohexital, ebenso wie bei allen Inhalationsanästhetika, wenn auch in unterschiedlichem Ausmaß. Insbesondere bei Enfluran über 2 Vol.-% kommt es zu deutlichen epileptischen Spikeaktivitäten im EEG, während Isofluran in höherer Konzentration eher inhibitorisch wirkt. Besonders deutliche Spikeaktivierungen können sowohl bei Isofluran als auch bei Enfluran durch ein abruptes Absetzen erzeugt werden, so daß eine langsame, schrittweise Reduktion des volatilen Anästhetikums empfohlen werden muß, um Anfälle während der Narkoseausleitung oder im Aufwachraum zu vermeiden. Diese sind besonders fatal für Patienten mit einer geringeren Toleranz gegenüber dem erhöhten Sauerstoffverbrauch während eines Anfalls, z. B. wegen pulmonaler oder kardialer Begleiterkrankungen. Es ergeben sich somit keine eindeutigen Kontraindikationen für bestimmte Anästhetika. Bei den vielfältigen Möglichkeiten, eine Allgemeinnarkose durchzuführen, sollte jedoch auf Enfluran in hoher Dosierung oder Methohexital verzichtet werden.

Sehr wichtig ist während der Narkose die Vermeidung einer bekanntermaßen anfallsfördernden Hypokapnie, so daß die endexspiratorische CO_2-Messung als Monitoring v. a. auch bei Kindern angewendet werden sollte; ansonsten ist das heutige Routinemonitoring – EKG, Pulsoxymetrie, nichtinvasive Blutdruckmessung – auch für den Epileptiker als ausreichend anzusehen.

Eine generelle Forderung nach einem intraoperativen EEG-Monitoring bei jedem Patienten mit einem Epilepsieleiden für jede Art von operativem Eingriff muß nicht erhoben werden. Nur Risikopatienten mit medikamentös kaum therapierbaren, wiederholt auftretenden epileptischen Anfällen und erheblichen internistischen und neurologischen Begleiterkrankungen sollten in Zentren mit der Möglichkeit einer intraoperativen EEG-Überwachung operiert werden.

Die postoperative Überwachung auf einer Intensivstation kann dem Risikopatienten mit bekannter Neigung zu Grand-mal-Status vorbehalten bleiben; ansonsten ist die Überwachung des Patienten auf einer anästhesiologischen Aufwachstation bei ausreichender postoperativer Analgesie anzustreben.

Epilepsiechirurgie

Beim präoperativen neurologischen Monitoring zur Epilepsiechirurgie pharmakoresistenter fokaler Epilepsien wird zwischen einer nichtinvasiven Video-EEG-Monitoring Phase I und einer invasiven Phase II unterschieden. Hierbei werden die Anfälle des Patienten einschließlich des iktualen EEG-Beginnes aufgezeichnet und festgestellt, wo das für die Anfälle des Patienten relevante Hirnareal lokalisiert ist. Die Implantation invasiver Elektroden (subdurale oder intrazerebrale Tiefenelektroden) erfordert eine Kurznarkose. Unter Beobachtung aller oben genannter Voraussetzungen kann hier bei erhaltener Spontanatmung ein kurzwirkendes Hypnotikum, evtl. kombiniert mit einem kurzwirkenden Opiat angewendet werden. Ein anästhesiologisches Routinemonitoring unter Einschluß der Pulsoxymetrie sollten hierzu verwendet werden.

Nun können im Verlauf der nächsten Tagen Anfälle aufgezeichnet werden, um so mit hinreichender Sicherheit das epileptogene Areal in Beziehung zu einer, evtl. in der Kernspintomographie nachweisbaren Läsion und zu funktionell wichtigen Regionen, wie z. B. der Sprachregion definiert werden. Falls das für die Anfälle des Patienten verantwortliche epileptogene Areal mit hinreichender Sicherheit lokalisiert werden konnte und dieses in einer operablen Hirnregion liegt, erfolgt in Phase III schließlich die Operation. Während dieser Operation kann die intraoperative Elektrokortikographie eine zusätzliche Information über die Ausdehnung des betreffenden Areals liefern. Es werden deshalb bei der Epilepsiechirurgie besondere Anforderungen an die Narkoseführung gestellt. Die Operation wird in einer Intubationsnarkose durchgeführt. Der Patient wird relaxiert. Eine totale intravenöse Anästhesie mit Propofol und Alfentanil bietet alle Voraussetzungen, um eine evtl. intraoperativ gewünschte Provokation epileptischer Aktivität durchführen zu können. Eine medikamentöse intraoperative Provokation kann notwendig werden, falls im Verlauf der intraoperativen Kortikographie keine spontanen epileptischen Spikes registriert werden.

Hierzu können Methohexital oder Enfluran eingesetzt werden.

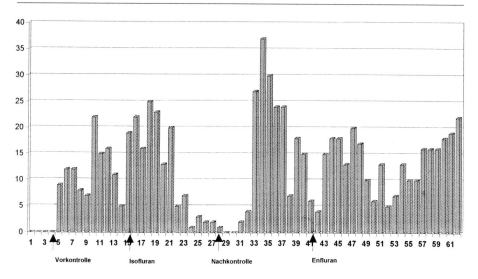

Abb. 1. Spikehäufigkeit unter Isofluran-/Enflurannarkose

Zur Objektivierung der Aktivierung epileptischer Aktivität wurde von uns eine computergestützte Analyse entwickelt, die intraoperativ die Lokalisation der Spikeaktivität, die Feldverteilung und die Spikefrequenz/min angibt. Entsprechend vorläufigen Untersuchungsergebnissen der intraoperativen Spikedichte aktivieren sowohl Enfluran als auch Isofluran epileptische Spikeaktivität. Hohen Konzentrationen von Isofluran haben jedoch einen inhibitorischen Effekt auf die Spikeaktivität. Unter ansteigenden Konzentrationen von Enfluran zeigt sich besonders deutlich eine Verbreitung der irritativen Zone interiktualer Spikeaktivität. Bei Konzentrationen über 3–4 Vol.-% Enfluran tritt gehäuft ein „Burst-suppression-Syndrom" auf. Bei hohen Konzentrationen können auch generalisierte Spikeaktivitäten und myoklonische Anfälle aktiviert werden. Abbildung 1 zeigt die Spikedichte im Verlauf einer intraoperativen ECOG-Ableitung unter Luft-Sauerstoff-Gemisch während Isofluran- und später Enflurannarkose. Ob der Entzug von Isofluran stets zu einer Aktivierung der Spikeaktivität führt, wie dies im aufgeführten Beispiel angedeutet ist, müssen weitere Untersuchungen noch beweisen. Die bisher vorliegenden Ergebnisse lassen annehmen, daß die Aktivierung epileptischer Aktivität am stärksten durch Enfluran oder Methohexital erfolgt. In Phasen der raschen An- bzw. Abflutung von Isofluran kann im Vergleich zu Enfluran eine für die Lokalisationsdiagnostik besonders spezifische regionale Spikeaktivierung herangezogen werden. Die Resektion der epileptogenen Hirnregionen kann z. B. unter einer totalen intravenösen Anästhesie oder einer konstanten Isoflurannarkose erfolgen.

Da am Vortag der Operation die Antiepileptika zur besseren Aktivierung der epileptischen Spikes für die intraoperative Ableitung leicht reduziert wurden, wird direkt im Anschluß an die Elektrokortikographie mit der erneuten Aufsättigung (z. B. durch Diphenylhydantoin parenteral oder Diazepam bzw. Clonazepam parenteral) begonnen. Die Serumkonzentrationen der Antiepileptika werden am 1. postoperativen Tag, in der 1., 2. und 4. postoperativen Woche bestimmt. Gelegentlich treten perioperativ noch am 1. oder 2. Tag nach der Operation Anfälle auf, die nicht den üblichen Anfällen des Patienten entsprechen. Hierbei handelt es sich um Reizanfälle, welche keine nennenswerte prognostische Bedeutung haben.

An die operative Phase schließt sich dann die postoperative Verlaufsbeobachtung an. Die Antiepileptika werden in der Regel in der gleichen Dosis, in der der Patient zuletzt präoperativ eingestellt war, für 2 Jahre nach der Operation weitergegeben. Dann beginnt frühestens ein vorsichtiges Reduzieren der Antiepileptikamedikation unter Kontrolle eines Epileptologen. Mit diesem kurz skizzierten Vorgehen haben wir bei pharmakoresistenten Temporallappenepilepsien in 80% der Fälle Anfallsfreiheit oder zumindest eine erhebliche Verbesserung erzielen können.

Der Epileptiker als Notfallpatient

Den Erörterungen soll, der klinischen Relevanz folgend, das Auftreten von Grandmal-Anfällen zugrunde gelegt werden.

Der einzelne Grand-mal-Anfall stellt an sich keine Notfallsituation mit medikamentöser Behandlungsindikation dar. Allgemeine Maßnahmen wie das Lockern enger Kleidung, das Vermeiden von Verletzungen (z. B. durch das Unterlegen einer Jacke oder Decke) sind wesentlich. Während eines Anfalls sollte man einen Beißschutz mittels Bißkeil o. ä. nicht mehr erzwingen. Bei mehr als 5minütigen tonisch-klonischen motorischen Entäußerungen (*cave:* postiktuale Umdämmerung nicht mitgerechnet!) besteht jedoch sicher die Notwendigkeit einer medikamentösen Behandlung. Die klinische Behandlungsindikation steht dabei zwar im Gegensatz zur theoretischen Definition des „Status epilepticus" (im Mindestfall 15minütige Dauer), doch sollte der Patient nicht dem Risiko von Komplikationen ausgesetzt werden (Aspiration, Hypoxie).

Nachdem man erste Schritte zur Sicherung der Vitalfunktionen des Patienten unternommen hat, sollte – sofern möglich – eine Fremdanamnese erhoben werden, aus der sich Handlungsrichtlinien ergeben können.

1. Wie lange besteht der Anfall bereits?
   Wenn prolongiert (d. h. noch aktives Anfallsgeschehen und nicht postiktuale Bewußtseinstrübung), dann i.v. Injektion von Benzodiazepinen.
   Prolongiert sind Anfälle > 5 min Dauer.
2. Ist bei dem Betroffenen eine Epilepsie bekannt?
   Wenn ja, warten und vorgehen wie unter 1.
3. Gelingt aufgrund der motorischen Aktivität oder schlechter Venenverhältnisse eine i.v. Injektion von Antiepileptika nicht, so besteht die Möglichkeit einer i.m. Gabe von Midazolam oder die Gabe der rektalen Diazepamlösung.

Eine Indikation zur Krankenhauseinweisung ergibt sich nicht in jedem Fall. Sistiert der isolierte Grand-mal-Anfall bei einem Patienten mit bekannter Epilepsie von allein und befindet sich der Patient in Überwachung durch Angehörige, so bedarf es keiner Krankenhauseinweisung. Dies sollte nur dann erwogen werden, wenn Bedingungen bestehen, die ein weiteres Auftreten von Anfällen oder die Entwicklung eines Status epilepticus wahrscheinlich erscheinen lassen: fieberhafte Erkrankung, bisher nicht bekannte pathologische neurologische Untersuchungsbefunde, Reduktion oder Absetzen einer antiepileptischen Therapie, Diarrhoe oder

Erbrechen (mangelnde Antiepileptikaresorption), Änderung im Alkoholgenußverhalten.

Entwickelt sich eine Anfallsserie bzw. ein Status, so bedarf es in jedem Fall der klinischen Behandlung.

Maßnahmen nach der Erstversorgung und vor der Klinikeinweisung

Sistiert ein Grand-mal nach Gabe von 10–20 mg Diazepam i.v. oder 1–2 mg Clonazepam i.v. nicht, so kann bereits präklinisch eine Phenytoinschnellinfusion mit Infusionskonzentrat begonnen werden (750 mg Phenytoininfusionskonzentrat in 500 ml 0,9%iger NaCl-Lösung streng i.v. über 30–60 min). Bei sicherer intravenöser Gabe sind die Risiken der Behandlung auch außerhalb der Klinik geringer als die Gefahren eines unbehandelten Grand-mal-Status, nicht zuletzt, da dessen Prognose vom Intervall zwischen Statusbeginn und Therapieeinleitung bestimmt wird.

Eine solche Therapie bedarf selbstverständlich einer ärztlichen Überwachung und Begleitung des Transportes. Hervorzuheben ist, daß eine prophylaktische Intubation neurologischerseits keineswegs notwendig ist, sondern nur bei manifester Ateminsuffizienz, drohender Aspiration oder dem therapeutischen Einsatz von Narkotika (Pentobarbital) erfolgen sollte.

Literatur

1. Collier C, Kelly K (1991) Propofol and convulsions – the evidence mounts. Anaesth Intensive Care 19:573–575
2. Duysens J, Inoue M, Luijtelaar EI van et al. (1991) Facilitation of spike – wave activity by the hypnotic etomidate in a rat model for absence epilepsy. Int J Neurosci 57:213–217
3. Hofmann W, Stefan H (1992) Intraoperative computergestützte Analyse des ECoG-Monitorings bei der Epilepsiechirurgie. Arbeitsgemeinschaft Epilepsiechirurgie Erlangen
4. Hufnagel A, Bürr W, Elger CE et al. (1992) Localisation of the epileptic focus during methohexital-induced anesthesia. Epilepsia 33:271–284
5. Neundörfer B, Klose R (1975) EEG-Veränderungen bei Kindern während Enflurane-Anaesthesie. Prakt Anästhesie 10:271–284
6. Persson E, Peterson A, Välin A (1978) EEG changes during general anaesthesia with enflurane in comparison with ether. Acta Anaesth Scand 22:339–348
7. Schlegel T, Stefan H (1991) Topographische Analyse im ECoG. Jahrestagung der Deutschen EEG-Gesellschaft
8. Stefan H (1990) Status epilepticus. In: Wada H (ed) Handbook of electroencephalography. Elsevier, Amsterdam
9. Stefan H (1990) Präoperative Diagnostik für die Epilepsiechirurgie. Springer, Berlin Heidelberg New York Tokyo
10. Stefan H, Bauer J (1990) Status epilepticus. Springer, Berlin Heidelberg New York Tokyo
11. Stoelting RK, Dierdorf SF, Cammon RL (1988) Seizure disorders. In: Anesthesia and co-existing disease, 2nd edn. Churchill Livingstone, New York Edingburgh London Melbourne, p 332
12. Tempelhoff R, Modica PA, Beruardo KL et al. (1992) Fentanyl-induced electrocorticographic seizures in patients with complex partial epilepsy. J Neurosurg 77:201–208
13. Thoma JS, Boheimer NO (1991) An isolated grand mal seizure 5 days after Propofol anaesthesia. Anaesthesia 46:508

Neurophysiologisches Monitoring bei kardiochirurgischen Eingriffen

W. Engelhardt

Die Zahl neurologischer oder neuropsychologischer Auffälligkeiten nach kardiochirurgischen Eingriffen mit extrakorporaler Zirkulation lag in prospektiven Studien zwischen 30 und 60% [7, 32]. Tödliche zerebrale Komplikationen traten nach aortokoronaren Bypassoperationen in 0,3–0,7% [6, 31] und nach Operationen am offenen Herzen in 2% auf [33]. Zielsetzung des neurophysiologischen Monitorings ist es, eine globale oder regionale zerebrale Ischämie sofort zu erkennen und therapeutisch einzugreifen, um die Zahl und das Ausmaß neurologischer Schäden zu verringern. Der Nutzen von EEG-Monitoring zur Ischämieerkennung wurde bisher mit Kasuistiken und retrospektiven Untersuchungen belegt [12, 16, 28].

Etablierte Indikationen für das EEG-Monitoring während kardiochirurgischer Eingriffe sind die Überwachung der hirnelektrischen Stille vor und während Operationsphasen in tiefer Hypothermie und totalem Kreislaufstillstand [21] und die Kontrolle einer pharmakologischen Hirnprotektion, wenn ein Burst-suppression-EEG-Muster angestrebt wird [20].

Problemstellung des Neuromonitorings in der Kardiochirurgie

Ursachen zerebraler Ischämien in der Kardiochirurgie

Zerebrale Ischämien sind die gemeinsame pathophysiologische Konsequenz unterschiedlicher Schädigungsmechanismen: Als häufigste Ursachen zerebraler Schäden werden gasförmige oder partikuläre Mikro- [5, 25] oder Makroembolien [22] sowie eine globale oder regionale Hypoperfusion angesehen [34].

Anforderungen an das Ischämiemonitoring

Voraussetzungen für ein allgemein anerkanntes zerebrales Monitoring sind nichtinvasive Signalerfassung und eine sichere, frühzeitige Erkennung von zerebralen Ischämien bei einer sehr geringen Zahl falsch-negativer Befunde. Weiterhin dürfen falsch-positive Befunde nicht therapeutische Maßnahmen veranlassen, die selbst zu Komplikationen führen können. EEG und evozierte Potentiale (EP) sind derzeit die einzigen Methoden, die eine nichtinvasive Erfassung der Hirnfunktion am anästhesierten Patienten ermöglichen.

Problematik des EEG-Monitorings

EEG-Zeichen einer zerebralen Ischämie sind der Verlust schneller Frequenzen (α-, β-) und eine Zunahme der δ-Aktivität. Bei einem zerebralen Blutfluß <20 ml · 100 g^{-1} · min^{-1} in Normothermie oder bei einer Hypoxämie (pO$_2$ < 30 mm Hg) kommt es zum Burst-suppression- oder isoelektrischen EEG. Identische Veränderungen können auch durch Anästhetika und Hypothermie verursacht werden [26]. Durch diese geringe Spezifität der EEG-Zeichen wird die Erkennung von Ischämien während extrakorporaler Zirkulation erschwert oder unmöglich gemacht. Anders als in der Karotischirurgie hilft der Vergleich mit der kontralateralen Seite nicht zur Differenzierung von Ischämie- gegen Anästhesie- und Hypothermieauswirkungen, denn bei zerebralen Ischämien während extrakorporaler Zirkulation sind meistens beide Hemisphären gleichermaßen betroffen. Zerebrale Schäden können während der gesamten Bypassdauer auftreten, während die Risikophase in der Karotischirurgie, das unilaterale Abklemmen der A. carotis, demgegenüber relativ kurz ist. Auch *nach* kardiochirurgischen Eingriffen kann eine schwere Hypotension, z. B. infolge eines Low-output-Syndroms, zu einer zerebralen Ischämie führen.

Das präoperative EEG weist eine hohe interindividuelle Variabilität und damit einen breiten Normbereich auf, der die Unterscheidung pathologischer Befunde von Normvarianten erschwert. Jede einzelne Elektrode mißt nur die elektrische Aktivität in einem Durchmesser von etwa 2 cm [17]. Daher wird im EEG nur die elektrische Aktivität des Kortex erfaßt werden. Läsionen im Hirnstamm können intraoperativ nur mit Hilfe evozierter Potentiale festgestellt werden.

Evozierte Potentiale (EP)

Sie werden weniger durch Anästhesie und Hypothermie beeinflußt als das EEG. Zudem liegen die kritischen Perfusionsschwellen für den Ausfall von EP (15 ml · 100 g^{-1} · min^{-1} in Normothermie) näher an den Grenzen, deren Unterschreiten zu einer irreversiblen neuronalen Schädigung (6 ml · 100 g^{-1} · min^{-1} in Normothermie [3]) führt [24]. Allerdings kann nur jeweils die stimulierte Leitungsbahn (frühe akustisch evozierte Hirnstammpotentiale zur Hirnstammüberwachung, frühe Komponenten der somatosensorisch evozierten Potentiale zum Monitoring des Hirnstamms und der Postzentralregion) überwacht werden. Zur Aussagefähigkeit des EP-Monitorings während herzchirurgischer Eingriffe liegen wesentlich weniger Erfahrungen vor als zum EEG-Monitoring [1, 19, 23, 30].

Bedeutung des EEG-Monitorings

Obwohl EEG-Untersuchungen bereits seit den Anfängen der Herzchirurgie mit extrakorporaler Zirkulation durchgeführt wurden [8, 9, 35], ist nicht geklärt, in welcher Form das EEG die besten Resultate liefert. Die Interpretation des Nativ-EEG – speziell bei Ableitung vieler Kanäle – erfordert große Erfahrung und wird von vielen Anästhesisten als zu schwierig für die intraoperative Situation angesehen. Daher wird heute das EEG meist mittels Computern in einfache quantitative

Parameter umgewandelt. Am häufigsten findet die Errechnung von Frequenzspektren durch Fourier-Transformation Anwendung. Daraus lassen sich u. a. folgende Parameter ermitteln:

EEG-Parameter, die aus dem Frequenzspektrum errechnet und mit dem postoperativen neuropsychologischen Ergebnis verglichen wurden (nach [4]; *Power* Amplitude^2, *relativ* bezogen auf das Gesamtspektrum)

1) Power im gesamten Frequenzspektrum,
2) relative Power im δ-Band (1–3 Hz),
3) relative Power im θ-Band (4–7 Hz),
4) relative Power im α-Band (8–12Hz),
5) relative Power im β-Band (13–31 Hz),
6) Power-ratio-Index $= \dfrac{(\delta\text{-} + \theta\text{-})\text{Power}}{(\alpha\text{-} + \beta\text{-})\text{Power}}$,
7) Median,
8) spektrale Eckfrequenz.

Es ist jedoch nicht bekannt, welcher einzelne oder welche Kombination von Parametern die größte Zuverlässigkeit bei der Ischämieerkennung aufweist oder wo die Interventionsschwellen für die verschiedenen Parameter liegen. Außerdem ist die Dauer einer zerebralen Ischämie entscheidend für das Ausmaß des neurologischen Defizits: Kurzzeitige zerebrale Ischämien können völlig folgenlos bleiben wie bei einem innerhalb von 3 min behobenen Kreislaufstillstand. Aufgrund des reduzierten O_2-Bedarfs in Hypothermie wird die tolerable Ischämiephase mit sinkender Hirntemperatur länger. In einer retrospektiven Untersuchung von 20 Patienten, die nach Operationen mit extrakorporaler Zirkulation verstarben, wurde ein Zusammenhang mit annähernder oder kompletter hirnelektrischer Stille für mindestens 7 min aufgezeigt [18].

Prädilektionsorte ischämischer zerebraler Läsionen sind die Areale am Übergang der Blutversorgung von 2 Arterien (Grenzzonen). Eine globale zerebrale Hypoperfusion betrifft daher zuerst die Grenzzone zwischen A. cerebri media und posterior [18]. Da auch kleinere Emboli hauptsächlich in dieses Stromgebiet abfließen [27], liegt eine okzipitale oder parietookzipitale Elektrodenplazierung nahe. Dementsprechend war im 19-Kanal-EEG-mapping die Sensitivität parietookzipital angebrachter Elektroden zur Ischämieerkennung höher als die zentraler [15].

Bashein et al. [4] fanden allerdings auch bei parietookzipitaler Plazierung von 2 Elektroden keinerlei Korrelation zwischen den in der obigen Übersicht angegebenen EEG-Parametern während kardiopulmonalem Bypass und postoperativen Defiziten in neurophysiologischen Testergebnissen (n = 78, davon nur 58 technisch einwandfreie EEG-Ableitungen). Obwohl das EEG des einzigen Patienten mit einer erheblichen neurologischen Verschlechterung nicht interpretierbar war, belegen die Ergebnisse, daß ein 2-Kanal-EEG zur Ischämiedetektion während kardiochirurgischer Eingriffe wenig geeignet ist.

Edmonds et al. [10] haben unter standardisierter, hochdosierter Opiatanästhesie und Hypothermie (25–30°C) mit Hilfe von Brain mapping (19-Kanal-monopolare und 8-Kanal-bipolare EEG-Ableitung) die Inzidenz postoperativer Desorientierung (sehr einfach klassifiziert nach Orientierung zu Person, Ort und Zeit) erheblich reduzieren können. Als einzigen Parameter zogen sie zur Ischämieerkrankung den Anstieg der relativen δ-Power (1–3,5 Hz) um 3 Standardabweichungen (SD) gegenüber einem am gleichen Patienten erhobenen Ausgangswert vor Bypass heran. Bei einer auf 37°C korrigierten Dauer von 5 min dieses EEG-Kriteriums wurde therapeutisch eingegriffen. Ein isoelektrisches EEG als Hinweis auf eine sehr ausgeprägte Ischämie hätte demnach keine Intervention veranlaßt. Mittlerweile haben die Autoren diesen Mangel erkannt und in einem neueren Kongreßbericht [11] über 600 mit Brain-mapping überwachte herzchirurgische Operationen als 2. Ischämieindikator einen Abfall der totalen Power (>3 SD) aufgenommen, der unabhängig vom Abkühlen auftrat. Trotz Therapiemaßnahmen anhand des EEG-Monitorings wurden 8 Todesfälle infolge von schweren Hirnschäden und ein Schlaganfall beobachtet. Ein subkortikaler lakunärer Infarkt trat ohne intraoperative EEG-Abnormalität auf. Der Vergleich mit den oben zitierten Inzidenzen läßt nicht auf eine Verringerung der Letalität neurologischer Komplikationen durch das EEG-Monitoring schließen.

Therapeutische Interventionsmöglichkeiten

Therapeutische Maßnahmen müssen sich nach der zugrundeliegenden Pathophysiologie richten: Hypoperfusion oder Embolie. Eine Differenzierung anhand der EEG-Veränderungen ist nicht möglich. Nur in Ausnahmefällen läßt der Zusammenhang auf den Pathomechanismus schließen, beispielsweise spricht das Auftreten einer Ischämie nach Kanülierung einer atheromatösen Aorta für eine Makroembolie. In diesem Fall gibt es jedoch keine effektive Therapie.

Korrektive Interventionen zielen entweder auf eine Steigerung des zerebralen Perfusionsdruckes oder Reduzierung des zerebralen O_2- und Substratbedarfs.

Zur Anhebung des zerebralen Perfusionsdruckes wird der Pumpenfluß gesteigert und/oder der arterielle Mitteldruck mittels Vasopressoren angehoben. Auch ein Steigern des pCO_2 ist propagiert worden [2]. Diese Maßnahmen können einzeln oder in Kombination eine Hypoperfusion beseitigen. Andererseits könnte auch mit der erhöhten Perfusion die Zahl der in die zerebrale Zirkulation einströmenden Mikroemboli gesteigert werden.

Die pharmakologische Hirnprotektion zur Senkung des zerebralen O_2-Bedarfs hat bisher keine erwiesene Verbesserung des neurologischen Ergebnisses erbracht, selbst wenn vor dem Eintritt einer möglichen Hirnschädigung begonnen wurde, also vor der extrakorporalen Zirkulation. Am häufigsten wurde die Hirnprotektion durch Barbiturate untersucht [20, 29, 36]. Angesichts der nicht gesicherten protektiven Wirkung und der gesicherten kardiozirkulatorischen Nachteile ist die Barbituratgabe aufgrund von – möglicherweise falsch-positiven – EEG-Ischämiezeichen nicht indiziert.

Fazit: EEG-Ischämiemonitoring während kardiochirurgischer Operationen

EEG-Monitoring während herzchirurgischer Operationen mit extrakorporaler Zirkulation hat sich bisher nicht als Routinemethode etabliert, da eine günstige Beeinflussung des postoperativen Ergebnisses nicht erwiesen ist. Bisher ist keine prospektive Vergleichsstudie publiziert, die einen Einfluß des EEG-Monitorings auf die postoperative neurologische Letalität und Morbidität belegt. Angesichts der geringen Spezifität der EEG-Veränderungen während zerebraler Ischämie, der geschilderten methodendenimmanenten Probleme und der enormen erforderlichen Studiengröße erscheint ein solcher Nachweis auch sehr unwahrscheinlich.

Diagnostische neurophysiologische Verfahren zur Verlaufsbeurteilung

Der Effekt neuer Therapieverfahren auf die Hirnfunktion muß in Vergleichsstudien mit objektiven Methoden quantifiziert werden. Hierzu eignet sich die quantitative EEG-Auswertung im Vergleich zwischen prä- und postoperativem Zustand. Topographische Vielkanalableitungen bieten dabei eine hohe räumliche Auflösung [14, 37].

Das evozierte Potential P 300 entsteht als neurophysiologisches Korrelat einer kognitiven Leistung oder eines Informationsverarbeitungsprozesses. P 300 ist ein positives Potential mit einer mittleren Latenz von 300 ms (Spannbreite: 250–500 ms). Es entsteht nur, wenn die untersuchte Person eine gestellte Diskriminationsaufgabe löst. Einflußgrößen sind Konzentration, Aufmerksamkeit oder Vigilanz der untersuchten Person. Bei Hirnfunktionsstörungen kommt es zu einer Latenzverlängerung und Amplitudenreduktion der P 300 bis hin zum völligen Verschwinden des Potentials. Bei 52 Patienten fand sich nach einer elektiven aortokoronaren Bypassoperation eine signifikante Zunahme der P 300-Latenz von präoperativ $354,4 \pm 34,9$ ms auf $377,4 \pm 52,5$ ms am 7./8. postoperativen Tag ($p < 0,01$). In dieser Untersuchung erwies sich das Potential P 300 als sensitiv, um die Beeinträchtigung der kognitiven Funktion zu quantifizieren [13].

Literatur

1. Arén C, Badr G, Feddersen K, Radegran K (1985) Somatosensory evoked potentials and cerebral metabolism during cardiopulmonary bypass with special reference to hypotension induced by prostacyclin infusion. J Thorac Cardiovasc Surg 90:73–79
2. Arom KV, Cohen DE, Strobl FT (1989) Effect of intraoperative intervention on neurological outcome based on electroencephalographic monitoring during cardiopulmonary bypass. Ann Thorac Surg 48:476–483
3. Astrup J, Symon L, Branston NM, Lassen NA (1977) Cortical evoked potential and extracellular K+ and H+ at critical levels of brain ischaemia. Stroke 8:51–57
4. Bashein G, Nessly ML, Bledsoe SW, Townes BD, Davis KB, Coppel DB, Hornbein TF (1992) Electroencephalography during surgery with cardiopulmonary bypass and hypothermia. Anesthesiology 76:878–891
5. Blauth CI, Arnold JV, Schulenberg WE, McCartney AC, Tylor KM (1988) Cerebral microembolism during cardiopulmonary bypass. Retinal microvascular studies in vivo with fluorescine angiography. J Thorac Cardiovasc Surg 95:668–676

6. Breuer AC, Furlan AJ, Hanson MR et al. (1981) Neurologic complications of open heart surgery. Clevel Clin Quart 48:205–206
7. Breuer AC, Furlan AJ, Hanson MR (1983) Central nervous system complications of coronary artery bypass graft surgery: a prospective analysis of 421 patients. Stroke 14:682–687
8. Coons RE, Keats AS, Cooley DA (1959) Significance of electroencephalographic changes occuring during cardiopulmonary bypass. Anesthesiology 20:804–810
9. Davenport HT, Arfel G, Sanchez FR (1959) The electroencephalogram in patients undergoing open heart surgery with heart-lung bypass. Anesthesiology 20:674–684
10. Edmonds HL, Griffiths LK, Laken J van der, Slater AD, Shields CB (1992) Quantitative electroencephalographic monitoring during myocardial revascularization predicts postoperative disorientation and improves outcome. J Thorac cardiovasc Surg 103:555–563
11. Edmonds HL, Rodriguez RA, Shields CB (1994) Quantitaive EEG (QEEG) neuromonitoring during cardiac surgery: Experience in 600 cases. Perfusion (in press)
12. El-Fiki M, Fish KJ (1987) Is the EEG a useful monitor during cardiac surgery? A case report. Anesthesiology 67:575–578
13. Engelhardt W (1992) N 100 und P 300 vor und nach aortokoronarer Bypassoperation. Anaesthesist 41:724–725
14. Engelhardt W, Dierks T, Pause M, Hartung E, Sold M, Silber R (1994) Comparison of EEG-maps before and after coronary artery bypass surgery. BrainTopogr (in press)
15. John ER, Prichep LS, Chabot RJ, Isom WO (1989) Monitoring brain function during cardiovascular surgery: hypoperfusion vs. microembolism as the major cause of neurological damage during cardiopulmonary bypass. In: Refsum H, Sulg IA, Rasmussen K (eds) Heart & brain, brain & heart. Springer, Berlin Heidelberg New York Tokyo, pp 405–421
16. Jones BR, Scheller MS (1989) Perfusion pressure and electroencephalographic changes during cardiopulmonary bypass. J Clin Monit 5:288
17. Levy WJ (1992) Monitoring of the electroencephalogram during cardiopulmonary bypass – Know when to say when. Anesthesiology 76:876–877
18. Malone M, Prior P, Scholtz CL (1981) Brain damage after cardiopulmonary by-pass: correlations between neurophysiological and neuropathological findings. J Neurol Neurosurg Psychiatry 44:924–931
19. Markand ON, Warren CH, Moorthy SS, Stoelting RK, King RD (1984) Monitoring of multimodality evoked potentials during open heart surgery under hypothermia. Electroencephalogr Clin Neurophysiol 59:432–440
20. Metz S, Slogoff S (1990) Thiopental sodium by single bolus dose compared to infusion for cerebral protection during cardiopulmonary bypass. J Clin Anesth 2:226–231
21. Mizrahi EM, Patel VM, Crawford ES, Coselli JS, Hess KR (1989) Hypothermic-induced electrocerebral silence, prolonged circulatory arrest, and cerebral protection during cardiovascular surgery. Electroencephalogr Clin Neurophysiol 72:81–85
22. Nussmeier NA, McDermott JP (1988) Macroembolization: prevention and outcome modification. In: Hilberman M (ed) Brain injury and protection during heart surgery. Nijhoff, Boston Dordrecht Lancaster, pp 85–108
23. Nuwer MR (1986) Evoked potential monitoring in the operating room. Raven, New York
24. Nuwer MR (1988) Use of somatosensory evoked potentials for intraoperative monitoring of cerebral and spinal cord function. Neurol Clin 6:881–897
25. Patterson RH, Rosenfeld L, Porro RS (1976) Transitory cerebral microvascular blockade after cardiopulmonary bypass. Thorax 31:736–741
26. Quasha AL, Tinker JH, Sharbrough FW (1981) Hypothermia plus thiopental: Prolonged electroencephalographic suppression. Anesthesiology 55:636–640
27. Ross Russell RW, Bharucha N (1978) The recognition and prevention of border zone ischemia during cardiac surgery. Q J Med 187:303–323
28. Salerno TA, Lince DP, White DN, Lynn RB, Charrette EJP (1978) Monitoring of electroencephalogram during open heart surgery. J Thorac Cardiovasc Surg 76:97–100
29. Scheller MS (1992) Routine barbiturate brain protection during cardiopulmonary bypass cannot be recommended. J Neurosurgical Anesthesiol 4:60–63
30. Sebel PS, Bruijn NP de, Neville WK (1988) Effect of hypothermia on median nerve somatosensory evoked potentials. J Cardiothorac Vasc Anesth 2:326–329

31. Shaw PJ, Bates D, Cartlidge NEF, Heaviside D, Julian DG, Shaw DA (1985) Early neurological complications of coronary artery bypass surgery. Br Med J 291:1384–1386
32. Smith PLC, Treasure T, Newman SP, Joseph P, Ell PJ, Schneidau A, Harrison MJG (1986) Cerebral consequences of cardiopulmonary bypass. Lancet 1:823–825
33. Sotaniemi KA (1980) Clinical and prognostic correlates of EEG in open-heart surgery patients. J Neurol Neurosurg Psychiatry 43:941–947
34. Stockard JJ, Bickford RG, Schauble JF (1973) Pressuredependent cerebral ischemia during cardiopulmonary bypass. Neurology 23:521–529
35. Theye RA, Patrick R, Kirklin JW (1957) The electroencephalogram in patients underoging open intracardiac operations with the aid of extracorporeal circulation. J Thorac Surg 34:709–717
36. Zaidan JR, Klochany A, Martin WM, Ziegler JS, Harless DM, Andrews RB (1991) Effect of thiopental on neurologic outcome following coronary artery bypass grafting. Anesthesiology 74:406–411
37. Zeitlhofer J, Saletu B, Anderer P, Asenbaum S, Spiss C, Mohl W, Kasall H, Wolner E, Deecke L (1988) Topographic brain mapping of EEG before and after open-heart surgery. Neuropsychobiology 20:51–56

Risikominimierung in der Gefäßchirurgie durch neurophysiologisches Monitoring

M. Dinkel, H. Schweiger, E. Rügheimer

Rekonstruktive Eingriffe an Gefäßen, die Gehirn und Rückenmark direkt oder indirekt mit Blut versorgen, erfordern meist die temporäre Unterbrechung des Blutstroms. Dabei kommt es zu Minderdurchblutungen unterschiedlichen Ausmaßes. Abhängig von der Verfügbarkeit und Suffizienz von Kollateralverbindungen reichen die Folgen des Clampings von einer nahezu unveränderten Durchblutung bis zum völligen Perfusionsstillstand im abhängigen Stromgebiet. Da das zentrale Nervensystem eine geringe Ischämietoleranz aufweist, sind neurologische Ausfälle gefürchtete Komplikationen in der Gefäßchirurgie: Durchschnittlich 2-3% aller Patienten, die sich einer Karotisthrombendarteriektomie unterziehen, erleiden perioperativ einen Schlaganfall. Nach Operationen an der thorakoabdominellen Aorta weisen 0,2-24% der Patienten Paraplegien oder Paraparesen auf [16, 18, 44].

Ätiologie spinaler Ischämien bei aortalen Eingriffen

Die Inzidenz von Querschnittslähmungen nach Operationen an der Aorta hängt neben der Ätiologie und Ausdehnung der zugrundeliegenden Erkrankung v. a. von der Abklemmhöhe und Abklemmdauer der Aorta während des Eingriffs ab [18, 33, 44]:

- Aufgrund fehlender Kollateralverbindungen weisen Patienten mit einer akuten Aortendissektion oder -ruptur eine höhere Komplikationsrate auf als z. B. Patienten mit einer lange bestehenden, gut kollateralisierten Aortenisthmusstenose.
- Je ausgedehnter ein Aortenaneurysma ist und je mehr interkostale und lumbale Arterien durch ein Interponat von der aortalen Blutzufuhr ausgeschlossen werden, desto höher ist die Wahrscheinlichkeit einer gravierenden Rückenmarkischämie.
- Besonders gefährdet sind Patienten, bei denen der Blutfluß über die A. radicularis magna (Adamkiewicz) unterbrochen wird, da dieses Gefäß für die Durchblutung in den schlecht kollateralisierten und damit besonders ischämieempfindlichen motorischen Bahnen des terminalen Rückenmarks besonders wichtig ist. Die A. Adamkiewicz entspringt bei 75% aller Menschen in Höhe von Th9-Th12. Deshalb ist das Risiko einer spinalen Minderdurchblutung beim Abklemmen der Aorta im thorakalen Bereich besonders hoch.
- Schließlich steigt die Inzidenz irreversibler Lähmungen überproportional, wenn die Aortenabklemmdauer mehr als 30 min beträgt.

Prävention ischämischer Rückenmarkschäden

Da präoperativ die Bedeutung verschiedener aortaler Segmentarterien für die Durchblutung des Rückenmarks und die Suffizienz von spinalen Kollateralkreisläufen nicht beurteilt werden kann, werden v. a. bei absehbar längeren Abklemmzeiten und bei Operationen, die ein Abklemmen der Aorta oberhalb von Th 12 erforderlich machen, verschiedene Maßnahmen zur Prävention ischämischer Rückenmarkschäden eingesetzt [30, 38, 47]:

Maßnahmen zur Prävention ischämischer Querschnittsläsionen

Shunt und Bypassverfahren:
- Heparinbeschichtete Shunts,
- Linksherzbypass (mit oder ohne Pumpe).

Verbesserung des spinalen Perfusionsdrucks.
- Papaverin intravenös oder intrathekal,
- Liquordrainage.

Pharmakologische Protektion:
- Prostaglandin E_1,
- Kortikosteroide,
- Naloxon,
- Barbiturate,
- Kalziumantagonisten.

In vielen Fällen sind sie jedoch nicht nur überflüssig und gefährlich, sondern auch ineffektiv. Trotz Anwendung dieser Maßnahmen treten verheerende neurologische Ausfälle auf.

Zur Vermeidung ischämischer Komplikationen ist es daher offensichtlich viel wichtiger, eine kritische spinale Minderdurchblutung bereits intraoperativ frühzeitig zu erkennen, gezielt geeignete Bypassverfahren anzuwenden, den Liquor zu drainieren und verschiedene Segmentarterien zu reimplantieren und vor allem die Wirksamkeit dieser Maßnahmen zur Wiederherstellung und Aufrechterhaltung einer adäquaten Rückenmarkperfusion unmittelbar intraoperativ zu überprüfen [18, 19, 33, 44].

Spinales Neuromonitoring

Tibialis-SEP

Unter dieser Zielsetzung werden seit einigen Jahren somatosensorisch evozierte Potentiale (SEP), die nach ein- oder beidseitiger peripherer Stimulation des N. tibialis ausgelöst werden, zur Überwachung der funktionellen Integrität des Rückenmarks bei Operationen an der thorakoabdominellen Aorta eingesetzt. Das Prinzip dieses Monitorings basiert auf der Erwartung, daß eine kritische Rückenmarkischämie nach dem Abklemmen der Aorta die spinale Impulsweiterleitung beeinträchtigt und zu einer Latenzzeitverlängerung und Amplitudenerniedrigung der zervikal oder kortikal abgeleiteten Potentialantwort führt.

Tabelle 1. Spinales Neuromonitoring mit somatosensorisch evozierten Potentialen

Autor	Jahr	Patienten	falsch negativ	falsch positiv
Cunningham et al. [8]	1987	n = 33	n = 0	n = 11 (33,9%)
Crawford et al. [7]	1988	n = 99	n = 3	n = 41 (41,4%)
Fava et al. [15]	1988	n = 16	n = 0	n = 15 (93,8%)
Maeda et al. [34]	1989	n = 19	n = 0	n = 2 (10,5%)
McNulty et al. [35]	1991	n = 3	n = 0	n = 1 (33,3%)
Drenger et al. [12]	1992	n = 18	n = 0	n = 8 (44,4%)
Eigene Ergebnisse (unveröffentlicht)		n = 13	n = 0	n = 3 (23,1%)

Offensichtlich wird eine kritische Minderdurchblutung mit konsekutiver postoperativer Paraparese nach den Erfahrungen der meisten Arbeitsgruppen durch Veränderungen der SEP-Antwort zuverlässig erkannt, wie die geringe Rate falschnegativer Befunde belegt (Tabelle 1). Allerdings weist die hohe Rate falsch-positiver Befunde darauf hin, daß das SEP-Monitoring nur ein sehr unspezifisches Überwachungsverfahren ist, d. h., daß viele Patienten trotz eines intraoperativen SEP-Verlustes postoperativ kein neurologisches Defizit aufweisen [7, 8, 12, 15, 31, 34, 35].

Dies entspricht auch unseren Erfahrungen, wie das Beispiel eines 54jährigen Patienten zeigt, bei dem ein thorakoabdominelles Aortenaneurysma elektiv operiert wurde (Abb. 1). Nach dem Abklemmen der Aorta kam es zu einer protrahierten Amplitudenabnahme und schließlich nach 15 min zu einem Verlust des Tibialis-SEP. Das Potential blieb während der verbleibenden Abklemmphase nicht auslösbar,

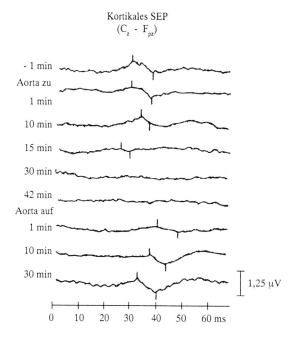

Abb. 1. Tibialis-SEP eines 54jährigen Patienten während der elektiven Resektion eines thorakoabdominellen Aortenaneurysmas ohne spezielle spinale Protektion. Die kortikale Potentialantwort erlischt während der Abklemmphase und kehrt nach dem Declamping zurück. Postoperativ blieb der Patient neurologisch unauffällig

erholte sich aber relativ rasch nach dem Declamping. Postoperativ blieb der Patient neurologisch unauffällig, obwohl keine Maßnahmen zur Aufrechterhaltung der Rückenmarkdurchblutung ergriffen wurden.

Dieser Fall spiegelt typische Befunde bei Eingriffen an der thorakoabdominellen Aorta wider: Einerseits kommt es selten zu neurologischen Ausfällen, wenn der SEP-Verlust während der Abklemmphase weniger als 30 min anhält. Andererseits tritt bei nahezu allen Patienten, bei denen kein Shunt zur Aufrechterhaltung der Perfusion der distalen Aorta eingelegt wird, nach dem Abklemmen der Aorta ein SEP-Verlust auf, ohne daß dies Zeichen einer kritischen Rückenmarkischämie sein muß, sondern auch Folge einer Beeinträchtigung der peripheren Reizleitung durch Minderperfusion, Hypothermie oder Anästhesie sein kann. Die daraus resultierende geringe Spezifität limitiert den Wert dieser Methode, die Notwendigkeit ischämiepräventiver Maßnahmen zu indizieren [8, 12, 21].

Spinales SEP

Diesen Nachteil des Tibialis-SEP kann man durch eine direkte Stimulation des Rückenmarks mittels einer epidural plazierten Reizelektrode vermeiden. Drenger konnte in einer Vergleichsstudie bei 18 thorakoabdominellen Aneurysmaoperationen durch die Aufzeichnung der kortikalen Potentialantworten nach peripherer Tibialis- und zentraler Rückenmarkstimulation nachweisen, daß nur die 2 Patienten mit postoperativen neurologischen Ausfällen einen Potentialverlust nach direkter Rückenmarkstimulation aufwiesen, während nach peripherer Reizapplikation bei weiteren 8 Patienten das SEP erlosch [12].

Trotz dieser überzeugenden Ergebnisse, die auch von anderen Arbeitsgruppen bestätigt werden, und der Tatsache, daß das Elektrospinogramm in Narkose eine größere Stabilität und höhere Amplitude als das Tibialis-SEP aufweist, bestehen grundsätzliche Einwände gegen diese Methode [19, 20, 27]:

- Die Lage des epiduralen Stimulationsortes ist nur schwer zu kontrollieren.
- Die Anwendung eines Periduralkatheters bei intraoperativer Teil- oder Vollheparinisierung ist problematisch.
- Auch durch das spinale SEP wird nur die Funktion der Hinterstrangbahnen umittelbar überprüft, während die Integrität der besonders ischämiegefährdeten ventralen Rückenmarkbahnen, wie nach peripherer Tibialisstimulation, nur indirekt beurteilt werden kann. Daher sind auch nach spinaler Stimulation falschnegative SEP-Befunde zu erwarten.

Motorisch evozierte Potentiale

Eine Verbesserung des spinalen Neuromonitorings in der Gefäßchirurgie ist aufgrund pathophysiologischer Überlegungen durch die Ableitung der spinalen Nerven- bzw. peripheren Muskelantwort nach transkranieller Stimulation des Motorkortex zu erwarten. Diese motorisch evozierten Potentiale (MEP) ermöglichen die direkte Funktionskontrolle der besonders ischämiegefährdeten motorischen Bahnen. In Tierversuchen fanden sich allerdings widersprüchliche Ergebnisse hinsichtlich der Sensitivität und Spezifität motorisch evozierter Potentiale [13, 18,

32]. Außerdem sind MEP unter Allgemeinanästhesie nur schwierig abzuleiten und methodische Probleme, wie z. B. die Frage nach einer magnetischen oder elektrischen Stimulation, einer Einzel- oder Mehrfachreizung und einer simultanen sensorischen Bahnung sind nicht gelöst [24, 25, 27]. Deshalb liegen mit diesem Überwachungsverfahren in der Gefäßchirurgie bisher nur geringe Erfahrungen vor und es sind weitere Untersuchungen nötig, bevor die Bedeutung der motorisch evozierten Potentiale in der Praxis klar wird.

Fazit

Nicht nur die Frage nach dem geeigneten Monitorverfahren, sondern v. a. die Frage nach dem Wert des spinalen Monitorings in der Gefäßchirurgie kann derzeit nicht beantwortet werden. Ob durch die Ableitung evozierter Potentiale die Rate rückenmarkischämischer Komplikationen reduziert wird, läßt sich aufgrund der vielen Faktoren, die auf das Outcome Einfluß nehmen, nur schwer belegen. Allerdings deutet sich unter neurophysiologischer Überwachung mit Tibialis-SEP eine niedrigere Komplikationsrate an [19]. Daher ist zumindest bei besonders risikoträchtigen Aorteneingriffen ein begleitendes Neuromonitoring indiziert.

Problematik und Pathogenese zerebraler Ischämien bei supraaortalen Eingriffen

Aufgrund der vitalen Bedrohung des Patienten besteht an der Indikation aortaler Eingriffe trotz möglicher neurologischer Komplikationen meist kein Zweifel. Dagegen sind mögliche perioperative neurologische Ausfälle von zentraler Bedeutung bei der Indikation zu supraaortalen Gefäßrekonstruktionen, insbesondere bei der Entscheidung zur Thrombendarteriektomie der A. carotis. Die Indikation zu diesem rein prophylaktischen Eingriff läßt sich nur rechtfertigen, wenn die Schlaganfallinzidenz trotz möglicher perioperativer Komplikationen niedriger ist als unter konservativer Therapie oder im Spontanverlauf der Erkrankung.

Da hierzu überzeugende Daten bisher fehlten, wurde der Nutzen der Karotisdesobliteration lange Zeit grundsätzlich in Frage gestellt. Doch 1991 mußten 2 prospektive Multicenterstudien aus ethischen Gründen abgebrochen werden, weil sich zeigte, daß bei Patienten mit symptomatischen hochgradigen Karotisstenosen durch die Endarteriektomie die Schlaganfallinzidenz signifikant gegenüber der alleinigen Therapie mit Thrombozytenaggregationshemmern gesenkt wird [14, 37].

Aus diesen Untersuchungen geht auch hervor, daß die Patienten besonders dann von der Operation profitieren, wenn die initiale perioperative Mortalität und Morbidität möglichst niedrig ist. Um die perioperative Apoplexrate von durchschnittlich 2-3% senken zu können, muß man die wesentlichen Pathomechanismen perioperativer Schlaganfälle kennen und vermeiden [16]:

- Neben postoperativen Hyperperfusionszuständen, die sich v.a. durch eine konsequente antihypertensive Therapie wirksam verhindern lassen, werden

neurologische Ausfälle durch die Embolisation arteriosklerotischer Plaques und von Adhäsionsthromben hervorgerufen.
- Daher sind insbesondere bei ulzerösen Karotisläsionen alle Maßnahmen zu unterlassen, die das Abschwemmen von Embolien begünstigen. Aufgrund des erhöhten Embolierisikos sollten Palpationen der A. carotis und eine generelle Shuntanlage vermieden werden.
- Ein weiterer wesentlicher Pathomechanismus für die Entstehung perioperativer neurologischer Defizite ist die zerebrale Minderdurchblutung aufgrund einer unzureichenden Kollateralzirkulation nach dem Abklemmen der A. carotis.

Hirnprotektive Maßnahmen

Um ischämische Schädigungen während der Abklemmphase zu verhüten, werden verschiedene hirnprotektive Maßnahmen empfohlen:

Hirnprotektion in der Karotischirurgie

- pharmakologische Protektion,
- hyperbare Oxygenierung,
- kurze Abklemmperiode,
- Hypothermie,
- Allgemeinnarkose,
- induzierte Hypertension,
- Shuntanlage.

Die meisten haben sich jedoch wegen mangelnder Effektivität, wegen des hohen apparativen, zeitlichen und personellen Aufwandes und wegen gravierender Nebenwirkungen in der Klinik nicht durchsetzen können.

Bewährt hat sich die Operation unter Allgemeinanästhesie und kontrollierter Beatmung. Sie schafft nicht nur bessere Operationsbedingungen und wird von vielen Patienten und Operateuren einem Eingriff in Lokalanästhesie vorgezogen. Sie ermöglicht in kritischen Situationen eine Optimierung der globalen Sauerstoffversorgung. Gleichzeitig wird der zerebrale Sauerstoffverbrauch verringert. Der daraus resultierende hirnprotektive Effekt darf allerdings nicht überschätzt werden. Er reicht sicher nicht aus, zerebrale Folgeschäden nach einer gravierenden abklemmbedingten Minderperfusion zu verhindern.

Auch die zerebroprotektive Wirkung der kontrollierten Hypertension ist umstritten. Ob durch die Anhebung des mittleren arteriellen Blutdrucks während der Abklemmphase um 10–20% gegenüber dem stationären Ausgangswert, die Durchblutung in ischämischen Hirnarealen verbessert wird, ist keineswegs belegt. In jedem Fall führt die induzierte Hypertension zu einem erhöhten myokardialen Sauerstoffbedarf und bedeutet eine erhebliche Gefährdung der meist koronarkranken Patienten.

Am wirksamsten kann eine ausreichende Durchblutung in der operationsseitigen Hemisphäre durch die Anlage eines intraluminalen Shunts aufrechterhalten werden. Doch durch die Shuntimplantation wird nicht nur das unmittelbare zerebrale Embolierisiko erhöht. Verletzungen der Gefäßintima bei der Shuntanlage begünstigen auch die Entstehung von Adhäsionsthromben und Rezidivstenosen. Die erhöhte Embolierate infolge der Shuntanlage erklärt offensichtlich die Tatsache, daß in großen Operationsstatistiken kein Unterschied im neurologischen Outcome zwischen Zentren, die generell, und denen, die nie einen Shunt anwenden, besteht [16].

Zerebrales Neuromonitoring

Bedeutung

Eine weitere Verringerung neurologischer, aber auch kardialer Komplikationen ist daher nur zu erwarten, wenn es gelingt, die Shuntimplantation und kontrollierte Hypertension gezielt bei Patienten mit einer unzureichenden Kollateralzirkulation anzuwenden. Da diese Patienten durch präoperative Screeninguntersuchungen nicht erkannt werden können, ist die Objektivierung einer kritischen zerebralen Minderdurchblutung während des Eingriffs durch ein geeignetes Neuromonitoring erforderlich.

Anforderungen

Zur Steuerung des chirurgischen und anästhesiologischen Vorgehens und zur Verbesserung des neurologischen Outcomes trägt das ZNS-Monitoring bei Karotisoperationen nur bei, wenn es wesentliche Voraussetzungen erfüllt:

Anforderungen an ein geeignetes Neuromonitoring

- hohe Sensitivität und Spezifität,
- einfache Applikation und Bedienung,
- kontinuierliche Überwachung,
- sichere Meßwertinterpretation,
- geringe Störanfälligkeit,
- keine monitorbedingten Nebenwirkungen.

Das wichtigste Kriterium ist eine hohe Sensitivität. Ein geeignetes Überwachungsverfahren muß alle Patienten identifizieren, die aufgrund einer ungenügenden Kollateralzirkulation das Abklemmen der A. carotis nicht tolerieren und deshalb von hirnprotektiven Maßnahmen profitieren.

Ein geeignetes Monitoring muß aber auch eine hohe Spezifität aufweisen, d. h. alle Patienten mit einer ausreichenden Kollateralperfusion erkennen. Nur dadurch lassen sich die Komplikationen einer unnötigen Anwendung ischämiepräventiver Maßnahmen vermeiden.

Daneben müssen weitere, insbesondere anwendungstechnische Anforderungen erfüllt werden, damit ein Monitorverfahren zur Routineüberwachung eingesetzt werden kann.

Neuromonitoring mit somatosensorisch evozierten Potentialen

Grundlagen

Zur zerebralen Überwachung in der Karotischirurgie schien die Aufzeichnung der frühen Komponenten somatosensorisch evozierter Potentiale aufgrund theoretischer Überlegungen besonders geeignet. Nach Stimulation des kontralateralen N. medianus entsteht nämlich eine charakteristische Potentialantwort über der operationsseitigen Postzentralregion. Die Funktionsfähigkeit dieses Hirnareals ist von einem ausreichenden Blufluß über die A. cerebri media abhängig und reagiert daher besonders sensibel auf eine zerebrale Minderdurchblutung nach dem Abklemmen der A. carotis.

Tatsächlich konnten Branston u. Symon in tierexperimentellen Untersuchungen anhand einer zunehmenden Drosselung der Durchblutung der A. cerebri media zeigen, daß es bei einer Abnahme des zerebralen Blutflusses unter 16 ml/100 g/min zu einer zunehmenden Amplitudenreduktion und bei einer Durchblutung unter 12 ml/100 g/min zu einem Verlust der kortikalen SEP-Antwort kommt [5].

Eigene Untersuchungen

Vor dem Hintergrund dieser Grundlagen überprüften wir in einer prospektiven Studie bei 753 Karotisoperationen an 665 Patienten den Wert des Medianus-SEP hinsichtlich der Anforderungen an ein geeignetes klinisches Neuromonitoring.

Die somatosensorisch evozierten Potentiale zeichneten wir nach stromkonstanter elektrischer Stimulation des N. medianus am kontralateralen Handgelenk synchron über dem Halsmark (C_2-F_{pz}) zur Kontrolle einer ungestörten peripheren Reizleitung und über der operationsseitigen Postzentralregion ($C_{3'}/C_{4'}$-F_{pz}) zur Ischämieerkennung auf. Für jedes einzelne Potential wurden 250 Reizantworten bei einer Reizfrequenz von 5,3 Hz gemittelt, so daß jeweils nach 50–60 s die Amplitudenhöhe und Latenzzeit des kortikalen Potentials bestimmt werden konnte. Die Anwendung somatosensorisch evozierter Potentiale erwies sich aufgrund der einfachen Applikation der Reiz- und Ableitelektroden und aufgrund der vollautomatischen Datenaquisition und Signalanalyse nicht nur als völlig unkompliziert und leicht erlernbar, sondern auch als wenig störanfällig [10, 11].

Narkoseführung

Als Narkoseverfahren hat sich hinsichtlich der Ableitebedingungen für evozierte Potentiale, hinsichtlich der kardiovaskulären Stabilität und hinsichtlich einer raschen Beurteilung des postoperativen Neurostatus eine mit 0,4–0,8 Vol.-% Isofluran supplementierte modifizierte Neuroleptanästhesie bewährt. Wichtiger als die Auswahl eines bestimmten Narkoseverfahrens ist allerdings eine sorgfältige Narkoseführung. Wesentliche Prinzipien dabei sind die Aufrechterhaltung eines konstanten Blutdrucks auf dem Niveau präoperativer Ausgangswerte, die Vermeidung hypertensiver Phasen nach dem Declamping, eine strikte Normoventilation, ein Narkose-Steady-state während der Abklemmphase, die Vermeidung eines Narkoseüberhangs und die frühzeitige Extubation im Operationssaal [9, 26, 41].

Diese Anforderungen an die Narkoseführung bedingen eine kontinuierliche kardiopulmonale Überwachung nicht nur während des Eingriffes, sondern auch unmittelbar postoperativ im Aufwachraum:
- EKG mit Ableitung V_5,
- arterielle Druckmessung,
- Pulsoximetrie,
- Kapnographie,
- Blutgaskontrollen,
- Blutzuckerbestimmungen,
- transösophageale Echokardiographie bzw. Pulmonaliskatheter bei kardial extrem gefährdeten Patienten.

Validierung

Um die Validität der somatosensorisch evozierten Potentiale als neurologisches Monitoring durch einen direkten Vergleich zwischen intraoperativem SEP-Befund und postoperativem neurologischen Outcome belegen zu können, haben wir in einer ersten Studienphase Potentiale abgeleitet, ohne den Operateur über den Kurvenverlauf zu informieren und ohne einen Shunt zu implantieren. Alle Patienten wurden unmittelbar postoperativ extubiert, um auch kurzfristige neurologische Ausfälle erfassen zu können.

Während dieser Validierungsphase zeigte sich, daß durch den Verlust der kortikalen Potentialantwort eine kritische abklemmbedingte Hirnischämie zuverlässig und von jedermann sicher zu erkennen ist. Im weiteren Studienverlauf untersuchen wir deshalb, ob durch eine gezielte Anlage eines intraluminalen Shunts nach einem SEP-Verlust neurologische Ausfälle vermieden werden können.

Ergebnisse

Nach unseren Erfahrungen bei 753 Karotisoperationen weisen etwa 7% aller Patienten nach dem Abklemmen der A. carotis eine ungenügende Kollateralzirkulation auf (Tabelle 2). Diese Patienten werden durch den Verlust der kortikalen Potentialantwort alle indentifiziert. Denn außer bei Patienten mit einem Potentialverlust traten nur bei 5 Patienten ohne intraoperative SEP-Veränderungen postope-

Tabelle 2. SEP-Befunde und neurologisches Outcome bei 753 Karotisoperationen

SEP intraoperativ	Shuntanlage		Neurologisches Outcome		
			unverändert	Apoplex	TIA
Nicht auslösbar n = 50	ohne Shunt	n = 12	n = 3	n = 1	n = 8
	mit Shunt	n = 38	n = 28	n = 2	n = 8
Auslösbar n = 703	ohne Shunt	n = 703	n = 698	n = 3	n = 2

rativ neurologische Ausfälle auf. Diese wurden aber nicht durch eine abklemmbedingte Ischämie, sondern durch perioperative Thrombembolien hervorgerufen, wie durch operative Revisionseingriffe nachgewiesen werden konnte.

Durch eine suffiziente Shuntanlage nach einem SEP-Verlust können neurologische Ausfälle wirksam verhindert werden (Tabelle 2). Nur 3 von 12 Patienten ohne Shuntanlage, aber 28 von 38 Patienten mit einer Shuntanlage nach einem SEP-Verlust blieben neurologisch unauffällig. Unter den beiden Patienten, die trotz einer Shuntanlage einen Apoplex aufwiesen, war ein Patient, bei dem sich das Potential aufgrund eines zu geringen Shuntblutflusses nicht erholte, und ein Patient, bei dem die A. carotis postoperativ thrombotisch verschlossen war.

Sensitivität und Spezifität

Da sich neurologische Defizite aufgrund von Embolien im Gegensatz zu Defiziten aufgrund einer zerebralen Minderdurchblutung durch die Anwendung zerebroprotektiver Maßnahmen nicht verhindern lassen, sondern die Inzidenz eher steigt, ist das entscheidende Prüfkriterium für ein geeignetes Monitoring in der Karotischirurgie die Objektivierung einer klinisch relevanten abklemmbedingten Minderperfusion. Durch die Ableitung somatosensorisch evozierter Potentiale wird eine kritische regionale Hirnischämie während der Abklemmphase zuverlässig, d. h. mit hoher Sensitivität und Spezifität, erfaßt, wie nicht nur unsere Ergebnisse, sondern auch die Erfahrungen anderer Arbeitsgruppen zeigen (Tabelle 3) [1, 10, 17, 28, 43].

SEP im Vergleich mit verschiedenen Überwachungsverfahren des ZNS

Das SEP-Monitoring eignet sich nicht nur als Indikator für die Anwendung hirnprotektiver Maßnahmen, sondern darüber hinaus als Referenzmethode, an der der Stellenwert anderer zentralnervöser Überwachungsverfahren gemessen werden kann.

Elektroenzephalogramm

Unter diesem Aspekt ist der Vergleich mit dem EEG-Monitoring naheliegend (s. Tabelle 6), denn die Aufzeichnung eines 16-Kanal-Roh-EEG war bisher wegen der

Tabelle 3. SEP-Monitoring in der Karotischirurgie: Sensitivität und Spezifität

Autor	Jahr	Patienten(n)	Sensitivität [%]	Spezifität [%]
Ruß et al. [43]	1985	106	83	99
Gigli et al. [17]	1987	40	100	83
Amantini et al. [1]	1987	58	100	98
Lam et al. [28]	1991	64	100	94
Dinkel et al. [10]	1991	482	100	99

hohen Sensitivität gegenüber zerebralen Minderdurchblutungen und der Möglichkeit, regional umschriebene Ischämien über dem gesamten Kortex erkennen zu können, der Goldstandard des Neuromonitorings in der Karotischirurgie [16, 36, 46]. Allerdings ist die konventionelle EEG-Ableitung im Operationssaal technisch nicht nur sehr aufwendig und bei bis zu 40% der Eingriffe aufgrund von Artefaktüberlagerungen und Störeinflüssen zur Beurteilung einer zerebralen Gefährdung nicht verwertbar [2]. Die Interpretation des konventionellen EEG erfordert die Anwesenheit eines erfahrenen Neurophysiologen. Doch auch diesem gelingt es bei längeren oder mehreren aufeinanderfolgenden Eingriffen nicht immer, im äußerst komplexen Hirnstrombild eines 16-Kanal-Roh-EEGs kritische Veränderungen aufgrund einer zerebralen Ischämie frühzeitig zu erkennen und von ähnlichen Veränderungen aufgrund der Narkose oder anderer Einflüsse sicher zu unterscheiden.

Doch nicht nur die Zuordnung von EEG-Veränderungen zu möglichen Ursachen ist schwierig, es ist offensichtlich auch nicht leicht, das Ausmaß einer zerebralen Ischämie anhand von EEG-Veränderungen zu quantifizieren und eine wirklich kritische Ischämie eindeutig zu erkennen [4, 24]. Ab einem zerebralen Blutfluß unter 20 ml/100 g · min kommt es zwar zu einer Verlangsamung im EEG, doch liegt diese Durchblutung weit oberhalb der kritischen Grenze von 6 ml/100 g · min, bei der es zu einer Störung des zellulären Erhaltungsstoffwechsels kommt [36, 46]. Daraus resultiert insgesamt eine relativ hohe Shuntfrequenz von 20–30% bei Operationen unter EEG-Überwachung [16].

In den wenigen bisher vorliegenden Vergleichsuntersuchungen zwischen dem EEG- und SEP-Monitoring in der Karotischirurgie fanden sich unter beiden Monitorverfahren vergleichbare Meßergebnisse [16, 27, 28]. Allerdings konnte Lam in einer Untersuchung an 64 Karotiseingriffen bei beiden Patienten mit postoperativen neurologischen Ausfällen intraoperativ SEP-Veränderungen, aber nur bei einem signifikante Änderungen im konventionellen 16-Kanal-EEG beobachten [28]. Dies entspricht auch unserer Erfahrung. Bei 26 Karotisoperationen unter quantitativer EEG-Analyse (CATEEM Medisyst) konnten wir nur in 2 Fällen typische EEG-Veränderungen, die aufgrund eines sicher zu identifizierenden SEP-Verlustes zu erwarten waren, während des Eingriffs objektivieren. In einem weiteren Fall war eine zusätzliche postoperative EEG-Analyse erforderlich. Dabei fand sich als Korrelat des intraoperativen SEP-Verlustes eine isolierte Aktivitätsminderung im α-Band des EEG.

Auch wenn die vorliegende Zahl von Vergleichsuntersuchungen zu gering ist, um die Überlegenheit der einen gegenüber der anderen elektrophysiologischen Überwachungsmethode eindeutig belegen zu können, sind die hohe Sensitivität und Spezifität, der unerhebliche Einfluß der Narkose, die geringe Störanfälligkeit und v. a. das einfach zu interpretierende und dennoch zuverlässige Ischämiekriterium (Potentialverlust) entscheidende Vorzüge des SEP gegenüber dem EEG (s. auch Tabelle 6; [39]).

Karotisstumpfdruck

Als hämodynamischer Parameter zur Abschätzung einer ausreichenden Kollateralzirkulation und drohenden Ischämie wird häufig der Karotisstumpfdruck, d. h. der

Tabelle 4. Karotisstumpfdruck (CSP) und SEP-Befund nach dem Abklemmen der A. carotis (n = 283)

CSP	SEP	
	Verlust	auslösbar
< 50 mm Hg	n = 32	n = 138
> 50 mm Hg	n = 0	n = 113
Mittelwert	21,7 mm Hg	50,2 mm Hg
Minimum–Maximum	13–41 mm Hg	16–109 mm Hg

Druck, der nach dem Abklemmen der A. carotis durch den retrograden Fluß der Kollateralperfusion im distalen Karotisstumpf entsteht, gemessen. In verschiedenen Studien fanden sich bei erniedrigten CSP-Werten gehäuft ischämische EEG-Veränderungen und ein erniedrigter zerebraler Blutfluß [6, 11].

In einer eigenen Untersuchung bei 283 Karotisoperationen zeigte sich, daß der Karotisstumpfdruck als Hinweis auf eine eingeschränkte Hirnperfusion bei Patienten mit einem SEP-Verlust im Mittel nur halb so hoch ist wie bei Patienten mit erhaltener SEP-Antwort nach dem Abklemmen der A. carotis (Tabelle 4). Bei einem Stumpfdruck über 50 mm Hg trat bei keinem unserer Patienten ein pathologisches SEP auf. Doch dieser aus verschiedenen Studien resultierende Grenzwert ist nur ein sehr unspezifischer Parameter. Denn 138 von 283 unserer Patienten wiesen einen Stumpfdruck unter 50 mm Hg auf, ohne daß es zu Potentialveränderungen oder gar neurologischen Ausfällen kam. Die in vielen Studien belegte geringe Spezifität des CSP-Monitorings läßt sich dadurch erklären, daß der an der Schädelbasis gemessene Stumpfdruck von vielen Faktoren, wie z. B. einer gestörten Autoregulation, intrazerebraler arteriosklerotischer Gefäßläsionen, der zerebralen Stoffwechselrate und durch das Narkoseverfahren, beeinflußt wird und deshalb keinen Rückschluß auf die Gewebsperfusion im Hirnstromgebiet erlaubt [11].

Schließlich ist aus operationstechnischen Gründen keine kontinuierliche, sondern nur eine punktuelle Registrierung des Stumpfdrucks möglich. Bis zu 30% der zerebralen Ischämien manifestieren sich allerdings erst im Verlauf der Abklemmphase und werden dadurch möglicherweise durch eine Stumpfdruckmessung unmittelbar nach dem Clamping nicht entdeckt.

Die Stumpfdruckmessung sollte aber v. a. deshalb nicht mehr länger als Entscheidungskriterium zur Shuntanlage und kontrollierten Hypertension herangezogen werden, weil sie nicht in der Lage ist, Patienten ohne kritische Ischämien zu identifizieren und die Risiken einer unnötigen Hirnprotektion zu vermeiden.

Transkranielle Dopplersonographie

Eine weitere hämodynamische Meßgröße zur Objektivierung einer zerebralen Minderdurchblutung ist die Blutflußgeschwindigkeit in der operationsseitigen A. cerebri media (vMCA), die mit Hilfe der transkraniellen Dopplersonographie (TCD) kontinuierlich registriert werden kann. In ersten Validierungsstudien deutet sich eine

Tabelle 5. Mittlere Blutflußgeschwindigkeit in der A. cerebri media (v-mean MCA) und SEP-Befund bei 79 Karotiseingriffen

v-mean MCA	SEP	
	Verlust	auslösbar
Kein Signal	n = 6	n = 25
Signal vorhanden	n = 4	n = 44
Mittelwert	0 cm/s	26 cm/s
Minimum–Maximum	0–0 cm/s	10–56 cm/s

gute Korrelation zwischen der Blutflußgeschwindigkeit in der A. cerebri media und dem Karotisstumpfdruck, EEG und SEP-Veränderungen, und unter bestimmten Voraussetzungen auch mit dem regionalen zerebralen Blutfluß an [3, 22, 40, 45, 48].

Allerdings besteht derzeit noch keine Übereinkunft über das Ausmaß der Veränderungen der mittleren Blutflußgeschwindigkeit, die nach dem Abklemmen der Karotis ohne ischämisches Defizit toleriert werden kann. Dies liegt sicherlich daran, daß in verschiedenen Studien unterschiedliche Überwachungsverfahren zum Vergleich herangezogen werden. So fand Halsey unter EEG-Überwachung eine kritische Grenze der mittleren Blutflußgeschwindigkeit von 15 cm/s [22, 40].

Unter 79 Patienten, bei denen wir simultan ein SEP und Dopplermonitoring durchführen konnten, wiesen nur die 4 Patienten einen SEP-Verlust auf, bei denen auch das Dopplersignal vollständig erlosch (Tabelle 5).

Die transkranielle Dopplersonographie erlaubt zwar offensichtlich, zuverlässig zwischen Patienten mit und ohne ausreichenden Kollateralblutfluß zu unterscheiden, dennoch ist der Wert dieser Methode als intraoperatives Monitoring limitiert. Bei mehr als 30% aller Patienten kann intraoperativ kein brauchbares Signal aufgezeichnet werden.

Jugularvenöse Oxymetrie

Durch die Möglichkeit, die jugularvenöse Sauerstoffsättigung mit Hilfe fiberoptischer Katheter kontinuierlich registrieren zu können, erlebt die zerebrovenöse Oxymetrie derzeit eine gewisse Renaissance. Prinzipiell ist die Messung der jugularvenösen Sauerstoffsättigung zur Objektivierung von Hirnischämien geeignet, da eine zerebrale Minderdurchblutung über eine erhöhte Sauerstoffextraktion zu einer Erniedrigung der Sauerstoffsättigung in der V. jugularis führen kann [42]. Allerdings gilt diese Beziehung offensichtlich nur für eine globale Hirnischämie. Wir fanden nämlich bei 24 Karotisoperationen, bei denen jugularvenöse Blutproben während der Abklemmphase entnommen wurden, keinen Unterschied in der Sauerstoffsättigung zwischen Patienten mit und ohne SEP-Verlust. Wie schon Larson kommen auch wir deshalb zu dem Schluß, daß ein Monitoring der jugularvenösen Sauerstoffsättigung ein untaugliches Verfahren ist, regionale Hirnischämien in der Karotischirurgie zu objektivieren [29].

Regionaler zerebraler Blutfluß

Unter den weiteren zerebralen Überwachungsverfahren, die in der Karotischirurgie zur Anwendung kommen, ist die direkte Messung des regionalen zerebralen Blutflusses anhand des Auswaschverhaltens intraarteriell oder intravenös injizierter radioaktiver Substanzen die exakteste Methode zur Bestimmung des Ausmaßes der zerebralen Minderperfusion und wird deshalb v. a. für wissenschaftliche Fragestellungen eingesetzt. Da dieses Monitoring sehr aufwendig ist und außerdem keine kontinuierliche Überwachung erlaubt, ist es als klinisches Routinemonitoring nicht geeignet.

Neurologischer Befund unter Lokalanästhesie

Ohne jegliches Equipment und relativ einfach läßt sich eine zerebrale Ischämie nach dem Abklemmen der Karotis durch die Beurteilung verschiedener neurologischer Funktionen bei Operationen in Lokalanästhesie erkennen. Allerdings sprechen nicht nur der Verzicht auf die möglichen hirnprotektiven Eigenschaften der Allgemeinanästhesie gegen eine Operation in Lokalanästhesie. Häufig tolerieren die Patienten den Eingriff nicht ohne sedierende Maßnahmen. Unter Sedierung kann dann nicht mehr sicher unterschieden werden, ob Veränderungen im Neurostatus medikamentenbedingt oder Folge einer Ischämie sind. Dadurch wird die Spezifität dieses Überwachungsverfahrens eingeschränkt.

Vorteile des SEP-Monitorings

Unter den verschiedenen Überwachungsverfahren nimmt das SEP-Monitoring aufgrund seiner unkomplizierten, wenig störanfälligen Anwendung, seiner leichten und unzweideutigen Meßwertinterpretation, der Möglichkeit zur kontinuierlichen Überwachung und vor allem aufgrund seiner hohen Sensitivität und Spezifität eine herausragende Stellung ein (Tabelle 6).

- Die hohe Sensitivität ermöglicht eine gezielte Hirnprotektion bei den Patienten, die wirklich davon profitieren. Durch eine frühzeitige suffiziente Shuntanlage nach einem SEP-Verlust lassen sich neurologische Ausfälle vermeiden, wobei wiederkehrende Potentiale die unmittelbare Kontrolle einer ausreichenden Shuntfunktion ermöglichen (Abb. 2).
- Durch die hohe Spezifität des SEP-Monitorings lassen sich die Nebenwirkungen einer unnötigen Hirnprotektion, wie z. B. die kardiale Belastung durch die induzierte Hypertension und zerebrale Embolien durch die Shuntanlage, bei den meisten Patienten von vornherein vermeiden.
- Solange die kortikale Potialantwort deutlich auslösbar ist, kann man sich mit der Narkoseführung nach den Erfordernissen eines reduzierten myokardialen Sauerstoffverbrauches richten, ohne die zerebrale Integrität zu gefährden. Der Zielkonflikt der Karotischirurgie, den Wade treffend als „protection of heart vs. protection of brain" bezeichnet hat, kann mit Hilfe somatosensorisch evozierter Potentiale zugunsten einer „protection of heart and brain" gelöst werden [49].

Tabelle 6. Zerebrales Neuromonitoring in der Karotischirurgie

Monitor	Parameter	Anwendung	Konti-nuierlich	Inter-pretation	Sensi-tivität	Spezi-fität
EEG	Spontane elektrische Aktivität	Training nötig	ja	Erfahrung nötig	hoch	mittel
Stumpfdruck	Kollateraldruck	einfach	nein	einfach	hoch	niedrig
TCD	Blutflußgeschwindigkeit	störanfällig	ja	einfach	niedrig	mittel
SjO$_2$	Jugularvenöse O$_2$-Sättigung	einfach	ja	einfach	niedrig	niedrig
rCBF	Regionaler Blutfluß	Training nötig	nein	schwierig	hoch	hoch
Wacher Patient	Neurostatus	einfach	ja	einfach	hoch	hoch
SEP	Evozierte elektrische Aktivität	einfach	ja	einfach	hoch	hoch

- Ein großer Vorteil des SEP-Monitorings liegt auch darin, daß der Gefäßchirurg bei stabilen Potentialen ohne Zeitdruck sorgfältig desobliterieren kann. Dies schafft die Voraussetzung, die Rate operationstechnischer Komplikationen zu senken und die Langzeitergebnisse nach Karotiseingriffen zu verbessern.
- Durch die Aufzeichnung somatosensorisch evozierter Potentiale werden auch pathophysiologische Mechanismen transparent. So deutet ein postoperatives neurologisches Defizit ohne pathologischen SEP-Befund auf eine Thromboemboliequelle hin. Die Indikation zur operativen Revision kann daher differenziert und ohne zusätzliche belastende Diagnosemaßnahmen gestellt werden.

Schlußfolgerung

Während der Wert des Neuromonitorings bei aortalen Eingriffen noch kontrovers diskutiert wird, ist der Nutzen einer zerebralen Überwachung bei supraaortalen Gefäßrekonstruktionen evident. Insbesondere das neurophysiologische Monitoring mit somatosensorisch evozierten Potentialen ermöglicht eine den individuellen Risiken angepaßte Operations- und Narkoseführung. Dies trägt insbesondere in der Karotischirurgie dazu bei, neurologische Folgeschäden zu vermeiden. Die Ableitung somatosensorisch evozierter Potentiale empfiehlt sich daher als Routinemonitoring in der Karotischirurgie.

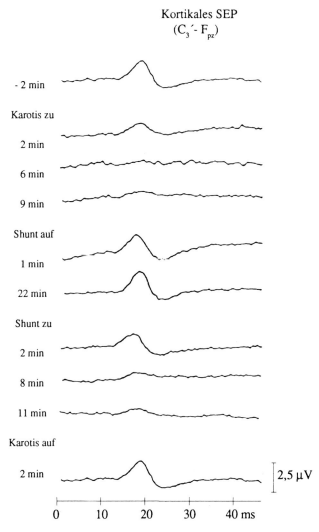

Abb. 2. Kortikale Potentialantwort nach peripherer Medianusstimulation im Verlauf einer linksseitigen Karotisthrombenarteriektomie. SEP-Verlust nach der Gefäßabklemmung; unmittelbare Potentialerholung durch die Shuntanlage; erneute Amplitudenminderung nach der Shuntentfernung; vollständige SEP-Restitution nach dem Declamping. Nach dem Erwachen aus der Narkose hatte der Patient eine passagere rechtsseitige Hemiparese über 12 h

Literatur

1. Amantini A, De Scisciolo G, Bartelli M et al. (1987) Selective shunting based on somatosensory evoked potential monitoring during carotid endarterectomy. Int Angiol 6:387–390
2. Bashein G, Nessly M, Bledsoe S, Townes B, Davis K, Coppel D, Hornbein T (1992) Electroencephalography during surgery with cardiopulmonary bypass and hypothermia. Anesthesiology 76:878–891

3. Benichou H, Bergeron P, Ferdani M, Jausseran JM, Reggi M, Courbier R (1991) Pre- and intraoperative transcranial doppler: Prediction and surveillance of tolerance to carotid clamping. Ann Vasc Surg 1:21-25
4. Blume WT, Ferguson GG, McNeill DK (1986) Significance of EEG changes at carotid endarterectomy. Stroke 17:891-897
5. Branston NM, Symon L, Crockard HA, Pasztor E (1974) Relationship between the cortical evoked potential and local cortical blood flow following acute middle cerebral artery occlusion in the baboon. Exp Neurol 45:195-208
6. Cherry KJ, Roland CF, Hallett JW, Gloviczki P, Bower TC, Toomey BJ, Pairolero PC (1991) Stump pressure, the contralateral carotid artery, and electroencephalographic changes. Am J Surg 162:185-189
7. Crawford ES, Mizrahi EM, Hess KR, Coselli JS, Safi HJ, Patel VM (1988) Thoracic and cardiovacular surgery. J Thorac Cardiovasc Surg 95:357-367
8. Cunningham JN, Laschinger JC, Spencer FC (1987) Monitoring of somatosensory evoked potentials during surgical procedures on the thoracoabdominal aorta. J Thorac Cardiovasc Surg 94:275-285
9. Dinkel M, Bedner M (1991) Kreislaufreaktion, Neuromonitoring und Aufwachverhalten unter Propofol und Neuroleptanästhesie in der Karotischirurgie. Anaesthesist 40 [Suppl 2]:529
10. Dinkel M, Kamp HD, Schweiger H (1991) Somatosensorisch evozierte Potentiale in der Karotischirurgie. Anaesthesist 40:72-78
11. Dinkel M, Schweiger H, Goerlitz P (1992) Monitoring during carotid surgery: Somatosensory evoked potentials vs. carotid stump pressure. J Neurosurg Anesthesiol 4:167-175
12. Drenger B, Parker SD, McPherson RW, North RB, Williams GM, Reitz BA, Beattle C (1992) Spinal cord stimulation evoked potentials during thoracoabdominal aortic aneurysm surgery. Anesthesiology 76:689-695
13. Elmore JR, Gloviczki P, Harper M et al. (1991) Failure of motor evoked potentials to predict neurologic outcome in experimental thoracic aortic occlusion. J Vasc Surg 14:131-139
14. European Carotid Surgery Trialists Collaborative Group (1991) MRC European carotid surgery trial: interim results for symptomatic patients with severe (70-99%) or with mild (0-29%) carotid stenosis. Lancet 337:1235-1243
15. Fava E, Bortolani EM, Ducati A, Ruberti U (1988) Evaluation of spinal cord function by means of lower limb somatosensory evoked potentials in reparative aortic surgery. J Cardiovasc Surg 29:421-427
16. Gewertz BL, McCaffrey MT (1987) Intraoperative monitoring during carotid endarterectomy. Curr Probl Surg 24:475-53
17. Gigli GL, Caramia M, Marciani MG, Zarola F, Lavaroni F, Rossini PM (1987) Monitoring of subcortical and cortical somatosensory evoked potentials during carotid endarterectomy: Comparison with stump pressure levels. Electroencephalogr Clin Neurophysiol 68:424-432
18. Goto T, Crosby G (1992) Anesthesia and the spinal cord. In: Benumof JL, Bissonette B (eds). Cerebral protection, resuscitation, and monitoring. A look into the future of neuroanesthesia. Saunders, Philadelphia (Anesthesiology Clinics of North America, vol. 10, pp 493-519
19. Grabitz K, Freye E, Prior R, Schror K, Sandmann W (1990) Does prostaglandin E1 and superoxide dismutase prevent ischaemic spinal cord injury after thoracic aortic cross-clamping? Eur J Vasc Surg 4:19-24
20. Grossi EA, Laschinger JC, Krieger KH, Nathan IM, Colvin SB, Weiss MR, Baumann FG (1988) Epidural-evoked potentials: a more specific indicator of spinal cord ischemia. J Surg Res 44:224-228
21. Gugino LD, Kraus KH, Heino R, Aglio LS, Levy WJ, Cohn L, Maddi R (1992) Peripheral ischemia as a complicating factor during somatosensory and motor evoked potential monitoring of aortic surgery. J Cardiothorac and Vasc Anesthesia 6:715-719
22. Halsey JH, McDowell HA, Gelmon S, Morawetz RB (1989) Blood velocity in the middle cerebral artery and regional cerebral blood flow during carotid endarterectomy. Stroke 20:53-58
23. Hanowell LH, Soriano S, Bennett HL (1992) EEG power changes are more sensitive than spectral edge frequency variation for detection of cerebral ischemia during carotid artery

surgery: a prospective assessment of processed EEG monitoring. J Cardiothorac and Vasc Anesthesia 6:292–294
24. Kalkman CJ, Drummond JC, Ribberink AA, Patel PM, Sano T, Bickford RG (1992) Effects of propofol, etomidate, midazolam, and fentanyl on motor evoked responses to transcranial electrical or magnetic stimulation in humans. Anesthesiology 76:502–509
25. Kalkman CJ, Drummond JC, Kenelly NA, Patel PM, Partridge BL (1992) Intraoperative monitoring of tibialis anterior muscle motor evoked responses to transcranial electrical stimulation during partial neuromuscular blockade. Anesth Analg 75:584–589
26. Kamp HD, Dinkel M, Schweiger H (1991) Überwachungs- und Anästhesieprobleme bei der Karotischirurgie. In: Pasch T, Schmid ER (Hrsg) Anaesthesie und kardiovaskuläres System. Anaesthesiologie und Intensivtherapie Bd 41, Springer, Berlin Heidelberg New York Tokyo, S 234–244
27. Lam AM (1992) Do evoked potentials have any value in anesthesia? In: Benumof JL, Bissonette B (eds) Cerebral protection, resuscitation, and monitoring. A look into the future of neuroanesthesia. Saunders, Philadelphia (Anesthesiology Clinics of North America vol 10, pp 657–681)
28. Lam AM, Manninen PH, Ferguson GG, Nantau W (1991) Monitoring electrophysiologic function during carotid endarterectomy: a comparison of somatosensory evoked potentials and conventional electroencephalogram. Anesthesiology 75:15–21
29. Larson CP, Ehrenfeld WK, Wade JG, Wylie EJ (1967) Jugular venous oxygen saturation as an index of adequacy of cerebral oxygenation. Surgery 62:31–39
30. Laschinger JC, Cunningham JN, Cooper MM, Krieger K, Nathan IM, Spencer FC (1984) Prevention of ischemic spinal cord injury following aortic cross-clamping: use of corticosteroids. Ann Thorac Surg 38:500–507
31. Laschinger JC, Cunningham JN, Cooper MM, Baumann FG, Spencer FC (1987) Monitoring of somatosensory evoked potentials during surgical procedures on the thoracoabdominal aorta. J Thorac Cardiovasc Surg 94:260–265
32. Laschinger JC, Owen J, Rosenbloom M, Cox JL, Kouchoukos NT (1988) Direct non-invasive monitoring of spinal cord motor function during thoracic aortic occlusion: use of motor evoked potentials. J Vasc Surg 7:161–171
33. Livesay JJ, Cooley DA, Ventemiglia RA, Montero CG, Warrian RK, Brown DM, Duncan JM (1985) Surgical experience in descending thoracic aneurysmectomy with and without adjuncts to avoid ischemia. Ann Thorac Surg 39:37–46
34. Maeda S, Miyamoto T, Murata H, Yamashita K (1989) Prevention of spinal cord ischemia by monitoring spinal cord perfusion pressure and somatosensory evoked potentials. J Cardiovasc Surg 30:565–570
35. McNulty S, Arkoosh V, Goldberg M (1991) The relevance of somatosensory evoked potentials during thoracic aorta aneurysm repair. J Cardiothorac and Vasc Anesthesia 5:262–265
36. Messick JM, Casment B, Sharbrough FW, Milde LN, Michenfelder JD, Sundt TM (1987) Correlation of regional cerebral blood flow (rCBF) with EEG changes during isoflurane anesthesia for carotid endarterectomy: Critical rCBF. Anesthesiology 66:344–349
37. North American Symptomatic Carotid Endarterectomy Trial Collaborators (1991) Beneficial effect of carotid endarterectomy in symptomatic patients with high-grade carotid stenosis. N Engl J Med 325:445–453
38. Nugent M (1992) Pro: Cerebrospinal fluid drainage prevents paraplegia. J Cardiothorac Vasc Anesth 6:366–368
39. Nuwer MR (1988) Use of somatosensory evoked potentials for intraoperative monitoring of cerebral and spinal cord function. Neurol Clin 6:881–897
40. Padayachee TS, Goslin RG, Lewis RR, Bishop CC, Browse NL (1987) Transcranial doppler assessment of cerebral collateral during carotid endarterectomy. Br J Surg 74:260–262
41. Pasch T (1982) Anaesthesie bei der Karotischirurgie. Anaesthesiologie und Intensivmedizin 23:114–123
42. Robertson C, Narayan RK, Gokaslan ZL, Pahwa R, Grossmann RG, Caram P, Allen E (1989) Cerebral arteriovenous oxygen difference as an estimate of cerebral blood flow in comatose patients. J Neurosurg 70:222–230

43. Ruß W, Fraedrich G, Hehrlein FW, Hempelmann G (1985) Intraoperative somatosensory evoked potentials as a prognostic factor of neurologic state after carotid endarterectomy. Thorac Cardiovasc Surg 33:392–396
44. Shenaq SA, Svensson LG (1992) Con: Cerebrospinal fluid drainage does not afford spinal cord protection during resection of thoracic aneurysms. J Cardiothorac Vasc Anesthesia 6:369–372
45. Spencer MP, Thomas GI, Moehring MA (1992) Relation between middle cerebral artery blood flow velocity and stump pressure during carotid endarterectomy. Stroke 23:1439–1445
46. Sundt TM, Sharbrough FW, Piepgra DG, Kearns TP, Messick JM, O'Fallon WN (1981) Correlation of cerebral blood flow and electroencephalographic changes during carotid endarterectomy. Mayo Clin Proc 56:533–543
47. Svensson LG, Ritter CM von, Groeneveld HT, Rickards ES, Hunter SJS, Robinson MF, Hindler RA (1986) Cross-clamping of the thoracic aorta. Ann Surg 204:38–47
48. Thiel A, Russ W, Nestle HW, Hempelmann G (1989) Early detection transcranial dopplersonography and somatosensory evoked potentials. Thorac Cardiovasc Surg 37:115–118
49. Wade JG (1979) Anesthesia for carotid endarterectomy: protection of brain vs protection of heart. ASA 30th Annua Refresher Course Lectures B 234

F. Neuromonitoring auf der Intensivstation

Neurologisches Basismonitoring und notfallmedizinische Erstversorgung bei Patienten mit Schädel-Hirn-Trauma

E. Pfenninger

Mit der Reorganisation des Rettungswesens in den letzten 20 Jahren rückte die Akutversorgung des Schädel-Hirn-verletzten Patienten durch früheinsetzende therapeutische Maßnahmen ins Blickfeld notärztlicher Bemühungen. Allgemein anerkannt ist heute die Einteilung in primäre und sekundäre zerebrale Schäden, da aus diesem Konzept relevante therapeutische Maßnahmen abgeleitet werden können [13]. Zur Zeit sind keine therapeutischen Ansätze zur Behandlung der primären Schädigung bekannt, während sekundäre Schäden als potentiell vermeidbar anzusehen sind [27].

Pathophysiologie

Jede schwere Traumatisierung des Gehirns kann einen potentiell vermeidbaren Prozeß der Sekundärschädigung des Zerebrums einleiten. Die Schwere der Sekundärschäden hängt wesentlich von der Zeitdauer ab, da die Noxe unerkannt und somit untherapiert auf die neuronalen Strukturen einwirken kann. Ätiologisch werden als Einzelfaktoren oder Kombinationen Hypoxie, Hyperkapnie, Perfusionsstörungen sowie intrazerebrale mechanische Verlagerungen, bedingt durch einen erhöhten intrakraniellen Druck, diskutiert. Alle Mechanismen führen letztendlich zu einer Reduktion der Sauerstoffversorgung und damit zur Schädigung der sehr vulnerablen zerebralen Zellstrukturen [25]. Graham [17] sowie Miller [22] wiesen in bis zu 90% der Patienten mit akutem Schädel-Hirn-Trauma post mortem ischämische Schädigungen des Gehirns nach. Morbidität und Mortalität hängen somit ganz wesentlich vom Entstehen sowie vom Ausmaß sekundärer zerebraler Schäden ab [2]. Erschwerend kommt hinzu, daß bei polytraumatisierten Patienten das Schädel-Hirn-Trauma mit 64% an 2. Stelle hinter den Extremitätenverletzungen liegt. In unserem eigenen Krankengut waren zwischen 1984 und 1986 Schädel-Hirn-Verletzungen sogar nur in 6% ohne Zusatzverletzungen anzutreffen [25]. Die extrem hohe Anzahl an Schädel-Hirn-Traumatisierungen ist um so bedeutender, da wir anhand der Mortalitätsstatistik unserer Intensivstation sahen, daß 84% der Traumamortalität zu Lasten von Schädelverletzungen gehen, traumatisierte Patienten ohne Schädel-Hirn-Trauma versterben nur in 16% aller Fälle. Saul u. Ducker [35] konnten anschaulich nachweisen, daß konsequente therapeutische Maßnahmen die Mortalität beim Schädel-Hirn-Trauma von 46 auf 28% zu reduzieren vermögen. Nach Angaben der WHO könnte die Letalität Schädel-Hirn-verletzter Patienten mit den heute zur Verfügung stehenden therapeutischen Möglichkeiten um etwa 20% gesenkt werden, wenn alle Mittel frühzeitig und suffizient eingesetzt würden [36].

Unmittelbar nach einem schweren Schädel-Hirn-Trauma, bei dem keinerlei extrazerebrale Weichteil- oder Knochenverletzungen verursacht werden, kommt es innerhalb von Sekunden nach dem Trauma zu kurzfristigen, aber tiefgreifenden Veränderungen des kardiozirkulatorischen Systems und damit sekundär bedingt zur zerebralen Vasoparalyse [34]. Sowohl tierexperimentell [25] als auch bei Untersuchungen in der Prähospitalphase [26] konnte ein exzessiver Katecholaminanstieg als auslösende Ursache für die Kreislaufalterationen nachgewiesen werden. Im Tierexperiment ergab sich ein 100- bis 500facher Anstieg sowohl des Adrenalin- als auch des Noradrenalinspiegels 10 s nach dem Trauma. Daß die Einschätzung der Höhe der Katecholaminspiegel von klinischer Relevanz ist, zeigen die Berichte über eine durch sie verursachte Erhöhung des intrakraniellen Druckes [20, 29].

Ein erhöhter intrakranieller Druck hat zirkulatorische und metabolische Folgen. Vor allem sinkt durch erhöhten Gegendruck die zerebrale Durchblutung ab [21]. Dies führt durch eine oftmals bestehende Hypoxie noch verstärkt zur Minderversorgung des Zellgewebes mit Sauerstoff und zu verstoffwechselnden Substraten. Wie wir selbst nachweisen konnten, sinkt innerhalb von kürzester Zeit nach einem schweren Schädel-Hirn-Trauma die zerebrale Durchblutung unter 50% ihres Ausgangswertes [25]. Der zerebrale Sauerstoffverbrauch verhält sich dabei analog zur zerebralen Durchblutung. Ausgehend von im Mittel 2,2 ml/min/100 g Gehirngewebe war 90 min nach einem akuten Schädel-Hirn-Trauma eine Abnahme auf unter 1 ml/min/100 g Gewebe zu verzeichnen. Da der zerebrale Glukoseverbrauch fast unverändert blieb, muß daraus geschlossen werden, daß durch anaeroben Abbau von Glukose Laktat gebildet wird.

Dies bestätigt sich auch bei der Analyse der zerebralen Gewebelaktatspiegel, die bei unseren tierexperimentellen Untersuchungen bis auf über 30 µmol/g Hirngewebe anstiegen (Normalwerte: 1,5–5 µmol/g). Reziprok dazu verhält sich Adenosintriphosphat (ATP), das ausgehend von 2,5 µmol/g bei den traumatisierten Versuchstieren auf 0,7 µmol/g abgesunken war. Diese pathophysiologischen Veränderungen bewirken über den Mangel an ATP sowie über den Laktatanstieg einen Zusammenbruch des Zellmembranpotentials und daraus folgend einen intrazellulären Natriumeinstrom [13, 37] (Abb. 1). Im Gefolge dieses Natriumeinstroms gelangt vermehrt Wasser in die Zelle, es resultiert ein zerebrales Ödem. Mit der Ausbildung eines Hirnödems muß vor allem ab dem 2. Tag nach dem akuten Ereignis gerechnet werden, jedoch sind auch Einzelfälle von sofortiger Ödementstehung beschrieben worden [39].

Unmittelbar nach der Traumatisierung, d. h. innerhalb weniger Minuten, hingegen ist die zerebrale „Vasokongestion" eher von Bedeutung. Durch das völlige Sistieren der zerebralen Autoregulation steigt druckpassiv bedingt der intrakranielle Druck stark an [25]. Hervorgerufen wird dieser intrakranielle Druckanstieg durch eine „Blutüberschwemmung" des Zerebrums, da die arteriellen Schenkel der Kapillaren auf den katecholamin-vermittelten Blutdruckanstieg nicht adequat reagieren können. Verbunden mit der Zellmembraninstabilität der autoregulativen Gefäßzellen ist ein intra-extra-zellulärer Kalziumeinstrom verbunden. Die Erhöhung der zytoplasmatischen Kalziumkonzentrationen aktiviert zum einen die Enzyme Phospholipase A und C und setzt die Arachidonsäurekaskade in Gang, zum anderen werden die kontraktilen Elemente vasomotorischer Zellen aktiviert. Neben der Kontraktion der großen basalen Arterien bewirken die frei-

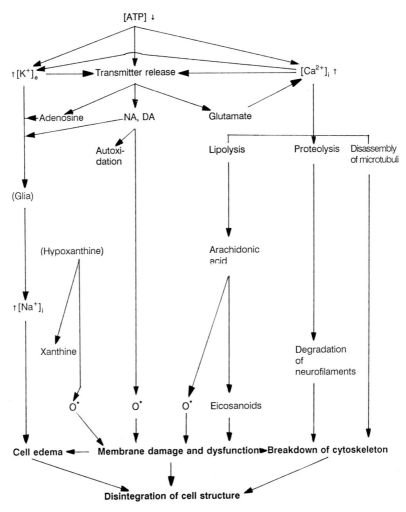

Abb. 1. Ablaufschema der durch intrazellulären ATP-Mangel bewirkten pathophysiologischen Zellschädigungen. (Nach [13])

gesetzten Mediatoren eine massive Dilatation kleinster intraparenchymaler Arteriolen. Die hierdurch verursachte rheologische Stase sowie Plättchenaggregation und Sludgephänomene reduzieren über eine Erhöhung des zerebrovaskulären Widerstands einerseits und eine Zunahme des intrakraniellen Druckes andererseits den zerebralen Blutfluß [13, 25]. Zwischen den pathophysiologisch ablaufenden Mechanismen in der Prähospitalphase und deren diagnostizierbarer Möglichkeit besteht jedoch ein krasses Mißverhältnis. Während die wesentlichsten pathophysiologischen Vorgänge in den ersten Minuten und Stunden nach dem Trauma ablaufen, sind die diagnostischen Möglichkeiten in dieser Zeitspanne sehr eingeschränkt (Tabelle 1).

Tabelle 1. Zeitabfolge der zerebralen Pathophysiologie und diagnostische Möglichkeiten

Minuten	Stunden	Tage
a) Zeitabfolge		
Störung der Atemtätigkeit	Hämatome	Ödem
Zerebrale Hyperämie	Zerebrale Hyperämie	
Intrakranieller Druckanstieg	Intrakranieller Druckanstieg	Intrakranieller Druckanstieg
	Ischämie	Ischämie
b) Diagnostik		
Einfache Neurologie	CT	CT
(z. B. GCS)	ICP-Messung	ICP-Messung
	Neurologische Untersuchung	EEG, SEP, AEP

Neurologische Diagnostik am Unfallort und nach Klinikaufnahme

Die Evaluierung und Dokumentation des Bewußtseinszustandes des Patienten mit Schädel-Hirn-Trauma schon in der Prähospitalphase ist von eminenter Wichtigkeit. Nicht nur weil durch nachfolgende therapeutische Maßnahmen wie Sedierung, Intubation und Narkose der Bewußtseinszustand nicht mehr ausreichend beurteilbar ist, sondern weil in Katastrophensituationen mit dem Anfall einer sehr großen Anzahl von Verletzten die Tiefe der Bewußtseinsstörung auch als prognostischer Maßstab Anwendung finden kann [5]. Zur Beurteilung der Bewußtseinslage empfiehlt sich die Anwendung einer einfachen Gradeinteilung, die von allen beteiligten Ärzten auch ohne neurologische Zusatzausbildung, notfalls vom Sanitätspersonal vorgenommen werden kann [24]. Komplexe qualitative Gradeinteilungen sind am Notfallort von geringem Nutzen und sollten der ausführlichen neurologischen Untersuchung in der Klinik vorbehalten sein.

Bewußtseinsstörung

Grundsätzlich unterscheidet man Bewußtseinsklarheit, Bewußtseinstrübung und Bewußtlosigkeit oder Koma. Unter Bewußtseinsklarheit des Patienten ist die ungestörte Wahrnehmung der Umgebung und seiner selbst zu verstehen. Bewußtseinstrübung ist ein Zustand verminderter Wahrnehmung. Der Patient öffnet zwar die Augen auf Anruf oder Schmerzreiz, ist aber weder zeitlich noch örtlich orientiert. Bewußtlosigkeit oder Koma ist ein Zustand von Unerweckbarkeit auf Anruf oder Schmerz. Eine Komastadieneinteilung ermöglicht nicht nur die Erfassung der Progredienz der Bewußtseinsstörung, sondern auch eine interdisziplinäre Verständigung und die Feststellung klinisch-neurologischer Befunde inklusive Lokalisation [40]. Das Koma wird allgemein in 4 Stadien unterteilt:

Einteilung der Bewußtseinsstörung

- *Bewußtseinsklar:* ungestörte Wahrnehmung der Umgebung und seiner selbst;
- *Bewußtseinsgetrübt:* verminderte Wahrnehmung, aber auf Anruf und Schmerzreiz erweckbar;
- *Bewußtlos (Koma):*
  Grad 1: auf Schmerzreiz gezielte Abwehrbewegungen,
  Grad 2: auf Schmerzreiz ungezielte Abwehrbewegungen,
  Grad 3: keine Reaktion auf Schmerzreiz,
  Grad 4: Schutzreflexe und Muskeleigenreflexe erloschen.

Wegen seiner Einfachheit bei der Anwendung hat die Glasgow-Coma-Scale nahezu universelle Akzeptanz erlangt. Sie erfordert eine Gradeinteilung der Augenöffnung sowie der verbalen und motorischen Antwort (Tabelle 2) [38]. Die Schwere der zerebralen Schädigung kann innerhalb weniger Sekunden anhand des erhobenen Punkte-Scores bewertet werden. Als mildes Schädel-Hirn-Trauma gelten 13–15 Punkte, als mittleres 9–12 Punkte und als schweres Trauma 3–8 Punkte. Patienten mit weniger als 8 Punkten sind per definitionem komatös [14]. Der wache, voll orientierte Patient erreicht somit 15 Punkte, der zutiefst bewußtlose ein Minimum von 3 Punkten.

Pupillenbeurteilung

Die wichtigste und alles überschattende Frage beim Patienten mit Schädel-Hirn-Trauma ist, ob ein intrakranielles Hämatom vorliegt. Diese Möglichkeit ist besonders bei Patienten gegeben, deren neurologisches Zustandsbild sich verschlechtert, d. h. die Patienten die „gesprochen haben und dann eintrübten" [33]. Da hämorrhagische Einblutungen, sei es als epidurales, subdurales oder intrazerebrales

Tabelle 2. Glasgow-Koma-Skala (Nach B. Jennett in: J Neurol Neurosurg Psych 1977)

Beste motorische Reaktion	– kommt Aufforderungen angemessen nach	M	6
	– nur halbseitig		5
	– zieht sich zurück		4
	– abnorme Flexion		3
	– Extension		2
	– keine Reaktion		1
Verbale Reaktion	– orientiert	V	5
	– verwirrt		4
	– inadäquate Wortwahl		3
	– unverständlich		2
	– keine verbale Reaktion		1
Augenöffnen	– spontan	E	4
	– nach Aufforderung		3
	– auf Schmerzreiz		2
	– kein Augenöffnen		1

Hämatom, meist unilateral vorkommen, ergibt die Untersuchung der Pupillen und Extremitäten oft wertvolle Hinweise auf Seitenlokalisation und auf eventuelle Zeichen einer tentoriellen Einklemmung. Konsequenterweise werden bei der neurologischen Erstuntersuchung zusätzliche neurologische Zeichen eingeschlossen [16, 42]. Dies beinhaltet die Beurteilung der Pupillengröße, ihre Reaktion auf Lichtreiz und Seitenunterschiede sowie Reflexsteigerungen, Reflexabschwächungen oder Paresen von Extremitäten wie folgende Übersicht verdeutlicht:

Neurologische Zusatzerhebungen

- Pupillen (Weite, Lichtreaktion, Kornealreflex),
- motorischer Tonus,
- Lähmungen,
- Spontankrämpfe.

Die Stellung der Extremitäten (Dezerebrations- und Dekortikationsstellung) gibt zusätzliche Hinweise auf die Schwere der kortikalen Gewebszerstörung. White und Likavek [41] zeigten kürzlich, daß Veränderungen der Pupillenmotorik und -weite eine der prognostisch ungünstigen Faktoren bezüglich Outcome der Patienten mit Schädel-Hirn-Trauma darstellen. Nicht verschwiegen werden soll jedoch auch, daß das Paradebeispiel der Pupillenveränderung, die einseitig weite, lichtstarre Pupille als Leit- und Herdsymptom der akuten intrakraniellen Raumforderung in 20–30% der Fälle als Ausdruck einer direkten Schädigung des N. oculomotorius bei Schädelbasisbrüchen imponieren kann [24]. Mit differentialdiagnostischen Überlegungen anhand der Pupillen sollte man deshalb am Notfallort – und es sei hier ausdrücklich „am Notfallort" betont – sehr zurückhaltend sein.

Eine engmaschige Beobachtung des Patienten hat zum Ziel, eine neurologische Verschlechterung des Zustandsbildes zu erkennen und durch entsprechende Maßnahmen (Lagerung, Sedierung, Ventilation) die Ausbildung einer irreversiblen Hirnschädigung zu verhindern [11, 18]. Mit aller Vorsicht und der vorgenannten

Tabelle 3. Klinische Symptomatik der fortschreitenden Hirnstammkompression

Ort der Läsion	Zwischenhirn	Mittelhirn	Pons	Bulbärhirn
Vigilanz	Tiefe Somnolenz	Koma	Koma	Koma
Muskeltonus	Mäßig erhöht	Erhöht	Stark erhöht	Schlaff
Pupillenweite	Verengt	Mittelweit	Eng	Erweitert
Lichtreaktion	Verzögert	Kaum	Areaktiv	Fehlend
Bulbusbewegungen	Dyskonjugiert	Fehlend	Fehlend	Fehlend
Vestibulookulärer Reflex	+ +	Tonisch	∅	∅
Okulozephaler Reflex	+	+ +	∅	∅
Atmung	Cheyne-Stokes	Hyperventilation	Clusteratmung	Ataktisch-Apnoe
Temperatur	Normal bis leicht ↑	↑	↑↑	∅
Herzfrequenz	Normal bis leicht ↑	↑	↑↑	↓–↓↓
Blutdruck	Normal	Leicht ↑	↑↑	↓↓

Zurückhaltung lassen sich folgende Interpretationen der Pupillenbefunde erstellen: Ist die hypothalamische Region verletzt (z. B. große bilaterale subdurale Hämatome), liegt in der Regel eine Schädigung der sympathischen Fasern vor, die Pupillen sind eng, reagieren aber auf Lichteinfall. Verletzungen in der Mittelhirnregion führen zu mittelweiten und kaum reaktiven Pupillen durch Schädigung der parasympatischen Kerne und Beeinträchtigung von sympathischen Fasern. Bei pontiner Verletzung sind die Pupillen stecknadelkopfgroß und areaktiv durch Unterbrechung von sympathischen und Beeinträchtigung parasympathischer Fasern. Bei Anisokorie beim bewußtlosen Patienten liegt der Verdacht auf eine intrakranielle Raumforderung mit beginnender Herniation und Hirnstammkompression nahe (Tabelle 3). Ausnahmsweise kann der Patient zu diesem Zeitpunkt noch wach sein, allerdings ist die direkte Bulbusschädigung oder die Läsion des N. oculomotorius bei wachen Patienten entschieden wahrscheinlicher. Die in der „Innsbrucker Komaskala" [5] (Tabelle 4) vorgenommene Einbeziehung der Pupillenbefunde sowie weiterer neurologischer Kriterien eignet sich eher zur Prognosestellung in der intensivmedizinischen Behandlung als zur Erstbeurteilung. Die Überprüfung der Hirnstammreflexe wie Spülen des Ohres mit kaltem Wasser, kräftiges Hin- und Herbewegen des Kopfes, um das sog. Puppenkopfphänomen auszulösen, muß nicht nur als überflüssig erachtet werden, sondern kann sogar schädlich sein. So verbietet sich die Überprüfung des okulozephalen Reflexes [31] bei dem geringsten Verdacht auf eine Halswirbelsäulenverletzung.

Überprüfung der Motorik

Reagiert der Patient nicht auf lautes Ansprechen, werden infraklavikulär supraorbital oder an der Oberschenkelinnenseite Schmerzreize gesetzt, wobei „kneifen" einerseits und endotracheales Absaugen andererseits besonders starke Reize darstellen. Einseitige Muskelbewegungen geben einen Hinweis auf eine Halbseitenlähmung. Mit zunehmender Komatiefe werden die muskulären Schmerzantworten ungerichteter bis im Endstadium nur noch spinale Reflexantworten oder keinerlei Reaktionen mehr auslösbar sind [43]. Muskelbewegungen, Muskeltonus und Körperhaltung des Patienten geben darüber hinaus Hinweise auf die Lokalisation einer strukturellen zerebralen Schädigung. Die Dekortikationshaltung (Dreh- und Wälzbewegungen, motorische Unruhe) findet man bei dienzephalen Prozessen. Eine Dezerebrationshaltung (Beugung der Arme, Streckung der Beine bis hin zur Streckstellung von Armen und Beinen) ist typisch für Läsionen im Mittelhirn-Brücken-Bereich. Beim Bulbärhirnsyndrom, einem sehr schlechten prognostischen Zeichen, ist die Muskulatur schlaff und tonuslos. Abnorme Reflexe müssen überprüft und dokumentiert werden. Eine Hyperreflexie mit positivem Babinski-Reflex gibt einen Hinweis auf eine Schädigung im ersten motorischen Neuron. Die grobmotorische Kraft sollte, soweit dies bei der Erstuntersuchung aus zeitlichen Gründen möglich ist, in folgende 5 Kategorien eingeteilt werden:

Tabelle 4. Innsbruck Coma Scale. (Nach [5])

Neurological assessment	Score
Reaction to acoustic stimuli	
Turning towards stimuli	3
Better-than-extension movements	2
Extension movements	1
None	0
Reaction to pain	
Defensive movements	3
Better-than extension movements	2
Extension movements	1
None	0
Body posture	
Normal	3
Better-than-extension movements	2
Extension movements	1
Flaccid	0
Eye opening	
Spontaneous	3
To acoustic stimuli	2
To pain stimuli	1
None	0
Pupil size	
Normal	3
Narrow	2
Dilated	1
Completely dilated	0
Pupil response to light	
Sufficient	3
Reduced	2
Minimum	1
No response	0
Position and movements of eyeballs	
Fixing with eyes	3
Sway of eyeballs	2
Divergent	1
Divergent fixed	0
Oral automatisms	
Spontaneous	2
To external stimuli	1
None	0

5: normale Kraft,
4: Kraft kann vom Untersucher überwunden werden,
3: Kraft kann die Schwerkraft überwinden,
2: Restbewegungen ohne Überwindung der Schwerkraft,
1: keine Bewegung.

Alle erhobenen neurologischen Befunde müssen am Notfallort in schriftlicher Form fixiert werden, um einerseits nicht nur aus forensischen Gründen eine Dokumentation vorweisen zu können, sondern um den nachfolgend behandelnden Ärzten die

Information über den Erstzustand weiterzuvermitteln. Nur durch die lückenlose Dokumentation ist eine Verschlechterung oder Verbesserung des klinischen Zustandsbildes des Patienten mit Schädel-Hirn-Trauma beurteilbar.

Erstbehandlung des Patienten mit Schädel-Hirn-Trauma

Perakute Vitalgefährdung

Die perakute Vitalgefährdung, die sich in den ersten Minuten nach dem Trauma manifestiert, ist durch die Beeinträchtigung der Vitalfunktion Atmung gegeben. Sie äußert sich in Hypoxie und Hyperkapnie. Eigene tierexperimentelle Studien zeigten, daß es unmittelbar nach der Traumatisierung des Schädels zu einer für wenige Minuten anhaltenden Brady- bis Apnoe kommt, die zu schwerster Hypoxie führen kann [25]. Nach Überleben dieser Brady-/Apnoe nimmt das Atemzentrum zwar seine Tätigkeit wieder auf, wobei allerdings deutlich niedrigere Atemfrequenzen zu finden sind (Abb. 2). Dies führt nach der initialen Hypoxie zu einer mehr oder minder schweren Hyperkapnie in den ersten Stunden nach dem Trauma [30].

Notfallmedizinisch gesehen wird in den ersten Minuten nach dem Schadensereignis keinerlei medizinische Hilfe zur Verfügung stehen. Da der schwer schädel-hirntraumatisierte Patient durch die stattfindende Hypoxie andererseits vitalgefährdet ist, bewahrt nur eine kurzfristige Atemspende durch Laienhilfe den Verunfallten vor evtl. bleibenden hypoxischen Schäden. Die Ausbildung der Laien sog. „Bystander" in diesem Sinne müßte unbedingt forciert werden. Es ist darüber nachzudenken ob, ähnlich wie heute in der Laienreanimation Atemspende und Herzdruckmassage

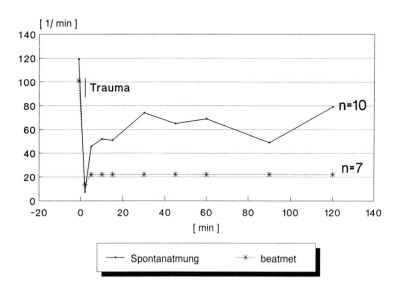

Abb. 2. Abfall der Atemfrequenz im Tierexperiment unmittelbar nach einer Schädeltraumatisierung sowie die über Stunden andauernde Bradypnoe (Nach [25])

beim Kreislaufstillstand gelehrt werden, auch diese Problematik integriert werden kann.

In den nachfolgenden Stunden imponiert die Störung der Atmung als ein durch Hypoventilation hervorgerufener Anstieg des arteriellen und gehirnvenösen pCO_2, der unter Spontanverlauf, d. h. ohne Therapie im Sinne einer assistierten oder kontrollierten Beatmung bis zur CO_2-Narkose führt [25]. In Tierexperimenten hatte dies zur Folge, daß nach einem schweren Schädel-Hirn-Trauma in einer Spontanatmungsgruppe innerhalb von 2 h 7/10 der Tiere einen Atemstillstand mit nachfolgendem Herz-Kreislauf-Zusammenbruch erlitten. Im Gegensatz dazu überlebten alle Tiere, die kontrolliert beatmet wurden [25]. Die assistierte oder kontrollierte Beatmung ist somit in dieser Phase unmittelbar lebensrettend [30].

Als erste therapeutische Folgerung können wir somit festhalten, daß in den ersten Minuten nach dem Trauma das Sichern der freien Atemwege und die eventuelle Atemspende durch Laien vorrangig ist, während in den ersten Stunden eine eventuelle Unterstützung der Atmung durch notfallmedizinisch geschultes Personal notwendig wird. Dies setzt jedoch das Erkennen der Gefährdung durch Atemstörungen voraus. Da am Katastrophenort jedoch Hypoxie und Hyperkapnie einer direkten Messung nicht zugänglich sind, mußten geeignete Untersuchungsmethoden gefunden werden, die auch unter den beschränkten medizinischen Möglichkeiten der Notfallmedizin verwirklichbar sind.

Beurteilung der Atemstörung durch den Grad der Bewußtseinseinschränkung

Wie schon ausgeführt, ist heute allgemein anerkannt, daß beim Schädelhirntrauma zur Einschätzung der Tiefe der Bewußtseinsstörung die Beurteilung nach der sog. Glasgow-Koma-Skala (GCS) gut geeignet ist [7]. Wir konnten zeigen, daß wenige Minuten bis Stunden nach der Traumatisierung ein sehr enger Zusammenhang zwischen der Schwere der Bewußtseinseinschränkung und dem Ausmaß einer Hyperkapnie besteht. Patienten mit 3 Punkten im Glasgow Coma Scale zeigten p_aCO_2-Werte um 60 mmHg, wohingegen bei normaler Bewußtseinslage der p_aCO_2 im Mittel 32 mmHg betrug [30]. Die Korrelation zwischen den beiden Größen betrug − 0,90 und war somit hoch signifikant. Wenn man den oberen Grenzwert für den p_aCO_2 mit 45 mmHg ansetzt, so ergibt sich, daß bei einem Unterschreiten von 8 Punkten in der Glasgow-Koma-Skala mit erhöhten p_aCO_2-Werten und damit der potentiellen Gefahr der intrakraniellen Drucksteigerung gerechnet werden muß (Abb. 3).

Weit weniger eng und v. a. mit größerer Streuung korrelierte der arterielle pO_2 mit der Schwere des Traumas. Zwar lagen auch hier bei niedriger Punktezahl in der Glasgow-Koma-Skala p_aO_2-Werte vor, die einer Hypoxie zugeordnet werden müssen, jedoch war eine uneingeschränkte oder nur wenig eingeschränkte Bewußtseinslage nicht zwangsläufig mit einem normalen Sauerstoffpartialdruck verbunden. Vor allem polytraumatisierte Patienten scheinen unterhalb der zu erwartenden Werte zu liegen. Verständlich wird dies, wenn man bedenkt, daß sowohl Alter, Vorerkrankungen als auch Thoraxtraumatisierung auf den p_aO_2 mehr Einfluß haben als auf den p_aCO_2 [30]. Durch die weitgehende Einführung der Pulsoxymetrie in die Notfallmedizin läßt sich jedoch eine Hypoxie relativ zuverlässig erkennen [23].

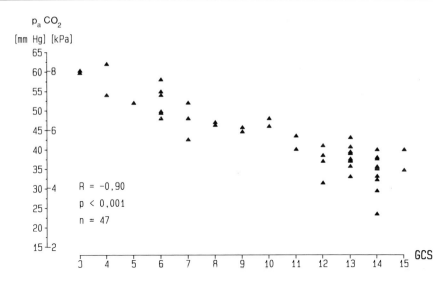

Abb. 3. Zusammenhang zwischen Bewußtseinstrübung, gemessen mit dem Glasgow-Coma-Scale (GCS) und der Atemdepression. (Aus [29])

Für die Versorgung des Schädel-Hirn-traumatisierten Patienten läßt sich somit eine 2. therapeutische Aussage treffen: Patienten mit weniger als 8 Punkten in der Glasgow-Koma-Skala sollten unverzüglich intubiert und beatmet werden, wobei möglichst eine Anreicherung der inspiratorischen Luft mit Sauerstoff erfolgen sollte. Liegt dagegen die Punktezahl im Glasgow Koma Skala bei 8 und mehr Punkten so ist über Nasensonde z. B. eine Sauerstoffzufuhr von 4 l angebracht, eine entsprechende Lagerung zum Schutz vor möglicher Aspiration ist vorzunehmen. Zusammengefaßt zeigt dies folgende Übersicht:

Therapeutische Folgerungen

Glasgow-Koma-Skala < 8:
– Intubation,
– kontrollierte Beatmung (F_iO_2: 1,0).

Glasgow-Koma-Skala > 7:
– Lagerung,
– Sauerstoffzufuhr.

Behandlung metabolischer Veränderungen

Mit der Glasgow-Koma-Skala sind jedoch nicht nur Aussagen bezüglich der Atemstörungen zu treffen, sondern es lassen sich auch vielfältige metabolische Alterationen abschätzen. So zeigte sich bei 33 von am Unfallort untersuchten Patienten mit akutem Schädel-Hirn-Trauma, daß ein enger Zusammenhang zwischen der Schwere des Traumas – gemessen mit der Glasgow-Koma-Skala – und dem

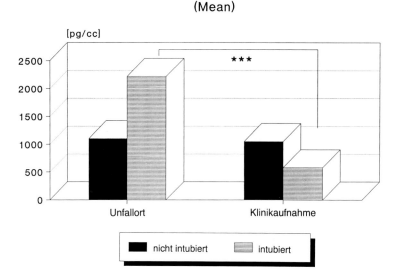

Abb. 4. Abfall der Plasmaadrenalinspiegel zwischen Unfallort und Klinikaufnahme durch Intubation, kontrollierte Beatmung und Narkose. (Nach [26])

Ausmaß der Adrenalin- sowie Noradrenalinausschüttung besteht [26]. Polytraumatisierte Patienten mit einem Schädel-Hirn-Trauma fügten sich hierbei ohne Abweichungen ein. Es kann somit angenommen werden, daß die Katecholaminausschüttung vornehmlich durch die Schädeltraumatisierung bedingt ist [4]. Ein weiterer, besonders enger Zusammenhang ergab sich zwischen der Glasgow-Koma-Skala und dem Ausmaß einer Hypokaliämie am Unfallort, der Korrelationskoeffizient betrug hier 0,72. Seit langem schon ist bekannt, daß Adrenalin nicht nur kardiovaskuläre Wirkung zeigt, sondern über eine β-2-Rezeptor-Stimulation zur Hypokaliämie führt [6]. Initial kommt es zunächst zu einem Anstieg und anschließend, wahrscheinlich bedingt durch die Aktivierung der Natrium-Kalium-ATPase zu einem langfristigen Abfall des Kaliumspiegels. Dieser Kaliumabfall ist bei Patienten mit schwerem Schädel-Hirn-Trauma, die per se zu Rhythmusstörungen und Myokardläsionen neigen [9], entsprechend zu berücksichtigen. Von besonderer Bedeutung erscheint, daß der Plasmaadrenalinspiegel bei unseren Patienten, die intubiert und kontrolliert beatmet wurden, zwischen Unfallort und Klinikaufnahme signifikant abfiel, im Gegensatz zu denjenigen Patienten, die weiterhin spontan atmeten (Abb. 4) [26]. Durch Intubation und Beatmung können somit katecholamininduzierte metabolische Folgereaktionen minimiert werden.

Es erhebt sich dabei die Frage, welche Medikamente zur Intubation von Patienten mit Schädel-Hirn-Trauma Verwendung finden sollen. Patienten mit weniger als 5 Punkten in der Glasgow-Koma-Skala benötigen zur Intubation keinerlei Medikamente, sondern zur Sicherung der Atmung ist die unverzügliche Notfallintubation angezeigt. Zwischen 5 und 8 Punkten in der Glasgow-Koma-Skala genügt zur Intubation meist eine leichte Sedierung, während bei mehr als 8 Punkten eine reguläre Narkoseeinleitung notwendig ist. Bei stabilen Kreislaufverhältnissen empfiehlt sich als Narkoseeinleitungsmittel ein Barbiturat oder Etomidate, im hämorrhagischen Schock hingegen sollten alle Medikamente, die zu einer weiteren Kreislaufdepression führen könnten, vermieden werden. Wir verwenden hierzu Ketamin in niedriger Dosierung [28]. Wie wir in früheren Publikationen zeigen konnten, ist im hämorrhagischen Schock und bei nachfolgender kontrollierter Ventilation unter Ketamin kein Anstieg des intrakraniellen Druckes zu befürchten.

Weitere medikamentöse Therapie

Während das Begleitödem bei Hirntumoren, Metastasen und Abszessen mit Steroiden gut beeinflußbar ist, wird die medikamentöse Therapie mit Steroiden beim akuten Schädel-Hirn-Trauma nach wie vor kontrovers diskutiert. Neben gut dokumentierten Studien mit positiven Ergebnissen ist in letzter Zeit eine Reihe sehr kritischer Statistiken veröffentlicht worden [3, 8, 15]. Rindfleisch und Murr publizierten eine Sammelstatistik verschiedener Autoren, aus der hervorgeht, daß weder in normalem Dosierungsbereich noch mit ultrahohen Dosen von Steroiden statistisch gesicherte Unterschiede zwischen Kortikoidgruppe und Kontrollgruppe nachgewiesen werden konnten [32]. Zwei große, kürzlich in Deutschland durchgeführte Doppelblindstudien ergaben, daß evtl. bei einer bestimmten Subgruppe von Patienten mit Schädel-Hirn-Trauma, nämlich bei denjenigen, die eine isolierte fokale Läsion aufweisen, eine Verbesserung des Outcomes zu erzielen ist [12].

Transport des Patienten mit Schädel-Hirn-Trauma

Vor dem Transport eines Schädel-Hirn-traumatisierten Patienten hat die Beurteilung der Transportfähigkeit zu stehen. Transportfähigkeit ganz allgemein ist dann gegeben, wenn eine suffiziente Sauerstoffversorgung und stabile Kreislaufverhältnisse beim Traumapatienten vorliegen bzw. durch laufende Volumenzufuhr sich eine Stabilisierung andeutet. Des weiteren müssen Wundverbände angelegt und Blutungen mit Druckverband oder Blutsperre gestillt sein. Frakturen müssen ggf. nach Reposition geschient und der Patient zum Transport sachgerecht gelagert werden [1]. Beim Schädel-Hirn-traumatisierten Patienten bedeutet dies eine leichte Oberkörperhochlagerung von 15–30° [13] sowie die Ausrichtung der Achse Kopf–Hals–Thorax ohne jegliches Abknicken durch entsprechende Lagerung auf der Vakuummatratze. Bei einigen Patienten kann eine ausreichende Kreislaufstabilisierung am Notfallort nicht erreicht werden. In diesen Fällen – jedoch erst nach sorgfältiger klinischer Untersuchung des Patienten sowie der Kenntnis des Unfallhergangs mit den entsprechenden, auf den Patienten ausgeübten Kräften – ist ein schneller Transport in die Klinik indiziert. Dies gilt ebenfalls bei zunehmender Eintrübung oder gar einseitiger Pupillenerweiterung, da hier der Verdacht auf die Entwicklung einer intrakraniellen Raumforderung besteht.

Grundsätzlich bestimmt der an der Notfallstelle tätige Arzt, in welche Klinik der traumatisierte Patient eingeliefert werden soll. Das nächstgelegene Krankenhaus ist für einen Teil der Patienten mit Schädel-Hirn-Trauma, insbesondere wenn sie polytraumatisiert sind, dabei nicht immer das geeignetste. Colohan et al. zeigten, daß das Outcome des Schädel-Hirn-traumatisierten Patienten durchaus von der nach-

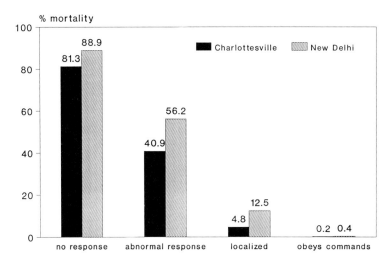

Abb. 5. Mortalitätsrate beim schweren Schädel-Hirn-Trauma in Abhängigkeit von der erstversorgenden Klinik. (Nach [7])

behandelnden Klinik abhängig ist [7] (Abb. 5). Nach durchgeführter suffizienter Erstversorgung am Notfallort mit ausreichender Stabilisierung der Vitalfunktionen wird der Patient in eine Klinik transportiert, die zu einer dem Schweregrad des Notfallpatienten angepaßten Versorgung in der Lage ist. Allerdings darf dies nicht dazu führen, daß die Schädeltraumatisierung ganz in den Vordergrund gestellt wird und das primäre Anfahrtsziel eine neurochirurgische Klinik ist, in der dann die evtl. vitalbedrohlichen Begleitverletzungen nicht adäquat weiterversorgt werden können. Vielmehr ist es sinnvoll, außer beim isolierten Schädel-Hirn-Trauma, die nächstgeeignetste Klinik, in der Regel das Stationierungskrankenhaus, anzufahren, den Patienten dort bestmöglichst zu versorgen und ihn dann in einem geplanten Sekundärtransport weiterzuverlegen. Natürlich kommt der rechtzeitigen Verständigung der aufnehmenden Klinik besondere Bedeutung zu, dies um so mehr, je ernster der Zustand des Notfallpatienten zu bewerten ist. Je früher und präziser die Weitergabe von Informationen erfolgt, um so eher können vorbereitende Maßnahmen in der Klinik getroffen werden [10].

Die Auswirkung einer qualifizierten ärztlichen Erstversorgung des Patienten mit Schädel-Hirn-Trauma sind heutzutage unumstritten. Eine verbesserte, an der Pathophysiologie orientierte Erstbehandlung, der adäquat durchgeführte Transport sowie die Zusammenarbeit mit der nachbehandelnden Klinik in Form der sorgfältigen neurologischen Erstdiagnostik und Dokumentation am Unfallort könnten die Wirksamkeit der durchzuführenden medizinischen Maßnahmen jedoch noch effizienter gestalten.

Literatur

1. Adamek L, Lenkewitz B, Engelhard GH (1987) Kriterien der Transportfähigkeit und der Transport schwerverletzter Patienten. Notarzt 3:78
2. Andrews PJD, Piper IR, Dearden NM, Miller JD (1990) Secondary insults during intrahospital transport of head-injured patients. Lancet 335:327–330
3. Becker DP, Miller JD, Ward JD (1977) The outcome from severe head injury with early diagnosis and intensive management. J Neurosurg 47:491
4. Beckman DL, Iams SG (1979) Circulating catecholamines in cats before and after letal head injury. Proc Soc Exp Biol Med 160:200–202
5. Benzer A, Mitterschiffthaler G, Marosi M et al. (1991) Prediction of non-survival after trauma: Innsbruck Coma Scale. Lancet 338:977–978
6. Brown MR, Brown DC, Murphy MB (1983) Hypokalemia from β-A_2-receptor stimulation by circulating epinephrine. N Engl J Med 309:1414
7. Colohan ART, Alves WM, Gross CR, Torner JC, Mehta VS, Tandon PN, Jane JA (1989) Head injury mortality in two centers with different emergency medical services and intensive care. J Neurosurg 71:202–207
8. Cooper PR, Moody S, Clark WK, Kirkpatrick J, Maravilla K, Gould AL, Drane W (1979) Dexamethasone and severe head injury – a prospective double-blind study. J Neurosurg 51:307
9. Cruickshank JM, Neil-Dwyer G, Degaute JP (1987) Reduction of stress/catecholamine-induced cardiac necrosis by β-1-selective blockade. Lancet 2/8559:585–589
10. Dölp R, Schuster H-P (1990) Fortführung der Erstversorgung von Notfallpatienten in der Klinik. In: Ahnefeld FW, Dick W, Kilian J, Schuster H-P (Hrsg) Notfallmedizin. Springer, Berlin Heidelberg New York Tokyo, S 325–330
11. Friedrich P (1989) Beurteilungsmöglichkeiten quantitativer Bewußtseinsstörungen. Zentralbl Chir 114:549–554
12. Gaab MR, Dietz H et al. (1994) „Ultrahigh" Dexamethasone in acute brain injury. Results from a prospective randomized double-blind multicenter trial (the GUDHIS-Trial/German Ultrahigh Dexamethasone Head Injury Study). J Neurosurg (in press)
13. Gade GF, Becker DP, Miller JD, Dwan PS (1990) Pathology and pathophysiology of head injury. In: Youmans JR (ed) Neurosurgical surgery. Saunders, Philadelphia, pp 1965–2016
14. Gennarelli TA (1990) Initial assessment and management of head injury. In: Pitts LH, Wagner FC Jr (eds) Craniospinal trauma. Thieme Medical, New York, pp 11–24
15. Gennarelli TA, Spielmann GM, Langfitt TW et al. (1982) Influence of the type of intracranial lesions on outcome from severe head injury. J Neurosurg 56:26
16. Giannotta SL, Zee C-S (1990) Imaging in acute head injury. In: Pitts LH, Wagner FC Jr (eds) Craniospinal trauma. Thieme Medical, New York, pp 25–36
17. Graham DI (1985) The pathology of brain ischaemia and possibilities for therapeutic intervention. Br J Anaesth 57:3
18. Große Aldenhövel HB (1990) Augenbewegungsphänomene im Koma. Notfallmedizin 16:812–821
19. Gutman MB, Moulton RJ, Sullivan I, Hotz G, Tucker WS, Muller PJ (1992) Risk factors predicting operable intracranial hematomas in head injury 77:9–14
20. Langfitt TW, Weinstein JD, Kassel NF (1965) Cerebral vasomotor paralysis produced by intracranial hypertension. Neurology 15:622–641
21. McGraw CP (1989) A cerebral perfusion pressure greater than 80 mm Hg is more beneficial. In: Hoff JT, Beth AL (eds) Intracranial pressure VII. Springer, Berlin Heidelberg New York Tokyo, pp 839–841
22. Miller JD (1985) Head injury and brain ischemia – implications for therapy. Br J Anaesth 57:120
23. Overton DT (1988) New noninvasive technologies in emergency medicine. Emerg Med Clin North Am 6:241–252
24. Pfenninger E (1986) Bewußtlosigkeit am Notfallort diagnostizieren und dokumentieren – pro und contra. Notfallmedizin 12:794–798
25. Pfenninger E (1988) Das Schädel-Hirn-Trauma. Springer, Berlin Heidelberg New York Tokyo

26. Pfenninger E (1991) Adrenalin- und Noradrenalinausschüttung unmittelbar nach einem akuten Schädel-Hirn-Trauma sowie daraus resultierende metabolische Veränderungen. Anaesthesiol Reanimat 16:243–249
27. Pfenninger E (1991) Erstversorgung von Schädel-Hirn-Traumen im Katastrophenfall. klinikarzt 20:200–210
28. Pfenninger E, Reith A (1990) Ketamine and intracranial pressure. In: Domino EF (ed) Status of ketamine in anesthesiology. NPP Books, Ann Arbor, pp 109–118
29. Pfenninger E, Reith A, Breitig D, Grünert A, Ahnefeld FW (1989) Early changes of intracranial pressure, perfusion pressure, and blood flow after acute head injury. Part 1: An experimental study of the underlying pathophysiology. J Neurosurg 70:774–779
30. Pfenninger EG, Lindner K-H (1991) Arterial blood gases in patients with acute head injury at the accident site and upon hospital admission. Acta Anaesthesiol Scand 35:148–152
31. Potter JM (1974) The practical management of head injuries. Lloyd-Luke LTD, London
32. Rindfleisch F, Murr R (1989) Die Therapie des erhöhten intrakraniellen Druckes. Anaesth Intensivmed 30:7
33. Rockswold GL, Leonard PR, Nagib MG (1987) Analysis of management in thirty-three closed head injury patients who „talked and deteriorated". Neurosurgery 21:51–55
34. Rosner MJ, Newsome HH, Becker DP (1984) Mechanical brain injury: the sympathoadrenal response. J Neurosurg 61:76–86
35. Saul TG, Ducker TB (1982) Effect of intracranial pressure monitoring and aggressive treatment on mortality in severe head injury. J Neurosurg 56:650
36. Singbartl G, Junker C (1983) Analyse der ärztlichen Notfallversorgung neurotraumatisierter Patienten. In: De Pay AW, Dageförde J, Neundörfer B, Sciba PC (Hrsg) Die unklare Bewußtlosigkeit – interdisziplinäre Aspekte. Zuckschwerdt, München Bern Wien, S 169
37. Staub F, Baethmann A, Peters J, Kempski O (1990) Effects of lactacidosis on volume and viability of glial cells. In: Reulen H-J, Baethmann A, Fenstermacher J, Marmarou A, Spatz M (eds) Brain edema VIII. Pathophysiology I (Cell volume regulation, methods). Springer, Wien New York, pp 3–6
38. Teasdale G, Jennett B (1974) Assessment of coma and impaired consciousness: a practical scale. Lancet 2:81–84
39. Todd NV, Graham DI (1990) Blood-brain barrier damage in traumatic brain contusions. In: Reulen H-J, Baethmann A, Fenstermacher J, Marmarou A, Spatz M (eds) Brain edema VIII. (Trauma and Brain Oedema (II)). Springer, Wien New York, pp 293–295
40. Weilemann LS (1990) Leitsymptomatik – Bewußtseinsstörung. In: Ahnefeld FW, Dick W, Kilian J, Schuster H-P (Hrsg) Notfallmedizin. Springer, Berlin Heidelberg New York Tokyo, S 118–121
41. White RJ, Likavec MJ (1992) The diagnosis and initial management of head injury. New Engl J Med 327:1507–1511
42. White RJ (1982) Acute evaluation and management of head injury. In: Najarian JS, Delaney JP (eds) Emergency surgery: trauma – shock – sepsis – burns. Year Book Medical, Chicago, p 153–157
43. Zettler H (1984) Pathophysiologische und klinische Aspekte der Bewußtlosigkeit. Z ärztl Fortbild 78:558–562

Zerebrale Überwachung auf der Intensivstation

W. H. Löffler

Diskussionen betreffend der Wertigkeit des einen menschlichen Organes gegenüber dem anderen sind unzulässig, denn die Voraussetzung zur Führung eines „normalen Lebens" ist die Funktionstüchtigkeit der Gesamtheit der Organe; das heißt, daß das ungestörte Zusammenspiel der Einzelorgane von hervorragender Bedeutung für die Funktion des Gesamtorganismus Mensch ist. Dennoch besteht weitgehende Übereinstimmung darüber, daß dem Gehirn, als dem übergeordneten Steuerungs- und Leitsystem des menschlichen Organismus, eine ganz besondere Bedeutung zukommt. Das Gehirn übertrifft in seiner Vielfalt und Flexibilität jede von Menschenhand geschaffene Maschine, darüber hinaus stellt das Gehirn in seiner Einzigartigkeit das höchste uns bekannte Produkt der Evolution dar und zeichnet damit den Menschen über das Tier aus.

Komaklassifikation

Das Gehirn ist verantwortlich für die Ausbildung von Bewußtsein und das Wechselspiel mit der Umwelt [3], wobei definitionsgemäß das Bewußtsein den Menschen befähigt, auf äußere Reize nach Erkennen adäquat zu reagieren. Diese adäquate Reaktion setzt jedoch immer die Funktionsfähigkeit des gesamten Nervensystems, insbesondere des Großhirns, voraus. Eine Beeinträchtigung derselben wird als *Bewußtseinsstörung* bezeichnet, wobei 2 unterschiedliche Kriterien vorliegen können:

Bewußtseinstörungen

Es kann eine Störung des quantitativen Bewußtseins vorliegen, d. h. eine Störung der Vigilanz oder Wachheit, oder aber auch eine Störung des qualitativen Bewußtseins, was sich in Gedächtnisstörungen, Antriebsverminderung und/oder deliranten Zuständen manifestieren kann. Die Übergänge zwischen den einzelnen Stadien sind fließend und machen keine Aussage über die zugrundeliegende Erkrankung. Die ausgeprägteste Form der quantitativen Bewußtseinsstörung wird als Koma bezeichnet, wobei dieser Begriff mit „brain failure", der versagenden Hirnfunktion nach Plum und Posner, gleichzusetzen ist [15]. In diesem Stadium ist der Patient unerweckbar und reagiert nicht auf äußere Stimuli. Außer einer möglichen Reaktion auf Schmerzreiz, welche jedoch ungerichtet sind, fehlten die Perzeption und adäquate Reaktion auf akustische, visuelle und kutan taktile Reize.

Komabeurteilung

Zur Beurteilung eines zerebralen Traumas, gleichgültig welcher Genese, und in Folge zur Wertung von Verlauf und Outcome und auch zum Vergleich unterschiedlicher therapeutischer Maßnahmen mit eventuellen prognostischen Aussagen, wurden im wesentlichen 2 Gruppen von *Komabeurteilungen* entwickelt: die Komaskalierungen und die Komaskalen:

Komaskalierungen:
- Rostral-Cauda-Deterioration-Syndrom (Plum u. Posner 1966),
- Mittelhirn-Bulbärhirn–Syndrom (Gerstenbrand u. Lücking 1970).

Komaskalen:
- Glasgow-Koma-Skala (Jennett u. Teasdale 1974),
- Glasgow-Pittsburgh-Koma-Skala (Safar 1981).

Komaskalierungen versuchen neurologische Symptome zusammenzufassen und entsprechenden Komalevels zuzuordnen. Die Komaeinteilung nach Gerstenbrand u. Lücking z. B. erfolgt dabei nach dem Niveau der Schädigung und berücksichtigt funktionell-morphologische Aspekte [4].

Die Glasgow-Koma-Skala [24] unternimmt dagegen den Versuch, durch eine additive Bewertung der Einzelsymptome Blickkontakt, verbale Reaktion und Motorik, zur Bestimmung eines Komalevels zu gelangen. Von Safar wurde dieses Skalensystem durch Hinzufügen der zu bewertenden Pupillenreaktion, Hirnnervenfunktion, Krampftendenzen und des vorliegenden Atemtyps mit Feststellung einer möglichen Lateralisation erweitert [19]. Gemeinsam ist allen vorliegenden Komaeinteilungen, daß sie sich am zunehmenden Funktionsverlust des Gehirns orientieren, so daß sich am Ende jeder Skalierung als schlechteste Bewertung der eingetretene neuronale Funktionsverlust darstellt.

Gestuftes zerebrales Monitoring

Um eine sich abzeichnende zerebrale Gefährdung infolge zerebraler Minderdurchblutung auf der Intensivstation nach einem Trauma, nach kardiopulmonaler zerebraler Wiederbelebung (CPCR), nach zerebralem Insult, nach neurochirurgischer Intervention u. ä. frühzeitig zu erkennen und einer sinnvollen Hirnschutztherapie zugänglich zu machen, muß ein effizientes, der Bewußtseinslage und der zugrundeliegenden Erkrankung des Patienten angepaßtes und sich ergänzendes Monitoring auf 3 Ebenen durchgeführt werden:

Gestuftes zerebrales Monitoring

Stufe I:
- klinische Parameter,
- Kontrolle der Bewußtseinslage.

Stufe II:
- Roh-EEG,
- computerisiertes EEG.

Stufe III:
- evozierte Potentiale,
- Hirndurckmessung,
- kranielle Computertomographie,
- transkranielle Dopplersonographie,
- „near infrared spectroscopy".

Stufe I

Klinisches Basismonitoring

Das Basismonitoring beinhaltet beim somnolenten Patienten mit immanenter neuronaler Gefährdung neben der Kontrolle der üblichen klinischen Parameter (Blutdruck, Herzfrequenz, zentraler Venendruck, Harnausscheidung) auch die oben angeführte vereinfachte neurologische Befundung, mittels der von Safar entwickelten Glasgow-Pittsburgh-Koma-Skala [19], welche 2mal täglich vom Intensivpersonal durchgeführt und im Protokoll festgehalten wird. Dadurch werden Veränderungen der Bewußtseinslage rasch und unmittelbar erkannt, und insbesondere wird damit der Verlauf nach einem objektivierten Schema protokolliert.

Stufe II

Roh-EEG

Befindet sich der Patient in einer undulierenden Bewußtseinslage, so sollte im Rahmen der 2. Stufe der zerebralen Überwachung auf Intensivstationen eine kontinuierliche Ableitung eines bifrontal abgenommenen Roh-EEGs durchgeführt werden. Damit wird zwar lediglich eine grobe Zuordnung zu den einzelnen Frequenzanteilen möglich sein, aber es wird sich sowohl eine Verschlechterung der zerebralen Situation durch eine schleichende Hypoxie als Frequenzreduktion, also zunehmender δ-/θ-Aktivität mit hoher Amplitude, oder aber auch eine Regeneration der Hirnfunktion durch eine allmähliche Normalisierung der Hirnstromkurve sichtbar machen. Veränderungen der arteriellen CO_2-Spannung und des arteriellen Sauerstoffgehaltes sowie Änderungen des Blutdruckes werden ebenso ihren Niederschlag in der Hirnstromkurve finden. Auch kann sich eine vaskuläre Insuffizienz bereits vor dem Auftreten klinischer Ausfälle durch regelmäßige hohe, bevorzugt frontozentral und temporal auftretende δ-Wellengruppen ankündigen [6].

Nach kardiopulmonaler Reanimation gilt die Regeneration der elektrischen Potentiale innerhalb von 30 min als prognostisch gut, wohingegen längere Erholungszeiten mit anhaltenden isoelektrischen Strecken und dem Auftreten niedrigamplitudiger, sehr schneller Frequenzen um 30 Hz als prognostisch schlecht angesehen werden [14]. Betont werden muß an dieser Stelle, daß einzelne EEG-Ableitungen nur in Zusammenschau mit dem klinischen Bild bzw. unter Beachtung zusätzlicher Informationen interpretiert werden dürfen.

Schwierigkeiten, welche dem Einsatz der EEG-Überwachung außerhalb neurophysiologischer Labors bisher Grenzen gesetzt haben, waren zum einen die technischen Probleme der EEG-Ableitung in der Intensivstation, zum anderen das Fehlen von geschultem Personal zur Interpretation der Hirnstromkurven.

Computerisiertes EEG

Diese Schwierigkeiten wurden nach der Einführung des Cerebral Function Monitoring (CFM) 1969 durch Maynard [12] mit der Entwicklung einer Vielzahl leistungsstarker computerisierter EEG-Systeme beseitigt. Von der Industrie wird heute eine nicht mehr übersehbare Zahl mikroprozessorgesteuerter Apparate angeboten, mit Hilfe derer die Erfassung, Aufarbeitung und Objektivierung der spontanen Hirnstromaktivität des neuronal gefährdeten Patienten auch für den Nichtneurophysiologen unter intensivmedizinischen Bedingungen möglich ist. Wie in *Neurology* von Nuwer 1987 berichtet, konnten bei mikroprozessorgestützter Aufarbeitung des Hirnstrombildes häufiger pathologische Befunde erkannt werden, als dies unter konventioneller EEG-Befundung der Fall war [13]. Nach Logar et al. aus Graz konnte darüber hinaus eine weitgehende Übereinstimmung zwischen der Schwere der klinischen Symptomatik und dem EEG-Mapping hergestellt werden, was jedoch nicht im gleichen Ausmaß bei einer vergleichenden Gegenüberstellung der Klinik zur kraniellen Computertomographie nachvollziehbar war [11].

Die kontinuierliche Ableitung des Elektroenzephalogramms, sei es in Form des Roh-EEG oder als verarbeitetes Signal, ermöglicht neben der Steuerung der Anästhesie auch die Überwachung einer zerebral ausgerichteten Therapie, z. B. mit Barbituraten. Die unterschiedlichen Effekte einzelner Anästhetika und Sedativa auf das Hirnstrombild mit der dadurch gegebenen Möglichkeit einer elektroenzephalographischen Überwachung von „Narkosetiefe" bzw. Sedierungsgrad wurden von I. Pichlmayr ausführlich beschrieben [14].

Eine Weiterentwicklung der mikroprozessorgesteuerten Hirnstromanalyse erfolgte nach Einführung des Terminus „bispektrale EEG-Analyse aus der Geophysik" [7] mit der jüngst erfolgten Entwicklung von technischen Geräten zur bispektralen Analyse der einzelnen EEG-Komponenten [21].

Die Verwendung von EEG, sei es in Form des Roh-EEG oder als weiterverarbeitetes Signal, ermöglicht jedoch nicht nur Überwachung und Steuerung des anästhesierten, sedierten und bewußtlosen Patienten, sondern diese Form der zerebralen Überwachung ermöglicht auch eine Früherfassung epileptischer Anfälle beim relaxierten und sedierten Patienten. Darüber hinaus können frühzeitige Hinweise auf intrakranielle Nachblutungen, Hirnödemzunahme oder globale zerebrale Perfusionsminderung bei vergleichender Beurteilung der abgenommenen Hirnstromkurven gewonnen werden.

Die Tatsache jedoch, daß das EEG nur einen topisch begrenzten Bezirk des Kortex erfaßt und das Wissen, daß diese Methode nicht in der Lage ist, eine subkortikale Ischämie oder subkortikale Defekte zu erfassen, war der Anlaß einer Erweiterung der zerebralen Überwachung mittels stimulierter Hirnstromaktivität zur Stufe III des zerebralen Monitoring auf der Intensivstation.

Stufe III

Evozierte Potentiale

Sie sind definitionsgemäß die elektrophysiologische Antwort auf sensorische oder motorische Sinnesreizung [9]. Zur erweiterten Überwachung des komatösen Patienten werden im Intensivbereich akustische (AEP) und/oder somatosensorisch (SEP) evozierte Potentiale abgenommen, wobei den frühen AEP und frühen SEP aufgrund ihrer geringen Beeinflußbarkeit durch Medikamente eine besondere Aussagekraft zukommt [22].

Die akustisch evozierten Potentiale reflektieren dabei die Funktion des Hirnstammes und ermöglichen damit eine prognostische Aussage hinsichtlich des Überlebens [18]. Mit Hilfe der somatosensorisch-evozierten Potentiale können Aussagen über Impulsverarbeitung und -leitung im Bereich der Medulla oblongata, der sensiblen Thalamuskerne und der thalmokortikalen Bahnen gemacht werden, wobei sich der von Symon [23] eingeführte Begriff der zentralen Überleitungszeit (CCT) als prognostisch wertvolles Maß im Hinblick auf die Qualität des Überlebens nach neuronalem Trauma erwiesen hat. Eine gute Korrelation von SEP-Veränderungen wurde auch zur klinischen Symptomatik [5] und im direkten Vergleich mit dem Glasgow-Coma-Score nachgewiesen [10]. Eine Beschränkung der Überwachung des komatösen Patienten unter Verwendung der spontanen und/oder stimulierten Hirnstromaktivität ergibt sich jedoch daraus, daß sich entwickelnde zerebrale Komplikationen mit einer gewissen Verzögerung auftreten und sich erst bei manifesten Störungen des neuronalen Stoffwechsels im Hirnstrombild verändert dargestellen werden [16].

Hirndruckmessung

Daher sollte bei immanenter neuronaler Gefährdung, wie es beim Krankengut einer neurointensivmedizinischen Abteilung der Fall ist, das elektroenzepahlographische Monitoring nie als Einzelüberwachung, sondern immer durch die Möglichkeit einer Hirndruckbestimmung, sei es als epidurale, subdurale, intraparenchymatöse oder auch intraventrikuläre Methode, komplettiert werden.

Kranielle Computertomographie

Durch die fortlaufende Registrierung des ICP kann die Frequenz der Kontrollen nach zerebralem Trauma mittels kranieller Computertomographie (CCT) zur Erfassung der intrakraniellen Morphologie reduziert werden. Sie sollte als Positivum für den beatmungspflichtigen Patienten gesehen werden.

Transkranielle Dopplersonographie

Die transkranielle Dopplersonographie (TCD), 1982 von Aaslid in die klinische Praxis eingeführt [1] ermöglicht nichtinvasiv, die Flußgeschwindigkeit der basalen Hirnarterien zu messen. Diese Methode stellt damit, und insbesondere mit der heute gegebenen Möglichkeit einer kontinuierlichen Messung, ein wertvolles Instrument zur Therapiesteuerung und Überwachung des Patienten nach Subarachnoidalblutung dar. Da sowohl Angiographie [20] als auch Operation bei manifestem Gefäßspasmus der basalen Hirnarterien mit erhöhtem Risiko für den Patienten verbunden sind, kommt der TCD eine entscheidende Bedeutung zu, um den richtigen Zeitpunkt für Angiographie und Operation zu bestimmen.

Wenn die TCD auch die intrakranielle Druckmessung nicht ersetzten kann, so können doch intrakranielle Drucksteigerungen mittels TCD erfaßt werden. Die Zunahme des ICP manifestiert sich dabei in einer Abnahme der diastolischen Flußgeschwindigkeit und einer Zunahme des Quotienten aus systolischer und diastolischer Flußgeschwindigkeit, so daß akute ICP-Steigerungen rasch und nichtinvasiv mit dieser Methode diagnostiziert werden können und der Erfolg therapeutischer Maßnahmen unmittelbar kontrolliert werden kann [8]. Eine gute Korrelation mit klinischen angiographischen und elektroenzephalographischen Befunden zeigt die transkranielle Dopplersonographie auch im Rahmen der Hirntodbestimmung. Aber aufgrund einer zu starken Untersucherabhängigkeit kann diese Methode nur als Vorfelddiagnostikum zur definitiven Hirntodbestimmung mittels EEG oder Angiographie gesehen werden.

„Near infrared Spectroscopy" (NIRS)

Bei einer gleichfalls nichtinvasiven Methode, nämlich der Near-Infrared-Spectroscopy werden unter Zuhilfenahme der Lasertechnik transkraniell Veränderungen des Sauerstoffgehaltes der zerebralen Blutleiter bestimmt. Kontinuierlich werden Veränderungen des oxygenierten Hämoglobin (HbO_2), des deoxygenierten Hämoglobin (Hb) und die Differenz zwischen oxygeniertem und reduziertem Cytochrom aa3 gemessen. Nach vorliegenden Untersuchungen von Amory [2] an kardiochirurgischen Patienten besteht eine ausgezeichnete Korrelation zwischen Bulbus-V.-jugularis-Sättigung und transkraniell gemessenem Sauerstoffgehalt der zerebralen Blutgefäße.

Die Grenzen der Methode sind z. Z. noch die Dicke der Kalotte und die Tatsache, daß die gemessenen Werte, welche punktuell abgenommen werden, lediglich eine lokale Aussagekraft besitzen.

Zusammenfassung

Im Wissen um die Bedeutung des Gehirns als übergeordnetes Leitsystem des menschlichen Organismus und als Ursprung der dem Menschen verliehenen Persönlichkeit, müssen alle Anstrengungen unternommen werden, um dieses Organ im Falle einer intensivpflichtigen Erkrankung mit zerebralen Konsequenzen einer gezielten protektiven Therapie unter sinnvollem Monitoring zu unterziehen.

Über die primäre klinische Beobachtung samt entsprechender Komaskalierung hinaus, sollten bei eintrübendem Sensorium oder aber auch unter therapeutisch indizierter Sedierung das neurophysiologische Monitoring, wie Abnahme von Elektroenzephalogramm und stimulierten kortikalen Reizantworten, zur Anwendung kommen. Mit der Einführung mikroprozessorgesteuerter Geräte stehen auch für den Nichtneurophysiologen geeignete Mittel zur Überwachung des bewußtlosen

Patienten zur Verfügung, wobei jedoch auf deren beschränkte Sensibilität im Hinblick auf eine rechtzeitige Registrierung der ursächlichen Hirnschädigung zu verweisen ist. Als Komplettierung der zerebralen Überwachung ist in erster Linie die kraniale Computertomographie anzuführen, im weiteren die transkranielle Dopplersonographie und als neueste Überwachungsmöglichkeit, deren Wert jedoch noch bewiesen werden muß, die „near-infrared-spektroskopy".

Durch dieses weitgefächerte Armentarium sollten die Intensivmediziner in die Lage versetzt werden, rechtzeitig Verschlechterungen des zerebralen Zustandes im Rahmen einer Intensivtherapie zu erkennen und einer zielgerichteten Therapie zuzuführen.

Literatur

1. Aaslid R, Markwalder TM, Nornes H (1982) Noninvasive transcranial dopplerultrasound. J Neurosurg 60: 37–41
2. Amory D, Pan L, Asinas R, Li JK-J, Kalatzis-Manolakis S (1992) Comparison of continuous jugular venous oxygen saturation with near-infrared spectroscopy of the brain. In: Löffler WH (Hrsg) Proceeding of the 3rd international symposium on central nervous system monitoring. Gmunden
3. Eccles JC (1987) Gehirn und Seele, Erkenntnisse der Neurophysiologie. Piper, München Zürich
4. Gerstenbrand F, Lücking C (1970) Die akuten traumatischen Hirnstammschäden. Arch Psychiat Nervenkr 213:254–281
5. Greenberg RP, Mayer DJ, Becker DP, Miller JD (1977) Evaluation of brain function in severe human head trauma with multimodality evoked potentials. I: Evoked brain-injury potentials, methods and analysis. J Neurosurg 47:150–162
6. Hartmann B (1992) Stellenwert des EEG bei zerebralen Zirkulationsstörungen. Psycho 18:628–634
7. Hasselman K, Munk W, McDonald G (1963) Bispectra of ocean waves. In: Rosenblatt M (ed) Times series analysis. Wiley & Sons, New York, pp 125–139
8. Karnik R (1990) Dopplersonographie und Angiographie in der neurologischen Intensivmedizin. In: Deutsch E (Hrsg) Neurologische Probleme des Intensivpatienten. Springer, Wien New York
9. Levy JW, Grundy B, Tysmith NT (1984) Electroencephalogram and evoked potentials during anesthesia. In: Saidman LJ, TySmith NT (eds) Monitoring in anesthesia. Butterworth, Boston, pp 227–267
10. Lindsay KW, Carlin J, Kennedy J, Fry J, McInnas A, Teasdale GM (1981) Evoked potentials in severe head-injury analysis and relation to outcome. J Neurol Neursurg Psychiat 44:796–802
11. Logar C, Lechner H, Niederkorn K, Schmidt R (1989) EEG-Mapping bei cerebralen Ischämien. Z EEG-EMG 62:186–192
12. Maynard D, Prior PF, Scott DF (1969) Device for continuous monitoring of cerebral activity in resuscitated patients. Br Med J 4:545–546
13. Nuwer MR, Jordan SE, Ahn SS (1987) Evaluation of stroke using EEG analysis and topographic mapping. Neurology 37:1153–1159
14. Pichlmayr I, Lips U, Künkel H (1983) Das Eletroenzephalogramm in der Anästhesie. Springer, Berlin Heidelberg New York Tokyo
15. Plum F, Posner JB (1980) The diagnosis of stupor and coma, 3rd edn. Davis, Philadelphia (Contemporary neurology series)
16. Prior P (1979) Monitoring cerebral function. Long-term recordings of cerebral activity. Elsevier, Amsterdam
17. Rampil I, Holzer J, Quest D, Rosenbaum S, Corell J (1983) Prognostic value of computerized EEG analysis during carotid endarterectomy. Anesth Analg 62:186–192

18. Reisecker F, Witzmann A, Löffler WH, Leblhuber F, Deisenhammer E, Valencak E (1987) Zum Stellenwert früher akustischer und somatosensorisch evozierter Potentiale in der Überwachung und prognostischen Beurteilung des Komas unter Barbiturattherapie – Vergleichende Untersuchungen mit Klinik und EEG. Z EEG EMG 18:36–42
19. Safar P (1981) Resuscitation after brain ischemia. In: Grenvik A (ed) Brain failure and resuscitation. Churchill Livingstone, New York, pp 155–184
20. Schindler E (1982) Neuroradiologische Aspekte des zerebralen Angiospasmus. In: Voth D, Glees P (Hrsg) Der zerebrale Angiospasmus. De Gruyter, Berlin New York, S 285–292
21. Sebel PS, Bowles S, Saini V, Chamoun N (1991) Accuracy of EEG in predicting movement at incision during isoflurane anesthesia. Anesthesiology 75:A446
22. Sutton LN, Frewen T, Marsh R, Jaggi I, Bruce DA (1982) The effects of deep barbiturate coma on multimodality evoked potentials. J Neurosurg 57:178–185
23. Symon L, Hagardine J, Zawirski M, Branston N (1979) Central conduction time as an index of ischemia in subarachnoidal hemorrhage. J Neurol Sc (1979):95–103
24. Teasdale G, Jennet B (1974) Assessment of coma and impaired consciousness – A practical scale. Lancet II:81–84

EEG-Monitoring zur Überwachung und Steuerung der Sedierung auf der Intensivstation

I. Pichlmayr

Einleitung und Problemstellung

Eine Intensivbehandlung setzt bei Patienten ein, die durch Störungen eines oder mehrerer Organe vital gefährdet sind. Ihr Ziel ist die Überbrückung der lebensbedrohlichen Phase durch intensive Unterstützung bzw. passageren Ersatz der versagenden Organfunktionen. Die Intensivtherapie wird von allen Fachbereichen für alle Alters- und Risikogruppen genutzt.

Die Spanne einer Intensivbehandlung liegt zwischen wenigen Stunden und mehreren Monaten. Lange Intensivaufenthalte sind gewöhnlich durch komplizierte Verläufe geprägt.

Um Patienten die Einsicht in ihre Situation zu ersparen und die Akzeptanz von kontrollierter Beatmung und vielerlei anderen Maßnahmen zu erleichtern, wird vielfach eine Dauersedierung durchgeführt, die bei schmerzhaften Zuständen operierter Patienten mit Schmerzmitteln ergänzt wird.

Die Schattenseiten einer Dauersedierung über längere Zeiträume sind zu tiefe Sedierungsstadien mit unnötiger Belastung der Stoffwechselorgane Leber und Niere, lange Durchgangsphasen nach Absetzen der Sedierung sowie langanhaltende Nachwirkungen in Form von Verhaltens- und Schlafstörungen.

Neben der sorgfältigen Wahl der zur Sedierung benutzten Medikamente und ihrer Applikationsart ist deshalb die fortlaufende bzw. regelmäßige Kontrolle der „Sedierungstiefe" von großer und weitreichender Bedeutung [6, 7].

Technische Voraussetzungen

Mit der Einführung des Narkograph (Abb. 1) besteht grundsätzlich die Möglichkeit, die erwünschte „Sedierungstiefe" individuell einzustellen und während einer längerdauernden Intensivphase regelmäßig zu kontrollieren.

Seine Leistungen umfassen:
- die kontinuierliche Darstellung des Roh-EEG;
- die Spektralanalyse in Echtzeit und wahlweise
- einen Rechts-links-Hemisphärenvergleich von Spektralparametern (Abb. 2).

Was den Narkograph besonders auszeichnet und unter den zerebralen Überwachungssystemen hervorhebt, ist die weitere softwaregesteuerte Verarbeitung der Meßdaten bis zur Diagnose – nämlich der aktuellen „Narkosetiefen"- bzw. Sedierungsangabe.

254　I. Pichlmayr

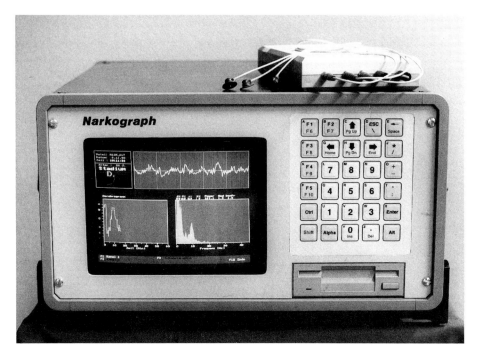

Abb. 1. Aufsicht auf den „Sedierungs"- und „Narkosetiefen"-Monitor Narkograph (Fa. Pallas)

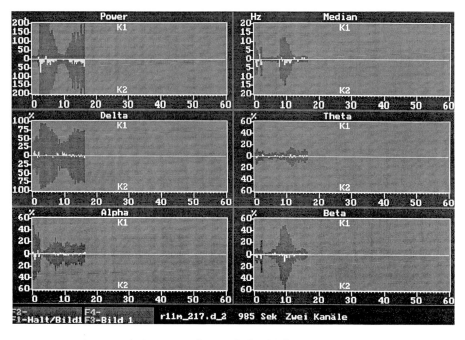

Abb. 2. Rechts-links-Hemisphärenvergleich (K1/K2) wichtiger Spektraldaten als Alternativprogramm des Narkographen

Darüber hinaus wird über eine Mustererkennung ein drohender zerebraler Funktionsausfall durch Warnzeichen bekanntgegeben.

Die geschilderte Ausstattung ermöglicht prinzipiell:
- die fortlaufende objektive Beobachtung der „Sedierungstiefe" von Intensivpatienten bzw. der „Narkosetiefe" im Operationssaal,
- damit eine der jeweiligen Situationen angepaßte exakte medikamentöse Einstellung,
- eine Soforterkennung zerebraler Risiken,
- eine Routineüberwachung bei Intensivpatienten und bei Narkosen durch leichte Anwendbarkeit
- ein Lerntraining durch gleichzeitige Betrachtung von Roh-EEG und Spektraldaten mit der computerermittelten Interpretation der „Sedierungs"- bzw. „Narkosetiefe".

Voraussetzungen sind:
- eine 1- oder 2-Kanal-Ableitung des Roh-EEG,
- die FFT vom Zeit- in den Frequenzbereich mit Spektraldarstellung und gleichzeitiger Angabe von Frequenzdaten,
- ein Vergleich der Meßdaten mit parametergleichen Gruppen über eine spezielle Software zur Ermittlung von „Sedierung"- bzw. „Narkosetiefe" und speziellen EEG-Mustern,
- eine Meßmöglichkeit der Elektrodenwiderstände,
- eine Artefakterkennung, die eine Fehlbeurteilung ausschließt.

Praktisches Vorgehen

Die bei Intensivpatienten angestrebte „Sedierungstiefe" unterscheidet sich nach medizinischen Gegebenheiten.

Sowohl für *kurzdauernde Beatmungsphasen* wie auch für eine *Langzeitbeatmung* bei Intensivverläufen mit chirurgischen, kardialen oder septischen Komplikationen sollte ein „mittleres" Sedierungsstadium nicht überschritten werden.

Dieses erlaubt trotz der medikamentösen Bewußtseinsdämpfung die laufende Beurteilung des zerebralen Gesamtzustandes und spart gegenüber unkontrollierten Bolusgaben von Sedativa durch geschultes Pflegepersonal nach unseren Erfahrungen ca. 75% der Pharmaka ein. Entsprechend geringer ist die Belastung der Stoffwechselorgane Leber und Niere.

Bei *Patienten mit Anfallsleiden* wird im Status epilepticus eine Intensivbehandlung zur Unterbrechung des Anfallsgeschehens nötig. Dies gelingt gewöhnlich nur durch tiefe Sedierung über mehrere Tage. Die Therapie sollte über den gesamten Zeitraum fortlaufend elektroenzephalographisch kontrolliert werden.

Nach einer *Hypoxie* steht als therapeutisches Konzept der Sedierung die zerebrale Stoffwechselsenkung im Vordergrund.

Medikamentöse Senkung der zerebralen Funktion bis zum Nullinien-EEG vermindert den Gehirnstoffwechsel um ca. 50%. Eine tiefe Sedierung mit sehr langsamen EEG-Frequenzen wird demgegenüber heute bevorzugt, da sie besser

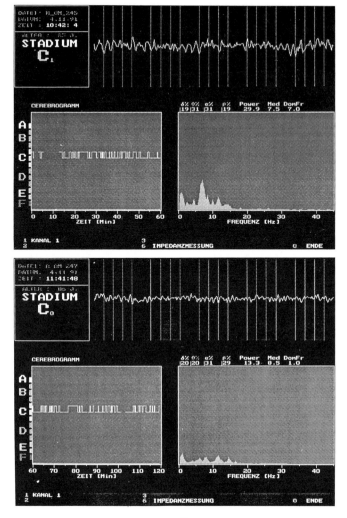

Abb. 3. Narkographmonitoring zur Überwachung der Sedierung bei einem Intensivpatienten. Es wird ein mittleres Sedierungsstadium (C) eingehalten

kontrollierbar ist. Die Einstellung einer medikamentösen zerebralen Stoffwechselsenkung erfolgt für die Dauer von 48 h unter fortlaufender EEG-Kontrolle.

Für die Durchführung einer Langzeitsedierung bzw. -analogsedierung wurde auch in eigenen Untersuchungsreihen die Erwartung bestätigt, daß zur Einhaltung einer gleichmäßigen Sedierung die Dauerapplikation der Medikamente über einen Perfusor der regelmäßigen Bolusgabe überlegen ist.

Zur Durchführung einer Langzeitsedierung stehen heute eine Reihe unterschiedlich wirksamer Substanzen für den gezielten Einsatz zur Verfügung.

Die Therapieplanung berücksichtigt neben der vorliegenden Grunderkrankung die voraussichtliche Sedierungsdauer. Es ist wichtig, daß während der Langzeitsedierung der zerebrale Gesamtzustand im Intensivverlauf beurteilbar bleibt. Letzterer wird durch hypoxische Phasen bei pulmonalen Komplikationen im Verlauf einer Sepsis stark beeinträchtigt, während bei kardialen Komplikationen unter Katecholamingaben die Gehirnfunktion intakt bleibt.

Der Narkograph zeigt während des Intensivmonitoring in Anlehnung an die EEG-Narkosestadien von Kugler die „Sedierungstiefen" B_0-F an. Sowohl für kurze als auch für mittlere und lange Sedierungsphasen sollte das Stadium C_0-C_2 angestrebt werden. Dieses erlaubt neben der laufenden Sedierung die Erkennung einer zerebralen Allgemeinverschlechterung (Abb. 3).

Als Therapie zur Anfallsuntersuchung wie auch zur zerebralen Stoffwechselsenkung nach Hypoxie ist dagegen das Stadium D_2-E_0, also eine „tiefe Narkose", anzusteben.

Sedierung während Intensivtherapie

Die Ergebnisse eigener Untersuchungen lassen folgende Beurteilung zu (Tabelle 1):

Mit Propofol steht ein gut steuerbares Hypnotikum zur Verfügung, das sich für Sedierungstherapien beliebiger Dauer eignet. Auch in Kombination mit Analgetika liegen die Aufwachzeiten je nach Behandlungsdauer zwischen 1 und 6 h. Die gewünschte „Sedierungstiefe" ist individuell gut einstellbar, wobei eine lange Therapie im Laufe der Zeit steigende Dosen verlangt.

Als geeignet gilt Midazolam. Es hat bei guter Steuerbarkeit parallel mit der Behandlungszeit steigende Aufwachzeiten. Die Beurteilung des zerebralen Gesamt-

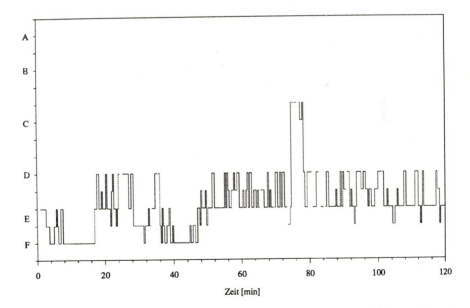

Abb. 4. Beispiel einer EEG-gesteuerten „tiefen Sedierung" mit Disoprivan im Perfusor während einer Intensivbehandlung: das Sedierungs-EEG bei der 77jährigen Patientin zeigt bei ca. 75 min eine Weckreaktion während des Perfusorwechsels

Tabelle 1. Sedierung während der Intensivtherapie. (Nach [1, 3, 4, 5])

Pharmaka	Dosierung	HWZ	Angestrebtes Sedierungsstadium	Eignung und Aufwachzeiten bei Sedierung			Erkennbarkeit des zerebralen Gesamtstatus unter der Sedierung	Steuerbarkeit	Nachteile
				12 h	– 8 Tg.	– Monate			
Propofol	1,5–4 mg/kg KG/h (500 mg in 50 ml)	34–50 min	C_2–D_1 ~ 50% θ – 50% δ	+++ 30–60 min	+++ 2,5–3 h	+++ 6 h	+++	gut	Toleranzentwicklung
Midazolam	0,15–1,5 mg/kg KG/h	1,5–2,5 h	C_2–D_1 ~ 50% θ – 50% δ	+++ 2,5 h	+++ 20 h	+++ 72 h	++ (mit Antagonisierung)	gut	Toleranzentwicklung
Ketamin/ Midazolam	4 mg/kg KG/h 30 mg/die	2–4 h/ 1,5–2,5 h	C_2–D_1 ~ 50% θ – 50% δ	++ 2–4 h	++ 6–10 h	–	++	gut	Toleranzentwicklung
Etomidat	0,8 mg/kg KG/h	1,25 h	C_2–D_1 ~ 50% θ – 50% δ	+++ 1 h	+++ 6 h	+++ 12 h	+++	gut	Nicht mehr verwendet endokrine Nebenwirkungen
Diazepam/ Dehydrobenzperidol	40/28 mg/die	28/4 h	C_2–D_1 ~ 50% θ – 50% δ Gefahr der Entgleisung in sehr tiefe Stadien				∅	schlecht	Überdosierung
Thiopental	2,5 mg/kg KG/h	3–8 h	D_2–E = 80% δ	–	+++ 24–48 h	–	∅	schlecht	Überdosierung

Analgesie: Piritramid 40–90 mg/tgl.

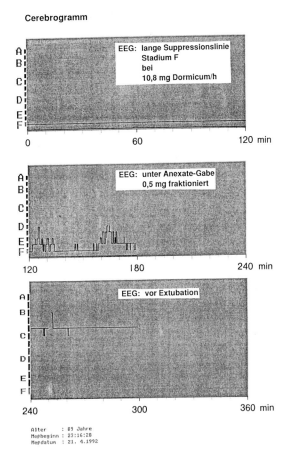

Abb. 5. Beispiel eines 89jährigen Patienten mit Peritonitis nach Dünndarmperforation. Das Zerebrogramm während der Intensivbehandlung zeigt eine zu „tiefe" Sedierung unter 10,8 mg Dormicum/h. Der Patient ist katecholaminpflichtig. Nach wiederholter fraktionierter Anexategabe sieht man im Zerebrogramm kurzfristige Bewußtseinsaufhellungen. Mit Abnahme der „Sedierungstiefe" konnte auch die Katecholaminzufuhr reduziert werden

zustandes ist nur unter kurzzeitiger Antagonisierung möglich. Bei Nierenfunktionsstörungen steigen die Aufwachzeiten unkontrollierbar an.

Ein kombiniertes Sedierungsverfahren mit Ketamin/Midazolam zeigte ebenfalls befriedigende Ergebnisse.

Sehr gut bewährt hatte sich in unserem Krankengut Hypnomidate, das aufgrund seiner endokrinen Nebenwirkungen nicht mehr benutzt wird.

Die Kombination Diazepam/Dehydrobenzperidol war bei schlechter Steuerbarkeit und langen Aufwachzeiten ungünstig. Durch ungewollte sehr tiefe Sedierung war der zerebrale Allgemeinzustand nicht mehr beurteilbar.

Ähnliches gilt grundsätzlich für Thiopental, das für spezielle Indikationen wie Status epilepticus und zerebrale Stoffwechselsenkung nach Hypoxie für eine Therapiedauer von 24–48 h seinen Platz behält.

Klinische Beispiele

Es sollen nun einige Fallbeispiele gezeigt werden (Abb. 4–6).

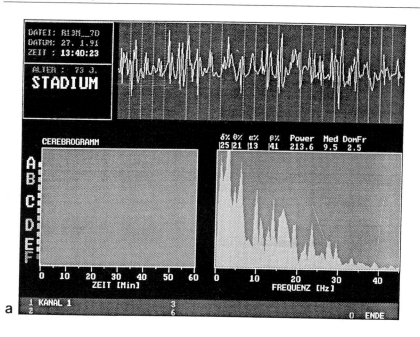
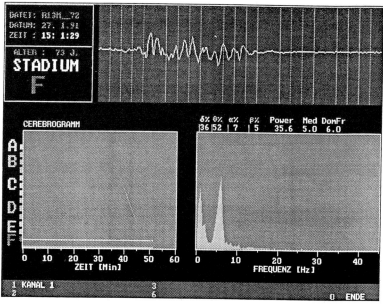

Abb. 6. Fallbeispiel einer 73jährigen Patientin mit Krampfpotentialen nach Kreislaufstillstand a vor und b nach Thiopentalgabe

Schlußfolgerung

Der Einsatz eines zerebralen Monitoring zur Steuerung der Sedierungstherapie bei Intensivpatienten erlaubt die individuelle Anpassung an die für die Krankheitssituation notwendige und angestrebte „Sedierungstiefe".

Bei optimalem Therapieeffekt werden hierdurch gleichzeitig – nach eigenen Erfahrungen – Sedativa und Psychopharmaka in der Größenordnung von 75% eingespart.

Dies wirkt sich nicht nur günstig auf die aktuelle Körperfunktion und den Verlauf der Therapie beim Intensivpatienten aus, sondern ist auch ein gravierender wirtschaftlicher Faktor.

Die EEG-gesteuerte Sedierung erweist sich damit als volkswirtschaftlicher Vorteil und therapeutischer Fortschritt zugleich.

Literatur

1. Hecht U, Lehmkuhl P, Pichlmayr J (1990) Sedierung zur postoperativen Beatmung: Midazolam versus Propofol – Erste Ergebnisse. Anaesth Intensivmed 212:99–104
2. Lehmkuhl P (1985) Elektroenzephalographische Überwachung der zerebralen Funktion bei Hypoxie und Koma. In: Menzel H (Hrsg) 15. Bielefelder anästhesiologisches Colloquium. Zuckschwerdt, München Bern Wien, S 137–159
3. Lehmkuhl P, Pichlmayr J (1991) Intensive care sedation with propofol or midazolam infusions. J Drug Dev 4(Supl 3):72–73
4. Lehmkuhl P, Lips U, Pichlmayr I (1985) EEG-Parameter in der Überwachung beatmeter Intensivpatienten. Anästh Intensivther Notfallmed 20:6–11
5. Lehmkuhl P, Hecht U, Kaukemüller J, Pichlmayr I (1989) Propofol zur Narkoseführung und Sedierung unter EEG-Kontrolle. Fortschr Anaesth 1:25–29
6. Pichlmayr I, Lehmkuhl P (1988) EEG-Überwachung des Intensivpatienten. Springer, Berlin Heidelberg New York Tokyo
7. Pichlmayr I, Lips U, Künkel H (1983) Das Elektroenzephalogramm in der Anästhesie. Springer, Berlin Heidelberg New York Tokyo

Prognosebeurteilung und Hirntoddiagnostik auf der Intensivstation*

G. Schwarz, G. Litscher, G. Pfurtscheller, A. Lechner, E. Rumpl, W. F. List

Komaprognostik

Bei komatösen Patienten nach schwerem Schädel-Hirn-Trauma (SHT) oder hypoxischer Hirnschädigung sowie zerebrovaskulären Katastrophen kommt es in einer erheblichen Anzahl zu einem letalen Verlauf. Darüber hinaus bleibt ein beträchtlicher Anteil unter den Überlebenden infolge neurologischer Defizite schwer behindert oder pflegebedürftig. Es erklärt sich somit das Interesse, das genauere Ausmaß einer Läsion in bezug auf die erwartende Einschränkung der neuronalen Funktion zu erfassen.

In diesem Zusammenhang liefern klinische Kriterien (z. B. Glasgow-Koma-Skala, Innsbrucker Komaskala, Hirnstammscore) durchaus ein vernünftiges Maß für die Schwere der Hirnfunktionsstörung. Allerdings sind sowohl falsch-pessimistische Aussagen als auch falsch-optimistische Vorhersagen [30] möglich. Eine entscheidende Einschränkung der Aussage anhand der klinischen Exploration ergibt sich durch den Einfluß von Begleitverletzungen bzw. -erkrankungen und diversen Pharmakaeffekten, speziell von Hypnosedativa und Muskelrelaxanzien.

Um die Präzision der Prognose zu erhöhen, erweist es sich als zweckmäßig, zusätzlich bioelektrische Aktivitäten des Gehirns (Elektroenzephalogramm, evozierte Potentiale) zu untersuchen.

Elektroenzephalogramm

Bei *hypoxischen Hirnschäden* gelten Burst suppression, periodische generalisierte epileptiforme Entladungen, „polyspike waves" mit Myoklonien und das isoelektrische EEG als Hinweis für einen infausten Verlauf. Da die akustisch evozierten Hirnstammpotentiale in ihrer prognostischen Treffsicherheit dem EEG unterlegen sind und bei einzelnen Patienten nur das EEG, nicht aber der Befund der somatosensorisch evozierten Potentiale (SEP) die Erkennung einer infausten Prognose erlaubt, wird der kombinierte Einsatz von EEG und SEP empfohlen [4].

Beim *Schädel-Hirn-Trauma* liefern ferner die EEG-Verlaufskontrollen mit dem Nachweis der Rarefizierung der EEG-Reaktivität, der Abnahme der Varietät von

---

* Mit Unterstützung durch den Fonds zur Förderung der wissenschaftlichen Forschung in Österreich (Projekt S49/05) und des Jubiläumsfonds der Österreichischen Nationalbank (Projekt 4205).

Schlafäquivalenten und alternierender Muster weitere Zeichen einer fortschreitenden Hirnschädigung [31].

Da aber nur allzuoft die Applikation zentral dämpfender Pharmaka erforderlich ist, wird die elektroenzephalographische Beurteilung immer wieder deutlich beeinträchtigt, wenn nicht sogar unmöglich. Unter diesen Voraussetzungen ist die Prognoseerstellung mittels evozierter Potentiale zielführend.

Frühe und späte somatosensorisch evozierte Potentiale

Die Bewertung früher somatosensorisch evozierter Potentiale (SSEP; Latenz < 70 ms) vermag, wenngleich durch dieses Signal nur die Wiedergabe einer Teilfunktion möglich ist, insbesondere bei Vorliegen supratentorieller Hirnläsionen wertvolle Aussagen über die Funktion der untersuchten Hirnhemisphäre und damit auch des klinischen Verlaufes zu erbringen. Im Zusammenhang mit der Komaprognostik anhand der SSEP wurden unterschiedliche Beurteilungskriterien erarbeitet.

Die Klassifikationskriterien der SSEP für die eigene Untersuchungsserie (zur Meßmethodik s. [26]) sind in folgender Übersicht zusammengefaßt.

SEP – Prognosekriterien

I: SEP (Amplitudenquotient N 20/N 13, CCT) beidseits innerhalb des Normbereichs;
II: CCT einseitig verlängert;

III: CCT beidseitig verlängert;
IV: a) Interhemisphärielle Differenz des Amplitudenquotienten N 20/N 13 > 0,4 bei Amplitudenverhältnis N 20/N 13 < 0,5 über der Seite mit der ausgeprägteren Alteration;
b) Verlust der kortikalen Komponente N 20 einseitig;
V: Verlust der kortikalen Komponente N 20 beidseitig.

Zur Differenzierung des klinischen Ergebnisses – modifiziert nach dem Glasgow Outcome Score – wurden 2 Gruppen festgelegt.

Klassifizierung des Outcome

A: voll erwerbsfähig bzw. selbständig, aber nicht erwerbsfähig;
B: schweres neurologisches Defizit mit Pflegebedürftigkeit; persistierender vegetativer Zustand; Exitus.

Zur Untersuchung gelangten 33 komatöse Patienten (GCS < 8) im mittleren Alter von 42,5 ± 20,9 Jahren (zwischen 5. und 79. Lebensjahr) nach nichtentzündlichen Hirnerkrankungen (Schädel-Hirn-Trauma: n = 27, zerebrovaskuläre Läsionen n = 6) 3,4 ± 2,6 Tage nach Aufnahme auf die Intensivstation. 54% der Patienten standen zum Meßzeitpunkt unter dem Einfluß zentral dämpfender Pharmaka.

Ergebnisse

Die Prognosebeurteilung anhand des GCS (mod. nach [46]) erbrachte eine Treffsicherheit von 62,5% bei 25% falsch-pessimistischen und 12,5% falsch-optimistischen Vorhersagen, wobei auch jene Patienten in die Bewertung miteinbezogen wurden, die unter dem Einfluß zentral wirksamer Pharmaka standen. Bei den 16 Patienten aus der Gruppe mit ungünstigem Verlauf (Gruppe B) kam es anhand der SSEP-Prognostik zu 2 falsch-optimistischen Vorhersagen (6,5%). In der Gruppe mit günstigem klinischem Outcome (A) wurde eine falsch-pessimistische Prognose (3,2%) getroffen. Die Treffsicherheit mittels SSEP betrug demnach 90,3%. Bei beidseitigem Verlust (n = 7) der kortikalen Komponente N20 überlebte kein Patient. In beiden Fällen falsch-optimistischer Prognose lag eine akute, massive Expansion von Kontusionsherden vor, die erst nach der SEP-Erstuntersuchung eintrat. Bei dem Patienten mit falsch-pessimistischer Prognose wurde im CT neben multiplen kleinen hemisphäriellen Kontusionsherden und Zeichen einer Hirnschwellung eine umschriebene Hirnstammläsion befundet. Die SEP-Prognostik wurde in erster Linie durch Veränderungen der Amplitude (Amplitudenverhältnis N20/N13) und nicht durch Verschiebungen der Latenz (CCT) bestimmt. In diesem Zusammenhang scheint die interhemisphärielle Differenz bei a priori gedämpfter N20 eine Dynamik in Richtung eines zumindest einseitigen kortikalen Komponentenverlusts anzudeuten.

Die obigen Ergebnisse lassen somit die SSEP unter den Realbedingungen intensivtherapeutischer Maßnahmen einschließlich der Sedierung für eine grob differenzierte Vorhersage als geeignet erscheinen. Beim Vergleich der SSEP und des GCS konnte keine Korrelation hergestellt werden. Dieses Ergebnis deckt sich auch mit jenen von Riffel et al. [30] und weist darauf hin, daß das Medianus-SEP nicht zwangsläufig mit dem erhobenen klinischen Status – aus welchen Gründen auch immer – korreliert und somit nicht unbedingt die Komatiefe widerspiegelt. Die prognostische Aussage des Medianus-SEP ist daher unabhängig vom aktuellen klinischen Bild.

Walser et al. [44] fanden bei beidseitig normalem SSEP oder nur einseitig alterierter, aber erhaltener kortikaler Komponente N20 generell ein günstiges Outcome. Bilateral alterierte SSEP mit noch erkennbarer Welle N20 weisen allerdings auf eine reduzierte Möglichkeit einer vollständigen Erholung hin. Die Mehrzahl der Patienten mit bilateral fehlender Komponente N20 verstarb innerhalb weniger Tage nach der Untersuchung.

Rumpl et al. [32] beschreiben ebenfalls die CCT und das Amplitudenverhältnis N20/N13 als Bewertungskriterien. Bei komatösen Zustandsbildern nach supratentorieller Schädigung deuten eine weitgehend normale CCT und ein nicht verändertes Amplitudenverhältnis auf einen günstigen Verlauf. Die Verlängerung der CCT und die Abnahme des Amplitudenquotienten geht mit einem beeinträchtigten Outcome einher. Bei Vorliegen einer primären Hirnstammläsion wird eine signifikante Verlängerung der CCT auch bei günstigem Ausgang gefunden. Umgekehrt liegt initial eine normale CCT bei Patienten vor, wenn deren Krankheit in einer schweren neurologischen Restschädigung oder sogar im Hirntod mündet. Bei ungünstigem Outcome ist häufig unilateral das Skalp-SSEP ausgelöscht. Schwerste Verläufe finden sich bei bilateral ausgelöschtem SSEP. Asymmetrien scheinen jedoch über alle

Verlaufskategorien verteilt zu sein. Riffel et al. [30] berichten von 103 komatösen Patienten, die in den ersten 72 h nach Schädel-Hirn-Trauma (SHT) untersucht wurden. Die SSEP erwiesen sich in dieser Studie sowohl in der Voraussage eines schlechten als auch guten Verlaufs als mehrheitlich zuverlässig, wobei der Amplitudenquotient N20/N13b (C2) der sensitivere Parameter als die zentrale Überleitungszeit N13a(C7)–N20 ist. Im Rahmen der Klärung der Frage, welche prognostische Bedeutung bilateral erloschene kortikale SEP-Antworten haben, fanden Haupt u. Schumacher [15] bei 255 Intensivpatienten mit Gefäßprozessen und bilateral erloschenen SSEP in 94% noch während der Behandlung einen letalen Verlauf; bei den übrigen Patienten resultierten irreversible apallische Syndrome. Die Patienten mit SHT, Meningoenzephalitis sowie Hirntumoren, bei denen die SSEP bilateral erloschen waren, verstarben ebenfalls noch während der Behandlung auf der Intensivstation.

Insgesamt ist der beidseitige SEP-Verlust als Zeichen einer äußerst ungünstigen Prognose mehrfach belegt, vor allem, wenn er sich bei Kontrolluntersuchungen bestätigen läßt und eine supratentorielle Läsion vorliegt. Der Umkehrschluß, daß das Bestehen eines kortikalen SSEP unbedingt der Hinweis für eine günstige Prognose ist, findet seine Korrektur in dem Faktum, daß bei appalischem Syndrom das SSEP keineswegs immer erloschen sein muß. Bei umschriebenen Hirnstammläsionen ist nicht in jedem Fall das bilateral ausgelöschte SSEP mit einem ungünstigen Verlauf verbunden.

Zur Vermeidung von falsch-pessimistischen Bewertungen anhand der SSEP, erweist sich somit eine topographische Differenzierung der Läsion als notwendig. Der insgesamt höhere Anteil falsch-optimistischer Vorhersagen (s. auch [10]) beruht darauf, daß zum Untersuchungszeitpunkt progressive neuropathologische, aber auch extrazerebrale Faktoren mit Rückwirkung auf die zerebrale Funktion noch nicht vorliegen. An akzidentellen Ereignissen in der eigenen Untersuchungsgruppe beeinflußte die sekundäre Expansion kontusionierter Areale die Aussage am erheblichsten. In diesen Fällen sind in der Akutphase wiederholte elektrophysiologische Kontrolluntersuchungen für eine repräsentative Prognose erforderlich.

Das Ausmaß neurologischer Defizite in der postakuten Phase bestimmt den weiteren Verlauf einer schweren Hirnschädigung im erheblichen Ausmaße mit. Da zentrale Reparationsvorgänge nicht unbedingt durch markante Veränderungen des klinischen Bildes oder der frühen somatosensorischen kortikalen Reizantworten reflektiert sein müssen, erscheinen Verlaufskontrollen später SEP (Latenz >70 ms) als zweckmäßige Ergänzung zu späteren Zeitpunkten der Patientenversorgung [26, 34]. Mit den späten SEP wird nicht nur die Integrität des primären sensorischen Leitungsweges geprüft, sondern auch komplexe Interaktionen unspezifischer thalamokortikaler Projektionen, kortikokortikaler Verbindungen und die Aktivität des aufsteigenden retikulären Systems. Die Objektivierung eines beispielsweise zunehmenden Vigilanzniveaus mittels später SEP erweist sich in der Spätphase v. a. dann als sehr nützlich, wenn es um Entscheidungen geht, welche erforderlichen Schritte für die Neurorehabilitation des betreffenden Patienten vorgesehen werden sollen.

Frühe akustisch evozierte Potentiale und multimodal evozierte Potentiale

Frühe akustisch evozierte Potentiale treten innerhalb einer Latenz von 10 ms auf und werden entsprechend der Lokalisation ihrer Generierung als akustisch evozierte Hirnstammpotentiale (AEHP) bezeichnet. In der Komaprognostik werden sie vielfach in Ergänzung mit den SEP untersucht. Beide Parameter (die visuell evozierten Potentiale haben in der Prognostik nur eine untergeordnete Rolle) werden dann als multimodal evozierte Potentiale (MEP) zusammengefaßt.

Die AEHP gelten in der Voraussage eines schlechten Verlaufes als durchaus zuverlässig; ist eine Hirnstammläsion durch einen Wellenverlust dokumentiert, wird die Prognose als ungünstig erachtet. Darüber hinaus deutet die Zunahme der Interpeaklatenzen I–III, III–V, I–V ebenfalls auf einen ungünstigen Verlauf [32]. Wie bei Bestehen einer zentral bedingten respiratorischen Insuffizienz, der vielfach letzten gemeinsamen Endstrecke von Hirnerkrankungen unterschiedlicher Genese, die AEHP alteriert sein können, zeigt in diesem Zusammenhang die folgende kurze Zusammenfassung einer Untersuchung an 14 Patienten mit schweren Verlaufsformen einer Enzephalitis.

AEHP bei Enzephalitis

Patienten: n = 14, mittleres Alter: 31,7 ± 17,9
(Kontrollkollektiv: n = 17, mittleres Alter 27,4 ± 5,3; Statistik: independent t-Test)

Klinischer Status
GCS < 7 (n = 13),
GCS > 7 (n = 1),
Beatmung (n = 14),
Outcome A (n = 3),
Outcome B (n = 11).

Unter anderen Befunden, wie beispielsweise der unilaterale (n = 5) und bilaterale (n = 2) komplette Komponentenverlust, war die zumindest einseitige Prolongation der absoluten Latenz der Welle III (4,27 ± 0,58 ms; p < 0,001) und der IPL I–III (2,34 ± 0,27 ms; p < 0,01) das herausragende Ergebnis. Analoge Befunde sind auch beim zentralen alveolären Hypoventilationssyndrom im Zusammenhang einer Schädigung der generierenden Strukturen der Welle III und der medullären chemorezeptorischen Zone beschrieben worden [3]. Zusätzlich bestand noch eine IPL-Prolongation III–V (2,22 ± 0,49 ms; p < 0,01) als Folge der Dissoziation des Wellenkomplexes IV/V. Als pathomorphologisches Substrat wurde eine gemeinsame Schädigung im Generierungsbereich der Wellen IV/V (Pons/Mesenzephalon) und der retikulären mesenzephalen, vornehmlich aber pontinen Struktur gefolgert, die für die Steuerung des Atemrhythmus [16] verantwortlich ist. Die Parallelität klinischer und elektrophysiologischer Befunde könnte einen weiteren theoretischen Ansatz zur Erklärung der Akzentuierung der Zuverlässigkeit der pessimistischen Vorhersage mittels AEHP im Vergleich zu AEHP-Mustern mit konsekutiv optimistischer Prognose liefern.

Die Tatsache, daß der Amplitudenquotient V/I in seiner prognostischen Aussagekraft über das Latenzintervall I–V zu stellen ist, wird auch in den unterschiedlichen

AEHP-Prognosekriterien berücksichtigt, wie folgende Übersicht zeigt (vgl. auch [30]).

AEHP – Prognosekriterien

I: AEHP beidseitig normal;
II: IPL I–V > 2,5 SD einseitig
bzw. Amplitudenquotient (AQ) V/I < 1 einseitig;

III: IPL I–V > 2,5 SD beidseitig;
bzw. AQ V/I < 1 beidseitig;
IV: a) Welle V bzw. IV/V ein- oder beidseitig ausgelöscht,
b) Wellen I–V einseitig ausgelöscht;
V: Wellen I–V beidseitig ausgelöscht.

Das Bestehen einer primären oder sekundären Hirnstammläsion beeinflußt die Vorhersagen offensichtlich nicht [29].

Der beidseitige, aber auch einseitige Verlust der AEHP findet sich mehrheitlich bei Patienten mit sehr ungünstigem Verlauf, ebenso deuten auch AEHP-Asymmetrien auf ein eher negatives Ergebnis.

Goodwin et al. [10] berichten in einer zusammenfassenden Übersicht zur Komaprognostik mittels multimodal evozierter Potentiale (MEP) bei 982 Patienten unter spezieller Berücksichtigung pädiatrischer Patienten von 5 Fällen mit falsch-pessimistischer und von 99 Fällen mit falsch-optimistischer Vorhersage. In ihrer eigenen Untersuchungsreihe von 37 komatösen Kindern erhoben sie keine falsch-pessimistischen und 2 falsch-optimistische Vorhersagen.

Einzelne Studien (z. B. [22]) zeigen eindrucksvoll, daß weder die alleinige klinische Diagnostik noch die Computertomographie oder die intrakranielle Druckmessung dieselbe prognostische Aussagekraft haben wie die multimodal evozierten Potentiale. Um tatsächlich eine hohe Prognosequalität zu erreichen und speziell falsch-pessimistische Vorhersagen zu vermeiden, ist eine sehr sorgfältige und kritische Interpretation der entsprechenden bioelektrischen Reizantworten des Gehirns erforderlich.

So muß natürlich bei den SEP die Integrität des sensorischen Leitungsweges im peripheren Nerven und Rückenmark nachgewiesen sein. Der Ausschluß sollte mit Ableitungen vom Erb-Punkt bzw. der Zervikalregion (C7 und C2) relativ einfach durchführbar sein. Für die Bewertung der AEHP ist der Ausschluß akut erworbener bzw. vorbestehender Hörstörungen erforderlich. Ist die sog. „Inputkontrolle" mit dem Nachweis der Welle I nicht möglich, so ist die Aussagekraft des Verlustes nachfolgender Wellen ganz erheblich vermindert und die Treffsicherheit der AEHP unter 80% reduziert. Für das Schädel-Hirn-Trauma müssen global gesehen nicht nur Einschränkungen der Interpretation, sondern auch der Durchführbarkeit der Untersuchung in mehr als 25% erwartet werden.

An dieser Stelle muß auch kritisch festgehalten werden, daß die multimodal evozierten Potentiale kein sensitiver Parameter für die Qualität von Restschäden sind. Dies gilt insbesondere für die Vorhersage des Ausmaßes von Gedächtnisstörungen, Konzentrationsschwäche, Arbeitsleistungsminderung, Lethargie, emotionaler Instabilität und Irritabilität sowie Kopfschmerzen [45].

Tabelle 1. EP-Aussagevergleich bei Komaprognose

Qualität	
Amplitudenverhältnis	SEP > AEHP
(AEHP: V/I; SEP; N20/N13)	> zentrale Überleitungszeit (AEHP: IPL I-V; SEP: CCT N13–N20)
Quantität	
Anzahl falsch-pessimistischer Prognosen	< Anzahl falsch-optimistischer Prognosen

Desweiteren sind die multimodal evozierten Potentiale (SEP, AEHP, VEP) relativ insensitiv gegenüber sich wiederentwickelnden kognitiven Funktionen durch Adaptation [37].

Auch die Miteinbeziehung der Prüfung des auditorisch ereignisbezogenen (endogenen) Potentials (P300) lieferte in der Rehabilitationsphase bislang keine entscheidende Verbesserung der Vorhersage in Blickrichtung auf sich differenzierende neuropsychologische Qualitäten [14].

Im Gegensatz zu den SEP und AEHP wird die Untersuchung motorisch evozierter Potentiale bei der prognostischen Beurteilung komatöser Patienten nicht empfohlen [47].

Im Rahmen einer globalen Beschreibung der Komaprognostik tritt bisweilen die Grundsatzfrage nach unmittelbaren Konsequenzen und Nutzen des Neuromonitoring auf. Dies fordert zur Gegenfrage heraus: *Warum* soll man für das Wohl des Patienten Entscheidungen zum intensivtherapeutischen Management zerebral geschädigter Patienten *nicht* vor dem Hintergrund der Kenntnis des aktuellen bzw. zukünftig wahrscheinlichen, mittels elektrophysiologischer Parameter dokumentierbaren Funktionszustandes des Gehirns treffen?

In einer abschließenden Bewertung der Komaprognose mittels elektrophysiologischer Parameter (vgl. auch Tabelle 1) scheint eine Zusammenfassung in der Form möglich, daß man eine Früh- und Spätprognostik differenzieren kann. In der Akutphase ermöglicht die Beurteilung von Meßgrößen mit geringerer Empfindlichkeit gegenüber zentral dämpfenden Pharmaka (frühe SEP, AEHP) eine befriedigende globale Einschätzung des Outcome. Vigilanzabhängige und medikationssensitive Parameter (EEG, späte SEP) erweitern das Prognosespektrum in der Postakutphase v. a. im Rahmen von Verlaufskontrollen. Feinabstufungen speziell für den kognitiven und emotionalen Bereich scheinen derzeit, wenn überhaupt, nur bedingt möglich.

Hirntoddiagnostik

Der elektrophysiologischen Funktionsdiagnostik des Gehirns kommt bei der Hirntodbestimmung im weiteren Sinne auch eine prognostische Dimension zu. So besteht doch das Außergewöhnliche der Hirntoddiagnostik darin, daß nicht nur für den Zeitpunkt der Untersuchung die Feststellung einer fehlenden Hirntätigkeit zu erfolgen hat, sondern auch eindeutige Belege verfügbar sein müssen, die unter Berücksichtigung allgemeiner Erfahrungen eine Erholung ausschließen.

Elektroenzephalographie

Bei Eintritt des Hirntodes besteht eine hirnelektrische Inaktivität. Der Schluß aber, das Nullinien-EEG beweise den Hirntod, ist nicht zulässig. So führen eine Reihe zentral wirksamer Pharmaka wie z. B. Barbiturate, Etomidat, Tranquilizer (Meprobamat, Benzodiazepine) zum Nullinien-EEG. Ebenso können Hypothermie, Ischämie, Sauerstoffmangel und metabolische Entgleisungen (z. B. Coma hepaticum) im EEG für eine mehr oder weniger lange Zeit die Aktivität kortikaler Herkunft unterdrücken [7, 29, 42, 43]. In der Folge liegt ggf. eine Erholung unterschiedlichen Ausmaßes im Bereich des Möglichen [1, 5, 11].

Um eine adäquate EEG-Ableitung im Rahmen der Hirntoddiagnostik zu gewährleisten, ist die Einhaltung präzise formulierter und standardisierter Anforderungen erforderlich [20].

Diese Forderungen sind allerdings unter den Bedingungen, die auf einer Intensivstation vorherrschen, oft genug nur schwer oder überhaupt nicht erfüllbar. Artefakte durch Wechselstromeinstreuung (z. B. Monitore, Infusionspumpen etc.), Manipulationen am Patienten, Beatmung, kapazitive Störungen (Bewegungen von Personen im Raum oder Schwingen von Elektrodenkabeln) sind in der Lage, die Interpretation des EEG nicht unerheblich zu erschweren [19, 25]. Das Elektrokardiogramm stört das EEG in etwa 75% im Falle des Hirntodes. Die Problematik bei der Interpretation eines durch das EKG gestörten EEG liegt u. a. darin, daß Extrasystolen in der Lage sind, Bursts vorzutäuschen; umgekehrt können jedoch unter EKG-Artefakten echte Burst verborgen sein [19]. EEG-Aufzeichnungen in Form logarithmischer Leistungsspektren erhalten beim Hirntod durch EKG-Einstreuungen vielfach die Gestalt eines „Sägezahnmusters" und lassen eine brauchbare Bewertung der hirnelektrischen Aktivität nicht zu [35]. Vergleicht man die Häufigkeit des Auftretens von EKG-Artefakten im EEG mit unterschiedlichen klinischen Zustandsbildern bei bewußtseinsgestörten Patienten nach der Glasgow-Koma-Skala, zeigt sich das häufigste Vorkommen in jener Gruppe, welche neurologisch die schwerste Verlaufsform repräsentiert [35].

Wenngleich also mannigfaltige Gründe für widersprüchliche Ansichten über die Wertigkeit des EEG [1, 17, 24] und krankheitsspezifische sowie pharmakologische Einschränkungen bestehen, kommt dem kritischen Einsatz dieses Untersuchungsverfahrens doch eine entscheidende Überwachungs- und Dokumentationsfunktion zu. Solange noch Potentiale abgeleitet werden können, hat man trotz entsprechender Klinik einen Sterbenden, nicht aber einen Hirntoten vor sich; erst bei Vorliegen eines isoelektrischen EEG kann die Diskussion über den Hirntod eine entscheidende Grundlage erhalten [19].

Wie wichtig das EEG für die Hirntodbestimmung tatsächlich ist, zeigt sich bei Vorliegen von primären Hirnstammläsionen. Beim sog. „isolierten Hirnstammtod" können trotz entsprechender Klinik mit „tiefem" Koma, kompletter Hirnstammareflexie und Apnoe noch immer kortikale Aktivitäten im EEG ableitbar sein. Die daraus resultierenden Konsequenzen können sich in der Praxis als fatal erweisen, wenn dann im Rahmen der Hirntoddiagnostik auch der Apnoetest durchgeführt werden sollte.

Am Fallbeispiel eines 73jährigen komatösen Patienten (GCS 3) nach Ruptur eines Aneurysmas der A. basilaris wurde gezeigt, daß bei kompletter Hirnstamm-

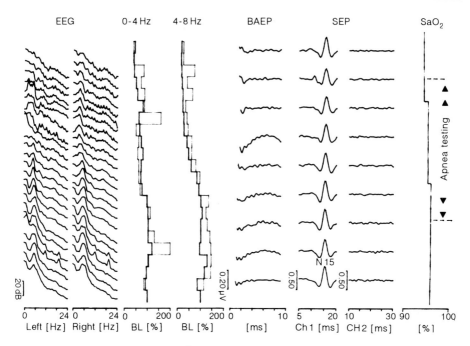

Abb. 1. Komprimierte logarithmische EEG-Leistungsspektren, EEG-Trendkurven (Bandbereich 0–4 Hz, 4–8 Hz) akustisch evozierte Hirnstammpotentiale (BAEP), somatosenorisch evozierte Potentiale (SEP) und Sauerstoffsättigung (S_aO_2). Beachte den Linksshift in den EEG-Darstellungen von 6 auf 3 Hz während des Apnotests. (Aus [35])

areflexie, Apnoe, erloschenen SEP und AEHP noch ein Peak bei 6 Hz in der EEG-Spektralanalyse darstellbar war [36]. Während des Apnoetests entwickelte sich ein irreversibler Shift von 6 auf 3 Hz, der dem intrakraniellen Druckanstieg durch die Hyperkapnie zugeschrieben wird und im Sinne einer akzidentellen kortikalen Funktionsminderung zu bewerten ist (Abb. 1). In der klinischen Routine interdisziplinärer Intensivstationen basiert oftmals aus organisatorischen Gründen die Indikation für die Durchführung eines EEG durch den Neurologen auf dem vom Anästhesisten oder Intensivmediziner durchgeführten Apnoe- und Atropintest. Unter Berücksichtigung der Ergebnisse der obigen Kasuistik erweist es sich als zweckmäßig, den Apnoetest erst dann durchzuführen, wenn das Vorliegen einer primären Hirnstammläsion ausgeschlossen ist. Besteht der Nachweis einer primären Hirnstammläsion, sollte jedoch zuerst die Bestätigung der hirnelektrischen Stille vorliegen, bevor man den Apnoetest durchführt. Dieses Prozedere sollte dazu beitragen, daß ein Test, der den Hirntod bestätigen soll, nicht zu dessen Ursache wird.

Somatosensorisch evozierte Potentiale

Die vergleichsweise geringere Beeinflussung der frühen SEP (Latenz < 70 ms) durch zentral wirksame Pharmaka und geringere Artefaktanfälligkeit sowie die Möglichkeit der Funktionsbeurteilung von Gehirn- und Rückenmark werden in der Intensivmedizin als Vorteile erachtet, was auch für die Hirntoddiagnostik genutzt wird.

Stöhr et al. [40] haben verschiedene Kombinationen der frühen somatosensorischen Reizantworten beim Hirntod beschrieben: Der kortikale Primärkomplex (N20/P25) fällt jeweils beidseits aus. Unterschiedlich ist allerdings die Persistenz der spinalen Reizantworten über der oberen (Dornfortsatz C2) teilweise auch unteren Nackenpartie (Dornfortsatz C7); die über dem Armplexus (Erb-Punkt) aufgezeichneten Potentiale bleiben unverändert [35].

Unter der Annahme des Ursprungs der über dem Dornfortsatz C2 registrierten Komponente N13b am zervikomedullären Übergang weisen Potentialänderungen darauf hin, daß der Funktionsausfall die Medulla erreicht hat. Sofern über der unteren Nackenpartie signifikante Veränderungen der SEP registriert werden, kann ein Fortschreiten des zentralnervösen Funktionsausfalls bis in kaudale Halsmarksegmente gefolgert werden [35, 40]. Diese elektrophysiologischen Muster stehen in Übereinstimmung mit den bekannten pathologisch-anatomischen Befunden im Sinne einer kaudalwärts gerichteten Progredienz der neuronalen Schädigung beim Hirntod.

Bezüglich der Validität der EP liegen nicht nur zu den AEHP, sondern auch zu den SEP kritische Stellungnahmen vor [8, 12, 23]. Das Persistieren einer verspäteten somatosensorischen Antwort bei zugleich bestehendem zervikalen SEP provoziert die falsche Annahme, es bliebe eine intrakranielle Aktivität erhalten [12]. Zur Abklärung ist dann die Applikation eines nicht depolarisierenden Muskelrelaxans (z.B. Pancuronium) indiziert. Erlischt mit der neuromuskulären Blockade die fragliche vom Skalp abgeleitete Aktivität, so kann davon ausgegangen werden, daß letztere ein Produkt myogener Kontamination ist.

Die SEP sind aber auch im Falle des Verlustes kortikaler und zervikaler Antworten, also eines beim Hirntod möglichen SEP-Musters, nicht von vornherein als Zeichen fehlender zerebraler Aktivität zu bewerten.

Unter unklaren Voraussetzungen kann das Fehlen der zervikalen SEP-Antwort bei ableitbarer Aktivität über dem Erb-Punkt auf eine primäre zervikale Rückenmarksläsion hinweisen [35]. Dies bedeutet auch, daß das Erlöschen zervikaler Antworten beim Hirntod nicht nur als sekundärer Funktionsausfall des Halsmarkes interpretiert werden darf. Ohne Inputkontrolle ist somit das Fehlen kortikaler SEP für die Evaluierung des Untergangs der zerebralen Funktion nur mit Vorbehalt verwertbar, wenn der Verlust einer zuvor manifesten kortikalen Antwort nicht dokumentiert ist.

Akustisch evozierte Hirnstammpotentiale

Mittels ipsi- und kontralateraler Ableitungen konnten Buchner et al. [6] bislang 4 verschiedene AEHP-Befundtypen zum Hirntod registrieren:

1) ipsilaterale Welle I und Welle II (amplitudengemindert und verzögert); kontralateral Welle I;
2) Welle I ipsilateral und kontralateral;
3) Welle I ipsilateral;
4) Verlust sämtlicher AEHP-Wellen.

Diese an sich klaren Angaben hinsichtlich der Erscheinungsformen der AEHP beim Hirntod dürfen nicht zu unkritischer Handhabung verleiten. So müssen die klinischen Zeichen des Hirntods nicht unbedingt vorliegen, wenn nachfolgende Konstellationen bestehen, die zu evtl. falsch-positiven Befunden führen [6, 23]:

1) nur Welle I vorhanden und eine amplitudenniedrige späte Welle (bei Bulbärhirnsyndrom);
2) Ausfall sämtlicher Komponenten bis auf die Welle I (bei primär infratentoriellen Erkrankungen und erhaltener Spontanatmung);
3) Reversibilität des Ausfalls der noch erhaltenen Welle I;
4) kompletter Verlust der AEHP bei primär infratentorieller Schädigung im Sinne eines isolierten Hirnstammtodes (erhaltene Restaktivität im EEG bei Hirnstammareflexie und Apnoe);
5) passagerer Verlust der AEHP bei Überleben schwerster Hirnläsionen.

Während vorwiegend bei primär infratentoriellen Hirnschäden Einschränkungen hinsichtlich der Validität der AEHP im Rahmen der Hirntoddiagnostik zu berücksichtigen sind, ist eine charakteristische Dynamik der AEHP-Änderungen bei raumfordernden, primär supratentoriellen Prozessen (z. B. SHT) sowohl klinisch [32] als auch im Tierexperiment [18] dokumentiert. Eine Erhärtung der AEHP-Befunde bei Hirntod ist v. a. dann möglich, wenn ein progredienter kraniokaudaler Koponentenverlust zur Darstellung gebracht werden kann bzw. die Existenz der Wellen III, IV oder V vor Bestehen des Hirntodsyndroms registriert wurde [2, 8, 35, 40].

Hinsichtlich der Methodik sind bei der Hirntoddiagnostik außer den bekannten ableitungstechnischen Vorkehrungen im Bereich der Intensivstation [21] exakte Kontrollen durchzuführen, ob die akustischen Stimulusgeneratoren tatsächlich akustische Stimuli produzieren und ob die Stimulations- bzw. Ableitungsseite überhaupt übereinstimmen. Ferner müssen zum Nachweis beidseits ausgefallener Reizantworten mindestens 2 reproduzierbare Ableitungen auch von beiden Seiten vorliegen und die Mittelungszahl ebenso die Filtereinstellung der Fragestellung angepaßt werden.

Der Wert der AEHP bei der Hirntoddiagnostik wird durch ihr Charakteristikum, der vergleichsweise geringen Empfindlichkeit auf zentral wirksame Pharmaka und metabolische Effekte mitbestimmt. So können nach hochdosierten Barbituratgaben bei isoelektrischem EEG und klinischen Zeichen im Sinne eines Coma dépassé noch AEHP nachweisbar sein [41]. Beachtung müssen Temperatureffekte finden, da bei Körpertemperaturen unter 27 °C die Wellen schwer identifizierbar oder überhaupt ausgelöscht sind [39]. Eine weitere Einschränkung kann bei fehlender Inputkontrolle noch durch vorbestehende oder im Rahmen der Grunderkrankung akut erworbene Hörschäden bzw. Medikation mit potentiell ototoxischen Pharmaka verursacht sein.

Abschließend sei kritisch darauf hingewiesen, daß es elektrophysiologische Phänomene beim Hirntod gibt, z. B. a) okzipital präserviertes visuell evoziertes Potential, b) EEG-Aktivierung bei klinisch und ursprünglich elektroenzephalographischen Zeichen des Hirntodes; (vgl. auch [26]), für die befriedigende Interpretationen und eindeutige Reglementierungen noch ausstehen.

Darüber hinaus ist zum gegenwärtigen Zeitpunkt noch keine definitive Stellungnahme möglich, ob die zeitliche Dissoziation des Verlustes der Aktivität von EEG,

SEP und AEHP [35] die erst durch den Einsatz von Monitoringsystemen mit synchroner kontinuierlicher Aufzeichnungsmöglichkeiten registrierbar ist, auch das diagnostische Prozedere zukünftig beeinflussen wird.

Literatur

1. Ashwal S, Schneider S (1979) Failure of electroencephalography to diagnose brain death in comatose children. Ann Neurol 6:512–517
2. Baumgärtner H (1988) Frühe akustisch und somatosensorisch evozierte Potentiale im Koma und beim Hirntod. EEG Labor 10:40–49
3. Beckermann R, Meltzer J, Sola T, Dunn D, Wegmenn M (1986) Brain-stem auditory response in Ondine's syndrome. Arch Neurol 43:698–701
4. Beltringer A, Riffel B, Stöhr M (1992) Prognostischer Stellenwert des EEG im Vergleich zu evozierten Potentialen bei schwerer hypoxischer Hirnschädigung. EEG-EMG 23:75–81
5. Brierly JB, Graham DI, Adams JH, Simpson JA (1971) Neocortical death after cardiac arrest. Lancet II:560–565
6. Buchner H, Ferbert A, Brückmann H, Zeumer H, Hacke W (1986) Zur Validität der frühen akustisch evozierten Potentiale in der Diagnose des Hirntodes. Dtsch Ärztebl 43:2940–2946
7. Bushart W, Rittmeyer P (1969) Kriterien der irreversiblen Hirnschädigung bei Intensivbehandlung. Med Klin 5:184–193; Arch Intern Med 146:2385–2388
8. Ferbert A, Riffel B, Buchner H, Ullreich A, Stöhr M (1985) Evozierte Potentiale in der neurologischen Intensivmedizin – eine Standortbestimmung. Acta Neurol 12:193–198
9. Gacek RR (1984) Efferent innervation of the labyrinth. Am J Otolaryngol 5:204–224
10. Goodwin SR, Friedman WA, Bellefleur M (1991) Is it time to use evoked potentials to predict outcome in comatose children and adults. Crit Care Med 19:518–524
11. Green JB, Lauber A (1972) Return of EEG activity electrocerebral silence: two case reports. J Neurol Neurosurg Psychiatry 35:103–107
12. Guerit JM, Mahieu P, Hönben-Giurgea S, Herbay S (1981) The influence of ototoxic on brainstem auditory evoked potentials in man. Arch Otorhinolaryngol 233:189–199
13. Hall JW, Mackey-Hargadine RM, Kim EE (1985) Auditory brainstem response in determination of brain death. Arch Otolaryngol 111:613–620
14. Harris DP, Hall JW (1990) Feasibility of auditory eventrelated potential measurement in brain injury rehabilitation. Ear and Hearing 11/5:340–350
15. Haupt WF, Schumacher A (1988) Medianus-SEP und Prognose in der neurologischen Intensivmedizin – Eine Studie an 255 Patienten. EEG-EMG 19:148–151
16. Hukuhara T (1988) Organization of the brainstem neural mechanisms for generation of respiratory rhythm-current problems. Jpn J Physiol 38:753–776
17. Jennett B, Gleave J, Wilson P (1981) Brain death in three neurosurgical units. Br Med J 282:533–538
18. Klug N, Csecsei G (1985) Experimenteller Beitrag zur Frage der Reversibilität hirndruckbedingter Funktionsstörungen des Hirnstamms. In: Schürmann K (Hrsg) Der zerebrale Notfall. Ein interdisziplinäres Problem. Urban & Schwarzenberg, München Wien Baltimore, S 89–92
19. Kubicki ST, Schoppenhorst M (1973) Beitrag der Elektroenzephalographie zur Feststellung des Hirntodes: Bemerkungen zur Bewertung und Technik: In: Krösl W, Scherzer E (Hrsg) Die Bestimmung des Todeszeitpunktes. Maudrich, Wien, S 103–116
20. Kugler J (1981) Elektroenzephalographie in Klinik und Praxis. Thieme, Stuttgart New York
21. Litscher G, Pfurtscheller G, Schwarz G, List WF (1987) Akustisch evozierte Hirnstammpotentiale – Voraussetzungen für klinische Anwendungen, Datenqualität und Fehlerquellen. Anaesthesist 36:555–560
22. Narayan RK, Greenberg RP, Miller JD, Enas GG, Choi SC, Kishore PRS, Selhorst JB, Lutz HA, Becker DP (1981) Improved confidence of outcome prediction in severe head injury. A comparative analysis of the clinical examination, multimodality evoked potentials, CT scanning, and intracranial pressure. J Neurosurg 54:751–762

23. Nau HE, Wiedemayer H, Brune-Nau R, Pohlen G, Kilian F (1987) Zur Validität von Elektroenzephalogramm (EEG) und evozierten Potentialen in der Hirntoddiagnostik. Anästh Intensivther Notfallmed 22:273–277
24. Pallis C, MacGilivray B (1980) Brain death and the EEG. Lancet II/15:1085–1086
25. Pendl G (1986) Der Hirntod. Eine Einführung in seine Diagnostik und Problematik. Springer, Berlin Heidelberg New York Tokyo
26. Pfurtscheller G, Schwarz G, Gravenstein N (1985) Clinical relevance of long-latency SEPs and VEPs during coma and emergence from coma. Electroenceph Clin Neurophysiol 62:88–98
27. Pfurtscheller G, Schwarz G, List WF (1985a) Brain death and bioelectrical activity. Int Care Med 11:154–157
28. Pfurtscheller G, Schwarz G, Schröttner O, Litscher G, Maresch H, Auer L, List WF (1987) Continuous and simultaneous monitoring of EEG spectra and brainstem auditory and somatosensory evoked potentials in the intensive care unit and the operating room. J Clin Neurophysiol 4 (4):389–396
29. Prior PF (1980) Brain death. Lacet II/22:1142
30. Riffel B, Stöhr M, Trost E, Ullrich A, Graser W (1987) Frühzeitige prognostische Aussage mittels evozierter Potentiale beim schweren Schädel-Hirn-Trauma. EEG-EMG 18:192–199
31. Rumpl E (1979) Elektro-neurologische Korrelationen in den frühen Phasen des posttraumatischen Komas. I. Das EEG in den verschiedenen Phasen des akuten traumatischen sekundären Mittelhirn- und Bulbärhirnsyndroms. EEG-EMG 10:148–157
32. Rumpl E, Prugger M, Gerstenbrand F, Brunhuber W, Badry F, Hackl JM (1988) Central somatosensory conduction time and acoustic brainstem transmission time in post-traumatic coma. J Clin Neurophysiol 5 (3):237–260
33. Schwartz MN, Dodge PR (1965) Bacterial meningitis: A review of selected aspects: General clinic features special problems complications and clinicpathological correlations. New Engl J Med 272:954
34. Schwarz G (1988) Funktionsbeurteilung bewußtseinsgestörter Patienten mittels evozierter Potentiale. Klin Wochenschr 66 (Suppl XIV):48–52
35. Schwarz G (1990) Dissoziierter Hirntod: Computergestützte Verfahren in Diagnostik und Dokumentation. Springer, Berlin Heidelberg New York Tokyo
36. Schwarz G, Litscher G, Pfurtscheller G, Schalk HV, Rumpl E, Fuchs G (1992) Brain death: timing for apnea testing in primary brainstem lesion. Int Care Med 18:315–316
37. Shin DY, Ehrenberg B, Whyte J, Bach J, DeLisa J (1989) Evoked potential assessment: utility in prognosis of chronic head injury (1989) Arch Phys Med Rehabil 70:189–193
38. Starr A (1976) Auditory brain-stem responses in brain death. Brain 99:543–554
39. Stockard JJ, Sharbrough FW, Tinker JA (1978) Effects of hypothermia on the human brainstem auditory response. Ann Neurol 3:368–370
40. Stöhr M, Trost E, Ullreich A, Riffel B, Wengert P (1986) Bedeutung der frühen akustisch evozierten Potentiale bei der Feststellung des Hirntodes. Dtsch Med Wochenschr 11:1515–1519
41. Sutton LN, Frewen T, Mausch R, Jaggi J, Bruce DA (1982) The effects of deep barbiturate coma on multimodality evoked potentials. J Neurosurg 57:178–185
42. Tentler RL, Sadove M, Becka DR, Taylor RC (1957) Electroencephalographic evidence of cortical "death" followed by full recovery. JAMA 164/15:1667–1670
43. Walker AE (1977) Sedative drug surveys in coma. Postgrad Med 61:105–109
44. Walser H, Emre M, Janzer R (1986) Somatosensory evoked potentials in comatose patients: correlation with outcome and neuropathological findings. J Neurol 233 (1):34–40
45. Werner RA, Vanderzant CW (1991) Multimodality evoked potential testing in acute mild closed head injury. Arch Phys Med Rehabil 72:31–34
46. Young B, Rapp RP, Norton JA, Haak D, Tibbs PA, Bean JR (1981) Early prediction of outcome in head-injured patients. J Neurosurg 54:300–303
47. Zentner J, Ebner A (1988) Somatosensibel und motorisch evozierte Potentiale bei der prognostischen Beurteilung traumatisch und nicht-traumatisch komatöser Patienten. EEG-EMG 19:267–271

G. Anästhesiemonitoring

Wirkmechanismen der Narkotika auf den verschiedenen Ebenen des ZNS*

B. W. Urban

Komponenten des Narkosezustands

Auch bis heute gibt es noch keine Einigung darüber, welche molekularen und übergeordneten Ereignisse zum komplexen klinischen Zustandsbild führen, das allgemein als Narkose bezeichnet wird [7–10, 40–41]. Die Ursache liegt nicht nur darin begründet, daß die Narkose durch eine Vielzahl von physiologischen Veränderungen charakterisiert ist [34], sondern auch darin, daß die quantitative Erfassung des Narkosezustands immer noch indirekter Natur ist [45]. Dies wird sich vielleicht auch nicht ändern, solange die Neurowissenschaften den Begriff „Bewußtsein" nicht definieren und quantifizieren können, denn die Ausschaltung des Bewußtseins ist ja Ziel der Narkose [4, 27, 51]. In der Narkose sind aber nicht nur das Bewußtsein, sondern auch die Wahrnehmung, das Gedächtnis, die Schmerzempfindung, die Muskelrelaxation und viele andere physiologische Regelmechanismen verändert [34]. Auch hier fehlt aus dem Bereich der Neurowissenschaften noch sehr viel an Grundwissen, bevor eine vollständige Beschreibung der molekularen und übergeordneten Mechanismen, die z. B. die verschiedenen Schlafzustände, Gedächtnisleistungen oder Schmerzzustände erklären könnten, möglich sein wird [27]. Allerdings deutet diese Auflistung unseres Nichtwissens bereits darauf hin, daß wahrscheinlich auch viele verschiedene molekulare Mechanismen dem Zustand der Narkose zugrunde liegen.

Obwohl Narkotika zunächst einmal auf molekulare Strukturen einwirken, wird ein vollständiges Verständnis der narkotischen Wirkmechanismen nicht ohne die Berücksichtigung der anästhetischen Wirkungen auf den verschiedenen Systemebenen, angefangen von der molekularen Stufe bis hin zum zentralen Nervensystem, möglich sein (Abb. 1).

Dabei gilt es, den integrativen Aspekt stets im Blickfeld zu behalten. Auf jeder einzelnen Ebene des Zentralnervensystems sind zunächst die anästhetischen Wirkungen auf einzelne Komponenten zu betrachten, sodann muß die Integration dieser Komponenten zu übergeordneten Systemen bis hin zum Zentralnervensystem verfolgt werden. Da jede Ebene des Zentralnervensystems stets mehr als die Summe seiner Einzelteile darstellt, reicht eine alleinige Betrachtung der Komponenten nicht aus. Selbst relativ geringe anästhetische Wirkungen auf Einzelkomponenten einer Ebene können weit größere Konsequenzen haben, wenn diese zu einer neuen

---

* Teile dieser Arbeit wurden unterstützt durch das NIH-Projekt NS22602. Der Autor dankt Frau Sabine Schmitz für die Mitwirkung bei der Erstellung der Abbildungen.

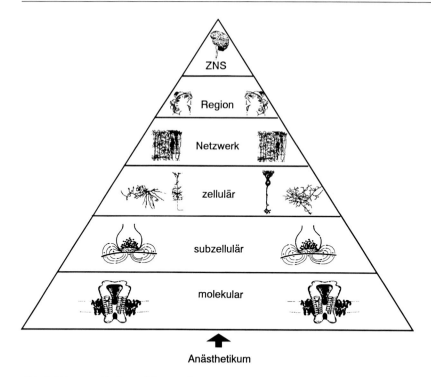

Abb. 1. Die verschiedenen Ebenen des Zentralnervensystems. Anästhetika stehen mit anderen molekularen Strukturen auf der molekularen Ebene in Wechselwirkung. Molekulare Strukturen sind auf einer nächsten Stufe zu subzellulären Strukturen integriert, so daß die Wirkung der Anästhetika auf dieser Ebene sich aus verschiedenen integrierten Einzelwirkungen ergibt. Dieses Schema setzt sich auf den höherliegenden Stufen der Integration des Zentralnervensystems fort

Funktionseinheit integriert sind. Somit wird klar, daß sich die klinischen Wirkungen der Narkotika mit molekularen Studien allein und ohne Kenntnis der Netzwerktopologien des Zentralnervensystem auf seinen verschiedenen Ebenen nicht erklären lassen. Andererseits wird auch eine alleinige Kenntnis der verschiedenen Netzwerktopologien, die bis heute noch weitgehend unbekannt sind, die Wirkung von Anästhetika nicht erklären können, wenn man deren molekulare Wechselwirkungen nicht versteht.

Molekulare Ebene

Eigenschaften der Anästhetika

Auf der molekularen Ebene sind sowohl die molekularen Eigenschaften der Narkotika selbst als auch ihre molekularen Wirkorte und Angriffspunkte zu untersuchen. Eine sehr große Zahl von zumeist kleinen organischen Molekülen, denen keine gemeinsame chemische oder physikalische Struktur zugrunde liegt, haben narkotische oder anästhetische Wirkung [6, 38, 44]. Im engsten Sinne könnte man nur die Substanzen als Narkotika bezeichnen, die zu einer klinisch akzeptablen Vollnarkose ohne Mitwirkung irgendeiner anderen Substanz führen. Dabei sei als Vollnarkose der Zustand definiert, der dem durch Äther hervorgerufenen Zustand entspricht und in dem es möglich ist, einen chirurgischen Eingriff vorzunehmen, ohne daß der Patient sich bewegt, auf Schmerz reagiert oder sich an den Eingriff nach dem Aufwachen erinnern kann [50]. Eine erste Erweiterung der Definition eines Narkotikums würde auch die Substanzen einschließen, die zwar im Prinzip allein zur Vollnarkose benutzt werden könnten, die aber in der klinischen Praxis stets mit anderen Substanzen, wie z. B. Muskelrelaxanzien, angewendet werden.

Als Anästhetika im weiteren Sinne sollen im folgenden auch all die Substanzen eingeschlossen sein, die von Grundlagenforschern im Tierversuch oder bei In-vitro-Experimenten eingesetzt werden und dort vergleichbare anästhetische Wirkungen zeigen. Diese Erweiterung ist sinnvoll, da sich durch eine gezielte Änderung der physikochemischen und chemischen Eigenschaften des anästhetischen Moleküls anästhetische Wirkmechanismen in Strukturfunktionsanalysen systematisch erforschen lassen. Bei den volatilen und kleinen organischen Anästhetika hat es sich als sinnvoll erwiesen, diese in verschiedene Gruppen einzuteilen, je nachdem, ob es sich um lipophile, oberflächenaktive, ionisierte Substanzen oder Inhalationsanästhetika handelt [50]. Bei den intravenösen Anästhetika unterscheidet der Kliniker ebenfalls verschiedene Gruppen, als Beispiele seien genannt: Hypnotika, Sedativa, Neuroleptika, dissoziative Anästhetika und Opiate.

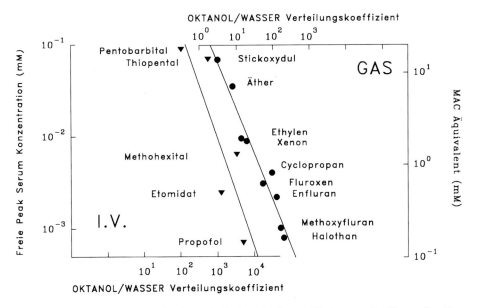

Abb. 2. Meyer-Overton-Korrelation für volatile Anästhetika und für intravenöse Hypnotika. Um einen Vergleich zu ermöglichen, sind die MAC-Werte für volatile Anästhetika [47] umgerechnet worden in molare Konzentration in wässrigen Lösungen [50]. Die Steigerung der Geraden für die intravenösen Hypnotika beträgt $-1,18$ mit einem Korrelationskoeffizienten von 0,86 im Vergleich zu einer Steigerung von $-0,99$ und einem Korrelationskoeffizienten von 0,97 für die Inhalationsanästhetika

Da Anästhetika sich so sehr in ihren physikochemischen Eigenschaften unterscheiden können, scheint es unwahrscheinlich, daß sie nur mit sehr wenigen, hochspezifischen Rezeptorstellen interagieren. Seit der Jahrhundertwende ist bekannt, daß die Wirkung der Anästhetika sehr gut mit ihrer Lipophilie korreliert [32].

Die doppellogarithmisch aufgetragene Meyer-Overton-Korrelation (Abb. 2) zeigt eine lineare Abhängigkeit der anästhetischen Potenz von dem Verteilungskoeffizient des Anästhetikums zwischen einer lipophilen Phase und einer Gasphase oder einem Puffer. Diese Korrelation deutet auf Membranen als einen entscheidenden molekularen Wirkort. Lipophile Wechselwirkungen sind unspezifisch [48]. Somit ist anzunehmen, daß Anästhetika an vielen verschiedenen Stellen wirken. Dafür kommen nicht nur die Lipide einer Zellmembran in Frage, sondern auch Membranproteine und darin enthaltene einzelne lipophile Proteindomänen.

Die elektrisch erregbare Membran

Eine reine Lipidmembran (Abb. 3) ist ein hervorragender Isolator und erlaubt keinen Strom- oder Ionenfluß, der ja für die elektrische Signalleitung so wichtig ist. Erst durch den Einbau von spezialisierten Membranproteinen, den sog. Ionenkanälen,

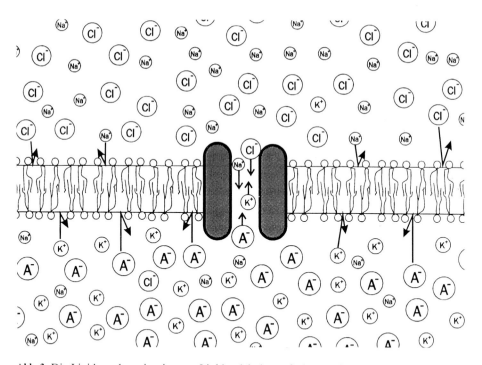

Abb. 3. Die Lipidmembran ist eine aus Lipidmolekülen aufgebaute Bimolekularschicht, die für Ionen praktisch undurchdringlich ist. Die Durchdringung dieser Membran wird erst mit Hilfe spezialisierter Membranmoleküle möglich. Hier ist schematisch ein Ionenkanalmolekül gezeigt, das in seinem Inneren einen wasserähnlichen Kanal enthält, der den Ionen gestattet, die Membran zu durchqueren

wird die Membran zur elektrischen Erregung fähig [24]. Anästhetika werden von Lipidmembranen adsobiert und absorbiert und können deren Eigenschaften in vielen Aspekten ändern [50]. Lipophile Anästhetika halten sich bevorzugt im Membraninneren auf und führen zu einer Membranverdickung [16, 21]. Gleichzeitig vergrößern sie die Oberflächenspannung. Zum anderen verändern sie die Fluidität der Lipidmembran, d. h. daß die Beweglichkeit der Fettsäureketten der Lipide beeinflußt wird, oft in Abhängigkeit der Schichttiefe der Membran.

Oberflächenaktive Substanzen wie Alkohole sind kaum im Membraninneren zu finden [17]. Statt dessen adsorbieren sie an die Membranoberfläche, wo sie sowohl die Oberflächenspannung als auch das elektrische Oberflächenpotential beeinflussen können. Die Veränderung des Oberflächenpotentials wird verursacht durch ihre Einwirkungen auf elektrische Dipole, die sich nahe der Membranoberfläche befinden. Inhalationsanästhetika sind zumeist weniger polar als die Alkohole, besitzen also Eigenschaften die zwischen den beiden genannten Extremen liegen [18]. Somit werden Inhalationsanästhetika sowohl im Membraninneren als auch an der Membranoberfläche zu finden sein. All die verschiedenen Wirkungen, die diese verschiedenartigen Substanzen auf die Membran ausüben, führen normalerweise nicht zu einer biologisch signifikanten Erhöhung der Lipidmembranleitfähigkeit, es sei denn, es werden Konzentrationen verwendet, bei denen die Membranstruktur zusammenzubrechen beginnt.

Ionenkanäle

Um eine Lipidmembran elektrisch erregbar zu machen, bedarf es spezialisierter Membranmoleküle. Die Natur bedient sich dabei der Kanalproteine, die die Membran überspannen und einen Kanal enthalten, durch den Ionen von einer Seite der Membran zur anderen durchtreten können [24]. Wenn jede Ionenspezies jederzeit durch diese Kanäle fließen könnte, gäbe es einen Kurzschluß. Die Membran wäre nicht mehr in der Lage, einen Ionengradienten aufrechtzuerhalten, und elektrische Erregbarkeit wäre wiederum verhindert. Aus diesem Grund haben sich verschiedene Kanaltypen entwickelt, die z. B. nur Natriumionen hindurchlassen. Diese werden dann Natriumkanäle genannt. Entsprechend gibt es ebenfalls Kaliumkanäle, Kalziumkanäle, Chloridkanäle. Diese Kanäle sind auch nicht die ganze Zeit geöffnet, sondern sie enthalten einen molekularen Schalter (Abb. 4), der entweder über das Membranpotential oder über Agonisten geschalten wird.

Es gibt spannungsaktivierte Natrium-, Kalium- und Kalziumkanäle, eine Vielzahl von chemisch aktivierten Kanälen, sowie Kanäle die sowohl elektrisch als auch chemisch gesteuert werden. Zu den wichtigen chemisch aktivierten Kanälen zählen Acetylcholinrezeptoren, Glutamatrezeptoren und GABA-Rezeptoren. Gemeinsam ist diesen Kanälen, daß sie im Ruhezustand keinen Ionendurchfluß gestatten. Dieser wird erst im aktivierten Zustand möglich und wird zumeist durch einen inaktivierten oder desensibilisierten Zustand terminiert, der sich vom Ruhezustand des Moleküls unterscheidet (Abb. 4). Für jeden Kanaltyp gibt es wiederum mehrere Untertypen [24].

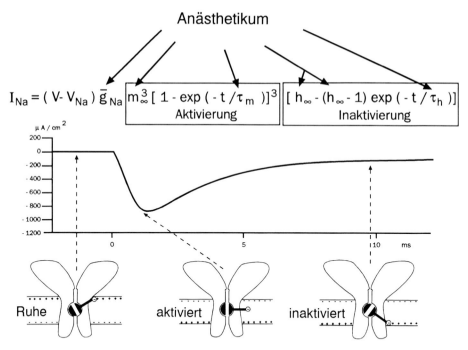

Abb. 4. Der spannungsaktivierte Natriumkanal und Natriumstrom. Im unteren Teil der Abbildung sind die 3 wesentlichen Konformationen des Natriumkanals gezeigt, der sich entweder in einem nichtleitenden Ruhezustand, in einem leitenden aktivierten Zustand oder in einem weiteren nichtleitenden, inaktivierten Zustand befindet. Der molekulare Schalter, der eine Veränderung des Membranpotentials (angezeigt durch die umgekehrte Ladungsverteilung im aktivierten und inaktivierten Zustand) registriert, ist ebenfalls schematisch angedeutet. Darüber ist der Stromverlauf mit der Zeit aufgetragen, wie er in einem typischen Voltage-clamp-Experiment gemessen wird. Die gestrichelten Pfeile deuten an, welche Konformation des Natriumkanals vorwiegend mit welcher Phase des Stromverlaufs korreliert. Darüber ist aufgetragen die Hodgkin-Huxley-Gleichung (s. Text), die diesen Stromverlauf mathematisch beschreibt. Die dicken Pfeile zeigen an, welche Parameter dieser Gleichung durch die Einwirkung der Anästhetika verändert werden

Natriumkanal

Bei dieser Vielfalt ist es sinnvoll, einmal beispielhaft für einen Kanal die Wirkungen der Anästhetika zu untersuchen. Dies läßt sich z. B. sehr gut am Natriumkanal durchführen, der elektrophysiologisch wahrscheinlich am intensivsten untersuchte elektrisch aktivierte Kanal [1, 25, 31]. Auch seine strukturellen Eigenschaften sind mit biochemischen, spektroskopischen und molekularbiologischen Methoden eigehends charakterisiert worden [5, 28, 36]. Außer Anästhetika sind noch die Wirkungen einer Vielzahl anderer Pharmaka auf diesen Kanal pharmakologisch beschrieben worden [6, 35, 39, 44]. Der spannungsabhängige Natriumkanal ist für das Aktionspotential von entscheidender Bedeutung und spielt somit bei der Nervenimpulsauslösung, Fortleitung und Integration eine wichtige Rolle [27]. Der Natriumkanal ist elektrophysiologisch anhand der Voltage-clamp-Methode untersucht worden, in der die Membranspannung sprunghaft von einem auf einen anderen konstanten Wert verändert wird. Der resultierende Strom wird registriert und kann durch mathematische Formeln beschrieben werden, z. B. durch den Hodgkin-Huxley-Formalismus [25] (Abb. 4). Wenn das Membranpotential im Voltage-clamp-Experiment depolarisiert wird, kommt es zum Natriumeinstrom in die Nervenzelle. Beginnend mit einer Anstiegsphase (Aktivierung) läuft der Strom durch ein Maximum und fällt wieder ab (Inaktivierung). Dieser Strom wird durch eine mathematische Gleichung beschrieben, die 5 verschiedene Parameter enthält. Diese Parameter machen Aussagen über den maximal möglichen Stromfluß durch den Kanal (g_{Na}), mit welcher Zeitkonstante (τ_m) sich die Aktivierung auf welchen Endwert (m_∞) einstellt und mit welcher Zeitkontante (τ_h) die Inaktivierung ihren Endwert (h_∞) erreicht. Es zeigt sich, daß alle von den bisher untersuchten volatilen Anästhetika nicht nur einige, sondern jeden dieser 5 Parameter beeinflussen [50]. Das bedeutet, daß auf der molekularen Ebene der Natriumkanal nicht nur durch eine einzige Wirkung beeinflußt wird, sondern durch mehrere, verschiedene Wirkungen, die sich aufsummieren. Dabei sind nicht alle dieser Wirkungen depressiv. Zum Beispiel haben rein lipophile Substanzen wie das n-Pentan eine exzitatorische Wirkung auf das Aktivierungssystem, aber die anderen inhibitorischen Wirkungen überwiegen im steady state, so daß es insgesamt zu einer Unterdrückung kommt [16, 17].

Interessant ist hier aber auch das kinetische Verhalten. Bei der Exposition der Nervenfaser durch n-Pentan werden anfangs spontane Aktionspotentiale, also eine Exzitation, beobachtet, die im weiteren Zeitverlauf verschwindet. Es scheint so, als ob der Effekt auf das Aktivierungsverhalten vor den anderen Effekten auftritt. Diese Beobachtung könnte durchaus mit der klinisch bekannten Exzitationsphase während der Narkoseinduktion im Zusammenhang stehen [2]. Zusammenfassend kann festgestellt werden, daß ein Anästhetikum verschiedene molekulare Angriffspunkte an einem Membranmolekül hat. Erst die Summation oder die Integration der verschiedenen anästhetischen Wirkungen auf Natriumkanalmolekül, also die Summation der einzelnen depressiven und exzitatorischen Effekte, ergibt die Gesamtunterdrückung dieses Moleküls, die mit der Lipophilie der Anästhetika korreliert.

Anästhetische Wirkmechanismen an Ionenkanälen

Über die Mechanismen, wie Anästhetika auf die maximale Leitfähigkeit sowie das Aktivierungs- und Inaktivierungsverhalten des Natriumkanals einwirken, gibt es Hypothesen, die mit den experimentellen Daten konsistent sind, deren ausschließliche Gültigkeit bisher aber noch nicht bewiesen ist [50]. Demnach üben rein lipophile Substanzen ihren Einfluß über die in ihren Eigenschaften veränderte Lipidmembran aus, deren Dicke, Oberflächenspannung und Fluidität durch diese Substanzen beeinflußt wird. Während diese Veränderungen die Ionenleitfähigkeit der reinen Lipidmembran nicht signifikant beeinflussen, haben diese Änderungen im Verbund der Lipidmembran mit dem Ionenkanal, also in der Integration dieser beiden molekularen Elemente, eine große Auswirkung. Dies konnte direkt in Experimenten mit künstlichen Membranen und dem Ionenkanal Gramicidin A nachgewiesen werden [20, 23]. Gramicidin A ist ein Antibiotikum, welches kationselektive Ionenkanäle bildet, die über keine molekularen Schalter verfügen. Diese Kanäle sind in normalen erregbaren Membranen nicht vorhanden, eignen sich aber wegen ihres einfachen Aufbaus hervorragend als Modellkanalmoleküle. An diesem Modell konnte die „thickness-tension"-Hypothese formuliert werden, bisher auf dem molekularen Bereich die einzige Anästhesietheorie, die auch quantitativ nachprüfbar war [20]. Diese Theorie besagt, daß 2 molekulare Effekte, eine Membranverdickung und eine Erhöhung der Oberflächenspannung der Membran, für die anästhetische Wirkung rein lipophiler Substanzen auf den Gramacidin-A-Ionenkanal verantwortlich sind. Erst die Summation beider Effekte ergibt quantitativ die Gesamtwirkung. Die direkte Wirkung dieser lipophilen Substanzen auf den Gramicidinkanal ist vernachlässigbar klein, so daß sich die anästhetische Wirkung erst in der Integration von Kanal mit Membran zeigt.

Subzellulare Ebene

Auf der darüberliegenden subzellularen Ebene sind verschiedene Ionenkanäle und andere Membranmoleküle mit der Lipidmembran zu elektrisch erregbaren Membranen integriert, deren Eigenschaften verschieden sind, je nachdem, ob es sich um Membranen von Synapsen, Axonen, Dendriten oder Nervenzellsomata handelt [27]. Auch hier sind verschiedene funktionelle Komponenten zu einem System zusammengeschaltet, denn verschiedene Typen von Ionenkanälen sind am Aktionspotential beteiligt (Abb. 5). Am Beispiel des Tintenfischaxons, einem der Standardmodelle für erregbare Membranen, läßt sich dies klar erkennen [3]. Noch nicht vollständig charakterisierte Kaliumkanäle sind wesentlich für den das Ruhepotential bestim-

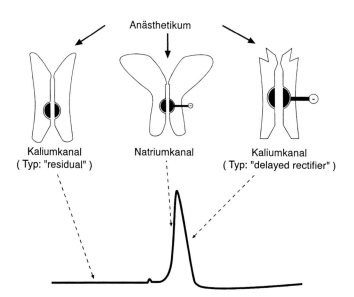

Abb. 5. Die molekularen Komponenten des Aktionspotentials. Das Aktionspotential ergibt sich aus dem Zusammenwirken verschiedener Typen von Ionenkanälen. Die *gestrichelten Pfeile* deuten an, welche Phasen des Aktionspotentials wesentlich von welchem Ionenkanaltyp beeinflußt werden (s. Text). Anästhetika wirken, wie durch die *dicken Pfeile* angedeutet, auf alle 3 gezeigten Kanäle ein und verändern dadurch verschiedene Aspekte des Aktionspotentials

menden Kaliumfluß verantwortlich. Zusammen mit den Natriumkanälen bestimmen diese Kanäle, ob ein Aktionspotential ausgelöst wird. Die Anstiegsphase des Aktionspotentials wird v. a. durch das Öffnen von Natriumkanälen gebildet, während die Repolarisation und Refraktärzeit durch die Inaktivierung von Natriumkanälen und der gleichzeitigen Aktivierung von Kaliumkanälen („delayed rectifier") geprägt wird (Abb. 5).

Dieser Kaliumkanal unterscheidet sich von dem vorher genannten z. B. durch eine verschiedene elektrische Aktivierung und Pharmakologie [15].

Alle 3 Kanäle werden durch Anästhetika in ihrer Funktion gestört. Effekte lassen sich bei klinisch relevanten Konzentrationen wahrnehmen [15]. Dabei ist der Vergleich der spannungsabhängigen Natrium- und Kaliumkanälen („delayed rectifier") von Interesse. Hier wird für viele volatile Anästhetika eine größere Wirkung auf den Natrium- als auf den Kaliumkanal festgestellt [19]. Ein Grund dafür liegt auch in der Tatsache, daß der Kaliumkanal („delayed rectifier") in dieser Präparation nicht inaktiviert. Da der anästhetische Effekt auf die Inaktivierung des Natriumkanals zu einer Stromunterdrückung führt, läßt sich mathematisch einfach zeigen, daß der Natriumstrom in Abwesenheit des Inaktivierungssystems weniger vom Anästhetikum unterdrückt werden würde [49, 50]. Ansonsten zeigen sich im Hinblick auf die unspezifischen Wirkungen der Anästhetika gute Parallelen zwischen der Unterdrückung von Natrium- und Kaliumkanälen [19], die im Einklang mit einer über die Lipidmembran vermittelten Wirkung stehen würden. Entsprechend wie beim Natriumkanal hat jedes Anästhetikum auch beim Kaliumkanal („delayed rectifier") verschiedene Wirkungen. Nicht nur diese Einzelwirkungen summieren sich, sondern auch die anästhetischen Gesamtwirkungen auf den Natriumkanal und die 2 verschiedenen Kaliumkanäle müssen integriert werden, bevor die anästhetische Wirkung auf das Aktionspotential vollkommen beschrieben werden kann [15]. Diese Wirkungen äußern sich in einer Veränderung der Auslösungsschwelle für ein Aktionspotential, seiner Anstiegszeit und seiner Refraktärzeit, die die maximale Impulsrate bestimmt.

Zelluläre Ebene

Auf der nächsten Stufe der Integration sind die verschiedenen erregbaren Membranen zu einer Nervenzelle verbunden. Impulse breiten sich von einer Nervenzelle zur nächsten aus und werden dort über ein z. T. sehr verzweigtes System von Synapsen mit den Impulsen anderer Zellen integriert. Hier gibt es die verschiedensten Möglichkeiten, wie zwar veränderte, aber bei weiten noch nicht unterdrückte, an den Synapsen einlaufende Signale auf der nächst höheren Stufe der Integration eine viel stärkere Unterdrückung erfahren können.

Meist leiten Nervenzellen einlaufende Signale nur dann fort, wenn es in der Nervenzelle, speziell am Axonhügel, zu einer zeitlichen oder räumlichen Summation von einlaufenden exzitatorischen Signalen gekommen ist [27] (Abb. 6). Wird diese Integration durch eine gestörte zeitliche Korrelation der einlaufenden Signale geschwächt, kann dies zur Folge haben, daß kein Aktionspotential mehr ausgelöst wird (Abb. 6). Eine Teilblockade auf der einen Ebene kann zu einer vollständigen Blockade auf der nächst höheren Ebene führen.

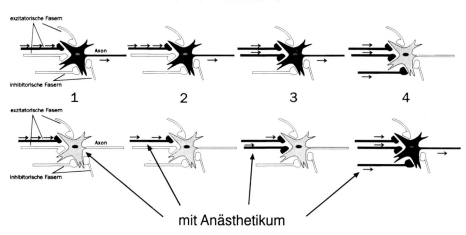

Abb. 6. Räumliche und zeitliche Integration von Exzitation und Inhibition. *Obere Bildreihe:* Erst die zeitliche (*1, 2*) oder räumliche (*3*) Summation von einlaufenden Signalen führt zu einer Auslösung eines Aktionspotentials, es sei denn, dies wird durch gleichzeitig einlaufende inhibitorische Signale (*4*) verhindert. *Untere Bildreihe:* Mögliche Veränderung der Signalintegration durch die Einwirkung des Anästhetikums auf das Neuron sind durch die *dicken Pfeile* angezeigt. Eine direkte anästhetische Wirkung auf das Integrationsverhalten des Neurons, z. B. durch eine Veränderung der Eigenschaften der Axonhügelregion (*1*) kann ebenso zur Impulsblockade führen wie eine zeitliche Veränderung der einlaufenden exzitatorischen Signale (*2, 3*). Falls die inhibitorischen und exzitatorischen Signale nicht mehr gleichzeitig einlaufen (*4*), kann es zu einer Auslösung eines zuvor blockierten Aktionspotentials kommen

Auf der anderen Seite kann die im Normalzustand vorkommende Blockade des Aktionspotentials durch normalerweise gleichzeitig einlaufende inhibitorische Signale dadurch aufgehoben werden, daß die inhibitorischen Signale gegenüber den exzitatorischen zeitlich verschoben werden (Abb. 6). Hier könnten Anästhetika also auch exzitatorische Wirkungen haben, obwohl die Wirkung auf der darunterliegenden Ebene rein inhibitorischer Natur war. Daraus kann man ersehen, daß sich aus rein molekularen Überlegungen die Wirkung eines Anästhetikums nicht voraussagen läßt, die Verschaltung der einzelnen Wirkungen und Komponenten zum übergeordneten Sytem sind von großer Bedeutung. Die Komplexität des Systems läßt sich erahnen, wenn man bedenkt, daß eine Nervenzelle im Kortex nicht nur wenige, wie hier gezeigt (Abb. 6), sondern Tausende von Synapsen enthält.

Netzwerkebene

Die nächst höheren Ebenen des Zentralnervensystems sind durch die Vernetzung von Nervenzellen gekennzeichnet, und spätestens auf dieser Stufe kommt es zur Ausbildung von Rückkopplungssystemen wie Reflexbögen und Oszillatoren [29]. Hier ist relativ wenig bezüglich anästhetischer Wirkmechanismen bekannt. Theorien zur Hirnfunktion betonen die Bedeutung von Schwingungen und Resonanzen im Zentralnervensystem, die u. a. für globale Funktionszustände wie z. B. den Schlaf-

Wach-Zyklus oder die bewußte Wahrnehmung von großer Bedeutung sein sollen [29]. Oszillatoren sind spezifische Systeme, die sich bekanntlich leicht durch kleine und auch unspezifische Störungen verstimmen oder ausschalten lassen, ein weiteres Beispiel dafür, wie eine sehr unspezifische anästhetische Wirkung ein sehr spezifisches Resultat haben kann. Hypothesen zur Bedeutung gestörter oder unterdrückter Oszillatoren im Zentralnervensystem stehen im Einklang mit Beobachtungen der elektrischen Aktivität des Gehirns während der Narkose und den in EEG-Aufzeichnungen nachgewiesenen Frequenzänderungen in den Leistungsspektren [26, 37].

Meyer-Overton-Korrelation und lipophile Wechselwirkungen

Bevor die molekulare Wirkung des Anästhetikums die oberste Ebene der Integration im Zentralnervensystems erreicht hat, hat sie die verschiedenen Zwischenstufen der Integration durchlaufen müssen. Dabei ist diese ursprüngliche Wirkung mit jeder Ebene zunehmend immer mehr verändert worden, denn sie wurde stets mit anderen Wirkungen integriert. Bleibt da noch etwas von den ursprünglichen Eigenschaften erhalten oder haben diese verschiedenen Wirkungen trotzdem verschiedene Eigenschaften gemein? Die eingangs erwähnte Meyer-Overton-Korrelation besagt, daß die anästhetische Potenz mit der Lipidlöslichkeit der Anästhetika korreliert. Dies gilt für volatile und kleine organische Substanzen [47] (Abb. 2).

Trägt man die anästhetische Potenz der verschiedenen Klassen der in der Anästhesie verwendeten intravenösen Substanzen gegen ihre Partitionskoeffizienten auf, ergibt sich eine schwache Korrelation [13]. Eine recht gute Korrelation ergibt sich jedoch, wenn man sich auf die intravenösen Hypnotika wie Propofol und die Barbiturate beschränkt (Abb. 2). Im Gegensatz zu den Benzodiazepinen und Opiaten sind diese Moleküle noch relativ einfach und undifferenziert. Die Meyer-Overton-Korrelation wird auch auf der molekularen Ebene angetroffen. Dies ist hier am Beispiel des Natriumkanals dargestellt (Abb. 7), läßt sich aber z. B. auch für Kaliumkanäle [50] oder Azetylcholinrezeptoren [14] zeigen.

Die Korrelationen verlaufen parallel zueinander, jedoch wird im Vergleich zur Narkose am Menschen eine etwa 10fach höhere Konzentration des Anästhetikums benötigt, um den Natriumstrom um 50% zu reduzieren. Das bedeutet nicht unbedingt, daß der Natriumkanal nichts zu der eigentlichen narkotischen Wirkung beiträgt. Wichtig scheint, daß die Unterdrückung des Natriumstroms genausogut mit der Lipophilie korreliert wie die Narkose. Erst die Kenntnis der Netzwerkeigenschaften des Zentralnervensystems erlaubt aber eine Aussage, um wieviel Prozent der Natriumstrom unterdrückt sein muß, damit eine Narkose eintritt. Zusätzlich ist zu bedenken, daß sehr viele andere molekulare Komponenten ebenfalls zur Narkose beitragen, die sich zum Gesamteffekt aufaddieren. Auf der anderen Seite gibt es molekulare Strukturen, die bereits bei subanästhetischen Konzentrationen verändert werden, die noch keine Narkose bewirken. Da sich in der Narkose wahrscheinlich sehr viele verschiedene molekulare Effekte aufaddieren, sollte aus diesem Grunde nicht unbedingt erwartet werden, daß die Narkose und der einzelne molekulare Effekt die gleiche Dosis-Wirkungs-Kurve besitzen.

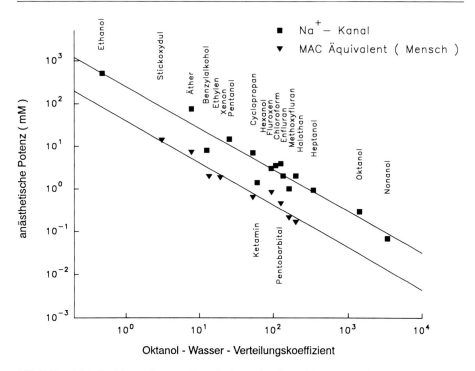

Abb. 7. Vergleich der Meyer-Overton-Korrelationen für die molekulare und für die oberste Ebene des Zentralnervensystems. MAC Äquivalent-Daten wie in Abb. 2; Steigung: −0,991, Korrelationskoeffizient: 0,973. Die Natriumkanaldaten wurden am Tintenfisch gemessen [50]; Steigung: −0,975, Korrelationskoeffizient: 0,967

Dagegen ist zu erwarten, daß bezüglich einfacher und relativ unspezifischer Anästhetika die Mehrzahl der für die Narkose relevanten molekularen Strukturen im Zentralnervensystem ebenfalls der Meyer-Overton-Korrelation folgen, entsprechend wie dies für die Narkose der Fall ist. Hypnotische intravenöse Anästhetika folgen der Meyer-Overton-Korrelation (Abb. 2) ebenfalls. Selbst die Wirkung der Opiate Fentanyl, Alfentanil and Sufentanil, wenn man sie untereinander vergleicht, korrelieren in ihrer Wirkung mit ihrer Lipophilie [13], allerdings ist diese Korrelation zu sehr viel niedrigeren Konzentrationen verschoben als bei den hier (Abb. 7) gezeigten. Die lipophilen Eigenschaften der Anästhetika sind offenbar für die Narkose von großer Bedeutung. Lipophile Wechselwirkungen sind aber recht unspezifisch [48], was sich u. a. auch darin äußert, daß sehr viele molekulare Strukturen von Anästhetika beeinflußt werden. Damit läßt sich die Hypothese aufstellen, daß Narkose, die durch die Wirkung eines einzigen Anästhetikums ohne Zugabe irgendeiner anderen Substanz hervorgebracht wird, durch eine unspezifische Einwirkung auf das Zentralnervensystem gekennzeichnet ist. Je spezifischer eine Substanz mit anästhetischer Wirkung bezüglich ihrer physikochemischen Eigenschaften aufgebaut ist, desto weniger wird sie sich als alleiniges Mittel für eine Vollnarkose eignen.

In Abb. 8 ist der Versuch einer Anordnung der Anästhetika aufgrund ihrer physikochemischen Eigenschaften unternommen worden. Für die hier gezeigten

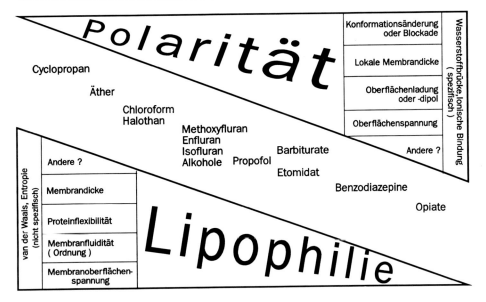

Abb. 8. Versuch einer Anordnung der Anästhetika aufgrund ihrer physikochemischen Eigenschaften. Für die Anästhetika nimmt der Einfluß der lipophilen Wechselwirkungen auf die Gesamtwirkung *von links nach rechts* ab, während der Anteil der polaren Wechselwirkungen an der Gesamtwirkung zunimmt. Eine z. Z. noch unvollständige Liste der verschiedenen lipophilen und polaren Wechselwirkungen und Effekte ist angegeben

Anästhetika nimmt der Einfluß der lipophilen Wechselwirkungen auf die Gesamtwirkung von links nach rechts ab, während der Anteil der polaren Wechselwirkungen an der Gesamtwirkung zunimmt. Eine z. Z. noch unvollständige Liste der verschiedenen lipophilen und polaren Wechselwirkungen und Effekte ist ebenfalls angegeben.

Lipophile Wechselwirkungen sind durch van-der-Waals-Wechselwirkungen und Entropie charakterisiert und ihrer Natur nach unspezifisch und ungerichtet [48]. Durch sie werden Membraneigenschaften wie Dicke, Oberflächenspannung und Fluidität beeinflußt, sowie durch eine Absorption in lipophile Domänen von Proteinen deren Konformationen geändert.

Polare Wechselwirkungen sind spezifischer und gerichteter Natur, durch sie kommt es zu Rezeptorbindungen mit Hilfe von Wasserstoffbrückenbildung und ionischen Bindungen. Der Einfluß auf die Membran kann sowohl eine Veränderung der Oberflächenpotentiale und -spannungen mit sich bringen als auch lokal die Membran verdicken, hervorgerugen durch eine Rezeptorbindung. Damit ist sogar denkbar, daß selbst sehr spezifisch bindende Substanzen lipophile Wechselwirkungen eingehen. Dies ist für die Wirkung von Anästhetika mit Estergruppen postuliert worden [22]: Durch die spezifische Bindung wird lokal die Konzentration einer Substanz erhöht, die dann zu einer Verdickung des lipophilen Inneren der Lipidmembran (lipophiler Effekt) führt. Andere Auswirkungen der Rezeptorbindung können ebenfalls verschiedene Konformationsänderungen des Membranmoleküls zur Konsequenz haben. Die Frage, ob Anästhetika primär durch eine direkte

Wechselwirkung mit Proteinen [11, 38] oder indirekt über eine Veränderung der Lipidmembraneigenschaften wirken [6, 33], oder ob beide molekularen Angriffspunkte von ähnlicher Bedeutung sind [49, 50], ist bis heute noch nicht geklärt.

Koordinierung der Datenerhebung am Menschen

Damit die auf den verschiedenen Ebenen des Zentralnervensystems gewonnen Ergebnisse quantifizierbar und vergleichbar werden, sollte die Forschung – wenn immer möglich – an vergleichbaren Objekten durchgeführt werden. Experimentelle Fortschritte in den Neurowissenschaften haben es ermöglicht, daß jetzt sowohl molekulare In-vitro-Studien mit menschlichen Zellen als auch nichtinvasive Messungen des menschlichen zentralen Nervensystems durchgeführt werden können. Damit wird es sinnvoll und möglich, sich in der Anästhesieforschung mehr als bisher auf den Menschen zu konzentrieren. Vergleiche zwischen molekularen In-vitro-Messungen und systemischem In-vitro-Monitoring sind anzustreben, denn daraus wird sich ein tieferes Verständnis für beide Bereiche entwickeln. Eine molekulare Elektrophysiologie bedient sich z. B. der „Patch-clamp"-Methode an menschlichen Zellkulturen [42] oder untersucht menschliche Membranproteine in künstlichen Membranen [13], während eine nichtinvasive Systemelektrophysiologie am Menschen durch evozierte Potentiale oder EEG-Messungen möglich ist [37] und im jetzigen Neuromonitoring in der Anästhesie und Intensivmedizin in Ansätzen bereits verwirklicht ist.

In der Zukunft wird sich dieses Monitoring allerdings noch erweitern lassen. Einer in-vitro betriebenen Biochemie mit menschlichen Proteinen [43] kann eine nichtinvasive über Kernspinresonanz (NMR) betriebene Biochemie des menschlichen Gesamthirns [30] gegenübergestellt werden. Eine molekulare In-vitro-Pharmakologie [12] von menschlichen Gehirnrezeptoren kann mit einer durch Positronemissionstomographie [46] ermittelten Pharmakologie des menschlichen Zentralnervensystems verglichen werden. Damit sich diese Informationen ergänzen, ist es wichtig, die vielen Untersuchungsansätze, die mit den verschiedenen Methoden und auf den verschiedenen Ebenen ausgeführt werden, zu koordinieren, so daß vergleichbare Bedingungen definiert und geschaffen werden. Hier ist gerade auch für die Zukunft eine enge Zusammenarbeit zwischen Kliniker und Grundlagenforscher gefordert.

Literatur

1. Armstrong CM (1981) Sodium channels and gating currents. Physiol Rev 61:644–683
2. Artusio JF (1955) Ether analgesia during major surgery. J Am Med Assoc 157:33–36
3. Baker PF (1984) Current topics in membranes and transport, vol 22, the squid axon. Academic Press, Orlando/FL
4. Bennett HL (1987) Learning and memory in anaesthesia. In: Rosen M, Lunn JN (eds) Consciousness, awareness and pain in general anaesthesia. Butterworths, London, pp 132–139
5. Catterall WA (1988) Structure and function of voltage-sensitive ion channels. Science 242:50–61
6. Elliott JR, Haydon DA (1989) The actions of neutral anaesthetics on ion conductances of nerve membranes. Biochim Biophys Acta 988:257–286

7. Fink BR (1967) Conference on neurophysiology in relation to anesthesiology. Anesthesiol 28:1–200
8. Fink BR (1972) Cellular biology and toxicity of anesthetics. Williams & Wilkins, Baltimore/MD
9. Fink BR (1975) Molecular mechanisms of anesthesia, vol 1. Raven, New York
10. Fink BR (1980) Molecular mechanisms of anesthesia, vol 2. Raven, New York
11. Franks NP, Lieb WR (1987) What is the molecular nature of general anaesthetic target sites. Trends Pharmacol Sci 8:169–174
12. Frenkel C, Duch DS, Urban BW (1990) Molecular actions of pentobarbital isomers on sodium channels from human brain cortex. Anesthesiol 72:640–649
13. Frenkel C, Duch DS, Urban BW (1993) Effect of intravenous anaesthetics on human brain sodium channels. Br J Anaesth 71:15–24
14. Gage PW, Hamill OP (1976) Effects of several inhalation anaesthetics on the kinetics of postsynaptic conductance changes in mouse diaphragm. Br J Pharmacol 57:263–272
15. Haydon DA, Simon AJB (1988) Excitation of the squid giant axon by general anaesthetics. J Physiol 402:375–389
16. Haydon DA, Urban BW (1983) The action of hydrocarbons and carbon tetrachloride on the sodium current of the squid giant axon. J Physiol 338:435–450
17. Haydon DA, Urban BW (1983) The action of alcohols and other non-ionic surface active substances on the sodium current of the squid giant axon. J Physiol 341:411–428
18. Haydon DA, Urban BW (1983) The effects of some inhalation anaesthetics on the sodium current of the squid giant axon. J Physiol 341:429–440
19. Haydon DA, Urban BW (1986) The action of hydrophobic, polar, and some inhalation anaesthetic substances on the potassium current of the squid giant axon. J Physiol 373:311–327
20. Haydon DA, Hendry BM, Levinson SR, Requena J (1977) The molecular mechanisms of anaesthesia. Nature 268:356–358
21. Haydon DA, Requena J, Urban BW (1980) Some effects of aliphatic hydrocarbons on the electrical capacity and ionic currents of the squid giant axon membrane. J Physiol 309:229–245
22. Haydon DA, Elliott JR, Hendry BM, Urban BW (1986) The action of nonionic anesthetic substances on voltage-gated ion conductances in squid giant axons. In: Roth SH, Miller KW (eds) Molecular and cellular mechanisms of anesthetics. Plenum, New York, pp 267–277
23. Hendry BM, Urban BW, Haydon DA (1978) The blockage of the electrical condustance in a pore – containing membrane by the n-alkanes. Biochim Biophys Acta 513:106–116
24. Hille B (1992) Ionic channels of excitable membranes, 2nd edn. Sinauer, Sunderland/MA
25. Hodgkin AL, Huxley AF (1952) A quantitative description of membrane current and its application to conduction and excitation in nerve. J Physiol 117:500–544
26. Jones JG (1987) Use of evoked responses in the EEG to measure depth of anaesthesia. In: Rosen M, Lunn JN (eds) Consciousness, awareness and pain in general anaesthesia. Butterworths, London, pp 99–111
27. Kandel ER, Schartz JH, Jessell TM (1991) Principles of neural science, 3rd edn. Elsevier, New York
28. Levinson SR, Thornhill WB, Duch DS, Recio-Pinto E, Urban BW (1990) The role of nonprotein domains in the function and synthesis of voltage-gated sodium channels. In: Narahashi T (ed) Ion Channels, vol 2. Plenum, New York, pp 33–64
29. Llinas RR (1988) The intrinsic electrophysiological properties of mammalian neurons: insights into central nervous system function. Science 242:1654–1664
30. Merboldt KD, Bruhn H, Hanicke W, Michaelis T, Frahm J (1992) Decrease of glucose in the human visual cortex during photic stimulation. Mag Reson Med 25:187–194
31. Meves H (1984) Hodgkin-Huxley: Thirty years after. Curr Topics Membr Transp 22:279–329
32. Meyer KH (1937) Contributions to the theory of narcosis. Trans Faraday Soc 33:1062–1068
33. Miller KW (1985) The nature of the site of general anaesthesia. Internat Rev Neurobiol 27:1–61
34. Miller RD (1990) Anesthesia, 3rd edn. Churchill Livingstone, New York
35. Narahashi T (1984) Pharmacology of nerve membrane sodium channels. Curr Top Membr Transp 22:483–516

36. Noda M, Numa S (1987) Structure and function of sodium channel. J Recep Res 7:467–497
37. Pichlmayr I, Lips U, Künkel H (1984) The eletroencephalogram in anesthesia. Fundamentals, practical applications, examples. Springer, New York
38. Richards CD (1980) The mechanisms of general anaesthesia. In: Norman J, Whitwam JG (eds) Topical reviews in anaesthesia. Wright, Bristol, pp 1–84
39. Rosenberg P (1981) The squid giant axon: Methods and applications. In: Lahue R (ed) Methods in neurobiology, vol 1. Plenum, New York, pp 1–134
40. Roth SH, Miller KW (1986) Molecular and cellular mechanisms of Anesthetics. Plenum Medical, New York
41. Rubin E, Miller KW, Roth SH (1991) Molecular and cellular mechnisms of alcohol and anesthetics. Annals New York Acad Sci 625:1–848
42. Ruppersberg JP, Ruedel R (1988) Differential effects of halothane on adult and juvenile sodium channels in human muscle. Pfluegers Arch 412:17–21
43. Rycker C de, Grandfils C, Bettendorff L, Schoffeniels E (1989) Solubilization of sodium channel from human brain. J Neurochem 52:349–353
44. Seeman P (1972) The membrane action of anesthetics and tranquilizers. Pharmacol Rev 24:583–655
45. Stanski DR (1990) Monitoring depth of anesthesia. In: Miller RD (ed) Anesthesia, 3rd edn, vol 1. Churchill Livingstone, New York, pp 1001–1029
46. Stöcklin G (1992) Applications of positron emission tomography (PET) to the measurement of regional cerebral pharmacokinetics. Anästhesiol Intensivmed Notfallmed Schmerzther 27:84–92
47. Taheri S, Halsey MJ, Liu J, Eger EI, Koblin DD, Laster MJ (1991) What solvent best represents the site of action of inhaled anesthetics in humans, rats, and dogs. Anesth Analg 72:627–634
48. Tanford C (1980) The hydrophobic effect: formation of micelles and biological membranes, 2nd edn. Wiley Interscience, New York
49. Urban BW (1985) Modifications of excitable membranes by volatile and gaseous anesthetics. In: Covino BG, Fozzard HA, Rehder K, Strichartz G (eds) Effects of anesthesia. American Physiological Society, Bethesda/MD, pp 13–28
50. Urban BW (1993) Differential effects of gaseous and volatile anaesthetics on sodium and potassium channels. Br J Anaesth 71:25–38
51. White DC (1987) Anaesthesia: a privation of the senses. An historical introduction and some definitions. In: Rosen M, Lunn JN (eds) Consciousness, awareness and pain in general anaesthesia. Butterworths, London, pp 1–9

Brauchen wir eine Objektivierung der „Narkosetiefe"?

H.-D. Kamp

Gegenwärtige Situation

Die Durchführung einer Narkose ist heute wie kaum eine andere ärztliche Tätigkeit durch die unmittelbare Anwendung einer Vielzahl hochkomplizierter technischer Geräte gekennzeichnet. Mit diesen können wir sowohl eine geradezu unübersehbare Zahl von Vitalparametern und Gerätefunktionen fortlaufend aufzeichnen und überwachen, als auch unsere therapeutischen Maßnahmen, wie die Beatmung oder die Zufuhr von Anästhetika, subtil dosieren.

Im Gegensatz zu diesem hoch entwickelten Monitoring der Vitalparameter sind unsere Möglichkeiten, die Wirkung von Anästhetika exakt und zuverlässig hinsichtlich des gewünschten Narkoseeffektes zu erfassen, heute ausgesprochen dürftig. Allgemein etablierte Meßinstrumente für eine objektive Narkosetiefemessung fehlen völlig.

Historische Entwicklung

Dieser offensichtliche Mangel steht in deutlichem Gegensatz zu unserem alltäglichen Sprachgebrauch, sind doch Begriffe wie „tiefe" und „flache" Narkose selbstverständliche Schlagworte im Operationssaal und immer wieder wird von verschiedenen Narkosestadien gesprochen, wobei jeder an das inzwischen ca. 70 Jahre alte Güdel-Schema aus der Zeit der Äthernarkose denkt, mit dem durch die Beobachtung der Pupillenreaktion und der muskulären Aktivität – insbesondere der Atemmuskulatur – bei zunehmender Narkotikaeinwirkung verschiedene Stufen und innerhalb dieser sogar verschiedene Schichten einer Äthernarkose definierbar waren (allerdings nur in Spontanatmung und ohne Prämedikation). Dieses Güdel-Schema war über viele Jahre ein so essentieller Bestandteil der Narkoseführung, daß es vermutlich selbst erst den Vergleich einer Narkose mit einem kontinuierlichen Tiefergleiten des Bewußtseins nahelegte und sowohl die Vorstellung als auch den Begriff einer sog. „Narkosetiefe", die wir gerne messen bzw. objektivieren würden, überhaupt erst begründete [1, 2, 3, 9].

Betrachten wir die damalige Situation genauer, so stellt sie sich geradezu umgekehrt dar als unsere heutige: Im Vordergrund steht heute die Erfassung von Vitalparametern, diese geben uns sozusagen im Nebeneffekt auch Hinweise auf die Qualität der Anästhesie. Damals wurde primär die Wirkung der Ätheranästhesie erfaßt (außer der Atmung keine vitale Funktion), und daraus konnte dann sekundär die vitale Bedrohung abgelesen werden. Das war durchaus angemessen, weil die

Gefährdung hauptsächlich durch das verwendete Anästhetikum erfolgte; heute – bei den sehr viel besser verträglichen Substanzen – liegt sie eher im chirurgischen Eingriff oder der Vorerkrankung des Patienten.

Heutiges Anästhesiekonzept

Dieses eindimensionale Güdel-Schema verlor seinen Wert mit einem der entscheidenden Fortschritte der modernen Anästhesie, nämlich der Ablösung der Mononarkose (unter Verwendung unspezifisch wirkender Inhalationsanästhetika) durch differenzierte, balancierte Kombinationsnarkosen, als Woodbridge Ende der 50er Jahre postulierte, daß der Gesamteffekt Narkose die 4 Teilkomponenten „sensorische Blockade", „motorische Blockade" sowie „Reflexdämpfung" und „Bewußtseinsausschaltung" erfordert, und gezeigt werden konnte, daß deren möglichst selektive pharmakologische Induktion die Narkosebelastung drastisch verringerte [10]. Mit der Etablierung der Kombinationsnarkose mußte aber zwangsläufig das ganze bis dahin gültige Konzept der Narkosetiefebeurteilung unbrauchbar werden, weil Muskelrelaxanzien jetzt eine Überwachung der Muskelfunktion verhindern und intravenöse Anästhetika, insbesondere die stark wirkenden Analgetika, die Pupillenreaktion so stark beeinflussen, daß auch sie für die Beurteilung der Narkose nicht mehr herangezogen werden können [1, 3, 9].

Ohne Zweifel haben diese Erkenntnisse Woodbridges nicht nur die Qualität unserer Narkosen verbessert, sondern auch unsere gegenwärtigen Vorstellungen von einer Narkose als Gesamtwirkung 4 verschiedener Komponenten entscheidend geprägt.

Interessanterweise verdanken wir auch dieses Konzept somit nicht primär einem tiefen Verständnis der Narkose, sondern es ergab sich als die naheliegende Erklärung der klinischen Beobachtung, daß eine Kombination unterschiedlicher Pharmaka mit den genannten Einzelwirkungen zum Gesamteffekt „Narkose" führt, wobei – und das macht das Erfassen einer „Tiefe" zusätzlich problematisch – völlig unterschiedliche Kombinationen zu einem klinisch befriedigenden Gesamteffekt führen können. Dementsprechend fehlt uns nach diesem Konzept jetzt eine einfache Definition einer „Narkosetiefe" für die Gesamtkombination der pharmakologischen Einzeleffekte (und ob es sie überhaupt geben kann, muß aus heutiger Sicht offenbleiben).

Vegetative Reaktionen als Zeichen einer „Narkosetiefe"

Folglich steht als klinische Möglichkeit zur Einschätzung des Gesamteffektes heute bei einer Kombinationsnarkose nur die Beobachtung des autonomen Nervensystems in seinem Grundtonus oder in der Reaktion auf noxische Reize bei zu geringem Anästhetikaeffekt zur Verfügung. Ganz im Gegensatz zum quasi „statischen" Güdel-System, mit dem die Anästhesie mehr oder weniger unabhängig vom operativen Eingriff beurteilt werden konnte, beruht das heutige System auf dem Verhältnis von Stimulus und Response. Die Narkosesteuerung ist dementsprechend als Balancierung zwischen stimulusbedingter Aktivierung und anästhetikainduzierter Dämpfung des autonomen Nervensystems zu verstehen (Tabelle 1).

Tabelle 1. Klinische Zeichen zur Erfassung der „Narkosetiefe" (autonomes Nervensystem)

	Sympathikus	Parasympathikus
Zu „flach"?	Blutdruck ↑ Herzfrequenz ↑ (Schwitzen)	(Tränen)
Zu „tief"?	Blutdruck ↓ Herzfrequenz ↓	

Tabelle 2. Brauchbarkeit verschiedener klinischer Zeichen der „Narkosetiefe". (Nach [1])

	Blutdruck	Herz-frequenz	Schwitzen	Pupillen-weite
Halothan	++++	+	0	+
Enfluran	+++	+	0	+
Isofluran	++++	(+)	0	+
NLA	+	(+)	+	0
Ketamin/N$_2$O	(+)	(+)	0	0
N$_2$O/Opioid	+	(+)	(+)	0

Welche prinzipiellen Probleme sich daraus ergeben können, wird ersichtlich, wenn wir die vegetative Dämpfung, d. h. die Reflexdämpfung, als ein eigenständiges Narkoseziel betrachten. Erreichen wir dies durch spezielle Pharmaka möglichst gut, so wird ein Mangel der anderen Komponenten, Analgesie und Bewußtseinsausschaltung, kaum noch erkannt.

Eigentlich nur bei mäßiger Reflexdämpfung kann während chirurgischer Traumatisierung eine zu oberflächliche Narkose die Aktivierung des vegetativen Nervensystems nicht verhindern, so daß es dann zu einem Puls- und Blutdruckanstieg kommt, u. U. auch zu Schwitzen und Tränenfluß. Eine zu „tiefe" Narkose läßt sich noch schlechter, nämlich nur anhand von Blutdruck- und Pulsabfall, ermitteln, d. h. erst bei Auftreten toxischer Symptome.

Bei Verwendung besonders kreislaufschonender Anästhetika, wie z. B. den Opiaten, fehlt jedoch die kreislaufdepressive Wirkung, so daß bei einer Überdosierung dann ein postoperativer Narkoseüberhang entweder nur in einer verzögerten Aufwachzeit oder gar mit dem Risiko einer Atemdepression droht.

Aussagekraft vegetativer Reaktionen

Dementsprechend unterschiedlich ist die Brauchbarkeit verschiedener klinischer Zeichen der „Narkosetiefe" bei den verschiedenen Formen einer Kombinationsnarkose. Während sie bei den Inhalationsanästhesien noch eine relativ große Bedeutung haben, versagen sie oft bei Verwendung von Opioiden in höherer Dosierung (Tabelle 2).

Das heißt, unabhängig vom Anästhesieverfahren wird heute statt des Messens einer echten „Narkosetiefe" nur indirekt und unspezifisch über die vegetative Beantwortung chirurgischer Stimuli auf eine zu geringe Dosierung geschlossen, und erst über die schon eingetretene Homöostasestörung wird nachträglich eine „inadäquate Anästhesie" erkannt. Eine gute Narkoseführung erfordert deshalb immer auch eine große persönliche Erfahrung des Anästhesisten, ja ein Gespür für die individuellen Bedürfnisse seines Patienten.

Prinzipiell leiden alle klinischen Zeichen, die aus vegetativen Reaktionen abgeleitet werden, an dem Nachteil einer hohen interindividuellen Variabilität, je nach individueller Reaktionslage des autonomen Nervensystems, aber auch an dem Nachteil der Subjektivität der Interpretation durch den Anästhesisten.

Versuch der Quantifizierung der gebräuchlichen Zeichen der „Narkosetiefe"

Wegen der großen Interpretationsbreite vegetativer Reaktionen während einer Narkose versuchte Evans mit dem sog. PRST-Score („pressure, heart-rate, sweating, tears"), die wichtigsten klinischen Zeichen einer inadäquaten Narkose quantifizierbar zu machen und über eine Punktewertung zwischen 0 und 8 eine „Narkosetiefe" zu ermitteln (Tabelle 3).

Abgesehen von einem gewissen didaktischen Nutzen oder einer Verwendung als Maßstab für vergleichende Untersuchungen verschiedener Methoden zur „Narkosetiefeerfassung" bringt der PRST-Score für die Praxis der Anästhesiesteuerung gegenüber einer Beurteilung der Einzelparameter jedoch keinen nennenswerten Vorteil, da er in gleichem Maße durch eine Vielzahl von Pharmaka beeinflußt wird, die entweder im Rahmen der Vorbehandlung des Patienten oder während der Narkose – teilweise gar als Anästhetika selbst – eingesetzt werden. Zusätzliche Effekte kommen durch Homöostasestörungen während der Narkose und während des chirurgischen Eingriffes zustande (Tabelle 4).

Tabelle 3. PRST-Score (Nach [2])

Zeichen	Veränderung	Punkte
Pressure Blutdruck, syst. (mmHg)	< + 15 < + 30 > + 30	0 1 2
Rate Herzfrequenz (min^{-1})	< + 15 < + 30 > + 30	0 1 2
Sweating Schwitzen	nein Haut feucht Schweißperlen	0 1 2
Tears Tränen	keine im geöffneten Auge überlaufend	0 1 2

Tabelle 4. Narkoseunabhängige Effekte auf den PRST-Score. (Nach [2])

	P	R	S	T
Atropin	↑	↑	↓	↓
Pancuronium	↑	↑	–	–
Digoxin	–	↓	–	–
α-Blocker	↓	–	–	–
β-Blocker	↓	↓	–	–
Hypovolämie	↓	↑	–	–
Hypothermie	–	↓	↓	–

Folgen der Unzuverlässigkeit einfacher klinischer Zeichen der „Narkosetiefe"

Bei der geringen Spezifität autonomer Reaktionen verwundert es nicht, daß es dem klinisch tätigen Anästhesisten nicht immer gelingt, die Anästhetikadosierung exakt an den Bedürfnissen zu orientieren. Üblicherweise verabreicht er eine an Erfahrungswerten orientierte Durchschnittsdosis zu Beginn einer Narkose (die natürlich im Einzelfall auch schon inadäquat sein kann). Im weiteren Verlauf veranlaßt dann das Auftreten hämodynamischer Reaktionen eine Dosiserhöhung oder eine Nachinjektion. Bei Ausbleiben der hämodynamischen Reaktion kann eine Unterdosierung hypnotisch wirksamer Pharmaka zu einer unzureichenden Bewußtseinsausschaltung, d. h. zu der psychisch extrem belastenden Situation einer intraoperativen Awareness führen, deren Häufigkeit durchschnittlich bei ca. 2% Narkosen liegen soll und in speziellen Situationen, z. B. bei der Versorgung traumatisierter Patienten oder in der Herzchirurgie oder bei Kaiserschnitten in Narkose, noch häufiger auftritt. Zwar disponieren hierzu insbesondere Kombinationsnarkosen mit Verwendung von Muskelrelaxanzien, Opioiden und Lachgas, jedoch wird Awareness auch von Inhalationsnarkosen in Spontanatmung berichtet. Viele Schilderungen zeigen, daß diese Narkosen auch bei nachträglicher Betrachtung meist mit völlig unauffälligen Kreislaufparametern einhergehen, d. h. die typischen Zeichen der „Narkosetiefe" wie Puls und Blutdruck versagen offenbar sehr leicht bei der Beurteilung des hypnotischen Effekts [4, 5, 7].

Diese Fehleinschätzungen der „Narkosetiefe" hat in den letzten Jahren eine große Aufmerksamkeit erfahren. Jones unterscheidet dabei 3 verschiedene Ausprägungen der sog. „awareness", wobei intraoperative Wachheit entweder erinnert werden kann („recall") oder (zumindest im sog. expliziten Gedächtnis) nicht gespeichert wird („awareness" mit Amnesie bzw. ohne „recall"). Unklar ist bis heute die Bedeutung der Speicherung intraoperativer Eindrücke während der Anästhesie im sog. impliziten Gedächtnis im Sinne einer sog. „subconscious awareness" (s. Beitrag Schwender S. 319). Hier werden sowohl negative Auswirkungen auf den Patienten als auch neuerdings die Möglichkeiten einer positiven Einflußnahme auf den weiteren Krankheitsverlauf diskutiert [5, 7, 8].

Um eine intraoperative Wachheit zu vermeiden, die zu einer akuten Streßsituation oder zu schweren psychischen Folgen bei Patienten führen kann, neigt der Anästhesist in Anbetracht der Unzuverlässigkeit der ihm verfügbaren klinischen

Zeichen dazu, lieber etwas mehr Anästhetika zu verabreichen als zuwenig. Während dieses Vorgehen wegen der Kreislaufstabilität moderner Anästhetika, d. h. des Fehlens einer entsprechende hämodynamischen Reaktion, intraoperativ nur wenig Probleme bereitet, muß postoperativ die Überdosierung evident werden. Die gängigen Begriffe „Narkoseüberhang" oder „Fentanylrebound" entsprechen den klinischen Folgen, und der immense Aufwand bei Einrichtung und Betrieb von Aufwachstationen wird durch die resultierenden Risiken gerechtfertigt.

Ansätze einer Objektivierung klinischer Zeichen

Entsprechend der mangelhaften Zuverlässigkeit der genannten klinischen Zeichen wurden und werden immer wieder neue Ansätze gesucht, die Narkoseeffekte apparativ und dadurch vielleicht objektiver zu erfassen. Hierzu gehören viele peripher angreifende Verfahren, die auf eine Überwachung der Sympathikus-, der Parasympathikus- oder der muskulären Restaktivität abzielen, d. h. auch hier wird v. a. die Reaktion des vegetativen Nervensystems registriert. Alle bisherigen Versuche, die Sympathikusaktivität an der Haut zu quantifizieren, erwiesen sich bis jetzt als unzuverlässig, da alle möglichen Verfahren zwar prinzipiell sehr sensibel einen erhöhten Sympathikotonus anzeigen können, aber mindestens genauso stark von den bereits erwähnten narkoseunabhängigen Effekten beeinflußt werden, wie Puls und Blutdruck [2-4, 7].

Ähnlich verhält es sich mit der Überwachung der muskulären Aktivität, wobei allerdings heute der sog. „Isolated-forearm-Technik" (Bedeutung für Erkennung von Awareness mit Amnesie) oder der Registrierung des Elektromyogramms des M. frontalis ein gewisses experimentelles Interesse entgegengebracht wird; bei letzterem gibt es jedoch erhebliche Interferenzen mit den Muskelrelaxanzien [4, 7].

Vielversprechender schienen Methoden, die die Aktivität des Parasympathikus überwachen, der offenbar weniger leicht durch pharmakologische Effekte beeinflußt wird als das sympathische Nervensystem. Hier ist insbesondere die erst vor wenigen Jahren von Evans vorgeschlagene und auf den ersten Blick eher kurios wirkende Registrierung der spontanen und provozierten Aktivität des unteren Ösophagus zu nennen. Diese Messungen sind von der Muskelrelaxation unabhängig, da der untere Ösophagus aus glatter Muskulatur besteht. Wegen der fast ausschließlich vagalen Innervation geben die Kontraktionen Aufschluß über die Aktivität der parasympathischen Zentren im Hirnstamm. Für die Messung wird ein magensondenähnlicher Katheter mit 2 Ballons in das untere Drittel des Ösophagus vorgeschoben. Der untere Ballon dient der Erfassung kontraktionsbedingter Druckveränderungen, der obere Ballon wirkt durch Blähung als Dehnungsreiz auf die Wandmuskulatur und löst eine peristaltische Kontraktionswelle aus, die ebenfalls im unteren Ballon als Druckänderung registriert wird [2-4, 7]. Trotz durchaus positiven klinischen Untersuchungsergebnissen mit dieser Methode wurde kürzlich ein schon zur Serienreife gediehener entsprechender Monitor allerdings wieder vom Markt genommen.

Somit ist derzeit auch kein Verfahren in Aussicht oder gar in Gebrauch, mit dem apparativ und spezifisch Narkosewirkungen erfaßt werden können.

Notwendigkeit neuer objektiver Verfahren

Sieht man von der relativ einfachen und zuverlässigen Überwachung der Narkosekomponente Muskelrelaxation ab, so existiert somit bis heute kein allgemein akzeptiertes Verfahren zur *objektiven Erfassung* einer „Anästhesietiefe" [6, 9].

Zwar beweist die klinische Routine, daß Narkosen durchaus ohne eine solche eigentliche „Narkosetiefemessung" durchgeführt werden können, aber die weiter oben dargestellten Nachteile und Risiken der bisherigen Vorgehensweise zeigen auch, daß ein eigenständiges Monitoring der Anästhesie nicht nur wünschenswert, sondern vermutlich auch notwendig wird, wenn über das bisher Erreichte hinaus eine weitere wesentliche Qualitätsverbesserung der Narkose erreicht werden soll.

Literatur

1. Eger EI (1987) Monitoring of depth of anesthesia. In: Monitoring in anesthesia. Butterworths, Boston London, pp 1–17
2. Evans IM, Davies WL (1984) Monitoring anesthesia. Clin Anaesthesiol 2/1:243–262
3. Grantham CD, Hamerof SR (1989) Monitoring anesthetic depth. In: Blitt CD (ed) Monitoring in anesthesia and critical care medicine. Churchill Livingstone, New York Edinburgh London Melbourne, pp 427–440
4. Jones GJ (1989) Depth of anesthesia. Ballière's clinical anaesthesiology, Vol 3, No. 3. Ballière Tindall, London
5. Lehmann KA, Krauskopf KH (1992) Intraoperative Wachzustände bei balanzierter Anästhesie. Anaesthesist 41:373–385
6. Prys-Roberts C (1987) Anaesthesia: A practical or impossible construct? Br J Anaesth 59:1341–1345
7. Rosen M, Lunn JN (eds) (1987) Consciousness, awareness and pain in general anaesthesia. Butterworths, London
8. Schwender D, Klasing S, Faber-Züllig E, Pöppel E, Peter K (1991) Bewußte und unbewußte akustische Wahrnehmung wähend der Allgemeinanaesthesie. Anaesthesist 40:583–593
9. Stanski DR (1990) Monitoring depth of anesthesia. In: Miller RD (ed) Anesthesia. Churchill Livingstone, New York Edinburgh London Melbourne, pp 1001–1029
10. Woodbridge PD (1958) Changing concepts concerning depth of anesthesia. Anesthesiology 18:536

Die Problematik subjektiver und objektiver Schmerzmessung beim Menschen

H. O. Handwerker

Schmerzmessung (Algesimetrie) wendet im Grunde jeder Arzt an, der bei einer neurologischen Untersuchung mit der Nadel die Funktion des nozizeptiven Systems prüft. Diese klinische Untersuchungsmethode liefert allerdings nur qualitative Informationen. Für quantitative Aussagen, etwa über die Wirkung von Analgetika, braucht man ausgefeiltere algesimetrische Verfahren. Wenn das Ziel der Messung die Erfassung der Schmerzhaftigkeit ist, sprechen wir von „subjektiver Algesimetrie", da eine subjektive, der Beobachtung des Untersuchers nicht unmittelbar zugängige Variable untersucht wird. Ein anderer Ansatz besteht darin, physiologische Meßgrößen als Maß für die Schmerzhaftigkeit heranzuziehen, um eine „objektive", von der subjektiven Aussage des Patienten unabhängige Algesimetrie zu betreiben. Auch diese Art von Untersuchung wird im Grunde jedem Anästhesiologen vertraut sein, der z. B. die Analgesie bei einer Narkose an Hand des Blutdruckanstieges bei einer chirurgischen Manipulation abschätzt, oder die Fluchtreflexe untersucht, um die „Narkosetiefe" zu bestimmen.

Von diesen beiden Arten experimenteller Algesimetrie ist die klinische Algesimetrie zu unterscheiden, bei der es darum geht, krankheitsbedingte Schmerzen zu erfassen. Bei der klinischen Algesimetrie werden keine Reize appliziert, sondern es wird lediglich der Spontanschmerz beobachtet. Dabei wird ganz überwiegend die Schmerzintensität herangezogen oder diese aus Verhaltensparametern erschlossen. Physiologische Meßgrößen spielen in der klinischen Algesimetrie keine bedeutende Rolle.

Diese kurze Übersicht soll die Problematik algesimetrischer Verfahren beleuchten. Auf ausführliche Übersichtsarbeiten sei verwiesen [3, 4, 10, 16].

Subjektive Algesimetrie

Thermische, mechanische und elektrische Reize wurden häufig für die Algesimetrie eingesetzt. Dabei bieten thermische (Hitze)Reize den Vorteil, daß sie spezifisch Thermosensoren und Nozizeptoren erregen, mechanische Reize haben hingegen den Vorteil, daß ihre Kontrolle einen geringeren Aufwand erfordert und die Gefahr der Gewebsschädigung geringer ist. Elektrische Reize lassen sich am leichtesten quantifizieren, führen aber zu einer unnatürlich synchronisierten Erregung der afferenten Nervenfasern. Kürzlich wurde eine Methode der intrakutanen elektrischen Reizung beschrieben, die eine weniger „elektrisierend ausstrahlende" und mehr lokal schmerzhafte Empfindung hervorruft [5].

Hitzereize können z. B. mit Peltier-Thermoden [13] oder auch in Form von Strahlungshitze aus konventionellen Hitzestrahlern [17] oder mittels Laser [6, 25] appliziert werden. Bei einer häufig angewandten Form der mechanischen Schmerzreizung wird mittels eines handgeführten Algesimeters ein langsam zunehmender Druck auf eine Körperstelle ausgeübt [18].

Beecher [2] der die Algesimetrie über Jahrzehnte beeinflußte, hat darauf hingewiesen, daß Reize, die sich in der Zeitspanne von Millisekunden oder Sekunden abspielen, in der Zeitdomäne sehr verschieden sind von den Schmerzen eines Kranken. Er vermutete, daß das der Grund für die geringe Trennschärfe solcher Methoden bei der Analgetikatestung sei. Seine Lösung war die Entwicklung der „Submaximum-effort-tourniquet"-Methode, bei der ein langsam – über Minuten – zunehmender Muskelschmerz in ischämischer Muskulatur erzeugt wird, die nach Anlegen einer Staubinde an eine Extremität kurze Zeit „submaximal" kontrahiert wurde. Mit diesem Verfahren konnten Beecher et al. die Effekte klinischer Dosen von Analgetika nachweisen [29, 30].

In unserer Arbeitsgruppe hat sich ein mechanischer Reiz bewährt, bei dem eine Hautfalte für Perioden von 2 min mit konstanter Kraft zusammengedrückt wird [1, 21], was nach einer Latenz einen langsam zunehmenden bohrenden Schmerz erzeugt. Im Gegensatz zur Submaximum-effort-tourniquet-Methode läßt sich dieser Reiz in einer Versuchssitzung mehrfach wiederholen. Wir haben in mehreren Doppelblindstudien nachgewiesen, daß dieser Reiz zunehmend schmerzhafter wird, wenn er an der gleichen Stelle wiederholt appliziert wird. Diese gut reproduzierbare Form der Hyperalgesie ist einer milden lokalen Entzündung zuzuschreiben. Das dabei auftretende Erythem läßt sich mit Hilfe von Laser-Doppler-Flußmessung oder mit Thermographie quantifizieren [11, 12]. Die Hyperalgesie und nicht die ursprüngliche Schmerzhaftigkeit des Kneifreizes wird durch nichtsteroidale Analgetika beeinflußt [11, 12].

Zwei Grundtypen von Versuchsanordnungen sollten bei der experimentellen Algesimetrie unterschieden werden: bei einer werden verschieden starke Reize wiederholt appliziert und die Schmerzhaftigkeit von Probanden z. B. auf einer Skala angegeben („method of constant stimuli"). Bei einem anderen Vorgehen wird der Reiz verändert, man läßt ihn z. B. so lange stärker werden, bis die Schmerzschwelle erreicht wird („method of limits"). Bei der letzgenannten Methode kann man noch einen Schritt weitergehen und z. B. die Schwelle bestimmen, ab der ein Reiz „mäßig", „sehr stark" oder „unerträglich" schmerzhaft (Toleranzgrenze) wird. Die „method of limits" nähert sich dann wieder einer Einschätzung auf Skalen. In den letzten Jahren wurden computergeführte Verfahren entwickelt, bei denen verschiedene Schwellen gleichzeitig titriert werden können („multiple staircase") [15].

Bei den „Constant-stimuli"-Methoden kann die Schmerzhaftigkeit auf einer Kategorialskala angegeben werden, die eine bestimmte Zahl von Stufen hat (meist 5–7), die entweder benannt werden, (z. B. kein, leichter, mäßiger, starker, sehr starker und unerträglicher Schmerz) oder einfach durch Zahlen markiert sind. Häufiger wird die sog. visuelle Analogskala (VAS) eingesetzt, die typischerweise aus einem 10 cm langen Strich besteht. Der Proband hat die Intensität seines Schmerzes auf dieser Skala zu markieren, wobei der Anfangspunkt „kein Schmerz" und der Endpunkt „unerträglicher Schmerz" bedeuten. Die VAS wurde aus dem Ansatz von Stevens [31] entwickelt und stellt eigentlich eine Form des „cross modality matching" dar,

d. h. die Empfindungsstärke wird auf einem anderen Sinneskontinuum, hier der Längenschätzung von Strecken abgebildet. Auf den ersten Blick wirken Schwellenmethoden vertrauenswürdiger als z. B. die VAS. Diese ist aber in der Algesimetrie das wahrscheinlich bestvalidierte Verfahren [27].

Das Hauptproblem der Algesimetrie ist die Reproduzierbarkeit von Schmerzangaben. Da Schmerz eine private, nicht übertragbare Erfahrung ist, gibt es kein echtes Außenkriterium, an dem sich Schmerzeinschätzungen validieren ließen. Man kann das Problem der Testwiederholungsreliabilität nur insoweit lösen, als man die Konstanz der Einschätzung bestimmter Reize bei wiederholter Applikation prüft. Nun kann die Schmerzhaftigkeit ein und desselben Reizes aber variieren (Habituation und Sensibilisierung), und das ist gerade der Gegenstand vieler Untersuchungen.

Ein interessanter Ansatz zur Prüfung der Frage, ob die Einschätzung auf Schmerzskalen konstanter Kriterien unterliegt, stammt von Gracely et al. [14]. Er ließ experimentell erzeugte Schmerzen und akute Schmerzen bei einem medizinischen Eingriff auf derselben Skala einordnen und verbal beschreiben („Verbaldescriptor"-Methode). In einer weiteren Sitzung ließ er nun die verbalen Deskriptoren auf derselben VAS einordnen und erhielt dabei konstante Einschätzungen. Dieses Ergebnis zeigt, daß Schmerz zwar ein „privates", subjektives Geschehen bleibt, daß Menschen aber durchaus stabile Maßstäbe bilden können, die eine reproduzierbare Einschätzung ihrer Schmerzen erlauben.

Objektive Algesimetrie

Mit diesen Methoden versucht man nicht die Schmerzintensität, sondern ein objektivierbares Korrelat zu erfassen. Ein typisches Beispiel ist die Messung schmerzkorrelierter über dem Schädel abgeleiteter, evozierter Potentiale („event related potentials", ERP) (Übersichten s. [4, 8, 9, 10, 16]). Solche Methoden haben den Vorteil, daß sie nicht auf die volle Kooperation des Patienten angewiesen sind. So können ERP auch bei Menschen erfaßt werden, deren Bewußtseinshelligkeit herabgesetzt ist, z. B. während einer Narkose. Allerdings stellen sich bei der Erfassung und Interpretation von ERP eine Reihe von methodischen Problemen: so müssen Reize wiederholt appliziert werden, da ERP in der Regel um eine Größenordnung kleiner sind als die spontanen EEG-Schwankungen und daher nur durch Mittelwertbildung oder den Einsatz anderer statistischer Auswertungsverfahren erfaßt werden können. Die auslösenden Reize müssen zudem einen stark synchronisierten Input ins Zentralnervensystem erzeugen, damit die kortikalen Potentiale überhaupt aus der Hintergrundaktivität extrahiert werden können. Diese Probleme werden an anderer Stelle ausführlicher diskutiert [16].

Das wichtigste Problem besteht aber darin, daß es sich bei solchen Potentialen naturgemäß nur um Schmerzkorrelate handeln kann, die letzlich an der subjektiven Schmerzangabe zu validieren sind.

ERP wurden erfolgreich eingesetzt, um die Wirkung von Analgetika zu testen. Wirkungsnachweise gelingen am besten mit narkotischen Analgetika. Daher ist zu diskutieren, ob hier nicht häufig eher die narkotische als die analgetische Potenz dieser Substanzen erfaßt wird. Da auch das Hintergrund-EEG narkotische Wirkungen reflektiert, sind Veränderungen evozierter Potentiale stets auf dem Hintergrund möglicher Veränderungen des Hintergrund-EEG zu betrachten [8, 19].

Schmerzkorrelierte ERP finden sich v. a. unter den späten Wellen [32], die sowohl dem Einstrom von dünnen markhaltigen (A-δ-Fasern) primären Afferenzen als auch intrakortikalen Verarbeitungsprozessen zugeschrieben werden können. Die Ableitung von C-Faser-bedingten ERP ist nicht ohne weiteres möglich und erfordert erheblichen technischen Aufwand, da die Ankuft des Einstroms im ZNS eine starke zeitliche Dispersion aufweist [33].

Neben ERP wurden auch motorische Reaktionen, z. B. die RIII-Komponente des Flexorreflexes bei Reizung der Haut einer Extremität [34, 35] und der Kieferöffnungsreflex bei Zahnpulpareizung zur Algesimetrie verwendet [22, 23, 34].

Klinische Algesimetrie

Bei der Erfassung krankheitsbedingter Schmerzen werden ganz überwiegend subjektive Methoden eingesetzt, v. a. die visuelle Analogskala (VAS) und Fragebogen wie das McGill-Questionnaire, von dem es auch deutsche Versionen gibt. Zur Validierung werden gelegentlich die Schmerzeinschätzungen durch Ehepartner oder Krankenschwestern herangezogen, also Verhaltensbeobachtungen. Natürlich bleibt auch hier das Grundproblem ungelöst, daß Schmerz als private Erfahrung nicht objektivierbar und unmittelbar von einer Person auf die andere übertragbar ist. Geht es allerdings darum, die Veränderungen des Schmerzerlebens, z. B. unter einer Therapie, oder die zeitlichen Verläufe von Schmerzzuständen bei einem Menschen zu quantifizieren, dann sind diese Verfahren nicht nur brauchbar, sondern können für Therapiestudien und die Kontrolle individueller Therapie unverzichtbare Daten liefern.

Ein wichtiges Problem besteht in der Erstellung von Tages- und Wochenprofilen bei chronischen Schmerzzuständen zur Therapiekontrolle. Hier können die konventionellen „Schmerztagebücher" [28] in Zukunft wahrscheinlich durch Taschencomputersysteme verbessert werden, die den Patienten zu bestimmten Zeiten zur Eingabe auffordern und die alle Daten zusammen mit den Eingabezeiten speichern [20, 26].

Schlußfolgerung

Da Schmerz eine komplexe subjektive Erfahrung ist, läßt er sich nicht global mit einem einzigen Verfahren erfassen, das nur optimiert zu werden braucht. Je nach Fragestellung gibt es daher ganz verschiedenartige Formen der Algesimetrie, deren Aussagekraft im Rahmen der jeweiligen Problemstellung beurteilt werden muß.

Literatur

1. Adriaensen H, Gybels J, Handwerker HO, Hees J van (1984) Nociceptor discharges and sensations due to prolonged noxious mechanical stimulation – a paradox. Human Neurobiol 3:53–58

2. Beecher HK (1957) The measurement of pain. Pharmacol Rev 9:59-209
3. Bromm B (1985) Modern techniques to measure pain in healthy man. Methods Find Ex Clin Pharmacol 7:161-169
4. Bromm B (1987) Assessment of analgesia by evoked cerebral potential measurements in humans. Postgrad Med J 63 (Suppl 3):9-13
5. Bromm B, Meier W (1984) The intracutaneous stimulus: a new pain model for algesimetric studies. Methods Find Exp Clin Pharmacol 6:405-410
6. Bromm B, Treede RD (1983) CO_2 laser radiant heat pulses activate C nociceptors in man. Pflügers Arch 399:155-156
7. Bromm B, Treede RD (1987) Pain related cerebral potentials: late and ultralate components. Int J Neurosci 33:15-23
8. Bromm B, Meier W, Scharein E (1989) Pre-stimulus/post-stimulus relations in EEG spectra and their modulations by an opioid and an antidepressant. Electroencephalogr Clin Neurophysiol 73:188-197
9. Chapman CR (1986) Evoked potentials as correlates of pain and pain relief in man. Agents Actions Suppl 19:51-73
10. Chapman CR, Casey KL, Dubner R, Foley KM, Gracely RH, Reading AE (1985) Pain measurement: an overview. Pain 22:1-31
11. Forster C, Anton F, Reeh PW, Weber E, Handwerker HO (1988) Measurement of the analgesic effects of aspirin with a new experimental algesimetric procedure. Pain 32:215-222
12. Forster C, Magerl W, Beck A, Geisslinger G, Gall T, Brune K, Handwerker HO (1992) Differential effects of dipyrone, ibuprofen, and paracetamol on experimentally induced pain in man. Agents Actions, 35:112-120
13. Fruhstorfer H, Lindblom U, Schmidt WC (1976) Method for quantitative estimation of thermal thresholds in patients. J Neurol Neurosurg Psychiatry 39:1071-1075
14. Gracely RH, Kwilosz DM (1988) The descriptor differential scale: applying psychophysical principles to clinical pain assessment. Pain 35:279-288
15. Gracely RH, Lota L, Walter DJ, Dubner R (1988) A multiple random staircase method of psychophysical pain assessment. Pain 32:55-63
16. Handwerker HO, Kobal G (1993) Psychophysiology of experimentally induced pain. Physiol Rev 73:639-671
17. Hardy JD, Wolff HG, Goodell H (1952) Pain sensations and reactions. Williams & Wilkins, Baltimore
18. Jensen K, Andersen HO, Olesen J, Lindblom U (1986) Pressure-pain threshold in human temporal region. Evaluation of a new pressure algometer. Pain 25:313-323
19. Kochs E, Treede RD, Schulte am Esch J, Bromm B (1990) Modulation of pain-related somatosensory evoked potentials by general anesthesia. Anesth Analg 71:225-230
20. Lang E, Ostermeier M, Forster C, Handwerker HO (1991) Die Rating-Box – ein neues Gerät zur ambulanten Erfassung von subjektiven Variablen. Biomed Technik 36:210-212
21. Magerl W, Geldner G, Handwerker HO (1990) Pain and vascular reflexes in man elicited by prolonged noxious mechano-stimulation. Pain 43:219-225
22. Martin RW, Chapman CR (1979) Dental dolorimetry for human pain research: methods and apparatus. Pain 6:349-364
23. Matthews B, Baxter J, Watts S (1976) Sensory and reflex responses to tooth pulp stimulation in man. Brain Res 113:83-94
24. McGrath PA, Sharav Y, Dubner R, Gracely RH (1981) Masseter inhibitory periods and sensations evoked by electrical tooth pulp stimulation. Pain 10:1-17
25. Meyer RA, Walker RE, Mountcastle VB (1976) A laser stimulator for the study of cutaneous thermal and pain sensations. IEEE Trans Biomed Eng 23:54-60
26. Ostermeier M, Lang E, Pittel M, Forster C (1991) Ambulante Datenerfassung an Schmerzpatienten mittels elektronischem Schmerztagebuch. Der Schmerz 5:9-14
27. Price DD, McGrath PA, Rafii A, Buckingham B (1983) The validation of visual analogue scales as ratio scale measures for chronic and experimental pain. Pain 17:45-56
28. Seemann H (1987) Anamnesen und Verlaufsprotokolle chronischer Schmerzen für die Praxis – ein Überblick. Der Schmerz 1:3

29. Smith GM, Egbert LD, Markonitz RA, Mosteller F, Beecher HK (1966) An experimental pain method sensitive to morphine in man: the submaximal effort tourniquet technique. J Pharmacol Exp Ther 154:324–332
30. Smith GM, Lowenstein D, Beecher HK (1968) Experimental pain produced by the submaximum effort tourniquet technique: further evidence of validity. J Pharmacol Exp Ther 163:468–474
31. Stevens SS, Galanter EH (1957) Ratio scales and category scales for a dozen perceptual continua. J exp Psychol 54:377–411
32. Treede RD, Kief S, Holzer T, Bromm B (1988) Late somatosensory evoked cerebral potentials in response to cutaneous heat stimuli. Electroencephalogr Clin Neurophysiol 70:429–441
33. Treede RD, Meier W, Kunze K, Bromm B (1988) Ultralate cerebral potentials as corelates of delayed pain perception: observation in a case of neurosyphilis. J Neurol Neurosurg Psychiatry 51:1330–1333
34. Willer JC (1983) Nociceptive flexion reflexes as a tool for pain research in man. Adv Neurol 39:809–827
35. Willer JC, Boureau F, Berney J (1979) Nociceptive flexion reflexes elicited by noxious laser radiant heat in man. Pain 7:15–20

EEG-Monitoring zur Quantifizierung der „Narkosetiefe": Möglichkeiten und Grenzen

J. Schüttler

Erste Versuche, das Elektroenzephalogramm als Instrument zur quantitativen Erfassung der durch Anästhetika hervorgerufenen Effekte zu benutzen, liegen schon mehr als 50 Jahre zurück. Eine der ersten Arbeiten zur Abschätzung der „Narkosetiefe" mit Hilfe des Elektroenzephalogramms war wahrscheinlich die von Gibbs et al. aus dem Jahre 1937 [15]. Später versuchte die Arbeitsgruppe um Bickford und Faulconer durch eine Klassifizierung der unter Ätheranästhesie hervorgerufenen morphologischen EEG-Veränderungen eine elektrophysiologische Stadieneinteilung der „Narkosetiefe" zu definieren [11, 25]. Die „Narkosetiefe" wurde in 6 Stadien eingeteilt, wobei die Zuordnung zu den einzelnen Stadien maßgeblich von den beobachteten morphologischen Änderungen im EEG-Muster abhängig war. Diese Einteilung könnte man schon als frühen Versuch der Weiterentwicklung des Guedel-Schemas [16] auf elektrophysiologischer Basis verstehen.

Doch obwohl das EEG schon sehr bald nach seiner Entdeckung durch Hans Berger [3] in seinem Wert für die Anästhesie erkannt wurde und sogar zur automatischen Regelung der Äthernarkose genutzt wurde [1, 2, 4], hat es sich bis heute als gängiges Monitoringverfahren zur elektrophysiologischen Abschätzung der „Narkosetiefe" nicht durchsetzen können. Die unbestreitbaren Vorteile eines EEG-Monitoring wurden lediglich im Bereich der neurochirurgischen und kardiochirurgischen Anästhesie als Indikator z. B. hypoxischer Zustände des Gehirns genutzt [27]. Der Einsatz des EEG-Monitoring auf breiter Basis scheiterte bisher hauptsächlich an technischen Problemen. Das zu verarbeitende biologische Signal ist störanfällig und liefert primär ein äußerst komplexes Muster, das visuell nur grobe Anhaltspunkte liefern kann und zudem, was die Deutung anbetrifft, größere Erfahrung erfordert.

Im weiteren soll in der Hauptsache der Weg beschrieben werden, der in den vergangenen 15 Jahren beschritten wurden, um zu objektivierbaren quantitativen EEG-Parametern zu gelangen, die eine relativ exakte Abschätzung der „Narkosetiefe" erlauben. Dabei soll auch den technischen Randbedingungen besondere Beachtung geschenkt werden.

EEG-Signale

Das primäre EEG-Signal besteht aus 3 Basis-Größen:

1) der Amplitude, als elektrische Größe der Kurvenauslenkung, gemessen in µV;
2) Der Frequenz, als Anzahl der Nulldurchgänge der Kurve, gemessen in s^{-1} oder Hz;

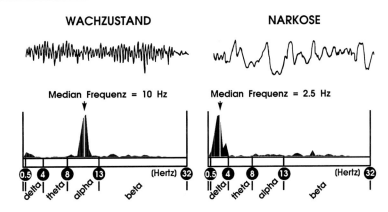

Abb. 1. EEG im Wachzustand und unter Narkose. Spektralanalyse und Extraktion des Medians der EEG-Frequenzverteilung

3) typischen Mustern wie z. B. „burstsuppressions, spikes and waves", K-Komplexe etc.

Das normale Wach-EEG hat eine dominierende Frequenz im β-Bereich (>13 Hz) mit geringer Amplitude. Beim Schließen der Augen werden vermehrt Signale des α-Bereichs (8–13 Hz) mit einer etwas größeren Amplitude registriert. Dieser Bereich wird in der Anästhesie häufig als Referenzsignal zur Ermittlung der Ausgangsbedingungen benutzt. Bei Ereignissen, die eine höhere Frequenz im EEG erzeugen, spricht man von einem „aktivierten" EEG, im Gegensatz zur Verschiebung zu niedrigeren Frequenzen (θ-Bereich 4–7 Hz und δ-Bereich 0,5–4 Hz), die als „supprimiertes" EEG bezeichnet wird. Im normalen Schlaf-EEG können alle Frequenzbereiche vorkommen in Abhängigkeit vom Schlafstadium. Geht man davon aus, daß das EEG Auskunft über Funktionszustände des Gehirns gibt, so wird im EEG-Signal das pharmakodynamische Geschehen am Ort der Anästhesiewirkung angezeigt. Das EEG ist hierbei Ausdruck der kortikalen elektrischen Aktivität, ausgehend von exzitatorischen und inhibitorischen postsynaptischen Summenpotentialen, welche von subkortikalen thalamischen Kerngebieten kontrolliert und gesteuert werden.

In Abb. 1 ist das hochfrequente Roh-EEG im Wachzustand dem langsamen EEG-Muster in Narkose gegenübergestellt.

EEG-Signalverarbeitung

Will man über die morphologischen Änderungen hinaus weitergehende Informationen mit quantitativen Inhalten gewinnen, so hat eine umfangreiche Verarbeitung des EEG-Signals zu erfolgen. Voraussetzung für den Einsatz des EEGs als Überwachungsgröße in der Anästhesie ist eine geeignete Parametrisierung, die trotz unterschiedlicher Morphologie des EEGs einen identischen Parameter als pharmakologisches Wirkungskorrelat erlaubt. Eine Reihe von Autoren hat sich folglich in den letzten Jahren um eine Quantifizierung der „Narkosetiefe" mittels eines EEG-Parameters bei verschiedensten Anästhesieverfahren bemüht [5, 8, 9, 10, 18, 21, 22,

24, 26, 31, 35–38, 40–42, 45–48]. Die beiden gebräuchlichsten Analyseverfahren für diesen Zweck sind die aperiodische Analyse des EEG-Signals und die Spektral- oder Fourieranalyse [10, 19, 37, 45, 46].

Aperiodische Analyse

Die aperiodische Analyse ist ein rechentechnisch weniger aufwendiges Verfahren, welches die Frequenz und Amplitude des EEG-Signals auf der Basis einer „Welle-zu-Welle"-Berechnung festlegt. Der Algorithmus definiert hierbei eine Welle als Fluktuation der Spannung zwischen 2 lokalen Minima. Zur Bestimmung des simultanen Auftretens langsamer Wellen in Gegenwart schneller Wellenaktivität werden spezielle Erkennungssysteme im Algorithmus integriert. Damit die Welle als langsame Welle erkannt wird, muß ein Nulldurchgang stattfinden. Die Basisparameter, die aus der aperiodischen Analyse gewonnen werden sind die absolute Anzahl der Wellen pro Zeiteinheit und die absolute Amplitude in bestimmten frei wählbaren Frequenzbändern. Dieses Verfahren versucht, zwischen der absoluten Wellenanzahl und ihren Amplituden zu unterscheiden, wobei beide Größen die Leistung des Signals bestimmen [10].

Spektralanalyse

Das Prinzip der Spektralanalyse dagegen beruht auf der Tatsache, daß jedes auch nichtperiodische Signal durch eine Summe von Funktionen mit spezifischen Eigenschaften dargestellt werden kann. Dabei stellen trigonometrische Funktionen den zeitlichen Ablauf eines EEG-Signals quantitativ dar. Die Berechnung erfolgt mit Hilfe der sog. schnellen Fourier-Transformation, worunter man das allgemeine Prinzip der schnellen Transformation von Zeitserien mit Hilfe der Fourier-Analyse, basierend auf sinusförmigen Schwingungen, versteht. Nach Berechnung der Spektralkoeffizienten mittels des Cooley-Tuckey-Algorithmus [6] erhält man das Leistungs- oder Powerspektrum. Bei der Verwendung dieser Spektralanalyse setzt man voraus, daß es sich um ein stochastisches, in der Zeit zufallsmäßig ablaufendes Signal handelt. Ein solches Signal läßt sich nicht exakt vorausberechnen, sondern lediglich durch statistische Kenngrößen wie Mittelwert und Varianz beschreiben. Das Spektrum stellt dabei den Gehalt dieses Signals an den verschiedenen Frequenzanteilen dar. Aufgrund der Auflösung der Signalvarianz nach ihren Spektralanteilen, leitet sich auch die gebräuchliche Bezeichnung des Varianzspektrums her. Da der statistische Begriff der Varianz dem physikalischen Begriff der Leistung oder Power entspricht, ergibt sich die gebräuchliche Bezeichnung „Powerspektrum" [26, 35, 37]. Als monoparametrische Darstellung der darin enthaltenen komplexen Informationsvielfalt kann z. B. der Median (50%-Quantil) des Powerspektrums ermittelt werden. Schwilden führte diesen Parameter 1980 als Indikator des Narkosezustands ein [35]. Einschränkend muß gesagt werden, daß bei alleiniger Verwendung des Medians die gesamte Komplexizität eines möglicherweise mehrgipfligen Powerspektrums nicht in einem Parameter gebündelt werden kann. Eine uniforme Beurteilung jeder beliebigen Narkoseform anhand eines einzigen Parameters ist aufgrund der unterschiedlichen EEG-Effekte der jeweils verwendeten Anästhetika demnach kritisch zu bewerten. Zur präzisen Beschreibung wird nicht ein Parameter, sondern ein ganzer Parametersatz erforderlich sein, wie dies in den Pharmako-EEG-Untersuchungen zur Differenzierung der Wirkung verschiedener Medikamente erfolgt [12, 13, 17, 20]. Jedoch wird man bei der quantifizierenden Abschätzung der „Anästhesietiefe" Kompromisse eingehen müssen. Dabei kann festgestellt werden, daß unter bestimmten Vorbehalten der Median der EEG-Frequenzverteilung viele Eigenschaften eines idealen pharmakodynamischen Parameters als kontinuierliche, objektive, sensitive und reproduzierbare Meßgröße aufweist. Die Dimension des Medians ist Hz, und er ist eichungsunabhängig.

Aus dem Powerspektrum können auch verschiedene andere Parameter extrahiert werden, wie die relative Power in definierten Frequenzbändern, die in den USA häufig gebrauchte sog. Edge-(Eck-)Frequenz (95%-Quantil) [10, 18, 19, 45, 46] oder die mittlere Amplitude.

Die Überführung des EEG-Signals in ein Powerspektrum und Extraktion des Medians ist in Abb. 1 exemplarisch dargestellt.

Weitere EEG-Analyseverfahren zur Erfassung der „Narkosetiefe"

Ein weiteres Verfahren zur Bestimmung eines pharmakodynamischen EEG-Korrelats für die „Narkosetiefe" sind die von Doenicke et al. [8] benutzten Vigilosomnogramme. Dabei werden hypnotische Wirkungen mit dem EEG registriert und nach Berechnung von Indexwerten aus der EEG-Narkosestadieneinteilung nach Kugler [22] in sog. Schlaftiefenkurven oder Vigilosomnogramme transponiert. Der Nachteil dieser Methode liegt darin, daß kein kontinuierliches Maß für die Schlaftiefe gegeben ist, das on-line zum Monitoring der „Narkosetiefe" zur Verfügung steht. Es handelt sich vielmehr um eine semiquantitative Klassifikation, die sich an qualitativen Merkmalen des EEG orientiert. Die Auswertung des EEG erfolgte früher durch relativ aufwendige visuelle Auswertung des Roh-EEG. Eine Automatisierung dieser Stadienklassifikation wurde später von Pichlmayr et al. [26] übernommen, wobei dann mittels Computeranalyse ein On-line-Monitoring der „Narkosetiefe" ermöglicht wurde. Das jüngste Verfahren zur elektrophysiologischen Quantifizierung der Anästhesiewirkung ist das sog. Bispektrum des EEG. Dabei wird nicht nur die Frequenzinformation der Spektralanalyse nach schneller Fourier-Transformation verwendet sondern auch die sog. Phaseninformation.

EEG-Ableitungstechnik

Aufgrund des großen dynamischen Bereichs der an der Kopfhaut registrierten hirnelektrischen Aktivität, wo Spannungen in der Größenordnung von 10–250 µV auftreten, sind an die EEG-Ableitungstechnik hohe Qualitätsanforderungen geknüpft. Diese erhöhten Anforderungen ergeben sich aus der Notwendigkeit, dem EEG-Signal gegenübergestellte Störspannungen zu unterdrücken, deren Amplituden mehrere Größenordnungen höher liegen können. Daraus ergibt sich aufgrund der notwendigen Verstärkung des Eingangssignals eine im Vergleich zum EKG erhöhte Störanfälligkeit. Die für die anästhesiologischen EEG-Betrachtungen notwendigen Voraussetzungen einer störungs- und artefaktbereinigten Datenaufnahme muß ohne die in der klinischen Neurophysiologie üblichen speziell geschützten Räumlichkeiten (Faraday-Käfig) auskommen. Um dennoch brauchbare EEG-Ableitungen zu gewinnen, müssen Ableiteelektroden, Verstärker und Aufzeichnungsgeräte sowie die Weiterverarbeitung des EEG-Signals mit der Spektralanalyse besonderen Anforderungen genügen [7, 26].

Aufgrund der generalisierten Veränderung der elektrischen Vorgänge im Gehirn unter dem Einfluß von Anästhetika ist die Ableitung von 2 bzw. 4 Kanälen ausreichend [26, 37, 41], wobei meist die frontalen und okzipitalen Ableitepositionen $F_{1,2}$ und $O_{1,2}$ nach Jasper [23] Anwendung finden. Zur Gewährleistung einer verlustarmen Signalübertragung sollten die Ableitungskabel extra kurz gewählt werden und die Vorverstärkung der Signale u. U. direkt in der Anschlußdose erfolgen, wie dies bereits bei einigen kommerziell erhältlichen EEG-„Narkosetiefen"-Monitoren schon der Fall ist. Die Elektrodenimpedanz sollte möglichst unter 5 kΩ liegen, was bei dem abzuleitenden Spannungsbereich von 10–50 µV eine gute EEG-Signalregistrierung erlaubt. Eine Zunahme der Elektrodenimpedanz ist mit einer Abnahme des Signal-Rausch-Abstands verbunden. Sehr günstigste Eigenschaften haben Nadelelektroden, die jedoch aus Praktikabilitäts- und Akzeptanzüberlegungen für ein Routinemonitoring wenig geeignet erscheinen. Nahezu ähnlich gute Ergebnisse können aber auch mit speziell konfigurierten Klebeelektroden erzielt werden.

EEG-Signalfilter

Der Frequenzgang des EEG-Signals sollte über den Bereich von ca. 0,5 Hz–70 Hz linear sein. Diese bestimmte Bandbreite wird durch die Wahl geeigneter Filter im Verstärker bestimmt. Der Gebrauch von Filtern ist notwendig zur Minimierung der Artefakteffekte, wobei besonders der Hochpaßfilter zur Eliminierung biologischer Artefakte, wie Bewegung und Atmung, sowie technisch bedingter Artefakte im Zusammenhang mit Elektroden und Kabeln dient [17]. Filter sind elektronische Schaltkreise, bei denen sich die Empfindlichkeit mit der Frequenz des angelegten Signals ändert. Das bedeutet, daß bei einem Hochfrequenzfilter die Verstärkung oberhalb einer bestimmten Grenzfrequenz kleiner wird. Entsprechend wird bei einem Filter für die tiefe Frequenzen die Verstärkung für Frequenzen unterhalb der Grenzfrequenz immer geringer. Aufgrund der Tatsache, daß unter Narkosebedingungen nahezu 70% der EEG-Aktivität zwischen 0,5–2 Hz liegen, kann der Einfluß unterschiedlicher Filtereinstellungen zu erheblichen Änderungen des Signals führen [37]. Dies hat in der Vergangenheit häufig zu Diskussionen über kontroverse EEG-Befunde bei vergleichbarer Narkosetechnik geführt, weil der niedrige Frequenzbereich des Sub-δ-Bandes zur Artefaktminimierung „weggefiltert" wurde. Als Hochfrequenz- oder Tiefpaßfilter sollte ein 70-Hz-Filter gewählt werden. Die Filter für tiefe Frequenzen (Hochpaßfilter) werden in sog. Zeitkonstanten angegeben. Dieser der unteren Grenzfrequenz F entsprechende Parameter wird in Sekunden als Zeitwert T angegeben und ist über die Beziehung $F = 1/(2\pi T)$ charakterisiert [7]. Der Ausdruck Zeitkonstante ergibt sich aus der Art, in der ein Hochpaßfilter auf eine Sprungfunktion am Filtereingang antwortet. Eine Sprungfunktion erhält man, indem man die Eingangsspannung plötzlich von null auf einen konstanten Gleichspannungspegel schaltet. Am Anfang des Filters entsteht dann ein ähnlicher Spannungssprung, der nach dem Abschalten der Gleichspannung exponentiell auf null abfällt. Die Zeitkonstante ist nun die Zeit, in der die Spannung auf 37% ihres Ausgangswertes abgefallen ist. Typische Werte für Zeitkonstanten mit der entsprechenden Grenzfrequenz sind: 0,03 s/5,3 Hz, 0,1 s/1,6 Hz, 0,3 s/0,53 Hz, 1 s/0,16 Hz. Bei einer Zeitkonstante von 0,3 s und einer Hochfrequenzfiltereinstellung von 70 Hz werden Signalanteile die kleiner als 0,53 Hz und größer als 70 Hz sind um mehr als 30% abgeschwächt. Damit ist ein linearer Frequenzgang für den Bereich 0,5–70 Hz gegeben, wobei bis heute noch nicht ganz geklärt ist, ob für den Hochpaßfilter mit einer Zeitkonstante von 0,3 s ein Optimum erzielt wurde.

Digitaliserung des EEG-Signals

Als weitere Voraussetzung zur EEG-Datenanalyse müssen die analogen EEG-Daten digitalisiert werden. Dem Nachteil der Datenvermehrung durch Digitalisierung steht der Vorteil gegenüber, daß durch die Digitalisierung ein objektives und jederzeit reproduzierbares numerisches Abbild der Hirnstromkurve zur Verfügung steht. Je größer die Digitalisierungsrate des Signals ist, um so geringer ist der Informationsverlust bei größer werdender Datenmenge. Dabei wird die Amplitude der kontinuierlichen Spannungsschwankung zuerst zu diskreten Zeitpunkten gemessen. Bei dieser Abtastung findet gleichzeitig eine Quantifizierung und Kodierung je nach Amplitudengröße der Spannung statt. Die Signale werden dann binär verschlüsselt und können nach der Konversion mittels konventioneller arithmetischer Operationen weiterverarbeitet werden. Dieser Vorgang der Abtastung und Quantifizierung erfolgt über einen Analog-Digital-Wandler. Damit komplexe Signaländerungen nicht zwischen 2 Abtastzeitpunkten auftreten, muß das Abtastintervall zur Darstellung eines kontinuierlichen Signals durch diskrete Abtastwerte kurz sein. Dieses nach Nyquist benannte Kriterium bedeutet, daß das Abtastintervall nicht länger sein darf als die halbe Periode der höchsten im Signal vorkommenden Frequenzkomponente. Anders ausgedrückt: die Digitalisierungsrate muß mindestens doppelt so groß gewählt werden wie die maximale Frequenz des Signals. Es hat sich bewährt, eine Abtast- oder Digitalisierungsrate von 128 Hz mit einer Auflösung von 12 bit zu wählen. Somit werden nach Nyquist Frequenzen bis zu 64 Hz ($f_{max} = 1/2\,T$) erfaßt. Bei der Bestimmung der zu digitalisierenden EEG-Epochenlänge muß berücksichtigt werden, daß die Auflösung benachbarter Frequenzen, d. h. die Qualität der Frequenzdiskriminierung im EEG, direkt abhängig ist von der Größe der Epochenlänge. Je größer die Epochenlänge ist, um so besser ist die Frequenzdiskriminierung, wodurch auch die kleinste erfaßbare Frequenz bestimmt werden kann. Andererseits verschlechtert sich die zeitliche Auflösung mit größerer Epochenlängen. Das bedeutet einerseits, daß EEG-Veränderungen weniger schnell erfaßt werden und andererseits im Falle eines Artefakteinfalls der Informationsverlust größer ist. Eine Maßgabe zur Größe der Epochenlänge aus anästhesiologischer Sicht ist das Vorhandensein von mindestens 3 Wellenlängen der kleinsten untersuchten Frequenz (0,5 Hz). Hierdurch wird die kleinste Epochenlänge mit (1/0,5 s = 2 s · 3 Wellenlängen) 6 s definiert. Da aber zur Berechnung des Powerspektrums die Epochenlänge eine ganzzahlige Potenz von 2 sein muß, ergibt sich als kleinste Epochenlänge > 6 s, die bei einer Abtastrate von 128 Hz diese Bedingung erfüllt, 8 s = 1024 Punkte/ 128 Hz [35, 37, 41].

EEG und pharmakodynamische Modellbildung der Anästhesiewirkung

Bei der Beurteilung und Auswahl eines geeigneten Parameters zur Steuerung der Narkose sollte der Parameter möglichst unabhängig von den verschiedenen Narkoseverfahren und den eingesetzten Medikamenten sein. Außerdem sollte die interindividuelle Variabilität gering und die Korrelation zu den sonstigen klinischen Zeichen der „Narkosetiefe" (Reflex- und Orientierungsqualitäten) gegeben sein. Eine intensive Untersuchung dieser Fragestellung wurde anhand von Probandenstudien mit i.v.-Anästhetika vorgenommen [31, 40, 41]. In diesen Untersuchungen wurden mehrere definierte klinische Zeichen der „Narkosetiefe" in Korrelation zum Medianverhalten überprüft. Mittels computergesteuerter Infusionspumpen wurden linear ansteigende Blutspiegel erzeugt, so daß eine exakte Quantifizierung des hypnotischen Effekts und subtile Beobachtung der klinischen Zeichen möglich waren. Während der sich 3mal wiederholenden Infusion von z. B. Propofol ist eine Verschiebung der dominanten EEG-Aktivität vom höherfrequenten α-Bereich (8–10 Hz) in den niederfrequenten δ-Bereich (0,5–2 Hz) mit einem Shift der Medianfrequenzen von ca. 9 Hz nach 2 Hz zu beobachten. Nach Abstellen der Infusion wird das Aufwachen des Probanden durch eine Rückverlagerung der EEG-Aktivität vom δ- in den α-Bereich deutlich. Der Verlauf der Medianfrequenz unter den Propofolinfusionen in Korrelation zu den klinischen Parametern ist anhand eines exemplarischen Falls in Abb. 2 dargestellt.

Tabelle 1 macht deutlich, daß die Medianfrequenzen während Etomidatinfusionen [40] in hohem Maße reproduzierbar einzelnen klinischen Beobachtungsmerk-

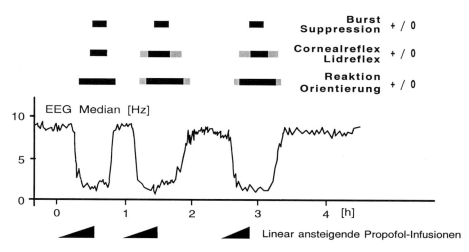

Abb. 2. Probandenuntersuchung mit Propofol zur Korrelation der Anästhetikaeinwirkung mit dem Median der EEG-Frequenzverteilung

Tabelle 1. Klinische Beobachtungen der „Narkosetiefe" und der damit assoziierten Medianwerte der EEG-Frequenzverteilung während und nach 3maliger Etomidatinfusion bei Probanden

Untersuchungszyklus	Median [Hz]		
	(I)	(II)	(III)
Schlafeintritt	4,7 ± 1,2	4,9 ± 0,6	4,9 ± 0,7
Keine Reaktion auf Anruf	2,9 ± 0,4	3,3 ± 0,5	3,2 ± 0,4
Lidrandreflex, negativ	2,3 ± 0,3	3,0 ± 0,7	3,2 ± 0,3
Kornealreflex, negativ	1,9 ± 0,4	2,0 ± 0,5	2,1 ± 0,3
Auftreten von EEG Burst suppression	1,5 ± 0,2	1,5 ± 0,3	1,8 ± 0,4
Verlust von EEG Burst suppression	1,7 ± 0,3	1,8 ± 0,2	1,8 ± 0,4
Kornealreflex, positiv	1,9 ± 0,2	2,1 ± 0,5	1,9 ± 0,2
Lidrandreflex, positiv	3,0 ± 0,4	3,1 ± 1,1	3,1 ± 0,5
Reaktion auf Anruf	4,8 ± 0,6	4,5 ± 0,9	4,7 ± 0,7
Orientierung zur Person	6,1 ± 0,4	5,6 ± 0,5	5,2 ± 0,5
Orientierung: Person, Ort, Zeit	6,7 ± 0,5	6,8 ± 0,5	6,1 ± 0,7

malen zugeordnet werden können, wobei nur eine geringe interindividuelle Streuung zu verzeichnen ist. Hervorzuheben ist ebenfalls, daß der Eintritt und der Verlust eines bestimmten klinischen Zeichens mit nahezu identischen Medianwerten einhergeht. Diese Ergebnisse wurden mittlerweile für alle intravenösen Anästhetika reproduziert und belegen, daß der Median der EEG-Frequenzverteilung ein geeigneter Parameter zur Quantifizierung der Anästhetikawirkung ist. Im Vergleich zum Median zeigt die „edge frequency" in der Tendenz einen ähnlichen Verlauf, jedoch weist das 95%-Quantil einen geringeren Signal-Rausch-Abstand auf. Der entscheidende Nachteil der „edge frequency" ist in seiner Abhängigkeit von marginalen Beta-Aktivitäten zu sehen, wie am Beispiel von Etomidat [40] und Ketamin [30] beschrieben wurde. Bei diesen Untersuchungen erwies sich die „edge frequency" als ungeeignet zur EEG-Quantifizierung des hypnotischen Effekts.

EEG und Quantifizierung der Anästhesiewirkung im klinischen Einsatz

Die Anwendbarkeit eines EEG-Monitoring zur Quantifizierung der „Anästhesietiefe" ist mittlerweile bei allen Allgemeinanästhesieverfahren überprüft worden. So wurden z. B. umfangreiche Untersuchungen bei Inhalationsnarkosen durchgeführt [24, 26, 31, 36, 38, 47]. Es konnte dabei bestätigt werden, daß anhand des Verhaltens der EEG-Medianfrequenz eine signifikante Unterscheidung von definierten klinischen Endpunkten der Narkosewirkung möglich war. Ebenfalls wurde gezeigt, daß hinsichtlich der hypnotischen Anästhesiekomponente eine „zu flache" bzw. „zu tiefe" Narkose anhand des EEG identifiziert werden können. Bei der Korrelation dieser Untersuchungen mit Streßindikatoren, wie z. B. Katecholaminen, wurde aber auch deutlich, daß eine im EEG nicht zu realisierende Diskriminierung zwischen der „Narkosetiefe" bei 1,3 MAC und 1,5 MAC Isofluran von signifikanten Unterschieden im Muster der Streßparameter begleitet wurde [30, 31, 38].

Das Verhalten der Adrenalinkonzentrationen, die bei Patienten mit Oberbaucheingriffen mit 1,3 MAC Isofluran (60% N_2O) intraoperativ deutlich anstiegen, war bei Patienten mit 1,5 MAC durch ein signifikant geringers Sekretionsverhalten gekennzeichnet. Daraus folgt, daß durch spektrale EEG-Parameter allein eine subtile Differenzierung zwischen unterschiedlichen „Narkosetiefen" in ihrer gesamten klinischen Bedeutung nicht erzielt werden kann. Hierzu muß vielmehr eine Matrix aus den elektrophysiologischen Parametern des EEG und den Indikatoren des sympathikoadrenergen Systems gebildet werden. Es bleibt abzuwarten, ob damit neben der hypnotischen Seite der Anästhesietriade auch die antinozizeptive Komponente, z. B. durch ein Zusammenspiel zwischen sog. EEG-Arousal-Reaktion und konsekutiver Streßreaktion, quantifiziert werden kann.

Unabhängig von diesem möglichen, bis jetzt noch nicht geklärten Zusammenhang ist es jedoch möglich, die Steuerung der Narkose hinsichtlich der hypnotischen Anästhesiekomponente über das EEG sicherzustellen. Hierzu wurde eine Reihe von Untersuchungen im geschlossenen Regelkreis durchgeführt, bei dem der Patient in Narkose die Zufuhr des Anästhetikums über sein EEG bestimmt, um eine definierte „Anästhesietiefe" aufrechtzuerhalten. Die Untersuchungen wurden zuerst an Probanden [43, 44] und später bei Patienten erfolgreich durchgeführt [33, 34, 44]. Abbildung 3 zeigt ein Beispiel aus einer aktuellen Studie. Es handelt sich um einen Patienten mit Pneumonektomie, bei dem eine totale intravenöse Anästhesie (TIVA) mit Propofol und Alfentanil durchgeführt wurde.

Die Feed-back-Steuerung der Propofolinfusion und die resultierenden Propofolblutspiegel sind im *unteren Teil* des Bildes dargestellt. Im *oberen Teil* sieht man den Verlauf der EEG-Medianfrequenz und den vorgegebenen Zielbereich von 2 ± 1 Hz. Die Alfentanildosierung mittels computergesteuerter Infusionspumpen erfolgte interaktiv in Abhängigkeit von der operativen Stimulation und dem Verhalten vegetativer Parameter. Das dargestellte Anästhesieverfahren [34] wurde mittlerweile bei über 100 Patienten mit Erfolg eingesetzt und eignet sich besonders zur Beantwortung von wissenschaftlichen Fragestellungen, bei denen eine vergleichbare definierte „Anästhesietiefe" vorausgesetzt werden muß, wie z. B. Untersuchungen über den reduzierten Anästhetikabedarf bei alten Patienten [33] oder über Arzneimittelinteraktionen während der Anästhesie oder in der intensivmedizinischen Analgosedierung [14]. Durch die Realisierbarkeit der EEG-gesteuerten Narkose im

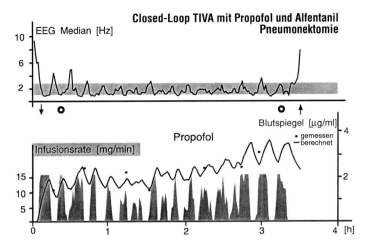

Abb. 3. EEG-gesteuerte totale intravenöse Anästhesie mit Propofol im geschlossenen Regelkreis. Die Alfentanilinfusion wurde in Abhängigkeit von vegetativen Narkoseparametern gesteuert

geschlossenen Regelkreis wird außerdem der hohe Stellenwert des Elektrozephalogramms für die Erfassung der Anästhesietiefe deutlich.

Zusammenfassung

Abschließend läßt sich der derzeitige Stand des EEG-Monitoring wie folgt zusammenfassen:

Spektrale Parameter der EEG-Frequenzverteilung haben sich als geeignet erwiesen, die komplexe Information des Roh-EEG sinvoll zu komprimieren und Anhaltspunkte über die „Narkosetiefe" zu geben. Dabei hat sich v. a. der Median der EEG-Frequenzverteilung als robuste sensitive Größe zur pharmakodynamischen Modellbildung der Anästhetikawirkung ebenso wie zum elektrophysiologischen Monitoring der „Narkosetiefe" bewährt. Von einer hypnotisch ausreichend „tiefen" Narkose kann man ausgehen, wenn der Median der EEG-Frequenzverteilung unter 5 Hz liegt. Ein Aufwachen des Patienten ist wahrscheinlich, wenn der Median auf Werte über 6 Hz ansteigt. Bei seiner Anwendung im geschlossenen Regelkreis zur Dosierungssteuerung von i.v.-Anästhetika hat sich eine Zielgröße von 2 ± 1 Hz herausgestellt, die mit einer klinisch adäquaten Narkose korreliert. Die klinische Überprüfung des EEG-Medians als Parameter für das Monitoring der „Narkosetiefe" hat somit 2 wesentliche Forderungen erfüllt:

1. Der Parameter gewährleistet eine deutliche Unterscheidung zwischen Wachzustand und Narkose.
2. Der Wertbereich, über den der Parameter bei gegebener „Narkosetiefe" streut, ist relativ klein.

Unnötig „tiefe" Narkosen können darüber hinaus durch Mustererkennung von Burst-suppression-Mustern im EEG erkannt werden.

Mittlerweile sind eine Reihe von geeigneten EEG-Monitoren geschaffen worden, die kompakt und benutzerfreundlich sind, dabei wenig störanfällig und auf das Notwendige an Informationsgehalt beschränkt. Der Einsatz dieser Geräte wird im wesentlichen bestimmt sein von Faktoren wie Bedienerfreundlichkeit, Akzeptanz im Routineeinsatz, den Kosten und der Bedeutung, die das Phänomen „Wachheit und Erinnerung" im Zusammenhang mit der Narkose erlangen wird. Bei steigendem Problembewußtsein für das letztere und bei günstiger Gestaltung der anderen Punkte kann man sich gut vorstellen, daß die EEG-Überwachung der „Narkosetiefe" im Sinne eines zerebralen Monitoring in Zukunft ebenso verbreitet sein wird wie heute das Montoring der kardiovaskulären Funktion.

Literatur

1. Beecher HK, McDonough FK (1939) Cortical action potentials during anaesthesia. J Neurophysiol 2:289–307
2. Bellville JW, Attura GM (1957) Servo control of general anesthesia. Science 126:827
3. Berger H (1929) Über das Elektroenzephalogramm des Menschen. I Arch Psychiatr 87:527
4. Bickford RG (1950) Automated electroencephalographic control of general anesthesia. Electroencephalogr Clin Neurophysiol 2:93–96
5. Bromm B (1922) Das spontane und das reizevozierte EEG in der Narkose. Anaesthesiol Intensivmed Notfallmed Schmerzther 27:76–83
6. Cooley H, Tuckey J (1965) An algorithm for the machine computation of complex Fourier series. Math Comp 19:297–301
7. Cooper R, Osselton JW, Shaw JC (1984) Elektroenzephalographie. Fischer, Stuttgart New York
8. Doenicke A (1992) Hypnotischer Effekt – Vigilanz. In: Schüttler J, Schwilden H, Lauven PM (Hrsg) Klinische Pharmakologie und rationale Arzneimitteltherapie. (Intensivmedizin Notfallmedizin Anästhesiologie, Bd 80) Thieme, Stuttgart New York, S 24–35
9. Drummond JC, Brann CA, Perkins DE, Wolfe DE (1991) A comparison of median frequency, spectral edge frequency, a frequency band power ratio, total power, and dominance shift in the determination of anesthesia. Acta Anaesthesiol Scand 35:693–699
10. Erdmann K (1991) Möglichkeiten der EEG-Analyse mit dem Lifescan in der Anaesthesiologie. Anaesthesist 40:570–576
11. Faulconer A, Bickford RG (1960) Electroencephalography in anaesthesiology. Thomas, Springfield/IL
12. Fink M (1977) Quantitative EEG analysis and psychopharmacology. In: Remond A (ed) EEG informatics. A didactic review of methods and application of EEG data processing. Elsevier, Amsterdam, pp 301
13. Fink M (1982) Quantitative pharmaco-EEG to establish dose-time relations in clinical pharmacology. In: Hermann WM: Electroencephalography in drug research. Fischer, Stuttgart, p 17–22
14. Frenkel C, Kloos S, Ihmsen H, Rommelsheim K, Schüttler J (1992) Rational ICU sedation based on monitoring and closed-loop dosing strategies. Anesthesiology 77:A270
15. Gibbs FA, Gibbs EL, Lennox WG (1937) Effect on the electroencephalogram of certain drugs which influence nervous activity. Arch Int Med 60:154
16. Guedel AE (1937) Inhalational anesthesia, a fundamental guide. Macmillan, New York
17. Hermann WM (1982) Development and critical evaluation of an objective procedure for the electroencephalographic classification of psychotropic drugs. In: Hermann WM: Electroencephalography in drug research. Fischer, Stuttgart, pp 249–351
18. Hudson RJ, Stanski DR, Saidman LJ, Meathe E (1983) A model for studying depth of anesthesia and acute tolerance to thiopental. Anesthesiology 59:301–308
19. Hung OR, Varvel JR, Shafer SL, Stanski DR (1992) Thiopental pharmacodynamics. II. Quantification of clinical and electroencephalographic depth of anesthesia. Anesthesiology 77:237–244

20. Itil TM (1982) The significance of quantitative pharmaco-EEG in the descovery and classification of psychotropic drugs. In: Hermann WM: Elektroencephalography in drug research. Fischer, Stuttgart, pp 131–158
21. Kochs E (1991) Zerebrales Monitoring. Anaesthesiol Intensivmed Notfallmed Schmerzther 26:363–374
22. Kugler A, Doenicke A, Laub M, Kleinert H (1969) Elektroenzephalographische Untersuchungen bei Ketamine und Methohexital. In: Kreuscher H (ed) Ketamine. Anaesthesiologie und Wiederbelebung Bd 40, Springer, Berlin Heidelberg New York, S 64 ff
23. Jasper HH (1958) Report of the committee on methods of clinical examination in electroencephalography. Electroencephal Clin Neurophysiol 2:209
24. Long CW, Shah NK, Loughlin C, Spydell J, Bedford RF (1989) A comparison of EEG determinants of near-awakening from Isoflurane and Fentanyl anaesthesia. Spectral edge, median power frequency, and δ ratio. Anesth Analg 69:169–173
25. Martin JT, Faulconer A, Bickford RG (1959) Electroencephalography in anesthesia. Anaesthesia 20:359
26. Pichlmayr I, Lips U, Künkel H (1983) Das Elektroenzephalogramm in der Anästhesie. Springer, Berlin Heidelberg New York Tokyo
27. Prior PF (1979) Monitoring cerebral function. Elsevier (Excerpta Medica), Amsterdam
28. Schüttler J (1990) Pharmakokinetik und -dynamik des intravenösen Anaesthetikums Propofol. (Anaesthesiologie und Intensivmedizin, Bd 202) Springer, Berlin Heidelberg New York Tokyo
29. Schüttler J (1992) Steuerung der totalen intravenösen Anästhesie. In: Schüttler J, Schwilden H, Lauven PM (Hrsg) Klinische Pharmakologie und rationale Arzneimitteltherapie. (Intensivmedizin Notfallmedizin Anästhesiologie, Bd 80) Thieme, Stuttgart New York, pp 72–80
30. Schüttler J, Stoeckel H (1985) Quantification of stress under surgery and anaesthesia by hormonal and metabolic parameters. In: Stoeckel H (ed) Quantification, modelling and control in anaesthesia. Thieme, Stuttgart New York, pp 160–168
31. Schüttler J, Schwilden H, Stoeckel H (1987) EEG-Monitoring und Narkosetiefe. In: Schwilden H, Stoeckel H (Hrsg) Die Inhalationsnarkose: Steuerung und Überwachung. (Intensivmedizin Notfallmedizin Anästhesiologie, Bd 58) Thieme, Stuttgart New York, S 141–150
32. Schüttler J, Stanski DR, White PF, Trevor AJ, Horai Y, Verotta DV, Sheiner LB (1987) Pharmacodynamic modeling of the EEG effects of ketamine and its enantiomers in man. J Pharmacokin Biopharm 15:241–253
33. Schüttler J, Kloos S, Röpcke H, Ihmsen H (1992) Age dependent dose requirements of propofol in total intravenous anesthesia as quantified by closed-loop EEG feed-back infusion strategies. Anesthesiology 77:A338
34. Schüttler J, Kloos S, Ihmsen H, Schwilden H (1992) Clinical evaluation of a closed-loop dosing device for total intravenous anesthesia based on EEG deph of anesthesia monitoring. Anesthesiology 77:A501
35. Schwilden H, Stoeckel H (1980) Untersuchungen über verschiedene EEG-Parameter als Indikatoren des Narkosezustandes. Der Median als quantitatives Maß der Narkosetiefe. Anästh Intensivther Notfallmed 15:279–286
36. Schwilden H, Stoeckel H (1982) The distribution of EEG frequency bands revealed by factor analysis during anaesthesia with halothane and enflurane. In: Peter K, Jesch F (Hrsg) Inhalationsanästhesie heute und morgen. (Anaesthesiologie und Intensivmedizin Bd 149) Springer, Berlin Heidelberg New York, S 143–157
37. Schwilden H, Stoeckel H (1985) The derivation of EEG parameters for modelling and control of anaesthetic drug effect. In: Stoeckel H (ed) Quantification, modelling and control in anaesthesia. Thieme, Stuttgart New York, pp 160–168
38. Schwilden J, Stoeckel H (1987) Quantitative EEG analysis during anaesthesia with isoflurane in nitrous oxide at 1.3 and 1.5 MAC. Br J Anaesth 59:738–745
39. Schwilden H, Stoeckel H (1990) Closed-loop feedback control of methohexital anesthesia by quantitative EEG analysis in humans. Anesthesiology 67:341–347
40. Schwilden H, Schüttler J, Stoeckel H (1985) Quantitation of the EEG and pharmacodynamic modelling of hypnotic drugs: etomidate as an example. Eur J Anaesthesiol 2:121–131

41. Schwilden H, Stoeckel H, Schüttler J, Lauven PM (1985) Möglichkeiten zur Quantifizierung der Wirkung intravenöser Anästhetika. In: Rügheimer E, Pasch T (Hrsg) Notwendiges und nützliches Messen in Anästhesie und Intensivmedizin. Springer, Berlin Heidelberg New York Tokyo, S 393-402
42. Schwilden H, Schüttler J, Stoeckel H (1987) Closed-loop feedback control of methohexital anesthesia by quantitative EEG analysis in humans. Anesthesiology 67:341-347
43. Schwilden H, Schüttler J, Stoeckel H (1987) Closed-loop feedback control of methohexital anesthesia by quantitative EEG analysis in humans. Anesthesiology 67:341-347
44. Schwilden H, Stoeckel H, Schüttler J (1989) Effective therapeutic infusions produced by closed-loop feedback control of propofol anaesthesia by quantitative EEG analysis in humans. Br J Anaesth 62:290-296
45. Stanski DR (1990) Monitoring depth of anesthesia. In: Miller RD (ed) Anesthesia - 3rd edn. Churchill Livingstone, New York Edinburgh London Melbourne Tokyo, pp 1001-1029
46. Stanski DR, Hudson RJ, Homer TD, Scott JC (1985) Application of quantitative EEG power spectral analysis to anesthesia. In: Stoeckel H (ed) Quantification, modelling and control in anaesthesia. Thieme, Stuttgart New York, pp 170-177
47. Stoeckel H, Schwilden H (1986) Vergleichende Pharmakodynamik halogenierter Anästhetika. Quantitative EEG-Analysen zur Objektivierung der zentralnervösen Effekte. In: Peter K, Brown BR, Martin E, Norlander O (Hrsg) Inhalationsanästhetika: Neue Aspekte. (Anästhesiologie und Intensivmdizin Bd 184) Springer, Berlin Heidelberg New York Tokyo, S 27-34
48. Stoeckel H, Lange H, Burr W, Hengstmann JH, Schüttler J (1979) EEG-Spektralanalyse zur Dokumentation der Narkosetiefe. Prakt Anästh 14:227-232

Akustisch evozierte Potentiale mittlerer Latenz und intraoperative Wahrnehmung

D. Schwender, C. Madler, S. Klasing, E. Pöppel, K. Peter

Wachheit während Anästhesie

Allgemeinanästhesie bewirkt eine Ausschaltung des Bewußtseins, eine Analgesie, eine Muskelrelaxierung und eine Stabilisierung lebenswichtiger vegetativer Funktionen. In der heutigen Form der Kombinationsanästhesie werden diese einzelnen Komponenten einer Allgemeinanästhesie nahezu unabhängig voneinander durch eine Kombination mehrerer Substanzen oder Verfahren herbeigeführt. Unerwünschte dosisabhängige Nebenwirkungen der einzelnen Substanzen lassen sich mit diesem Vorgehen auf ein Minimum reduzieren. Gemeinsam ist allen Kombinationsanästhesieverfahren jedoch, daß eine Beurteilung einer suffizienten Bewußtseinsausschaltung bei ausreichender Analgesie anhand von klinischen Zeichen erschwert ist. Dies begünstigt das Auftreten unerwünschter intraoperativer Wachepisoden. Die Häufigkeit intraoperativer Wachepisoden, die postoperativ von den Patienten spontan erinnert werden können, wird in der Literatur mit 1–3% angegeben [11, 14–16].

Wachheit und akustisches System

Die zahlreichen Fallberichte und klinischen Studien, die sich mit dem Problem der intraoperativen Wachheit befassen, unterscheiden sich in ihren Erfassungsmethoden für intraoperative Wachheit, den verwendeten Anästhetika und den untersuchten Patientenkollektiven z. T. erheblich voneinander. Gemeinsam weisen sie jedoch darauf hin, daß v. a. akustische Information intraoperativ wahrgenommen und postoperativ erinnert werden kann. Der auditiven Modalität muß daher die zentrale Rolle bei der Wahrnehmung während Anästhesie zugewiesen werden [1, 3–8, 11, 14, 21].

Unklarheit hingegen herrscht in der Frage, welche Substanzen oder Substanzkombinationen akustische Wahrnehmungen während Anästhesie und eine Erinnerung an intraoperative Ereignisse am zuverlässigsten unterdrücken. Es ist daher von besonderem Interesse, die Wirkungen der verschiedenen Anästhetika auf die akustische Reizverarbeitung zu untersuchen. Die Möglichkeit dazu besteht mit der Ableitung akustisch evozierter Potentiale. Sie stellen die spezifische Antwort des zentralen Nervensystems auf akustische Reize dar.

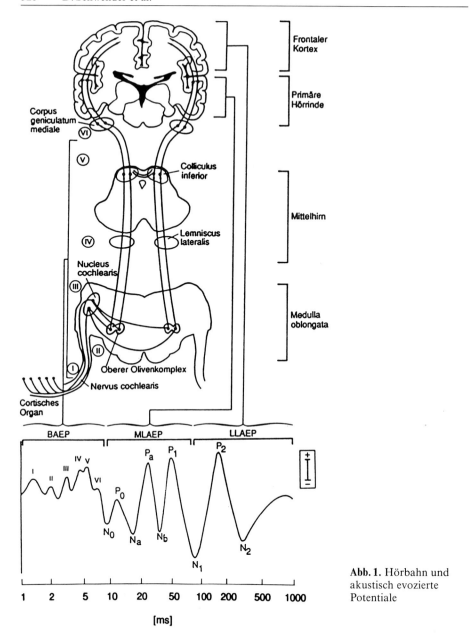

Abb. 1. Hörbahn und akustisch evozierte Potentiale

Hörbahn und akustisch evozierte Potentiale

In Abb. 1 sind der Verlauf eines akustischen Reizes vom Innenohr bis zur Hirnrinde und die Entstehungsorte der akustisch evozierten Potentiale dargestellt. Akustische Reize gelangen zunächst von der Kochlea über den N. cochlearis in den Nucleus cochlearis des Hirnstamms. Sie werden von dort über das lemniskale System, die

Colliculi inferiores und die Corpora geniculata mediales des Mittelhirns aufsteigend zum primären auditiven Kortex in den Temporallappen geleitet. Vom primären auditiven Kortex bestehen Verbindungen zum frontalen Kortex [24]. Die akustisch evozierten Potentiale bestehen aus einer Serie positiver und negativer Potentialschwankungen, die an verschiedenen Orten im Verlauf der Hörbahn generiert werden. Sie reflektieren die Aufnahme, Weiterleitung und Verarbeitung der akustischen Information von der Kochlea durch den Hirnstamm bis zur Hirnrinde.

Frühe akustisch evozierte Potentiale, hier als BAEP bezeichnet, werden von Strukturen der peripheren Hörbahn und des Hirnstamms generiert. Sie beweisen die Reiztransduktion und primäre Reiztransmission [26]. Akustisch evozierte Potentiale mittlerer Latenz, hier MLAEP, haben im primären auditiven Kortex des Temporallappens verschiedene z. T. sich überlagernde Generatoren und sind Abbild primärer kortikaler Reizverarbeitung [10, 17, 26, 30, 32]. Späte akustisch evozierte Potentiale, hier LLAEP, reflektieren die neuronale Aktivität in den kortikalen Projektions- und Assoziationsfeldern des Frontalhirns. Sie sind mit zunehmender Latenz elektrophysiologisches Korrelat emotionaler Signalwertung und kognitiver Analyse der auditiven Information [2, 20, 23, 27].

Die frühen vom Hirnstamm generierten akustisch evozierten Potentiale sind unter zentral wirksamer Medikation weitgehend stabil [22, 31]. Die späten akustisch evozierten Potentiale sind schon beim wachen Probanden sehr variabel und abhängig von Aufmerksamkeit, Interesse und Zuwendung [25]. Akustisch evozierte Potentiale mittlerer Latenz weisen beim wachen Probanden intra- und interindividuelle Stabilität auf [26]. Mit ihrer Ableitung läßt sich die primäre kortikale Reizverarbeitung, auch unter dem Einfluß zentral wirksamer Medikamente, mit elektrophysiologischen Methoden objektiv darstellen.

AEP-Ableitung bei Patienten

Wir untersuchten 175 Patienten, die sich einem elektiven allgemeinchirurgischen, gynäkologischen, urologischen oder kardiochirurgischen Eingriff unterziehen mußten. Bei allen Patienten wurden im Wachzustand und während Allgemeinanästhesie akustisch evozierte Potentiale abgeleitet. Die Ableitung der akustisch evozierten Potentiale erfolgte an Vertex positiv gegen Mastoide beidseits negativ und die Stirn als Nullelektrode. Über akustisch abgeschirmte Kopfhörer wurden akustische Klickreize mit einer Reizintensität von 70 Dezibel über der normalen Hörschwelle und einer Frequenz von 9,3 Hz beidohrig präsentiert. Aus 1000 Reizantworten wurde je ein akustisch evoziertes Potential über einen Poststimuluszeitraum von 100 ms erstellt.

Identifiziert wurden die nach der internationalen Nomenklatur bezeichneten Gipfel V, Na, Pa, Nb, P1 und N1 und ihre Latenzen vermessen. Abbildung 2 zeigt ein akustisch evoziertes Potential eines wachen Patienten. BAEP bezeichnet die innerhalb der ersten 10 ms nach Reiz auftretenden, von Hirnstammstrukturen generierten Potentiale. Sie und v. a. der besonders markante Gipfel V beweisen eine regelrechte Reiztransduktion, d. h. daß die akustischen Reize vom Innenohr ins Gehirn gelangt sein müssen. MLAEP markiert die Potentiale des mittleren Latenzbereichs. Sie haben im primären auditiven Kortex des Temporallappens lokalisierbare

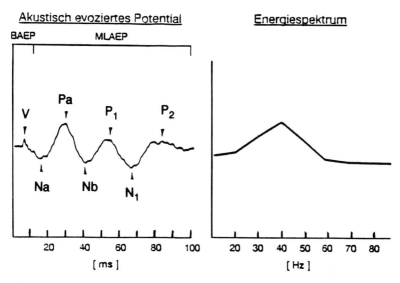

Abb. 2. AEP eines wachen Patienten

Generatoren und sind Abbild der primären kortikalen Verabeitung der auditiven Information [10, 17, 26, 30, 32]. Für wellenförmige, periodische Signale lassen sich Frequenzanalysen durchführen. Sie ermitteln die Energien einzelner Frequenzen, die in diesem Signal enthalten sind. In diesem Fall errechnete eine Fast-Fourier-Transformanalyse ein Energiespektrum des akustisch evozierten Potentials, das rechts dargestellt ist. Wie man hier sieht, weisen hohe Frequenzen im Bereich von 30–40 Hz den größten Energieanteil im akustisch evozierten Potential des wachen Patienten auf.

AEP und Anästhetika

Zunächst stellt sich die Frage, wie die verschiedenen Anästhetika auf die akustisch evozierten Potentiale mittlerer Latenz wirken. Die von uns untersuchten Substanzen lassen sich nach ihrer Wirkspezifität in 2 Gruppen unterteilen: Die unspezifischen Anästhetika wie die volatilen Substanzen Isofluran und Enfluran, das Barbiturat Thiopental und die intravenösen Anästhetika Etomidate und Propofol. Diese Substanzen werden deswegen als unspezifisch bezeichnet, weil sie ihre Wirkung an nahezu allen erregbaren biologischen Membranen entfalten. Im Gegensatz dazu stehen die rezeptorspezifischen Anästhetika wie die Benzodiazepine Midazolam, Diazepam, Flunitrazepam, das Opioid Fentanyl und das Phencyclidinderivat Ketamin. Diese Substanzen entfalten ihre Wirkungen vornehmlich im Bereich spezifischer Rezeptoren oder umschriebener Hirnareale. Akustisch evozierte Potentiale wurden jeweils vor und während der Anästhesie mit diesen Substanzen abgeleitet.

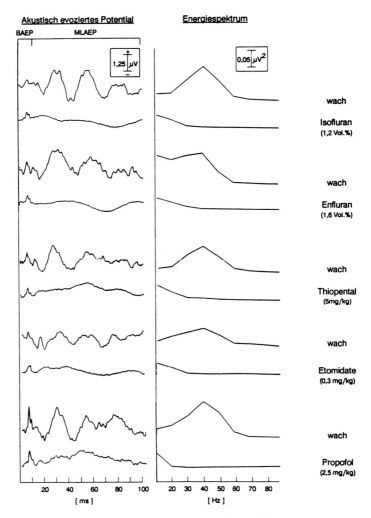

Abb. 3. AEP unter Isofluran, Enfluran, Thiopental, Etomidat und Propofol

Isofluran, Enfluran, Thiopental, Etomidat und Propofol

In Abb. 3 sind die akustisch evozierten Potentiale während Anästhesie mit den unspezifischen Substanzen Isofluran, Enfluran, Thiopental, Etomidat und Propofol dargestellt. Als Kontrolle sind die AEP der wachen Patienten jeweils im oberen Teil jeder Registrierung aufgezeichnet. Der vom Hirnstamm generierte Gipfel V ist in allen Fällen leicht zu identifizieren. Die AEP mittlerer Latenz haben im Wachzustand hohe Amplituden und eine charakteristische periodische Form. Während Anästhesie mit den unspezifischen Substanzen bleibt der vom Hirnstamm generierte Gipfel V unverändert ableitbar. Die akustisch evozierten Potentiale mittlerer Latenz hingegen sind vollständig unterdrückt. Das heißt, während Anästhesie mit diesen Substanzen erfolgt eine korrekte Transduktion und Verabeitung akustischer Reize

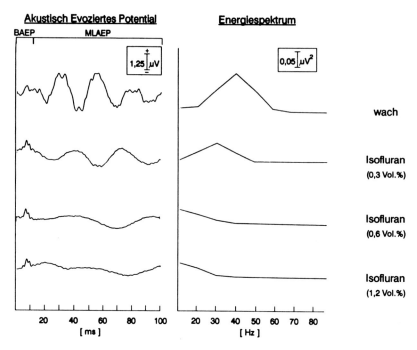

Abb. 4. AEP unter Isofluran: Dosiseffekte

bis auf ein Hirnstamm- oder Mittelhirnniveau. Die primäre kortikale Verarbeitung akustischer Reize im primären auditiven Kortex hingegen wird blockiert. Die Energiespektren der AEP zeigen bei den wachen Patienten wieder hohe Energien bei 30–40 Hz. Diese sind während Anästhesie mit den unspezifischen Substanzen unterdrückt, die relativen Energiemaxima der AEP in den Bereich niedriger Frequenzen verschoben.

Um zu demonstrieren, daß es sich bei der Wirkung der unspezifischen Anästhetika auf die akustisch evozierten Potentiale mittlerer Latenz nicht um ein Alles-oder-nichts-Phänomen handelt, leiteten wir akustisch evozierte Potentiale unter ansteigenden endexspiratorischen Konzentrationen von Isofluran ab (Abb. 4). In der oberen Zeile ist wieder das charakteristische AEP der wachen Patienten dargestellt. Unter ansteigenden Konzentrationen von Isofluran bleiben die Hirnstammpotentiale stabil. Die akustisch evozierten Potentiale mittlerer Latenz hingegen erfahren, wie in den darunterliegenden Registrierungen zu sehen, eine dosisabhängige Zunahme ihrer Latenzen und Verminderung ihrer Amplituden. Sie sind während Anästhesie mit 1,2 Vol.-% Isofluran nahezu vollständig unterdrückt.

Midazolam, Flunitrazepam, Diazepam, Fentanyl und Ketamin

Anders verhalten sich die akustisch evozierten Potentiale mittlerer Latenz während Anästhesie mit den Substanzen, die vornehmlich im Bereich spezifischer Rezeptoren oder definierter Hirnareale wirken (Abb. 5). Diese sind Midazolam, Flunitrazepam,

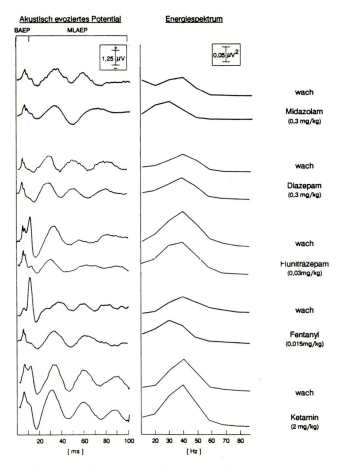

Abb. 5. AEP unter Midazolam, Diazepam, Flunitrazepam, Fentanyl und Ketamin

Diazepam, Fentanyl und Ketamin. Wieder sind jeweils in der oberen Zeile die AEP der wachen Patienten aufgezeichnet. Die Hirnstammpotentiale und v. a. der Gipfel V sind leicht zu identifizieren. Die Potentiale mittlerer Latenz haben hohe Amplituden und zeigen einen periodischen Verlauf. Während Anästhesie mit den rezeptorspezifischen Substanzen sind aber hier nicht nur die Hirnstammpotentiale, sondern auch die Potentiale mittlerer Latenz nahezu unverändert im Vergleich zum Wachzustand ableitbar. Dies bedeutet, daß während Anästhesie mit diesen Substanzen die primäre kortikale Verarbeitung akustischer Reize im primären auditiven Kortex nicht oder nur teilweise blockiert ist.

Um zu zeigen, daß dieser Effekt auch unabhängig von den verabreichten Dosierungen unter rezeptorspezifischen Substanzen zu beobachten ist, leiteten wir akustisch evozierte Potentiale unter ansteigenden Dosierungen des Opioids Fentanyl ab (Abb. 6). In der obersten Registrierung sieht man wieder das charakteristische, wenn auch durch hochfrequente Muskelpotentiale artefaktkontaminierte AEP der wachen Patienten. Unter ansteigenden Dosierungen von Fentanyl kommt es

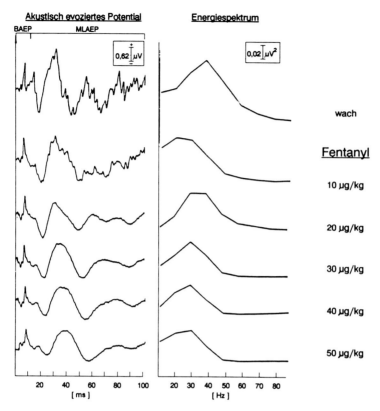

Abb. 6. AEP unter Fentanyl: Dosiseffekte

lediglich im Bereich späterer Latenzen zu einer leichten Potentialverflachung von P1. Dieser Effekt ist nicht dosisabhängig und schon nach der ersten Fentanylgabe zu beobachten. Die Hirnstammpotentiale und die frühen kortikalen Potentiale Na, Pa und Nb hingegen sind auch unter höchsten Fentanyldosen gegenüber dem Wachzustand nahezu unverändert registrierbar.

Nun stellt sich natürlich die Frage: Haben diese Befunde überhaupt eine klinische Relevanz? Stehen die AEP in einer Beziehung zur intraoperativen Wachheit? Oder sind die erhaltenen akustisch evozierten Potentiale mittlerer Latenz sogar eine Voraussetzung für ein postoperatives Erinnern intraoperativer akustischer Information? Wenn ja, wie kann eine Erinnerung an eine intraoperative akustische Information postoperativ am genauesten erfaßt werden? Eine Erinnerung an intraoperative Ereignisse setzt ja nicht nur die Funktionsfähigkeit des akustischen Systems, sondern auch eine weitgehend unbeeinträchtigte Funktion des Gedächtnisses oder zumindestens einzelner Gedächtnissysteme voraus.

Das explizite und das implizite Gedächtnis

Es soll daher eine einfache Einteilung des Gedächtnisses in seine verschiedenen funktionellen Systeme erläutert werden:

Explizites Gedächtnis:
- bewußt,
- aktiv,
- raum- und zeitbezogene Ereignisse,
- episodisch,
- „Was ist zu einer bestimmten Zeit an einem bestimmten Ort passiert?"

Implizites Gedächtnis:
- unbewußt,
- passiv,
- ohne Raum- und Zeitbezug,
- semantisch,
- „Was kommt spontan als erstes ins Gedächtnis?"

Die kognitive Neuropsychologie unterscheidet zwischen explizitem und implizitem Gedächtnis. Das explizite Gedächtnis erinnert bewußt und aktiv raum- und zeitbezogene Ereignisse, also Episoden aus dem Leben eines Individuums, das was zu einer bestimmten Zeit an einem bestimmten Ort passiert ist. Das implizite Gedächtnis hingegen erinnert unbewußt und passiv ohne Raum- und Zeitbezug in einem sinnhaften oder semantischen Zusammenhang, z. B. Sprachkenntnis oder Sachwissen [13, 18, 28].

Die funktionellen Unterschiede zwischen explizitem und implizitem Gedächtnis können am besten durch die Art, wie eine Erinnerungsaufgabe gestellt wird, veranschaulicht werden. So stellt die Frage, welches tagespolitische Thema im Februar 1991 die Medien beherrschte, eine Überprüfung des expliziten Gedächtnisses dar. Der Befragte muß sich bewußt und aktiv daran erinnern, was er im Februar 1991 z. B. in der Tageszeitung gelesen oder im Fernsehen gesehen hat (z. B. Berichte über den Golfkrieg).

Im Gegensatz dazu steht die Frage: „Was fällt Ihnen spontan als erstes Wort zu dem Begriff „Golf" ein?" – z. B. Auto, Sportart, Meeresströmung oder Krieg. Diese Frage stellt eine Überprüfung des impliziten Gedächtnisses dar. Sie fragt ein Wissen unabhängig von der Erinnerung einer biographischen Episode wie Zeitunglesen oder Fernsehen ab und ist Ausdruck eines unbewußten, passiven assoziativen Erinnerungsvorgangs [18, 19, 28].

Den Unterschied zwischen explizitem und implizitem Gedächtnis veranschaulicht eindrücklich ein bereits 90 Jahre zurückliegendes Experiment von Claparede [9]. Er gab seinen Amnesiepatienten zur Begrüßung die Hand, wobei er eine Nadel zwischen seinen Fingern hielt. Das war für die Patienten sehr unangenehm. Am darauffolgenden Tag konnten sich die Patienten nicht daran erinnern, Claparede jemals getroffen zu haben. Dennoch weigerten sie sich nun bei der Begrüßung, ihm die Hand zu geben, mit der Begründung, daß „Hände manchmal Nadeln enthalten" oder „Ihre Hände schmutzig sind". Dies zeigt deutlich, die Existenz dieser beiden Gedächtnissysteme, und daß diese unabhängig voneinander funktionieren können. Claparedes Patienten konnten ihre Erlebnisse unbewußt und implizit erinnern, ohne daß eine bewußte, explizite Erinnerung an die Umstände bestand, unter denen sie diese Information erworben hatten [29].

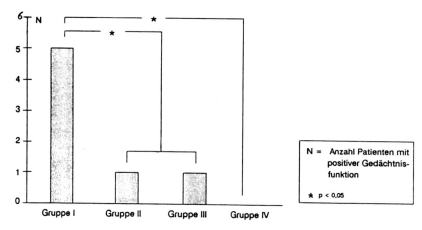

Abb. 7. Häufigkeit impliziter Erinnerungen

Explizites und implizites Gedächtnis und MLAEP während herzchirurgischer Eingriffe

Wie kann man nun diese neuropsychologischen Befunde auf die Situation Allgemeinanästhesie übertragen? Da eine Erinnerung an intraoperative Ereignisse nach herzchirurgischen Eingriffen besonders häufig ist [12], untersuchten wir das postoperative Erinnerungsvermögen bei 45 Patienten, die sich einer elektiven herzchirurgischen Operation unterziehen mußten. Die Allgemeinanästhesie wurde bei den Patienten der Gruppen II und III mit Etomidat und Fentanyl und bei den Patienten der Gruppe I mit Flunitrazepam und Fentanyl eingeleitet. Alle Patienten erhielten zur Narkoseaufrechterhaltung eine hochdosierte Opioidanalgesie mit Fentanyl. Diese wurde bei den Patienten der Gruppe I mit Flunitrazepam, bei den Patienten der Gruppe II mit Isofluran und in Gruppe III mit Propofol kombiniert. Eine 4. Gruppe diente als Kontrollgruppe, in der eines der genannten Anästhesieverfahren zur Anwendung kam. Nach Sternotomie wurden den Patienten der 3 Untersuchungsgruppen ein Tonbandtext vorgespielt, der eine implizite Gedächtnisaufgabe enthielt. Neben positiven Suggestionen für den perioperativen Behandlungsverlauf wurde die Geschichte von *Robinson Crusoe* erzählt und die Patienten gebeten, sich an *Robinson Crusoe* zu erinnern, wenn sie postoperativ zu ihren Assoziationen zu *Freitag* gefragt würden. Den Patienten der Kontrollgruppe wurde zur Erfassung falschpositiver Ergebnisse kein Tonband vorgespielt. Akustisch evozierte Potentiale wurden jeweils im Wachzustand vor und nach Tonbandeinspielung abgeleitet. 3–5 Tage postoperativ wurden die Patienten nach ihren intraoperativen Erlebnissen und ihren Assoziationen zum Kodewort „Freitag" befragt.

Kein Patient hatte eine explizite bewußte Erinnerung an intraoperative Ereignisse. Zwar machten einige Patienten Angaben über das Hören von Stimmen und Geräuschen, jedoch waren diese nicht eindeutig der intraoperativen Situation zu zuordnen. Auf die Frage, was den Patienten spontan zu dem Codewort „Freitag" einfällt, waren typische Antworten: „bevorstehendes Wochenende", „letzter Arbeitstag in der Woche", „Fischessen" oder ähnliche Assoziationen. Diese Angaben wurden auch von den Patienten gemacht, die dann spontan zu Freitag „*Robinson Crusoe*" und „*Insel*" assoziierten. Die Geschichte von „*Robinson Crusoe*" und der *Insel* wurde von den Patienten dann etwa so wiedergegeben: „Wenn Sie *Freitag* sagen, muß ich die ganze Zeit an eine *Insel* und den Roman von *Robinson Crusoe* denken, aber das hat mit Ihrer Frage wohl nichts zu tun". Oder: „Wenn Sie *Freitag* sagen, fällt mir ein, daß wir als Kinder immer auf einer kleinen *Insel* gespielt haben. Wir haben dort Würstchen gebraten und viele Abenteuer erlebt. Diese Insel nannten wir „*Robinson-Insel*." Die Patienten wiesen es jedoch entschieden zurück, intraoperativ etwas wahrgenommen zu haben.

In Abb. 7 sind die Häufigkeiten dieser unbewußten Erinnerungen für die einzelnen Gruppen dargestellt. Keine solche Assoziation war in der Kontrollgruppe zu beobachten. Jeweils einer Assoziation in der Propofol- und Isofluran-Gruppe standen 5 Assoziationen in der Flunitrazepam/Fentanyl-Gruppe gegenüber. Das heißt 5 von 10 Patienten der Flunitrazepam/Fentanyl-Gruppe erinnerten an das

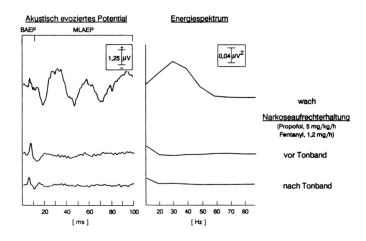

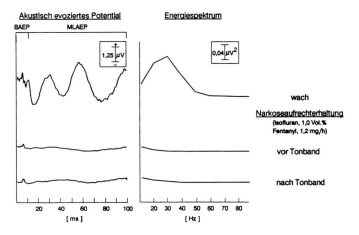

Abb. 8. AEP bei Patienten ohne implizite Erinnerung

Kodewort „*Freitag*" „*Robinson Crusoe*" und die *Insel,* d. h. zeigten deutliche Hinweise für eine unbewußte, implizite Erinnerung an den intraoperativen Tonbandtext.

Abbildung 8 zeigt die akustisch evozierten Potentiale von den Patienten, die postoperativ keine implizite Erinnerung an den intraoperativen Tonbandtext aufwiesen. Diese Patienten erhielten zur Anästhesie neben dem Opioid Fentanyl die intravenöse Substanz Propofol oder das volatile Anästhetikum Isofluran. In der oberen Registrierung sind wieder die akustisch evozierten Potentiale der wachen Patienten dargestellt. Sie haben hohe Amplituden und einen periodischen Verlauf. Während Allgemeinanästhesie sind in diesen Verläufen die akustisch evozierten Potentiale mittlerer Latenz vor und nach Präsentation des Tonbands vollständig unterdrückt. Die primäre kortikale Verarbeitung auditiver Information ist blockiert.

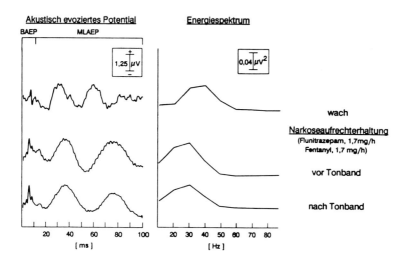

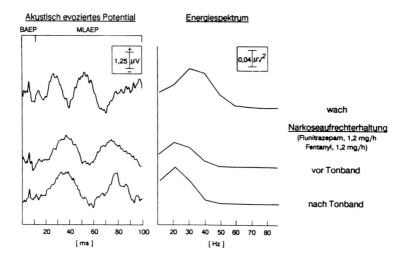

Abb. 9. AEP bei Patienten mit impliziter Erinnerung

Anders stellen sich die akustisch evozierten Potentiale von Patienten dar, bei denen eine implizite Erinnerung an den intraoperativen Tonbandtext postoperativ nachgewiesen werden konnte (Abb. 9). Diese Patienten erhielten zur Narkoseaufrechterhaltung des Opioid Fentanyl und das Benzodiazepin Flunitrazepam. Während Allgemeinanästhesie sind in diesen Verläufen die akustisch evozierten Potentiale mittlerer Latenz vor und nach Präsentation des Tonbands gegenüber dem Wachzustand nahezu unverändert ableitbar. Hier sind die elektrophysiologischen Voraussetzungen primärer kortikaler Verarbeitung akustischer Reize auch während Anästhesie teilweise erhalten.

Fazit

Während Anästhesie mit den unspezifischen Substanzen Isofluran, Enfluran, Thiopental, Etomidat und Propofol sind die akustisch evozierten Potentiale mittlerer Latenz und die primäre kortikale Verarbeitung akustischer Reize vollständig unterdrückt. Unter dem Einfluß der rezeptorspezifischen Substanzen Midazolam, Diazepam, Flunitrazepam, Fentanyl und Ketamin hingegen sind die akustisch evozierten Potentiale mittlerer Latenz nahezu unverändert ableitbar und die primäre kortikale Verarbeitung akustischer Reize weitgehend erhalten.

Während Anästhesie kann es zu einer Aufnahme, Verarbeitung und Speicherung von auditiver Information kommen. Diese intraoperative Information kann postoperativ in erster Linie unbewußt über eine implizite Gedächtnisfunktion erinnert werden.

Wir konnten eine enge Beziehung zwischen postoperativer Erinnerung und den akustisch evozierten Potentialen mittlerer Latenz feststellen. Waren die akustisch evozierten Potentiale mittlerer Latenz gegenüber dem Wachzustand unverändert ableitbar, wie während Anästhesie mit den rezeptorspezifischen Substanzen – Flunitrazepam und Fentanyl –, war postoperativ in 50% eine implizite Erinnerung nachweisbar. Waren die akustisch evozierten Potentiale mittlerer Latenz unterdrückt, wie während Anästhesie mit den unspezifischen Anästhetika Isofluran oder Propofol, konnte postoperativ keine implizite Erinnerung nachgewiesen werden.

Für die klinische Praxis bedeutet dies, daß unspezifische Substanzen wie das volatile Anästhetikum Isofluran oder die intravenöse Substanz Propofol zur Unterdrückung einer bewußten und unbewußten Wahrnehmung während Allgemeinanästhesie besser geeignet sind als rezeptorbindende Substanzen wie die Benzodiazepine und die Opioide. Zur Ausschaltung der auditiven Wahrnehmung während Allgmeinanästhesie sollte daher nicht auf die Gabe einer unspezifisch wirkenden Substanz verzichtet werden.

Literatur

1. Anon (1968) Is your anesthetized patient listening? JAMA 206:1004–1005
2. Bailey PL, Stanley TH (1990) Narcotic intravenous anesthetics. In: Miller RD (ed) Anesthesia. Churchill Livingstone, New York, pp 281–366

3. Bennett HL (1986) Response to intraoperative conversation. Br J Anaesth 58:134–135
4. Bennett HL, Davis HS, Giannini JA (1985) Non-verbal response to intraoperative conversation. Br J Anaesth 57:174–179
5. Breckenridge JL, Aitkenhead AR (1983) Awareness during anaesthesia: a review. Ann R Coll Surg 65:93–96
6. Cheek DB (1962) The anesthetized patient can hear and can remember. Am J Proctol 13:287–290
7. Cheek DB (1964) Further evidence of persistence of hearing under chemo-anesthesia: detailed case report. Am J Clin Hypn 7:55–59
8. Cheek DB (1980) Awareness of meaningful sounds under general anesthesia: Considerations and a review of the literature 1959–1979. In: Wain HJ (ed) Theoretical and clinical aspects of hypnosis. Symposia Specialists, Miami, pp 87–106
9. Claparede E (1911) Recognition et moiité [Reprinted as Recogniton and 'me-ness'. In: Rappaport D (ed) (1951) Organiszations and pathology of thought]. Arch Psychol 11:79–90 (New York Univ Press)
10. Deiber MP, Ibanez V, Fischer C, Perrin F, Maugiere F (1988) Sequential mapping favours the hypothesis of distict generators for Na and Pa middle latency auditory evoked potentials. EEG Clin Neurophysiol 71:187–197
11. Goldmann L (1988) Information processing under general anaesthesia: a review. J Roy Soc Med 81:224–227
12. Goldmann L, Shah MV, Hebden MW (1987) Memory and cardiac anaesthesia. Anaesthesia 42:596–603
13. Goldmann L, Ogg TW, Levey AB (1988) Hypnosis and daycase anaesthesia. A study to reduce preoperative anxiety and intra-operative anaesthetic requirements. Anaesthesia 43:466–469
14. Jones JG (1986) Hearing and memory in anaesthetised patients. Br Med J 292:1291–1293
15. Jones JG (1988) Awareness under anaesthesia. In: Anaesthesia Rounds (vol 21). ICI Pharmaceuticals, Macclesfield, UK, pp 1–28
16. Jones JG (1989) Depth of anaesthesia and awareness. In: Nunn JF, Utting JE, Brown BR Jr (eds) General Anaesthesia. Butterworths, London, pp 419–427
17. Kaga K, Hink RF, Shinoda Y, Suzuki J (1980) Evidence for a primary cortical origin of a middle latency auditory evoked potential in cats. EEG Clin Neurophysiol 50:254–266
18. Kihlstrom JF (1987) The cognitive unconscious. Science 237:1445–1452
19. Kihlstrom JF, Schacter DL (1990) Anaesthesia, amnesia, and the cognitive unconscious. In: Bonke B, Fitch W, Millar K (eds) Memory and awareness in anaesthesia. Swets & Zeitlinger, Amsterdam/Lisse, pp 21–44
20. Kutas M (1988) Review of event-related potential studies of memory. In: Gazzaniga MS (ed) Perspectives in memory research. MIT Press, Cambridge, pp 181–217
21. Levinson BW (1965) States of awareness during general anaesthesia. Br J Anaesth 37:544–546
22. Madler C, Keller I, Schwender D, Pöppel E (1991) Sensory information processing during general anaesthesia: Effect of isoflurane on auditory evoked neuronal oscillations. Br J Anaesth 66:81–87
23. Näätänen R, Picton TW (1987) The N1 wave of the human electric and magnetic response to sounds: A review and analysis of the component structure. Psychophysiology 24/4:375–425
24. Netter FH (1987) In: Krämer G (ed) Farbatlanten der Medizin, Band V, Nervensystem I. Thieme, Stuttgart New York, pp 177–178
25. Picton TW, Hillyard SA (1974) Human auditory evoked potentials. II: Effects of attention. EEG Clin Neurophysiol 36:191–199
26. Picton TW, Hillyard SA, Krausz HI, Galambos R (1974) Human auditory evoked potentials. I. Evaluation of components. EEG Clin Neurophysiol 36:179–190
27. Pockberger H, Rappelsberger P, Petsche H (1988) Cognitive processing in the EEG. In: Basar E (ed) Dynamics of sensory and cognitive processing by the brain. Springer, Berlin Heidelberg New York Tokyo, pp 266–274
28. Schacter DL (1987) Implicit memory: History and current status. J Exp Psychol 13:501–518
29. Schacter DL, McAndrews MP, Moscovitch M (1988) Access to consciousness: Dissociations between implicit and explicit knowledge in neuropsychological syndromes. In: Weiskrantz L (ed) Thought without language. Oxford Univ Press, Oxford, pp 242–278

30. Scherg M, Volk SA (1983) Frequency specificity of simultaneously recorded early and middle latency auditory evoked potentials. EEG Clin Neurophysiol 56:443–452
31. Thornton C, Heneghan CP, James MFM, Jones JG (1984) Effects of halothane or enflurane with controlled ventilation on auditory evoked potentials. Br J Anaesth 56:315–323
32. Woods DL, Clayworth CC, Simpson GV, Naeser MA (1987) Generators of middle- and long-latency auditory evoked potentials: Implications from studies of patients with bitemporal lesions. EEG Clin Neurophysiol 68:132–148

Algesimetrie durch schmerzkorrelierte evozierte Potentiale*

G. Kobal

In der experimentellen Schmerzforschung kommt v. a. der Art, wie Schmerzen hervorgerufen werden, eine besondere Bedeutung zu. Die Wahl eines geeigneten Schmerzreizes ist die entscheidende Voraussetzung, um Veränderungen im nozizeptiven System überhaupt spezifisch erfassen zu können.

Eine apparativ relativ einfache Möglichkeit, schmerzhafte Empfindungen hervorzurufen, ist die elektrische Reizung der Haut [4, 5] oder Zahnpulpa [8, 33, 37]. Bei der schmerzhaften elektrischen Hautreizung läßt es sich allerdings kaum vermeiden, daß neben Nozisensoren auch Mechano- oder Thermosensoren miterregt werden [11]. Vergleichbar dazu kommt es bei elektrischer Reizung der Zahlpulpa nicht nur alleinigen Stimulation von C- oder A_δ-Fasern, sondern auch von ebenfalls in der Zahlpulpa nachgewiesenen nichtnozizeptiven Afferenzen [10, 39].

Auf der Suche nach einem spezifischen Schmerzreiz beobachtete Kobal [19, 20], daß so verschiedene Substanzen wie Isoamylacetat, Ammoniak oder Kohlendioxid nach Applikation auf die Nasenschleimhaut einen hellen, stechenden Schmerz erzeugen. Kohlendioxid besitzt gegenüber den anderen Stoffen den Vorteil, daß es selektiv zu schmerzhaften Empfindungen in der Nase führt, und nicht, wie z. B. Ammoniak, auch Geruchsempfindungen auslöst [6]. Eine notwendige Voraussetzung für eine solche monomodale schmerzhafte Reizung ist allerdings die Verwendung einer speziellen Reizapparatur [21], mit der chemische Reize appliziert werden können, ohne gleichzeitig Mechano- oder Thermorezeptoren der Schleimhaut zu erregen. Das Schaltprinzip eines solchen Gerätes beruht auf der Beimischung des gewünschten Reizstoffes zu einem Luftstrom mit konstanter Flußrate, Temperatur und Feuchtigkeit, d. h. für die Zeidauer der Reizung ändert sich in der Nasenhöhle lediglich die Zusammensetzung des Gasgemisches.

Die nozizeptische Spezifität des Kohlendioxidreizes konnte in neueren Untersuchungen auch auf neuronaler Ebene nachgewiesen werden: So zeigten Thürauf et al. [45] an Ratten die Auslöschbarkeit elektrophysiologischer, nozizeptiver Reaktionen durch Vorbehandlung mit Capsaicin, das zur selektiven Desensibilisierung von C- und A_δ-Fasern führt [29]. Darüber hinaus beobachteten Steen et al. [41] in Einzelfaserableitungen in vitro, daß nach Reizung mit Kohlendioxid ausschließlich Fasern des nozizeptiven Systems mit einer Steigerung der Impulsrate reagierten.

Neben der Spezifität des schmerzhaften Kohlendioxidreizes ist als weiteres Charakteristikum seine Unschädlichkeit und damit beliebige Wiederholbarkeit

---

* Die im folgenden dargestellten Ergebnisse wurden von der Deutschen Forschungsgemeinschaft, der Marohn-Stiftung und dem Bundesministerium für Forschung und Technologie gefördert.

hervorzuheben. Diese Nichtinvasivität unterscheidet den schmerzhaften Kohlendioxidreiz v. a. von der thermischen Hautreizung mit Laserhitze [1, 7]. Hier kommt es zu einer Läsion der gereizten Hautpartie, und der Reizort muß infolgedessen häufig gewechselt werden [3].

Das chemosomatosensorisch evozierte Potential als Korrelat der Schmerzempfindung

In der experimentellen Schmerzforschung kam den evozierten Potentialen (EP) in den letzten Jahren eine zunehmende Bedeutung als nichtinvasives Meßverfahren zu [11, 35]. Unsere Arbeitsgruppe hat sich aus den oben genannten Gründen v. a. mit dem chemosomatosensorisch evozierten Potential (CSSEP) nach Reizung mit Kohlendioxid beschäftigt.

Evozierte Potentiale sind neuronale Antworten auf schnell einsetzende Reize, die im Elektroenzephalogramm (EEG) typischerweise als mehrphasige Spannungsänderungen auftreten. Allerdings überlagert in der Regel die Hintergrundaktivität des EEG (50–100 µV) die einzelnen Antworten der Großhirnrinde (8–40 µV). Um sie dennoch registrieren zu können, werden nach wiederholter Reizdarbietung die reizsynchronen EEG-Abschnitte gemittelt. Dieses Verfahren vergrößert den Abstand zwischen dem durch den Reiz determinierten Signal (EP) und den zufälligen „Rauschen" des Hintergrund-EEG, so daß das evozierte Potential eindeutig erkennbar wird (Überblick bei [32]). Chemosomatosensorisch evozierte Potentiale sind also diejenigen kortikalen Antworten, die nach chemischer Reizung des somatosensorischen Nervensystems (z. B. der Nervenendigungen des N. trigeminus) abgeleitet werden können. Um die Information zu quantifizieren, die im evozierten Potential enthalten ist, werden die Gipfel der gemittelten CSSEP ($n \approx 16$) und die Latenz vom Reizbeginn bis zu ihrem Auftreten ausgemessen [24]. CSSEP der im folgenden beschriebenen Studien wurden in der Regel von mehreren Positionen (Ableitepositionen der Mittellinie (Fz, Cz, Pz) sowie ipsi- und kontralaterale Ableitungen (F3, F4, C3, C4,)) bei gleichzeitiger Registrierung von Zwinkerartefakten (Pos. Fp2) gegen verbundene Ohrläppchen (A1 + A2) abgeleitet (Abtastfrequenz 250 Hz, Bandpass 0,2–70 Hz). Die gewonnenen Daten werden üblicherweise varianzanalytisch untersucht (MANOVA, „repeated measurement design"). Die größten Amplituden fanden sich bei allen vorausgegangenen Studien immer an der Ableiteposition Cz (Mittelwerte und Standardabweichungen s. Tabelle 1).

Eine erste, selbstverständliche Voraussetzung für den Einsatz von CSSEP zur Quantifizierung der Schmerzempfindung ist die Abhängigkeit der Potentialparameter von der Reizintensität. Müller [30] wies diesen Zusammenhang nach: Mit steigender Reizintensität beobachtete er eine Zunahme der Amplituden bei gleichzeitiger Verkürzung der Latenzzeiten (20 Probanden, MANOVA: $p < 0,01$) und zeigte die Korrelation zwischen subjektiven Intensitätseinschätzungen und den CSSEP ($p < 0,001$) (Tabelle 1). Aufgrund dieser Ergebnisse ist es unter kontrollierten experimentellen Bedingungen also zulässig, bei Veränderungen in den Amplituden und Latenzzeiten des CSSEP anzunehmen, daß sich entsprechend auch die subjektive Intensitätsempfindung der schmerzhaften Reize verändert.

Tabelle 1. Amplituden und Latenzzeiten der CSSEP (Ableiteposition Cz, n = 20; M = Mittelwert, SD = Standardabweichung; Amplituden in µV, Latenzzeiten in ms, Intensitätseinschätzungen in Schätzeinheiten; Ergebnisse aus [30])

		% v/v Kohlendioxid				
		32	38	45	52	58
Amplitude P1N1	M:	8,1	10,3	12,5	13,9	16,9
	SD:	4,9	6,3	6,6	7,6	8,1
Amplitude N1P2	M:	14,0	17,7	23,0	29,2	34,0
	SD	5,9	7,6	9,4	9,9	11,7
Latenzzeit P1	M:	341,6	312,1	273,6	244,1	226,8
	SD:	96,4	98,2	77,4	83,8	56,7
Latenzzeit N1	M:	430,7	407,3	363,4	343,0	324,6
	SD:	95,8	95,1	72,9	71,3	47,7
Latenzzeit P2	M:	640,0	623,4	560,0	525,2	506,4
	SD:	124,8	115,5	100,3	83,9	77,0
Intensitäts-	M:	12,7	20,4	56,5	98,7	143,3
schätzung	SD:	8,4	11,9	19,7	21,5	20,1

Eine der wichtigsten Randbedingungen ist das Intervall zwischen den einzelnen Reizen, die wegen des Mittelungsverfahrens wiederholt angeboten werden müssen. Evozierte Potentiale wie auch Intensitätsempfindungen sind auch in anderen Sinnessystemen [36, 40] nicht unabhängig von der Reizfolgefrequenz. Um Klarheit über eventuelle Adaptations- oder Habituationsvergänge zu gewinnen, untersuchten wir [22] deshalb das Verhalten der CSSEP bei verschieden schneller Reizabfolge.

Serien von jeweils 6 Kohlendioxidreizen mit unterschiedlichen Interstimulusintervallen (8, 4 und 2 s) wurden mehrfach wiederholt appliziert (22 Probanden).

Je kürzer das Reizintervall war, desto stärker war die Reduktion der CSSEP-Amplituden (MANOVA: $p < 0,01$). Die Schmerzintensitätsangaben veränderten sich bei Intervallen von 8 und 4 s gleichsinnig mit den CSSEP-Amplituden. Hingegen wurden bei Verwendung des Reizintervalls von 2 s trotz deutlicher Abnahme der Potentialamplituden eine Zunahme der Schmerzempfindung beobachtet. Die Probanden berichteten, daß sich unter dieser experimentellen Bedingung im Verlauf der repetitiven Stimulation neben dem hellen, stehenden ein länger anhaltender, dumpf brennender Schmerz entwickelt, daß also eine Veränderung in der Schmerzqualität auftrat. Beide Schmerzempfindungen, dumpf brennender und hell stechender Schmerz, wurden von den Probanden im Rahmen der einfachen Intensitätsabfrage nicht als 2 getrennte Schmerzanteile, sondern als eine Entität angegeben, was in der „Empfindungssummierung" zu den höheren Schätzwerten führte. Das davon verschiedene Verhalten der CSSEP kann so erklärt werden, daß die evozierten Potentiale hauptsächlich den Anteil der nozizeptiven Information widerspiegeln, der durch A_δ-Fasern vermittelt wird [46]. Beim Interstimulusintervall von 2 s nahm der helle Schmerz wahrscheinlich wie bei Verwendung der anderen Reizintervalle im Sinne einer Habituation ab, während der neu durch die schnellere Reizabfolge hinzugekommene Anteil der C-Fasern an der Schmerzempfindung nicht im CSSEP abgebildet wurde.

Die genannten Studien [22, 30] zeigten also, daß das CSSEP als Korrelat bestimmter Anteile der Informationsverabeitung im nozizeptiven System angesehen werden kann. Die in ihm enthaltene Information ist allerdings kein Spielgelbild des gesamten komplexen Schmerzerlebens. Vielmehr muß das CSSEP als ein sensibles Meßinstrument betrachtet werden, daß die Quantifizierung besonders der Anfangsphase einer Schmerzempfindung erlaubt.

Eine häufig geübte Kritik an der Algesimetrie mit schmerzkorrelierten evozierten Potentialen beruht auf einem Zweifel an der Spezifität dieser sog. „late nearfield potentials". Von manchen Autoren wird ihnen lediglich der Charakter einer unspezifischen Weckreaktion zugestanden [2, 13]. Diese Kritik ist berechtigt, solange nicht nachgewiesen werden kann, daß das CSSEP in kortikalen Arealen generiert wird, die als Zentrum der nozizeptiven Informationsverarbeitung angesehen werden. Huttunen et al. [16] führten deshalb magnetenzephalographische Messungen mit einem vierkanaligen SQUID Gradiometer [17] durch (4 Probanden). Die maximale Auslenkung der so abgeleiteten Antwort erschien gleichzeitig mit dem elektroenzephalographisch abgeleiteten negativen Gipfel N1. Die entsprechenden Dipole, die den CSSEP-Gipfel auslösten, fanden sich in einem 2,5·2,5 cm großen Areal, in dem Sulcus centralis und Fissura lateralis aufeinander treffen. In diesem Areal wird eine – vielleicht sogar primäre – kortikale Repräsentation des nozizeptiven Systems vermutet [9]. Damit konnte gezeigt werden, daß das CSSEP keine unspezifischen Erregungen im Sinne von Arousal, sondern kortikale Aktivitäten des schmerzverarbeitenden Systems widerspiegelt.

Anwendung der CSSEP in der Algesimetrie

Nachdem davon ausgegangen werden konnte, daß die nach schmerzhafter Reizung der Nasenschleimhaut abgeleiteten CSSEP Korrelate spezifischer schmerzhafter Prozesse sind und sich in Abhängigkeit von der Schmerzintensität verändern, wurde ihre Tauglichkeit als Instrument zur Quantifizierung der Wirkung von Schmerzmitteln überprüft. Kobal et al. [27] führten vor und nach i.v.-Gabe von Fentanyl (0,2 mg) CSSEP-Messungen durch (5 Probanden). Erwartungsgemäß kam es unter der Wirkung des Analgetikums gleichzeitig mit einer Abnahme der subjektiven Schmerzempfindung zu einer Abnahme der CSSEP-Amplituden und einer Verlängerung der Latenzzeiten (t-test: $p < 0,05$). Um schlüssig zu zeigen, daß diese Veränderungen tatsächlich durch Fentanyl verursacht waren, wurden die Wirkungen des Opioids mit Naloxon (0,4 mg i.v.) antagonisiert. Daraufhin kam es zu einer vollständigen Normalisierung der schmerzkorrelierten kortikalen Antworten, und auch die Schmerzintensitätsschätzungen erreichten wieder die Werte, wie sie vor Verabreichung des Analgetikums gemessen worden waren.

Eine an diese Ergebnisse anknüpfende Untersuchung ging der Frage nach, ob sich auch die Effekte von peripher wirksamen Analgetika mit Hilfe der CSSEP nachweisen lassen. Insbesondere sollte aber getestet werden, ob mit schmerzkorrelierten evozierten Potentialen Hinweise auf unterschiedliche Wirkmechanismen von Analgetika gefunden werden können.

Kobal et al. [28] verabreichten als einen Vertreter der „peripher" wirksamen Analgetika Acetylsalicylsäure (ASS, 1 g i.v.) und als Vertreter der „zentral" wirksamen Analgetika das Opioid Pentazocin (30 mg i.v.; 14 Probanden). Nach Gabe beider Schmerzmittel zeigte sich eine signifikante Abnahme der CSSEP-Amplituden im Vergleich zu Placebo (MANOVA: $p < 0,01$), wobei die Wirkungen von Pentazocin und ASS bereits während der Verteilungsphase einsetzten. Darüber hinaus fanden sich interessante Unterschiede in der Topographie der CSSEP-Veränderungen: Während nach ASS v. a. in den frontalen Ableitepositionen eine Abnahme der Amplituden beobachtet wurde, kam es unter Pentazocin zu einer Amplitudenreduktion an allen Positionen. Die Effekte des zentral wirksamen Pentazocin und der peripher wirksamen ASS schienen also unterschiedliche Hirnareale zu betreffen.

Diese Ergebnisse können derzeit noch nicht endgültig interpretiert werden. Als mögliche Erklärung des unterschiedlichen Verteilungsmusters könnte eine Verlagerung oder Umorientierung kortikaler Generatoren des CSSEP in Abhängigkeit vom verwendeten Analgetikum verantwortlich gemacht werden. Es muß zukünftigen Studien vorbehalten bleiben, diese Hypothese mit Hilfe magnetenzephalographischer [16] oder elektroenzephalographischer [38] Quellenanalyse genauer zu untersuchen.

Mit der Ableitung von CSSEP konnte auch ein Kriterium für die Wirksamkeit der therapeutischen elektrischen Stimulation des Ganglion Gasseri [43] bei Patienten mit sonst therapierefraktärer atypischer Trigeminusneuralgie (n = 5) erarbeitet werden [26]. Während und nach der therapeutischen Stimulation fand sich gleichzeitig mit einer Schmerzlinderung eine Abnahme der Amplituden der CSSEP und eine Zunahme der Latenzzeiten (t-test: $p < 0,01$). Darüber hinaus fanden sich Hinweise, daß die analgetische Wirkung einer zeitlich begrenzten therapeutischen Stimulation noch mehrere Stunden anhielt (vgl. [34]).

Ein Problem in der Algesimetrie mit evozierten Potentialen v. a. nach der Gabe von Opioiden besteht in der möglichen Interferenz von Analgesie und nichtanalgetischen Faktoren, beispielsweise der Sedierung. Hoesl [14] untersuchte deshalb die Wirkungen von Diazepam (10 mg p.o.) und Tetrazepam (50 mg p.o.) auf das CSSEP im Vergleich mit Placebo (10 Probanden). Beide Benzodiazepine riefen zwar eine deutliche Müdigkeit bei den Probanden hervor, beeinflußten die CSSEP-Parameter allerdings kaum (t-test). Er konnte also nicht nur nachweisen, daß die CSSEP in gewissen Grenzen insensitiv gegenüber sedierenden Einflüssen sind, sondern auch erneut zeigen, daß Benzodiazepine keine objektiv nachweisbaren antinozizeptiven Eigenschaften besitzen (vgl. [12]). Nicht zuletzt wurde durch diese Studie die Aussagekraft der Befunde nach Gabe von Opioidanalgetika erhöht, da die beobachteten Veränderungen der CSSEP offensichtlich nicht durch sedierende Wirkungen hervorgerufen worden waren.

Aber nicht nur die Wirkung von Opioiden läßt sich mit Hilfe der CSSEP nachweisen, sondern auch die des neuartigen Analgetikums Flupirtin, das seine zentralnervöse Wirkung nicht über die Bindung an Opioidrezeptoren entfaltet [31, 46]. Zur Zeit ist über den Wirkmechanismus dieser Substanz lediglich bekannt, daß sie zur Entfaltung eines analgetischen Effektes ein intaktes adrenerges System benötigt [44]. Mit Hilfe der schmerzkorrelierten evozierten Potentiale konnte nicht nur die Dosis festgelegt werden [15] (20 Probanden), bei der ein maximaler analgetischer Effekt zusammen mit einem minimalen Auftreten von unerwünschten

Wirkungen vorliegt (MANOVA: p<0,05), sondern es wurde auch der zeitliche Verlauf der analgetischen Wirkung bestimmt [23] (12 Probanden, t-test: p<0,05). Die CSSEP erwiesen sich damit als ein zuverlässiges Instrument in der Entwicklung und Bewertung analgetisch wirksamer Substanzen, mit dessen Hilfe auch schnelle zeitliche pharmakodynamische Veränderungen beurteilt werden können.

Es bot sich an, diese neu entwickelten Methoden auch zur Beantwortung klinischer Fragestellungen, wie z. B. der intraoperativen Schmerzmessung während der Narkose, anzuwenden. Normalerweise stehen dem Anästhesisten lediglich Veränderungen der Kreislaufparameter als Hinweise auf eine ungenügende analgetische Therapie zur Verfügung. In einer explorativen Studie an Patienten (n=12) beobachteten Kobal et al. [25] während intraoperativer Messungen eine Puls- und Blutdruckzunahme, die allerdings nicht mit einer Änderung der CSSEP-Amplituden einherging. Ohne daß deutliche Änderungen im Operationsgeschehen vorgenommen oder Analgetika gegeben worden waren, kam es in diesen Fällen im weiteren Verlauf zu einer Normalisierung der Kreislaufparameter bei auch weiterhin stabilen Amplituden und Latenzzeiten der CSSEP. Eine unnötigerweise hohe Dosierung zentral wirksamer Analgetika konnte also durch die begleitenden CSSEP-Ableitungen vermieden werden. Einschränkend muß jedoch angemerkt werden, daß eine routinemäßige Anwendung von CSSEP zum intraoperativen Analgesiemonitoring weitere extensive Studien erfordert, um den möglichen Einfluß der verschiedenen während der Narkose verabreichten Medikamente auf das evozierte Potential und die Nozizeption klar darzustellen.

Peripher abgeleitete Korrelate der Schmerzempfindung: das negative Mukosapotential

Chemosomatosensorisch evozierte Potentiale ermöglichen also die Registrierung quantitativer Veränderungen der Schmerzempfindung. Dabei bleibt allerdings undifferenzierbar, ob diese Veränderungen im nozizeptiven System auf peripherer oder zentraler Ebene auftreten.

Mit der Ableitung elektrischer Biopotentiale von der nasalen Regio respiratoria nach schmerzhafter chemischer Reizung gelang es Kobal [19], auch den peripheren Bereich der Nozizeption Messungen zugänglich zu machen. Er konnte zeigen [20] (4 Probanden), daß dieses negative Mukosapotential (NMP) sowohl mit der Reizintensität als auch den Schmerzintensitätsangaben korreliert, und interpretierte es als Summengeneratorpotential trigeminaler Nozisensoren.

Thürauf et al. [45] übertrugen dieses Modell auf die Ratte und wiesen durch Anwendung verschiedener Pharmaka (Guanethidin, Capsaicin etc.) den peripheren Ursprungsort nach. Dabei reproduzierten sie die humanexperimentellen Befunde von Kobal [19, 20] nicht nur hinsichtlich der Anwendung von Lokalanästhetika (n=5; MANOVA: p<0,05), sondern sie beobachteten auch periphere analgetische Effekte von Opioiden (vgl. [18, 42]), die ebenfalls von Kobal [20] bereits in Studien am Menschen beschrieben worden waren.

In Kontrollmessungen wurden mikrozirkulatorische Durchblutungsänderungen der gereizten Nasenschleimhaut gemessen. Ziel dieser Fragestellung war zu untersuchen, ob das NMP ein Epiphänomen solcher z. B. auch durch Substanz-P-

Ausschüttung stimulierter C-Fasern vermittelter Effekte sei. Es konnte eindeutig gezeigt werden, daß die in der Tat auftretenden Durchblutungsänderungen zwar mit der schmerzhaften Reizung korrelieren, zeitlich aber von dem NMP klar distanziert – bis zu 3s später – auftreten. Auch konnte in einer neueren Studie (Thürauf et al. unveröffentlicht) an Probanden nachgewiesen werden, daß das NMP streng auf die gereizte Mukosa begrenzt auftritt, während die Durchblutungsänderungen sogar in der kontralateralen Nasenhöhle beobachtet werden können. In einer weiteren Studie ist ebenso klar der Nachweis geführt worden, daß das NMP eine sehr hohe Intensitätsdifferenzierung – im Falle des CO_2 im Bereich von 3% Unterschied in der Konzentration – aufweist, was ebenfalls durch eine Generierung im afferenten Schenkel erklärt werden kann. Die subjektiven Einschätzungen und die evozierten Potentiale erreichten diese hohe Unterschiedsschwelle nicht.

Während der Untersuchungen des NMP im Tierversuch wurde ein interessantes Phänomen beobachtet, das für den Anwendungsbereich des Analgesiemonitorings eine besondere Bedeutung erhält (Thürauf et al., unveröffentlicht). Die mit Urethan narkotisierten, spontan atmenden Ratten wurden so präpariert, daß nicht nur das NMP, sondern auch die evozierten Potentiale und die EEG-Hintergrundaktivität abgleitet werden konnte. In verschiedenen Versuchsreihen wurden die Opioide Fentanyl und Pentazocin, sowie das zentral, aber nicht über Opioidrezeptoren wirksame Flupirtin appliziert. Alle 3 Substanzen führten zu einer weitgehenden Verringerung des evozierten Potentials. Die Amplitudenreduktion und Latenzzeitverlängerung war deutlich besonders nach der Applikation von Fentanyl. Für einen Zeitraum von einigen Sekunden nach der Applikation der Reize *ohne* Behandlung konnte eindeutig eine Veränderung der Hintergrundaktivität beobachtet werden, die im wesentlichen aus einer Reduktion der langsamen Wellenanteile bestand. Mit anderen Worten, die schmerzhafte Stimulation führte zu einer klar nachweisbaren Arousalreaktion. Aus den übrigen Beobachtungen ging allerdings auch klar hervor, daß die Tiere durch die Reizung nicht aufwachten, sondern weiterhin in einer Allgemeinnarkose verblieben. Wurden die Tiere nun mit den genannten Analgetika behandelt, blieb die Frequenzveränderung aus. Trotz schmerzhafter Reizung wurden aufgrund der analgetischen Wirkung offensichtlich die Afferenzen zur Hirnrinde soweit inhibiert, daß es eben nicht mehr zu der erwarteten Arousalreaktion kam. Es wird vorgeschlagen, eine ähnliche, auf den narkotisierten Patienten optimierte Methode zu entwickeln, die neben den schmerzkorrelierten Potentialen auch eine gezielte relationale Frequenzanalyse einschließt. Dabei werden EEG-Abschnitte während starker Schmerzreizung mit anderen vorher und nacher verglichen. Der Vorteil einer solchen Methode läge in der Verwendung diverser Schmerzreize, die nicht notwendigerweise die extrem hohen zeitlichen Anforderungen erfüllen müssen, wie sie für die Registrierung evozierter Potentiale unbedingt erforderlich sind.

Literatur

1. Arendt-Nielsen L (1990) First pain event related potentials to argon laser stimuli: Recording and quantification. J Neurol Neurosurg Psychiat 53:398–404
2. Baçar E (1984) Relation between electroencephalogram and event-related potentials. In: Bromm B (ed) Pain measurement in man. Elsevier, Amsterdam, pp 203–218
3. Biehl R, Treede R-D, Bromm B (1984) Pain ratings of short radiant heat pulses. In: Bromm B ed) Pain measurement in man. Elsevier, Amsterdam, pp 397–408
4. Bromm B, Meier W, Scharein E (1986) Imipramine reduces experimental pain. Pain 25:245–257
5. Buchsbaum MS, Davis GG (1979) Application of somatosensory event-related potentials to experimental pain and the pharmacology of analgesia. In: Lehmann D, Callaway E (eds) Human evoked potentials: Applications and problems. Plenum, New York, 43–54
6. Cain WS, Murphy C (1980) Interaction between chemoreceptive modalities of odour and irritation. Nature 284:255–257
7. Carmon A, Mor J, Goldberg J (1976) Evoked cerebral responses to noxious thermal stimuli in humans. Exp Brain Res 25:103–107
8. Chatrian GE, Canfield RC, Lettich E, Black RG, Knauss TA (1975) Cerebral responses to electrical tooth pulp stimulatin in man. Neurology 25:745–757
9. Chudler EH, Dong WK, Kawakamy (1985) Tooth pulp evoked potentials in the monkey: Cortical surface and intracortical distribution. Pain 22:221–223
10. Dong WK, Chudler EH, Martin RF (1985) Physiological properties of intradental mechanoreceptors. Brain Res 334:389–395
11. Gracely RH (1989) Methods of testing pain mechanisms in normal man. In: Wall PD, Melzack R (eds) Textbook of pain, 2nd edn. Churchill Livingstone, Edinburgh, pp 257–268
12. Gracely RH, McGrath P, Dubner R (1978) Validity and sensitivity of ratio scales of sensory and affective verbal pain descriptors. Pain 5:19–29
13. Harkins SW, Price DD, Katz MA (1983) Are cerebral evoked potentials reliable indices of first or second pain? In: Bonica JJ, Lindblom U, Iggo A (eds) Advances in pain research and therapy, vol 5. Raven, New York, pp 185–191
14. Hoesl M (1989) Beeinflussung schmerzkorrelierter evozierter Potentiale durch Analgetika und Benzodiazepine. Med Dissertation, Univ Erlangen-Nürnberg
15. Hummel T, Friedmann T, Pauli E, Kobal G (1989) Dose-related effects of flupirtine. Naunyn-Schmiedeberg's Arch Pharmacol 339 (Suppl):R101
16. Huttunen J, Kobal G, Kaukoronta E, Hari R (1986) Cortical responses to painful CO_2-stimulation of nasal mucosa: A magnetencephalographic study in man. J Electroenceph Clin Neurophysiol 64:347–349
17. Ilmoniemi R, Hari R, Reinikainen K (1984) A four-channel SQUID magnetometer for brain research. J Electroenceph Clin Neurophysiol 64:467–473
18. Joris JL, Dubner R, Hargreaves KM (1987) Opioid analgesia at peripheral sites: A target for opioids released during stress and inflammation? Anesth Analg 66:1277–1281
19. Kobal G (1981) Elektrophysiologische Untersuchungen des menschlichen Geruchssinnes. Thieme, Stuttgart
20. Kobal G (1985) Pain-related electrical potentials of the human nasal mucosa elicited by chemical stimulation. Pain 22:151–163
21. Kobal G (1987) Process for measuring sensory qualities and apparatus therefore. United States Patent Number 4,681,121
22. Kobal G, Hummel T (1985) Human cerebral evoked potentials to different repetition rates of painful CO_2-stimuli. Eur J Physiol 403 (Suppl):R62
23. Kobal G, Hummel T (1988) Effects of flupirtine on the pain-related evoked potential and the spontaneous EEG. Agents Actions 23½:117–119
24. Kobal G, Hummel T (1989) Brain responses to chemical stimulation of trigeminal nerve in man. In: Green BG, Mason JR, Kare MR (eds) Chemical senses, vol 2: Irritation, Marcel-Dekker, New York, pp 123–129
25. Kobal G, Kamp H-D, Brunner M (1986) Analgesimetrie mit Hilfe schmerzkorrelierter evozierter Potentiale während der Narkose. In: List WF, Steinbereithner K, Schalk HV (eds)

Intensiv- und Notfallmedizin – Neue Aspekte. Springer, Berlin Heidelberg New York Tokyo, S 40–45
26. Kobal G, Steude U, Raab WH-M, Hummel C, Hamburger C (1987) Pain-related evoked potentials after electrical stimulation of the Gasserian ganglion in patients with atypical trigeminal neuralgia. Pain (Suppl 4):S5
27. Kobal G, Hummel T, Hösl M (1989) Pain-related evoked potentials by chemical stimuli: Effects of analgesics. In: Lipton S, Tunks E, Zoppi M (eds) Advances in pain research and therapy vol 12. Raven, New York, pp 95–98
28. Kobal G, Hummel C, Nürnberg B, Brune K (1990) Effects of pentazocine and acetylsalicylic acid on pain-rating, pain-related evoked potentials and vigilance in relationship to pharmacokinetic parameters. Agents Actions 29:342–359
29. Lynn B (1990) Capsaicin: Actions on nociceptive C-fibres and therapeutic potentials. Pain 41:61–69
30. Müller G (1988) Schmerzkontrollierte evozierte Potentiale nach Stimulation der menschlichen Nasenschleimhaut mit verschiedenen Kohlendioxid-Konzentrationen. Med Dissertation, Univ Erlangen-Nürnberg
31. Nickel B, Herz A, Jakovlev V von, Tibes U (1985) Untersuchungen zum Wirkmechanismus des Analgetikums Flupirtin. Arzneim Forsch/Drug Res 35:1402–1409
32. Picton TW, Hillyard SA (1988) Endogenous event-related potentials. In: Picton TW (ed) EEG-handbook (revised series, vol 3). Elsevier, Amsterdam, pp 361–426
33. Raab WH-M (1983) Gemittelte Hirnrindenpotentiale des Menschen nach elektrischer Reizung der Zahnpulpa und des Parodontiums: Methodik und Intensitätsabhängigkeit. Med Dissertation, Universität Erlangen-Nürnberg
34. Raab WH-M, Kobal G, Steude U, Hamburger C, Hummel C (1987) Die elektrische Stimulation des Ganglion Gasseri bei Patienten mit atypischem Gesichtsschmerz. Dtsch Zahnärztl Z 42:793–797
35. Regan D (1989) Human brain electrophysiology. Elsevier, New York, p 280
36. Ritter W, Vaughan HG, Costa LD (1968) Orienting and habituation to auditory stimuli: A study of short term changes in average evoked responses. J Electroenceph Clin Neurophysiol 25:550–556
37. Rohdewald P, Drehsen G, Milsmann E, Derendorf H (1983) Relationsip between saliva levels of metamizol metabolites, bioavailability and analgesic efficacy. Arzneim Forsch/Drug Res 33:985–988
38. Scherg M, Cramon D von (1986) Evoked dipole source potentials of the human auditory cortex. J Electroenceph Clin Neurophysiol 65:344–360
39. Sessle BJ (1979) Is the tooth pulp a "pure" source of noxious input? In: Bonica JJ, Liebeskind JC, Albe-Fessard DG (eds) Advances in pain research and therapy, vol 3. Raven, New York, pp 245–260
40. Shipley T, Hyson M (1977) Amplitude decrements in brain potentials in man evoked by repetitive auditory, visual, and intersensory stimulation. Sens Proc 1:338–353
41. Steen KH, Anton F, Reeh PW, Handwerker HO (1990) Sensitization and selective excitation by protones of nociceptive nerve endings in rat skin, in vitro. Pflügers Arch 415:R106
42. Stein C, Millan MJ, Shippenberg TS, Peter K, Herz A (1989) Peripheral opioid receptors mediating antinoception in inflammation. Evidence for involvement of μ-, δ- and $\varkappa$-receptors. J Pharmacol Exp Ther 248:1269–1275
43. Steude U (1984) Radiofrequency electrical stimulation of the Gasserian ganglion in patients with atypical trigeminal pain. Methods of percutaneous test-stimulation and permanent implantation of stimulation devices. Acta Neurochir 33 (Suppl):481
44. Szelenyi I, Nickel B, Borbe HO, Brune K (1989) Mode of antinociceptive action of flupirtine in the rat. Br J Pharmacol 97:835–842
45. Thürauf N, Friedel I, Hummel C, Kobal G (1991) The mucosal potential elicited by noxious chemical stimuli with CO_2 in rats: is it a peripheral nociceptive event? Neuroscience Letters: 297–300
46. Treede R-D, Kief S, Hölzer T, Bromm B (1988) Late somatosensory evoked cerebral potentials in response to cutaneous heat stimuli. J Electroenceph Clin Neurophysiol 70:429–441
47. Vaupel DB, Nickel B, Beckettes K (1989) Flupirtine antinociception in the dog is primarily mediated by nonopioid supraspinal mechanisms. Eur J Pharmacol 162:447–456

Sachverzeichnis

Adaptation response 144
Aktivität, zerebrale 61, 144
Akustikusneurinom 164–167
akustisches System 11, 320
akustisch evoziertes Potential (AEP)
  s. evozierte Potentiale
Alfentanil 93, 149, 197, 315
Algesimetrie s. Schmerzmessung
Alphakoma 14
Analgesie 295, 337
Analgetika 148, 294, 338
Analgosedierung 255–259, 314
- Sedierungstiefe 253
- Überwachung 253–261
- Verfahren 255–259
Anamnese, neurologische 43–44
Anästhesie
- Aufwachphase 150
- Bewußtseinsausschaltung 277, 294–297, 314
- Definition 279
- feed-back Steuerung 314
- Inhalationsanästhesie 138–146, 295
- intravenöse 146–150
- Komponenten 294, 314
- molekulare Wirkung 278–284
- Monitoring 112, 121, 128, 293–299, 306, 314
- Reflexdämpfung 295
- totale intravenöse (TIVA) 147, 150, 158, 314
- Triade 314
- Wirkmechanismus 277–290
- zelluläre Wirkung 285
Anästhesietiefe s. Narkosetiefe
Anästhetika
- Eigenschaften, physikochemische 280
- intravenöse 14, 146–150, 158, 279, 322
- Lipophilie 280–284, 287–289
- Polarität 289
- spezifische 324–326, 331
- unspezifische 288, 322–324, 331
- volatile 92, 107, 132, 138–146, 157, 196–198, 279, 288, 320, 323
- Wirkstärke 280, 287

Aneurysmaoperation, zerebrale 157, 162–165, 181
Anfallsleiden s. Epilepsie
Angiographie 55
Antiepileptika 30, 62, 195–198
Antikonvulsiva 30, 62, 195–198
Aortenchirurgie 116, 122, 162, 208–212
apallisches Syndrom 14, 21, 65, 265
aperiodische Analyse 308
Apnoetest 269
Apoplex 3, 208
Arachidonsäure 21, 33, 230
Arousal 314, 337
Atemstörung 238
Atracurium 149
Aufwachtest 161
autonomes Nervensystem 294
Autoregulation, zerebrale 3, 18, 60, 76, 107, 138, 142, 143
Averaging 114
Awareness 297, 319

Barbiturate 29, 34, 62, 97, 107, 147, 162, 196, 209, 240
Basilaristhrombose 54
Baylis Effekt 3
Beatmung 94–96, 240
Benzodiazepine 146, 199, 258, 324, 338
Bewußtseinsausschaltung 277, 294–297, 314
Bewußtseinsstörung 45–47, 232, 238, 245
- qualitative 245
- quantitative 245
Bispektrum-EEG 248, 309
Blutfluß, zerebraler (CBF) 58–69, 97, 106, 138–140, 143, 202, 215, 218, 221
Blutflußgeschwindigkeit, zerebrale 104–108
Blut-Hirn-Schranke 20, 78
Blutung, intrakranielle 53, 77, 87
Blutvolumen, zerebrales (CBV) 138–141, 144, 147
Blutzuckerspiegel 29, 216
Brain-Mapping 119, 124, 204, 248
Brückenwinkelprozeß 160, 164–166

Bulbärhirnsyndrom 47, 235
Burst suppression 111, 119, 144, 150, 162, 198, 202

Calcium s. Kalzium
Carotis s. Karotis
cerebral s. zerebral
Chirurgie, zerebrovaskuläre 159
Circulus arteriosus Willisii 3
Chelatbildner 33
chemosomatosensorisch evoziertes Potential (CSSEP) 335–339
Chorea Huntington 66
Clonazepam 200
Coma vigile 15
Compliance, intrakranielle 92, 95
Computertomographie (CT) 52–56
- Indikation 52–55, 249
- Kontrolluntersuchung 56
- Prognosebeurteilung 249, 267
- Untersuchungszeitpunkt 55
- Xenon-CT 59
CO_2-Reaktivität 75, 106, 141–147
CO_2-Schmerzreiz 334
Cushingreflex 143

Dekortikationsstellung 234
Density Modulated Array (DSA) 119
Desfluran 132, 140–146
Dezerebrationsstellung 234
Diazepam 199, 258, 324, 338
Durchblutung, zerebrale 3, 58–69, 74, 138–140, 202, 215, 218

Echokardiographie, transoesophageale (TEE) 178–179, 216
Einzelphotonenemissionstomographie (SPECT) 59, 63
Elastance 95, 138, 141, 148
Elektroenzephalographie (EEG)
- Ableiteposition 111, 310
- aktiviertes EEG 307
- Amplitude 111, 306
- Analgosedierung 253–261
- Anästhetikawirkung 112, 144, 197, 312
- Anforderungen 125
- Arousal 314
- Bandleistung 120, 203
- Brain-Mapping 119, 124, 204, 248
- Burst suppression 111, 119, 144, 150, 162, 198, 202
- Compressed Spectral Array (CSA) 119
- Density Modulated Spectral Array (DSA) 119
- Digitalisierung 311
- Elektrodenposition 111, 310

- Epoche 111, 311
- Filter
- - Hochpaßfilter 132, 310
- - Tiefpaßfilter 310
- Frequenzbänder 111, 306
- Hirntoddiagnostik 269
- Intensivstation 125, 247, 257–260
- isoelektrisches EEG 112, 139, 202, 204, 255, 269
- Kardiochirurgie 202–204
- Karotischirurgie 217
- Monoparameter s. Parametrisierung
- Muster 112, 307
- Narkoseüberwachung 112, 128, 312
- Nullinien-EEG 112, 139, 202, 204, 255, 269
- Parametrisierung 120, 307–309
- - Median 110, 308–314
- - Power 120, 203
- - spektrale Eckfrequenz (SEF) 110, 309, 313
- - Vigilosomnogramm 120, 257, 309
- Prognosebeurteilung 262
- Roh-EEG 242
- Signalverarbeitung 118–120, 307–309
- - aperiodische Analyse 308
- - Bispektrum-EEG 248, 309
- - Fast Fourier Transformation 118
- - Spektralanalyse 118, 308
- Spikeaktivität 140, 144, 196, 198
- supprimiertes EEG 307
- Ten-Twenty-System 111
- Topographie 119, 124, 204, 248
- Zeitkonstante 132, 310
- zerebrale Überwachung 247–249
Elektrokardiographie (EKG) 184, 186, 189
Elektrokortikographie 197
Elektromyogramm, M. frontalis 298
Elektrophysiologisches Monitoring s. EEG, EP
Elektrospinogramm 161, 211
Embolien, zerebrale 106, 204, 213
Energy charge 145
Enfluran 92, 140–146, 196–198, 323
Enzephalitis 52, 87
Epilepsie
- Chirurgie 197
- EEG-Monitoring 121, 192
- Grand mal-Anfall 199
- Intensivbehandlung 255
- Narkoseverfahren 195
- Notfallversorgung 199
- Prämedikation 195
- Spikeaktivität 196
- Status epilepticus 199
- Stoffwechselaktivität 66–68

Sachverzeichnis

ereigniskorreliertes Potential (ERP) 302
Erlanger Funktionspsychoseskala B 50
Erwärmung 175
Etomidat 147, 240, 258, 312
Evozierte Potentiale (EP)
- Ableitung 126, 161, 164
- akustisch evozierte Potentiale (AEP)
- - früher Latenz (BAEP, Hirnstammpotential) 12, 115, 124–132, 164–167, 266, 321
- - Interpeaklatenz 12, 128, 266
- - mittlerer Latenz (MLAEP) 115, 321–326, 329–331
- - später Latenz (LLAEP) 321
- Anästhesieeinfluß 113, 144, 147, 150, 157–158
- Anatomie 3–12, 157
- Aortenchirurgie 162, 208–212
- chemosomatosensorische (CSSEP) 335–339
- endogene 113, 205
- Energiespektrum 322
- epidurale Ableitung 161, 211
- ereigniskorrelierte Potentiale (ERP) 302
- Generatoren 113, 322
- Hirntoddiagnostik 270–272
- Intensivstation 125–128, 249
- Kardiochirurgie 202
- Karotischirurgie 162, 215–217, 221
- motorisch evozierte Potentiale (MEP) 10, 115, 158, 168, 211
- Mukosapotential 339
- multimodal evozierte Potentiale 126, 267
- Narkoseüberwachung 125
- negatives Mukosapotential 339–340
- Neurochirurgie 161–167
- P300 113, 205
- Prognosekriterien 249, 263, 267
- Rückenmarkchirurgie 161, 168
- schmerzkorrelierte 302, 334, 340
- somatosensorisch evozierte Potentiale (SEP/SSEP)
- - Amplitudenquotient 264
- - Fernpotential 8
- - frühe Komponenten 113, 124–132
- - Medianus-SEP 115, 158, 215
- - Primärkomplex 8
- - späte Komponenten 265
- - spinale 160, 211
- - Tibialis-SEP 115, 209–211
- - zentrale Überleitungszeit (CCT) 159, 249, 264
- Signalverarbeitung 114
- Skoliosechirurgie 161
- visuell evozierte Potentiale (VEP) 11, 115, 169
- Warnkriterien 159, 168

extrakorporale Zirkulation (EKZ) 106, 203–205
exzitatorische Transmitter 20

Fast Fourier Transformation (FFT) 118
Fazialistic 164
Feed-Back-Steuerung 314
Fentanyl 93, 148, 324
Flexorreflex 303
Flunitrazepam 146, 324
Flupirtin 338

Gaeltec System 89
Gedächtnis 327–331
Gamma-Amino-Buttersäure (GABA) 20
Gefäßkollateralen, zerebrale 3
Gehirn s. Hirn
Glasgow Coma Scale (GCS) 45, 46, 238–240, 246, 249, 262, 264
Glasgow Outcome Score (GOS) 263
Glukokortikoide 34, 241
Glukosestoffwechsel, zerebraler 3, 59–69
Glutamatfreisetzung 31
Grand mal-Anfall 199
Guedel-Schema 293

Halothan 92, 107, 139–146, 279
Hämatom, intrazerebral 77
Hautreiz, elektrischer 300, 334
Herdsymptome 45, 234
Herzfrequenzvariabilität (HfV) 21–24, 125
Herzkreislaufstillstand 19, 33, 105, 247
Herzratenvariabilität (HRV) 21–24, 125
hintere Schädelgrube, Eingriffe 160, 164, 176
Hinterstrangbahn 5
Hirnabszeß 54
Hirnaktivität 61, 144
Hirnblutung 53, 77, 87
Hirndurchblutung 3, 58–69, 74, 138–140, 202, 215, 218
Hirndruck
- Anästhetika 92, 93, 138, 141, 148
- Beatmung 94–96
- Compliance 92
- Durchblutung, zerebrale 230
- PEEP-Beatmung 94–96
- Prognose, zerebrale 100, 267
- Schädel-Hirn-Trauma 230
- Transkranielle Dopplersonographie 105
- Therapie 96–100
Hirndruckmessung
- Druckkurve 90–92
- Indikation 86, 249
- Meßmethoden 88
Hirnfunktion 61, 144, 286
Hirninfarkt 3, 208, 64

Hirnischämie 17–19, 27, 62–65, 74, 201, 212, 246
Hirnkreislauf 3
Hirnoedem 19, 55, 86, 230
Hirnprotektion
– Hypothermie 28, 34, 121, 213
– kontrollierte Hypertension 213
– pharmakologische 145
– – Barbiturate 29, 34, 121, 145–147, 162, 204, 246, 259
– – Etomidat 29, 147
– – Isofluran 145
– – Glukokortikoide 34
– – Kalziumantagonisten 30
– – Propofol 29, 148
– Shuntanlage 213
Hirnrinde
– motorische 8
– sensorische 6
Hirnschädigung
– hypoxische 17–19, 77, 229, 247, 255, 262, 272
– infratentorielle 272
– ischämische 17–19
– Kompensation 18
– primäre 19, 229
– sekundäre 20, 229
– supratentorielle 263
Hirnschwellung 55
Hirnstoffwechsel 3, 58–69
Hirnstammkompression 234
Hirnstammläsion 264–267, 269
Hirnstammpotential 12, 115, 124–132, 164–167, 266, 321
Hirnstammprozeß 157
Hirnstammreflexe 47, 269
Hirnstammtod, isolierter 269
Hirntod 15, 268–273
Hirntoddiagnostik 121, 268–273
– akustisch evozierte Potentiale 127, 271
– Apnoetest 269
– Elektroenzephalographie 269–270
– Somatosensorisch evozierte Potentiale 127, 270
– Transkranielle Dopplersonographie 105
Hirntumor 54, 68
Hirnvenenthrombose 54
Hitzereiz 300
Hochpaßfilter 132, 310
Hodgkin-Huxley-Gleichung 282
Hörbahn 11, 320
Hörvermögen 166
Hydrocephalus 54, 86
Hyperglykämie 29
Hyperkapnie 93, 238
Hypersomnie 15
Hypertension, kontrollierte 162, 213

Hyperventilation 75, 78, 96, 181
Hypnotika 147
Hypoglykämie 29
Hypokapnie 78, 96, 142, 197
Hypoperfusionssyndrom 20
Hypotension, kontrollierte 143, 181
Hypothermie 28, 34, 96, 113, 174
Hypoventilation 75

Iktogenität 148
Induzierte Hypertension 162, 213
Infarkt, zerebraler 61, 64
Inhalationsanästhesie s. Anästhesie
Innsbrucker Komaskala (IKS) 48, 236, 262
Intensivstation, zerebrale Überwachung 125, 127, 246–251
Intensivtherapie 255–259
Interpeaklatenz 12, 128, 266–268
Intrakranieller Druck (ICP) s. Hirndruck
intrathorakaler Druck 94
Invasive Ableitung 161, 211
Ionenkanäle 281–284
Ischämie
– Schwellenwerte 3, 62, 116, 202
– Kaskade 28
– Monitoring 162–164, 201–205, 209–223
– Prävention 209
– spinale 208
– Warnkriterien 159, 203, 211, 216
– Zeitfaktor 27
– zerebrale 17–19, 27, 62–65, 74, 201, 203, 212, 246
ischämischer Insult 3, 64, 208
Isofluran 92, 139–146, 198, 215, 279, 288, 320
Isolated-forearm-Technik 298
Isotope 58

jugularvenöse Oximetrie s. Oximetrie

Kaliumkanal 281, 284
Kältezittern 150
Kalziumantagonisten 30, 34
Kalziumüberladung 20, 28
Kapnographie 178, 180, 188, 197, 213
Kardiochirurgie 106, 116, 201–205
Karotischirurgie 105, 116, 162, 208, 212–223
Karotisstumpfdruck (CSP) 218
Katecholaminspiegel 240
Kernspinspektroskopie 60
Kernspintomographie 52–59, 184–188
Ketamin 32, 149, 241, 258, 324
Kety-Schmidt-Technik 72
Kleinhirnbrückenwinkel 176
klinische Überwachung 45–50, 52, 221, 247

kognitive Leistung 205
Kohlendioxid s. CO_2
Kollateralkreislauf 3
Koma 46, 245
- Prognostik 262–268
- Skalen
- - Erlanger Funktionspsychoseskala B 50
- - Glasgow Coma Scale (GCS) 45, 46, 238–240, 246, 249, 262, 264
- - Glasgow Pittsburgh Coma Scale 246
- - Innsbrucker Koma Skala (IKS) 48, 236, 262
- - Münchener Koma Skala 50
- Stadium 232, 246
Kontroll-CT 56
Kortex
- motorischer 8
- somatosensorischer 6
Körpertemperatur 174–176, 272
Kortikosteroide 34, 241
Krampfanfall s. Epilepsie
Kreislaufstillstand 19, 33, 105, 247
Kurzzeitrhythmen, kardiovaskuläre 21

Lachgas (N_2O) 139, 158, 279, 288
Lagerung, sitzende 177–181
- Alternativen 177
- Hämodynamik 177
- Lagerungsschaden 177
- Luftembolie 177–181
- Monitoring 177
- Oberkörper, hoch 79, 96
Laienhilfe 237
Laktat 20, 29, 63, 76, 230
Leitungsbahn
- afferente 3–8
- akustische 11–13
- efferente 5–10
- motorische 8–10
- Schmerz 5
- sensorische 3–8
- Temperatur 5
Lidocain 30
Lipidmembran 280, 283
Lipophilie 280–283, 287–289
Liquor cerebrospinalis 141
Liquordrainage 88
Locked-in Syndrom 15
Luftembolie 177–181
- Monitorverfahren 178
- paradoxe 179
- Ursachen 178
Luxusperfusion 63, 145

Magnesium 31
Magnetresonanztomographie 52–59, 184–188

Magnetic Resonance Imaging (MRI) 52–59, 184–188
Magnetic Resonance Spectroscopy (MRS) 60
Maturation 19
McGill-Questionnaire 303
Mechanischer Reiz 301
Median 110, 308–314
Membranleitfähigkeit 281, 283
Membranpotential 281, 283
Meningitis 87
Methohexital 147, 197
Methylprednisolon 34
Meyer-Overton-Korrelation 279, 287
Midazolam 29, 146, 158, 199, 258, 324
Minderversorgung, zerebrale 77
misery perfusion 63
Mittelhirnsyndrom 46, 234
Monitoring
- konventionelles 174–177
- multimodales 44, 129–131
- neurophysiologisches (s. EEG und EP)
- - Anästhesiemonitoring 306–316, 320–331, 335–340
- - Anforderungen 117–121, 125
- - Artefakte 118
- - Epilepsie 197
- - Gefäßchirurgie 208–222
- - Indikationen 121–123
- - Intensivstation 125, 246–249, 253–268
- - Interventionskriterien 159, 168
- - Kardiochirurgie 201–205
- - Monitorsysteme 125–127, 156
- - Narkoseeinfluß 120, 144, 157
- - Narkoseüberwachung 128
- - Neurochirurgie 156–169
- - Prognosebeurteilung 262–268
- - Schulung 132
- - Sedierung 253–261
- - Sicherheitsaspekte 159
- - Warnkriterien 159, 168
- - polygraphisches 129–131
- - spinales 160, 209–212
- - zerebrales 45–50, 74–80, 86, 105, 159–196, 201–205, 214–222, 246–250
Morbus Alzheimer 44, 65
Morbus Parkinson 44, 66
Motoneuron 8–10
motorische Einheit 10
motorische Reaktion 47, 235
Motorkortex 8
Mukosapotential 339
multiparametrisches Monitoring 44, 129–131
Munro-Kellie-Doktrin 139
Muskelrelaxantien 149, 176
Muskeltonus 47, 235

Mutismus, akinetischer 14
morphologische Diagnostik 52

Narkograph 120, 253–255
Narkose s. auch Anästhesie
- Kombinationsnarkose 294, 297
- Mononarkose 294
Narkosekomponenten 294, 314
Narkosestadium s. Narkosetiefe
Narkosetiefe 306
- Blutspiegel 312
- elektrophysiologisches Stadium 112, 257, 306
- Guedel-Schema 293
- klinische Zeichen 295–297, 312
- Messung 124, 253–255, 306–316
- PRST Score 296
- Quantifizierung 306–316
- Streßparameter 314
- vegetative Reaktion 294–296
Narkoseüberwachung 121, 128, 298
Natriumkanal 30
Near-infrared Spectroscopy (NIRS) 181
Nervenaktionspotential (NAP) 162, 164
Neuroanästhesie 137–150
Neuroleptanästhesie 137, 215
Neuroleptika 146
Neurologische Symptomatik 52
Neurologisches Defizit 116, 201
Neuromonitoring s. Monitoring, spinales, zerebrales
neuromuskuläre Erkrankungen 43
Neurostatus 45, 52, 221, 247
Neurotransmitter 66
neurovaskuläre Dekompression 160, 164
Nimodipin 33
NMDA-Antagonisten 32
NMDA-Rezeptor 20, 149
No-reflow-Phänomen 20, 33
nozizeptives System 303, 334, 336

Oberkörperhochlagerung 76, 79
Oesophagusaktivität 298
okulozephaler Reflex 47, 235
Opioide 92, 148
Osmodiuretika 98
Outcome 79, 100, 241, 263
Oximetrie, zerebrovenöse
- Hirndruck 100
- Hyperventilation 78
- Indikation 74, 77, 181
- Karotischirurgie 220
- Lagerung 79
- Perfusionsdruck, zerebraler 78

Pancuronium 149
Paraplegie 162, 208

Parasomnie 15
Paresegrad 235
P300 113, 205
Pendelfluß 105
Penumbra 19, 36
Perfusionsdruck, zerebraler (CPP) 3, 78, 95, 138, 143, 147
Phenytoin 30, 62, 196, 200
Positronenemissionstomographie (PET) 58
Prämedikation 146, 157, 195
Primärschaden 19, 229
Prognose, zerebrale 22, 61, 100, 262–268
Propofol 29, 107, 148, 158, 197, 258, 314, 323
PRST-Score 296
Pulmonaliskatheter 178, 180, 216
Pulsatilitätsindex 104
Pulsoximetrie 183, 188, 197, 216, 238
Pupillenreaktion 47, 233–235
Pupillenweite 47, 233–235
Puppenkopfphänomen 235
Pyramidenbahn 8

Querschnittslähmung 162, 208

Radikalenfänger 32
Reanimation, kardiopulmonale 242
Reflexdämpfung 295
Regulationsfähigkeit, zerebrale 106
Reizleitung s. Leitungsbahn
Relaxometrie 176
Reperfusion, zerebrale 32, 63
Reperfusionsschaden 20, 21
Reservekapazität, zerebrovaskuläre 65, 106
Rezeptoren 20, 66, 281
Rheologie 21, 33
Robin-Hood-Effekt 96, 144
Rückenmarkchirurgie 160
Rückenmarkischämie 208

Sauerstoffdifferenz, arteriovenöse (avDO$_2$) 74
Sauerstoffgehalt 79
Sauerstoffradikale 20
Sauerstoffsättigung, jugularvenöse 74–80
Sauerstoffverbrauch, zerebraler (CMRO$_2$) 30, 140, 144–149, 230
Schädel-Hirn-Trauma (SHT)
- Beatmung 240
- Computertomographie 52
- Erstbehandlung 99, 237–241
- intrakranieller Druck 86, 230
- Katecholaminspiegel 240
- Laienhilfe 237
- neurologische Diagnostik 232–236
- Mortalität 85, 229, 241
- outcome 241

- Pathogenese 19
- Pathophysiologie 229–232
- Prognosebeurteilung 22, 262
- Transport 241
- Sedierung 240
- zerebrovenöse Oximetrie 75

Schlaganfall 3, 64, 208
Schmerzempfindung
- Quantifizierung 335
- Habituation 336

Schmerzfasern 5
Schmerzintensität 301, 336
Schmerzkorrelat 302, 335
Schmerzmessung
- Analgetika 337
- evozierte Potentiale 334–340
- Flexorreflex 303
- Fragebogen 303
  intraoperative 339
- McGill Questionnaire 303
- method of constant stimuli 301
- method of limits 301
- objektive 300, 302, 335
- Sedierung 338
- subjektive 300–302, 335
- Tagebuch 303
- visuelle Analogskala (VAS) 301, 303

Schmerzqualität 336
Schmerzreiz
- elektrischer Hautreiz 300, 334
- Hitzereiz 300
- Kohlendioxid 334
- mechanischer Reiz 301
- Submaximum Effort Tourniquet 301
- Zahnpulpa 303, 334

Sedierung s. Analgosedierung
Sehrinde 10
Sekundärschaden 20, 74, 229
Sensibilität 4
Sevofluran 139, 145
Shuntanlage 209, 213
Single Photon Emission Computed Tomography (SPECT) 8, 59, 63
sitzende Lagerung 177–181
Skoliosechirurgie 116, 122, 160
somatosensorisch evozierte Potentiale (SEP) s. evozierte Potentiale
Somnolenz 46
Sopor 46
Spektralanalyse 118, 308
spektrale Eckfrequenz (SEF) 110, 309, 313
Spiegelberg-Sonde 90
spinales Monitoring 160, 209–212
spinale Protektion 209, 211
Sprachzentrum 61
Status vegetativus 14, 21, 65, 265
Steal-Effekt 143, 145

Steele-Richardson-Olszewki-Syndrom 66
Stickoxydul 139, 141
Stoffwechsel, zerebraler 58–69
Strahlentherapie 188
Streßparameter 314
Subarachnoidalblutung (SAB) 54, 75, 77, 86, 105, 250
Submaximum Effort Tourniquet 301
Succinylcholin 149
Sufentanil 93, 148
Superoxiddismutase 33
Symptomatik, neurologische 45, 52, 221, 232–236

Temperaturmessung 175, 188
Ten-Twenty-System 111
thickness-tension-Hypothese 284
Thiopental 98, 107, 258, 323
Tiefpaßfilter 310
Tipkatheter, fiberoptischer 90
totale intravenöse Anästhesie (TIVA) 147, 150, 158, 314
transitorisch ischämische Attacke (TIA) 55, 216
Transkranielle Dopplersonographie (TCD) 104–108, 249
- Anästhesieeffekte 107
- Autroregulation 107
- Blutflußgeschwindigkeit 104–108
- CO_2-Reaktivität 106
- Hirndruck 100, 105
- Hirntod 105
- Kardiochirurgie 106
- Karotischirurgie 106
- Pendelfluß 105
- Pulsatilitätsindex 104
- Vasospasmus 105

Transmitter 20
Trigeminusneuralgie 164, 338
TRIS-Puffer 99

Überwachung s. Monitoring
Ultraschalldoppler 178–180
Untersuchung, klinisch-neurologische 45–50, 232–236

Vasokongestion, zerebrale 230
Vasospasmus, zerebraler 105
vegetative Reaktionen 294–296
Ventrikeldruck 88
Vigilosomnogramm 120, 257, 309
Visuelle Analog-Skala (VAS) 301
visuelles System 10
visuell evozierte Potentiale (VEP) s. evozierte Potentiale
Voltage-clamp-Methode 282

Wachheit 116, 297, 326–331
Wahrnehmung
- akustische 319
- bewußte 327, 331
- intraoperative 319, 326–331
- unbewußte 327, 331
Wärmeerhaltung 175
Warnkriterium 160
Weckreaktion 327
Widerstand, zerebrovaskulärer 105

Xenon-CT 59

Zahnpulpareiz 303, 334
Zehn-Zwanzig-System 111
Zeitkonstante 132, 310
Zerebrogramm 120, 257, 309
Zerebroprotektion s. Hirnprotektion
zentrale Überleitungszeit (CCT) 159, 249, 264
zentralmotorische Überleitungszeit (CMCT) 10
zentralvenöser Druck (CVP) 94, 180